昆虫及捕食螨规模化扩繁的
理论和实践

Theory and Practice of Mass Rearing of Insects and Predatory Mites

曾凡荣　主编

Edited by　Fanrong Zeng

国家 973 计划项目"天敌昆虫控制害虫机制及其可持续利用研究"
（2013CB127600）资助出版

科学出版社

北　京

内 容 简 介

本书系统介绍了昆虫规模化扩繁的理论和关键技术,内容涉及昆虫规模化扩繁中重要的基础理论,如昆虫营养基因组学、昆虫营养和生殖基因、昆虫必需的营养要素,以及昆虫扩繁中人工饲料研制、质量控制、高质量昆虫生产设备及技术。同时本书根据昆虫规模化饲养成功的实践,详细介绍了天敌昆虫赤眼蜂、瓢虫、大草蛉、大眼长蝽、蠋蝽、红颈常室茧蜂、丽蚜小蜂、捕食螨的扩繁、生产工艺及应用。本书还介绍了重要农业、卫生昆虫中鳞翅目害虫和蚊子规模化饲养的关键技术和设备。

本书适合农业、林业和医学等院校和科研单位的科研人员、研究生及本科生使用,同时也可供应用昆虫饲养和规模化扩繁技术的生防公司,生产绿色蔬菜等农、林产品的公司相关工作人员参考阅读。

图书在版编目(**CIP**)数据

昆虫及捕食螨规模化扩繁的理论和实践/曾凡荣主编. —北京:科学出版社,2017.1
 ISBN 978-7-03-051061-7

Ⅰ. ①昆… Ⅱ. ①曾… Ⅲ. ①天敌昆虫–繁育–研究 Ⅳ. ①S476.2

中国版本图书馆 CIP 数据核字(2016)第 298021 号

责任编辑:王　静　李秀伟/责任校对:贾娜娜
责任印制:肖　兴/封面设计:北京铭轩堂广告设计有限公司

科学出版社出版
北京东黄城根北街 16 号
邮政编码:100717
http://www.sciencep.com

中国科学院印刷厂 印刷

科学出版社发行　各地新华书店经销
*

2017 年 1 月第 一 版　开本:787×1092　1/16
2017 年 1 月第一次印刷　印张:22 3/4
字数:540 000

定价:180.00 元
(如有印装质量问题,我社负责调换)

《昆虫及捕食螨规模化扩繁的理论和实践》
编委会名单

主编

  曾凡荣 中国农业科学院植物保护研究所

编者名单（按姓氏拼音排序）

  陈红印 中国农业科学院植物保护研究所
  党国瑞 山东省枣庄出入境检验检疫局
  杜文晓 中国农业科学院植物保护研究所
  郭　义 中国农业科学院植物保护研究所
  李敦松 广东省农业科学院植物保护研究所
  梁慧芳 中国科学院动物研究所
  刘昌燕 湖北省农业科学院粮食作物研究所
  刘晨曦 中国农业科学院植物保护研究所
  刘丰姣 河南省周口市烟草公司
  吕佳乐 中国农业科学院植物保护研究所
  罗淑萍 中国农业科学院植物保护研究所
  毛建军 中国农业科学院植物保护研究所
  王　娟 中国农业科学院植物保护研究所
  王恩东 中国农业科学院植物保护研究所
  王孟卿 中国农业科学院植物保护研究所
  王少丽 中国农业科学院蔬菜花卉研究所
  吴孔明 中国农业科学院植物保护研究所
  徐学农 中国农业科学院植物保护研究所
  曾凡荣 中国农业科学院植物保护研究所
  张　屾 中国农业科学院植物保护研究所
  张古忍 中山大学生命科学学院

张国财　东北林业大学
张礼生　中国农业科学院植物保护研究所
张婷婷　东北林业大学
朱国仁　中国农业科学院蔬菜花卉研究所
邹德玉　天津市植物保护研究所
Frank M. Davis　美国密西西比州立大学
Jinsong Zhu　美国弗吉尼亚理工学院暨州立大学
Pengcheng Liu　美国弗吉尼亚理工学院暨州立大学

前　　言

　　随着昆虫学研究的深入和害虫生物防治技术的推广应用，以及当前我国农业生产的生态化、无公害化的发展趋势，农业和卫生领域对规模化人工饲养、繁殖昆虫的理论和关键技术的需求变得日益急迫。同时，近年来有关规模化人工饲养、扩繁昆虫的理论研究也取得了很多进展，饲养关键技术在不断革新、完善。为此，我们邀请本领域国内外的专家、学者编写了《昆虫及捕食螨规模化扩繁的理论和实践》一书。

　　本书系统介绍了昆虫规模化扩繁的理论和关键技术，内容涉及昆虫和捕食螨规模化扩繁中重要的基础理论，如昆虫营养基因组学、昆虫重要营养和生殖基因、昆虫必需的营养要素，以及昆虫和捕食螨规模化扩繁中人工饲料研制、质量控制、高质量昆虫生产设备及关键技术等。同时本书根据昆虫规模化饲养成功的实践，详细介绍了天敌昆虫赤眼蜂、瓢虫、大草蛉、大眼长蝽、蠋蝽、红颈常室茧蜂、丽蚜小蜂、捕食螨的扩繁、生产工艺及其应用实践。本书还介绍了重要农业、卫生昆虫中鳞翅目害虫和蚊子规模化饲养的关键技术和设备。编者希望本书的编写和出版可以促进本领域学科的发展，更好地服务于我国现代化建设，增强我国在该领域的创新能力。

　　本书特色是汇集了本领域国内专家的研究成果，同时也邀请了本领域的国际权威专家参与编写、分享他们多年的成功经验及最新研究进展，使本书对本领域的前沿进展理论与新技术有准确的把握。本书除了介绍本领域国内外相关研究的发展动向、最新理论，也对部分重要昆虫、捕食螨的饲养和扩繁及工厂化生产关键技术进行了详细的介绍，总结了有关技术在应用上的成绩与经验，提出了存在的问题，给出了相关解决措施，因此本书对昆虫规模化扩繁既有理论指导价值又有实际操作的参考价值。另外，为方便读者，本书还汇集了116种昆虫人工饲料的配方及相关文献，供有关院校教师、学生，以及昆虫饲养有关单位的科技人员和害虫防治工作者参阅。同时为了增加操作技术的直观性，本书图文并茂，便于读者掌握昆虫和捕食螨规模化扩繁的关键技术。

　　由于昆虫和捕食螨规模化人工扩繁的理论及实践发展迅速，本书资料搜集不尽全面，书中遗漏之处敬请读者批评指正。

编　者
2016年9月于北京

目 录

前言

第一篇 昆虫、捕食螨营养与繁殖基础研究

第一章 昆虫营养基因组学 ··· 3
　第一节 营养基因组学概述 ··· 3
　第二节 营养基因组学重要进展 ··· 6
　第三节 营养基因组学在昆虫扩繁中的应用 ··· 19
　参考文献 ··· 22

第二章 RNAi与昆虫营养及繁殖生理研究 ··· 32
　第一节 RNAi概述 ··· 32
　第二节 RNAi应用关键技术及注意事项 ··· 35
　第三节 RNAi在昆虫研究中的应用 ··· 39
　参考文献 ··· 46

第三章 昆虫卵黄原蛋白基因 ··· 54
　第一节 概述 ··· 54
　第二节 卵黄原蛋白基因及其功能研究 ··· 56
　参考文献 ··· 60

第四章 蚊子发育及繁殖中的营养和激素调控 ··· 63
　第一节 概述 ··· 63
　第二节 发育与繁殖 ··· 63
　第三节 埃及伊蚊的人工饲养流程 ··· 67
　参考文献 ··· 73

第五章 赤眼蜂个体发育及繁殖基础生物学 ··· 75
　第一节 赤眼蜂的个体发育 ··· 75
　第二节 赤眼蜂的营养需求 ··· 80
　第三节 赤眼蜂的性比调节 ··· 85
　第四节 环境因子对赤眼蜂的影响 ··· 86
　参考文献 ··· 88

第六章 捕食螨营养需求与生殖的基础生物学 ··· 91
　第一节 捕食螨营养需求 ··· 91
　第二节 捕食螨的生殖 ··· 93
　第三节 生殖与营养的关系 ··· 94
　参考文献 ··· 96

第二篇 昆虫规模化扩繁基础研究

第七章 规模化扩繁优质昆虫的关键技术及设备 ... 101
- 第一节 饲养高品质昆虫的关键技术及设备 ... 101
- 第二节 中等规模的饲养项目举例 ... 104
- 第三节 小结 ... 125
- 参考文献 ... 125

第八章 规模化扩繁昆虫人工饲料研制 ... 127
- 第一节 概述 ... 127
- 第二节 昆虫人工饲料的营养要素 ... 144
- 第三节 昆虫人工饲料研制关键技术 ... 148
- 第四节 昆虫人工饲料研制注意事项 ... 151
- 参考文献 ... 155

第九章 规模化扩繁天敌昆虫质量控制 ... 161
- 第一节 概述 ... 161
- 第二节 天敌昆虫产品质量控制 ... 164
- 第三节 保持天敌昆虫产品质量及种群复壮的方法 ... 172
- 参考文献 ... 176

第三篇 天敌昆虫、捕食螨扩繁、生产、应用的实践

第十章 瓢虫生物学特性及扩繁技术 ... 185
- 第一节 概述 ... 185
- 第二节 瓢虫的生物学特性 ... 186
- 第三节 瓢虫的行为与化学生态学 ... 188
- 第四节 瓢虫的营养与生殖 ... 192
- 第五节 瓢虫人工扩繁的关键技术 ... 196
- 参考文献 ... 203

第十一章 蠋蝽生物学特性、扩繁及应用技术 ... 212
- 第一节 概述 ... 212
- 第二节 蠋蝽生物学和生态学概述 ... 214
- 第三节 饲养条件、大量繁殖的关键技术或生产工艺 ... 217
- 第四节 包装技术、释放与控害效果 ... 221
- 参考文献 ... 225

第十二章 大眼长蝽生物学特性及扩繁技术 ... 229
- 第一节 概述 ... 229
- 第二节 大眼长蝽的生物学 ... 230
- 第三节 大眼长蝽的营养与生殖生物学 ... 232

第四节　大眼长蝽的人工扩繁技术 235
　　参考文献 237
第十三章　大草蛉生物学特性、扩繁及应用技术 241
　　第一节　概述 241
　　第二节　大草蛉生物学和生态学概述 242
　　第三节　大草蛉室内扩繁技术 247
　　第四节　包装、储藏与运输 254
　　第五节　释放与控害效果 255
　　参考文献 258
第十四章　红颈常室茧蜂扩繁的生物学基础及应用技术 262
　　第一节　概述 262
　　第二节　生物学特性 265
　　第三节　饲养、繁殖的关键技术 270
　　第四节　储藏、包装和运输技术 273
　　第五节　应用技术 274
　　第六节　释放寄生蜂与其他防控技术协调应用 275
　　参考文献 275
第十五章　丽蚜小蜂规模化扩繁的生产工艺及应用技术 278
　　第一节　概述 278
　　第二节　影响丽蚜小蜂扩繁生物学的因素 282
　　第三节　饲养条件、大量繁殖的关键技术或生产工艺 287
　　第四节　储藏或包装技术 293
　　第五节　应用技术及注意事项 293
　　参考文献 297
第十六章　赤眼蜂规模化扩繁的生产工艺及应用技术 302
　　第一节　寄主卵的准备 302
　　第二节　扩繁品系的采集、筛选与保存 305
　　第三节　赤眼蜂的扩繁、冷藏与运输 306
　　第四节　田间释放技术与效果评价 308
　　参考文献 311
第十七章　捕食螨规模化扩繁的生产工艺及应用技术 312
　　第一节　高效能捕食螨新品种的筛选 312
　　第二节　捕食螨生产工艺 316
　　第三节　应用技术 328
　　参考文献 335
索引 347

Contents

Part I Basic research of nutrition and reproduction in insects and predatory mites

Chapter 1 Insect nutrigenomics ···3
  Section 1 Brief introduction ···3
  Section 2 Key advances in insect nutrigenomics ···6
  Section 3 The application of insect nutrigenomics in mass rearing of insects ···········19
  References ··22

Chapter 2 Studying on physiology of nutrition and reproduction in insects by RNAi ·······32
  Section 1 Brief introduction ···32
  Section 2 The key techniques of RNAi ··35
  Section 3 Application of RNAi in entomological research ······································39
  References ··46

Chapter 3 Insect vitellogenin gene ···54
  Section 1 Brief introduction ···54
  Section 2 The studies on vitellogenin gene and the gene functions ·························56
  References ··60

Chapter 4 Nutrition and hormones on mosquito rearing and reproduction ···············63
  Section 1 Brief introduction ···63
  Section 2 Mosquito development and reproduction ···63
  Section 3 The techniques to rear *Aedes aegypti* ··67
  References ··73

Chapter 5 Basic biology of individual development and propagation in *Trichogramma* ··75
  Section 1 Basic biology of individual development in *Trichogramma* ····················75
  Section 2 Nutritional requirements of *Trichogramma* ···80
  Section 3 Sex ratio regulation in *Trichogramma* ···85
  Section 4 The influence of environmental factors to *Trichogramma* ······················86
  References ··88

Chapter 6 Basic biology of nutrition and reproduction in predatory mites ···············91
  Section 1 Nutritional requirements of predatory mites ··91
  Section 2 Reproduction in predatory mites ··93

Section 3　Relationship between Nutritional requirements and Reproduction ······94
References ······96

Part II　Basic research on mass rearing of insects

Chapter 7　Techniques and equipments for mass rearing of high quality insects ········101
　Section 1　Techniques and equipments for rearing of high quality insects ···············101
　Section 2　Examples for medium-sized project of mass rearing of insects ···············104
　Section 3　Summary ······125
　References ······125

Chapter 8　Techniques to prepare artificial diet for mass rearing of insects ···············127
　Section 1　Brief introduction ······127
　Section 2　Nutrition elements in insect artificial diet ······144
　Section 3　The key techniques for insect artificial diet research ······148
　Section 4　Attentions in preparation of insect artificial diets ······151
　References ······155

Chapter 9　Quality control of mass rearing of insects ······161
　Section 1　Brief introduction ······161
　Section 2　Quality control of beneficial insect products ······164
　Section3　Methods of quality control in beneficial insect production and population rebuilding ······172
　References ······176

Part III　Propagation, production and application of insect natural enemies and predatory mites

Chapter 10　Techniques for mass rearing of lady bird beetles ······185
　Section 1　Brief introduction ······185
　Section 2　Biology of lady bird beetles ······186
　Section 3　Behavior and chemical ecology of lady bird beetles ······188
　Section 4　Nutrition and reproduction of lady bird beetles ······192
　Section 5　Key techniques for mass rearing of lady bird beetles ······196
　References ······203

Chapter 11　Techniques for mass rearing and application of *Arma chinensis* ·······212
　Section 1　Brief introduction ······212
　Section 2　Biology and ecology of *Arma chinensis* ······214
　Section 3　Breeding conditions and techniques for mass rearing ······217
　Section 4　The techniques for packaging and application ······221
　References ······225

Chapter 12　Techniques for mass rearing of *Geocoris pallidipennis* 229
   Section 1　Brief introduction 229
   Section 2　Biology of *Geocoris pallidipennis* 230
   Section 3　Nutrition and reproduction of *Geocoris pallidipennis* 232
   Section 4　Techniques for mass rearing of *Geocoris pallidipennis* 235
   References 237

Chapter 13　Techniques for mass rearing and application of *Chrysopa pallens* 241
   Section 1　Brief introduction 241
   Section 2　Biology and ecology of *Chrysopa pallens* 242
   Section 3　Techniques for mass rearing of *Chrysopa pallens* 247
   Section 4　Storage, package and transportation 254
   Section 5　The techniques for application 255
   References 258

Chapter 14　Techniques for mass rearing and application of *Peristenus spretus* 262
   Section 1　Brief introduction 262
   Section 2　The biological characteristics 265
   Section 3　The key techniques for rearing and breeding 270
   Section 4　The key techniques for storage, package and transportation 273
   Section 5　The key techniques for application 274
   Section 6　Application between the wasp release and other measures 275
   References 275

Chapter 15　Techniques for large scale production process and application of *Encarsia formosa* 278
   Section 1　Brief introduction 278
   Section 2　Biological factors in impacting production process of *Encarsia formosa* 282
   Section 3　Breeding conditions and techniques for mass rearing 287
   Section 4　The key techniques for storage, package 293
   Section 5　The techniques for application and attention 293
   References 297

Chapter 16　Techniques for large scale production process and application of *Trichogramma* 302
   Section 1　Preparation of host eggs 302
   Section 2　Collecting screening and saving species of *Trichogramma* 305
   Section 3　Propagation, cold storage and transportation 306
   Section 4　The technology of field release and effect assessment 308
   References 311

Chapter 17 Techniques for large scale production process and application of predatory mites ········312
    Section 1   The screening high efficient varieties ··312
    Section 2   Production process of predatory mites ···316
    Section 3   The techniques for application ··328
    References ···335
Index ···347

第一篇 昆虫、捕食螨营养与繁殖基础研究

第一章　昆虫营养基因组学

第一节　营养基因组学概述

营养基因组学(nutrigenomics)是指研究营养对全基因组所产生影响的科学。从营养基因组学角度来看，营养素是影响基因和蛋白质表达，以及相应代谢产物的细胞传感器系统所探测的饮食信号。因此，基因和蛋白质的表达模式及代谢产物对特殊营养素或营养机制的应答可以被看作"饮食标签"。营养基因组学力图在特定细胞、组织和生物体内来检测这些饮食标签，以此来了解营养是如何影响体内平衡的。此外，营养基因组学在全基因组范围内鉴定那些与饮食相关的危险疾病基因，以此为遗传易感性的机制奠定基础(Müller and Kersten, 2003)。

Ruden 等(2005)认为营养基因组学是一个在全基因组尺度检测营养-基因相互关系的新学科。营养基因组学是健康、饮食和基因组学 3 个领域的交叉(图 1-1)。营养是健康和饮食交叉的一个领域，不适当的饮食导致疾病这一事实表明饮食影响基因的表达(Hung et al., 2003; Jenkins et al., 2002, 2003a, 2003b, 2004)。利用全基因组序列相关的技术可以研究饮食-基因相互关系，包括微阵列(转录组学)、蛋白质组学、代谢组学及表观基因组学。

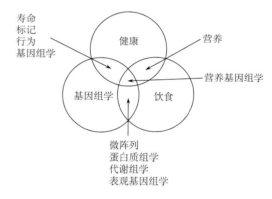

图 1-1　健康、饮食及基因组学交叉——营养基因组学维恩图解说明(修改自 Ruden et al., 2005)

微阵列可对一个特殊的营养素或药物，以剂量依赖性方式，检测基因组每个基因 mRNA 表达的变化。蛋白质组学可以检测整个蛋白质组的变化，如翻译后修饰。代谢组学可以检测整个代谢组的变化，所检测代谢物的分子质量小于 2000 Da。表观基因组学则检测组蛋白的翻译后修饰和 DNA 甲基化的模式。最后，健康和基因组学的交叉涉及年龄、疾病易感倾向性及行为基因组学标记的鉴定。

Trujillo 等(2006)认为营养基因组学是研究特殊基因和生物活性食物成分相互作用方式的科学，是了解饮食行为对健康的影响，以及该影响在不同个体间有何差异的基础。营养基因组学建立在如下基础之上：①饮食和饮食成分通过调节与疾病发作、发病率、分级数和(或)严重性相关的多重过程，能够影响疾病发展的程度；②食物成分能直接或间接作用于基因组，以此来改变基因和基因产物的表达；③饮食可以潜在地补偿或突出遗传多态性的影响；④饮食的结果依赖于个体的健康状态及遗传背景(Kaput and Rodriguez, 2004; Ames, 2003)。营养基因组学及与其相关的蛋白质组学和代谢组学的研究最终可以为营养的竞争性抢夺确定分子靶标，是营养个性化设计的关键。

许多饮食组分可以改变遗传及表观遗传事件，进而影响健康。除了必需营养素，如钙、锌、硒、叶酸、维生素 C 和维生素 E 外，还有很多非必需营养素和生物活性组分影响健康。这些必需和非必需生物活性营养组分参与很多健康和抵抗疾病相关的细胞过程，包括致癌物新陈代谢、激素平衡、细胞信号、细胞周期调控、细胞凋亡及血管生成（Davis and Uthus, 2004），关键是鉴定哪些过程（单一或组合）在表型变化中最为重要。

尽管在理解饮食因子和疾病预防的关系中已取得了显著进展，但是鉴定哪种饮食因子对饮食干预策略有益还是有害仍然是保持健康的一个很大难点。遗传革命及与之相关的组学研究正在为健康、营养在疾病预防中的角色提供新的视角。快速发展的分析方法及信息技术可用于生物活性食物组分分子作用位点的鉴定，并且确认这些靶标位点的变化如何导致表型的变化。

单独的 DNA 修饰不能反映饮食因子对一个生物的表型所造成的全部影响，转录组学从另一个角度揭示了饮食因子对个体表型调控的影响（图 1-2）。大量的必需营养素和其他生物活性组分可以作为基因表达模式的重要调节子。维生素、矿物质、各种植物化学成分、宏量营养素能够修饰基因转录和翻译，它们可以改变生物反应，如新陈代谢、细胞生长及细胞分化，所有这些在预防疾病过程中都是非常重要的。

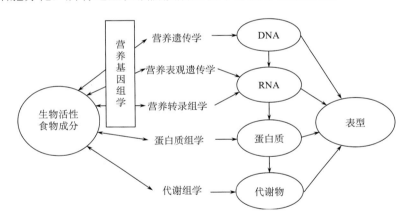

图 1-2　应用营养"组学"鉴定饮食因子如何贡献于一个表型的形成（修改自 Trujillo et al., 2006）

饮食组分也可以影响 RNA 到蛋白质的翻译及翻译后事件。然而，与基因组不同的是，根据细胞类型及功能状态，蛋白质组是动态的、变化的。尽管生物活性食物成分对基因组水平的影响可能有限，但是它可以在蛋白质组上产生明显的影响。营养和疾病预防研究中的一个前沿就是蛋白质组分析技术的发展。蛋白质组学能够用于鉴定异常蛋白质的结构并显示它们如何影响生物学及对食物的反应。它使我们可以决定生物活性食物组分是否及如何影响蛋白质三维结构。在一个动物模型中，蛋白质组学用来研究食用鱼油、共轭亚油酸、反式油酸对脂蛋白新陈代谢及胰岛素水平的影响（de Roos et al., 2005）。

Kaput 和 Rodriguez（2011）认为营养基因组学研究的是食物如何影响个体遗传信息的表达，以及个体的基因如何进行营养物质、生物活性物质的代谢并对这一代谢过程作出何种反应。作为后基因组时代的一个最新的"组学"技术,营养基因组学坚持以下原则:①缺乏营养是导致疾病的重要因素;②常见的饮食化学物质作用于人类基因组,无论是直接的还是间接的,都能够改变基因的表达和(或)基因的结构;③饮食影响健康的程度取决于个体的基因构成;④一些饮食调节基因(或者常见的突变型)在疾病发生、发展过程或慢性病的严重性等方面都扮演着重要的角色;⑤可以利用科学的营养指导和膳食干预来防止、减轻或治愈慢性疾病(Kaput and Rodriguez,2011)。

基因组学工具能以两种相互补充的策略进行分子营养学研究。第一种策略就是传统的假设驱动途径:营养素可影响特殊基因和蛋白质的表达,应用基因组学工具可以鉴定这些特殊的基因和蛋白质,如转录组学、蛋白质组学及代谢组学,进而调控代谢通路,通过代谢通路,鉴定饮食影响易感性。转基因老鼠模型和细胞模型是鉴定新基因和路径的基本工具,同样可应用于代谢通路和炎症等信息途径的研究。第二种策略是系统生物学途径,目前大体上还处于理论性阶段:明确与特殊营养素及营养机制相关的基因、蛋白质及代谢信号,为营养介导的易感性体质的"早期预警"提供分子标记。第一种策略可以为我们提供营养和基因组相互作用的详细分子数据。由于从健康人类个体收集组织有一定难度,因此第二种策略可能对人类的营养指导更重要一些(Müller and Kersten,2003)。

基于以上两种广义的策略,营养基因组学的目标为:作为营养素传感器的转录因子及其目标基因的鉴定;相关信号通路的阐明及主要饮食信号的特性描述;特殊的微量营养素和宏量营养素代谢结果的细胞与器官特异性基因表达的测量和确认;阐明营养相关调控路径和应激路径的相互作用,以此来了解导致饮食相关疾病的代谢调节异常的过程;与饮食相关的人类疾病(如糖尿病、高血压、动脉硬化)的基因型的鉴定及其影响的量化;应用营养系统生物学开发与饮食相关的早期新陈代谢调节异常和易感性(压力信号)的生物标记(Müller and Kersten,2003)。

食物引起遗传信息表达的改变,以及基因型差异造成的不同代谢谱是营养基因组学的中心理论,说明了膳食和健康之间的重要联系。早在2400年以前,人们就已经观察到了基因和环境之间相互作用的现象。古希腊医学奠基人——希波克拉底的著名格言"食物就是你的药,药就是你的食物",就预言了过量摄入热量及某些营养物质会引起慢性疾病,如肥胖、代谢综合征、Ⅱ型糖尿病、心血管疾病等多种疾病发病率的增高。目前已经明确,通过平衡、合理的膳食规划,慢性疾病是可以预防的,至少是可以缓解的。同时,对不同人群营养基因组学的比较研究也可以为全球的营养不良状况和相关疾病的深入研究提供有价值的信息(Kaput and Rodriguez,2011)。目前,营养基因组学研究主要应用于人类健康和疾病的研究,如糖尿病(Kaput et al.,1994,2004;Park et al.,1997;Ye and Kwiterovich,2000;Ordovas et al.,2002;Ordovas and Shen,2002;Vincent et al.,2002;Masson et al.,2003;Kaput,2004)和肥胖(West et al.,1994;York et al.,1996;Large et al.,1997;Ukkola et al.,2001;Richards et al.,2002;Martínez et al.,2003;Ishimori et al.,2004;Leineweber and Brodde,2004;Ukkola and Bouchard,2004)等。

营养基因组学在昆虫中的研究起步较晚,尤其天敌昆虫的营养基因组学研究才刚刚兴起。Yocum等(2006)认为营养基因组学可以检测营养如何影响基因的表达模式,不仅可以测量食物变化对昆虫的影响,还可以指导饲料配方的改良。食物作为一种环境因子可以改变基因的表达,甚至影响到表型,在昆虫上同样如此。和人类一样,昆虫的DNA也大都发生甲基化修饰(Glastad et al.,2011),导致不同的生物表型以适应环境。多型现象就是一个极端的例子,其中最为人熟知的是蜜蜂社会性地位的分化。雌性蜜蜂有两种不同的社会地位:工蜂和蜂王,它们在行为和生理上都不相同,但并非源于遗传背景的不同,而是因为它们在幼虫期的食物不同(图1-3)。被喂食蜂王浆的幼虫注定发育为蜂王,而被喂食普通蜂蜜的幼虫则发育成工蜂(Haydak,1970)。营养上的差异影响了整个幼虫期基因的表达,从而使幼虫在发育到成虫时具有不同的社会地位(图1-3)(Cameron et al.,2013)。多型现象通常与社会地位的分化相关,该现象存在于多种社会性昆虫(如蜜蜂、蚂蚁)和非社会性昆虫(如甲虫)中,为表观遗传学研究提供了很好的材料。表观遗传学机制的研究为营养基因组学及营养表观遗传学提供了重要的支撑。

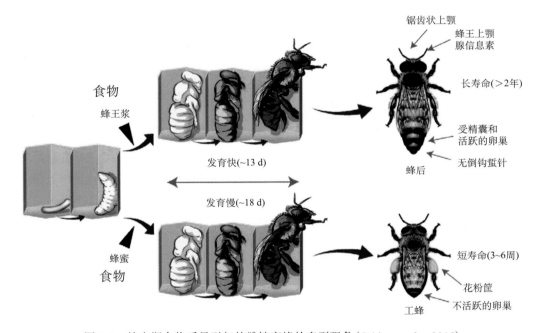

图1-3 幼虫期食物质量引起的雌性蜜蜂的多型现象(Cridge et al.,2015)

在幼虫发育阶段,饲喂蜂王浆的幼虫发育快、化蛹早,最后发育成蜂王。而饲喂普通蜂蜜的幼虫发育慢,最后变成工蜂

第二节 营养基因组学重要进展

一、营养基因组学前期基础

当人们应用生物化学分析营养新陈代谢时,对这些过程的分子遗传机制还知之甚少。在过去的几十年里,分子技术的改良使基因序列信息研究逐渐兴起。随之而来的一个挑战就是应用这些信息从基因组层次分析生化过程及相应的基因功能。目前,在营养基因组领域,通过研究营养如何改变总体基因表达模式,可以为研究营养如何影响生物化学参数提供很有价值的信息。天敌昆虫学者的目的就是应用营养基因组学方法来鉴定可用

来作为昆虫对不同营养源反应的早期指示器的昆虫分子标记，应用该标记来测量昆虫的适宜性并降低大量饲养昆虫的费用。此外，可应用营养基因组学方法提供的大量与营养相关的分子信息来改良昆虫的食物成分，以此来更有效而廉价地进行天敌昆虫的规模化生产。

脊椎动物研究已经确定了大量的调控营养信号及新陈代谢活性的分子，包括控制新陈代谢的大量基因的转录物，如 ADD1/SREBP1、PPAR、C/EBP（Spiegelman and Flier，1996；Flier and Hollenberg，1999）、一个叉状头/翼状螺旋因子（forkhead/winged helix factor）FOXC2（Cederberg et al.，2001）、一个可以调控糖异生（Herzig et al.，2001；Yoon et al.，2001）的转录辅助活化因子 PCG-1，以及像可以控制脂肪内平衡和取食行为（Friedman and Halaas，1998）的瘦素这样的激素。营养摄入的改变可以影响基因表达，这个观念也被用于测试与营养相关的微量营养元素的缺乏。Blanchard 等（2001）应用 cDNA 芯片来评价在大鼠饲料中锌缺乏对肠内 3 种锌调控基因的表达的影响。该研究的意义在于它证实了在特殊营养及基因表达的变化之间存在直接的关联。

营养基因组学可以用来研究昆虫这一观点已被一些研究所证实。例如，黑腹果蝇（*Drosophila melanogaster*）和秀丽隐杆线虫（*Caenorhabditis elegans*）都表达了类似的胰岛素信号通路中的成分（Lehner，1999；Brogiolo et al.，2001；Gems and Partridge，2001）。这与人们的预想相符，因为正常有机体及细胞所需求的宏量的（碳水化合物、蛋白质、脂肪）和微量营养素对动物来说是非常重要的。因此，人们期望连接它们取食经历和基因表达的信号机制能相互对应（Zinke et al.，2002）。Zinke 等（1999）证明在果蝇幼虫中，不同的营养对基因表达模式可产生特殊的影响，例如，脂肪酶-3 及磷酸烯醇式丙酮酸羧激酶在饥饿时都是上调表达的。Zinke 等（2002）将果蝇幼虫中控制营养的差异表达基因分为调控糖代谢（如脂肪酶-3、葡萄糖转运载体、胰岛素受体和脂肪酸合酶）、脂类代谢（乙酰辅酶 A 羧酶、酰黄辅酶 A 硫酯水解酶、ATP 柠檬酸裂解酶、间酶、6-P-G-脱氢酶、三酰甘油酯酶）和细胞生长（如假定的翻译调控子 *Thor*、RNA 解旋酶、核糖体蛋白和转录物）等反应不同生理代谢通路的组群。此外，Zinke 等（2002）还发现，果蝇在营养被剥夺的 1 h 内，一些基因是上调的（如 *PCTI*、假定的转录子 *sug*、*Thor*、编码基因 *CG6770* 和 *CG18619* 的转录子）或下调的（如三酰甘油酯酶）。

这些研究表明营养基因组在促进昆虫营养的基础和应用研究中潜力巨大。在昆虫饲养中，营养和昆虫适宜性的研究将会推动科学和技术的进步，这种发展也可在昆虫大量饲养及生物防治中起到很大的作用。大量饲养的有益昆虫压低害虫种群数量的能力是与它们的适宜性相关的。

一些方法可以确定一种特殊细胞或组织的基因表达谱（Arcellana-Panlilio and Robbins，2002），包括 cDNA 文库的差异筛选（Hoog，1991）、消减 cDNA 杂交、RNA 差异显示（Liang and Pardee，1992）、基因表达系列分析（SAGE）（Velculescu et al.，1995）、表达序列标签（EST）和 cDNA/寡核苷酸基因芯片（Schena et al.，1995，1996）。然而，这些方法都有其固有的优点和缺点。SAGE 法和基因芯片法能得出表达基因的序列，然而，这些方法都需要整个基因组或 cDNA/EST 数据库来支持。对于非模式生物，EST 测序是绘制基因表达图谱常用的方法。

抑制消减杂交(suppression subtractive hybridization，SSH)就是基于 cDNA 消减方法的聚合酶链反应，它解决了在其他消减方法中存在的个体 mRNA 种类丰度的不同和大量的假阳性问题(Diatchenko et al.，1996)。SSH 用来选择性地扩增目标 cDNA 片段，同时抑制非目标 DNA 扩增(Siebert et al.，1995；Chenchik et al.，1996)。SSH 排除了分离单链和双链 cDNA 的任何一步的中间物理过程，仅仅需要一步消减杂交循环，而且对于差异表达 cDNA 能富集 1000 倍(Diatchenko et al.，1996)。RDA 或 DD-PCR 在显示低丰度 mRNA 中存在困难，且需多轮 PCR 才能完成。SSH 运用了杂交二级动力学原理，使高丰度的单链 DNA 在退火时产生同源杂交的速度大于丰度低的单链 DNA，从而使原来在丰度上有差别的单链 DNA 相对含量达到基本一致。该法利用了链内退火优于链间退火的特点，使非目的序列片段的两端反向重复序列在退火时产生类似发夹互补结构而无法作为模板与引物配对，从而选择性地抑制非目的片段的扩增。这样既利用了差减杂交技术的差减富集，又利用了抑制性 PCR 技术进行高效率的动力学富集。

RNA 干扰（RNA interference，RNAi）技术可以使一个特殊的基因表达停止。这项技术已经应用于研究哪些基因可用于解释生物活性食物组分的功能和疾病的特性(Campion et al.，2004)。通过应用 RNAi 技术，有关学者系统地阻断了秀丽隐杆线虫所有基因的表达，以此来决定哪些基因失活使体内脂肪减少，哪些基因失活增加了脂肪储备。这就使人们可鉴定出一系列的脂肪调节基因及特殊脂肪调节子的代谢通路(Ashrafi et al.，2003)。转录组学信息可鉴定由食物引起的肥胖和其他不健康情形的分子靶标。

从历史上看，研究一种人工饲料饲养一种昆虫需要花费几年甚至几十年的时间，有许多令人满意的饲料已经开发出来。研究昆虫人工饲料的难点在于对调控昆虫种群适宜性的生理生化过程缺乏了解，并且缺少可用于评价昆虫对特殊营养源的适宜性的生理生化标记。随着科技的进步，当前营养基因组学即能够通过分析营养是如何改变全部或特殊的基因表达模式的，为研究营养对昆虫生理造成的影响提供有价值的信息。这个信息将用来鉴定昆虫分子标记，该分子标记就是昆虫对不同营养成分的指示器。随后，这些生物标记将用于评价它们和营养缺乏的相关性。同时，也会知道更多的影响与适宜性直接相关的昆虫营养因子。最后，从研究中得到的生物标记可以得出一种简单而快速的评价室内和野外或取食不同食物的昆虫种群质量和适宜性的评价方法。

Yocum 等(2006)进行了鉴定取食人工饲料和天然寄主的二斑佩蝽(*Perillus bioculatus*)的差异表达基因的研究。该研究中所用的两种方法都不容易解释营养变化而导致的新陈代谢通路的变化。而其他的方法，即通过体内新陈代谢途径的流动测试(Hellerstein，2003)，可为在新陈代谢通路中与营养相关的基因改变提供额外的补充。尽管基因芯片法和抑制消减杂交法有这样的不足，但是它们仍然可以提供一种快速且灵敏的方法来探测由于营养变化而导致的基因型的变化，该方法明确了生物化学在营养研究中的重要性。然而，当观察和测量昆虫性能变化时，基因组技术有潜力为研究者提供一个新的生物标记网络。

用于评价一种昆虫的生物标记也很可能用于评价其他昆虫。应用营养基因组学研究有益昆虫有助于降低饲养昆虫的费用和难度，因为这是在田间释放足够数量和高质量有益天敌昆虫进行生物防治所面临的问题之一。一种理想的人工饲料可大大减少生产成本，即减少劳动力和饲养寄主植物的费用。快速评价一种昆虫对饲料的生理反应,不仅能够形成高性能的饲料配方,而且可以加速配方的改良,还可以提供一种快速在田间评价昆虫对植物或寄主的反应的方法。此外,该领域的进一步研究可以在昆虫种群中为生理、生化、适宜性、质量、高性能等的基因调控提供一个更好的定义。通过更加快速地鉴定和评价潜在寄主,该方法在引进天敌昆虫的风险评估中也可发挥很大作用。这些研究进展将大大促进生物防治方法的应用和农业的可持续发展。

二、高通量测序在营养基因组学中的应用

研究昆虫的人工饲料就要研究它们的营养和环境。昆虫面临着很多环境压力,包括支持它们生长发育及繁殖的食物来源的数量和质量的不一致性。因此,昆虫必须具有处理食物波动起伏的机制。对于可预测的季节性食物短缺,昆虫启动了行为和生理上的滞育机制来逃避食物短缺。对于食物数量及质量上的,或影响消化的环境因子等的不可预测的变化,昆虫应用一系列行为、生化及生理机制来应对不良的营养状况(Chapman,1985;Slansky and Scriber,1985;Chown and Nicolson,2004)。在分子水平上可清晰地观察到这些反应。例如,在理想状态下,改变蛋白质到碳水化合物的转化率,就会引起东亚飞蝗(*Locusta migratoria*)肠道中增殖细胞核抗原(proliferating cell nuclear antigen,PCNA)基因表达量的减少(Zudaire et al.,2004)。饥饿和高糖的饲料会使黑腹果蝇幼虫产生一系列的特殊基因(Zinke et al.,2002)。

人工饲料目前的发展策略是测量一些生理及生化参数来衡量饲料配方的改变对昆虫性能的影响(Adams,2000;Wittmeyer et al.,2001;Adams et al.,2002;Coudron et al.,2002;Coudron and Kim,2004)。饲料成分一次改变一种,用新配方饲料饲喂的昆虫的性能被测量一次。这种努力是较费时间的,要花几年至数十年来优化一种饲料,而最后许多努力都失败了。加速饲料发展需要一种更直接的方法,这种方法能提供更加宽泛而有益的信息反馈,以此来找出饲料配方的不足。营养基因组学就是检测营养如何影响基因的表达模式,它不仅能提供一种衡量一种昆虫对一种饲料配方反应的方法,而且可以提供饲料缺陷的相关信息。

下一代高通量测序技术(Solexa/Illumina,Roche 454)为那些没有或少有分子背景的昆虫的基因组研究提供了一个难得的机会(Gibbons et al.,2009)。这项技术可以在很短的时间内,以很少的费用在很大程度上增加数据流量(Ansorge,2009)。例如,Illumina测序技术已经应用于褐飞虱(*Nilaparvata lugens*)(Xue et al.,2010)、西方蜜蜂(*Apis mellifera*)(Alaux et al.,2011)、烟粉虱(*Bemisia tabaci*)(Wang et al.,2010,2011)、白背飞虱(*Sogatella furcifera*)(Xu et al.,2012)、橘小实蝇(*Bactrocera dorsalis*)(Shen et al.,2011)、铜色坡角步甲(*Pogonus chalceus*)(van Belleghem et al.,2012)的研究中。454焦磷酸测序技术的应用使得功能基因组学的应用更加广泛,如它已应用于温带臭虫(*Cimex lectularius*)(Bai et al.,2011)、庆网蛱蝶(*Melitaea cinxia*)(Vera et al.,2008)、珍珠梅斑蛾(*Zygaena filipendulae*)(Zagrobelny et al.,2009)、白杨叶甲(*Chrysomela tremulae*)(Pauchet et al.,2009)、大豆蚜(*Aphis glycines*)(Bai et al.,2010)、烟草天蛾(*Manduca sexta*)(Zou et al.,2008;Pauchet et al.,2010)、灰飞虱(*Laodelphax striatellus*)(Zhang et al.,

2010)、厩螯蝇(*Stomoxys calcitrans*)(Olafson and Lohmeyer，2010)、美洲犬蜱变异革蜱(*Dermacentor variabilis*)(Jaworski *et al.*，2010)、珠弄蝶(*Erynnis propertius*)和择丽凤蝶(*Papilio zelicaon*)(O'Neil *et al.*，2010)及白蜡窄吉丁(*Agrilus planipennis*)(Mittapalli *et al.*，2010)等昆虫的研究。

Allen(2015)研究了斑大鞘瓢虫(*Coleomegilla maculata*)基于转录组的营养基因组学。这些转录组是从仅取食花粉或仅取食半翅目盲蝽(*Lygus* spp.)卵的高度近亲繁殖的瓢虫成虫获得的。比较转录组所选序列以此来验证样本个体基本的遗传相似性。与食物相关的差异表达基因用来帮助杂食性昆虫饲料和营养的研究。该研究有利于将来开发人工饲料及研究杂食性动物的消化功能。所有的序列比对在核酸水平上99%都是相同的。这些结果支持了这个假定，即这两组序列代表了几乎完全相同的样本，而差异基因主要是由提供给成虫的食物不同而造成的(Hoy *et al.*，2013)。在喂食花粉的瓢虫中，一些序列和植物序列很相似，而在喂食盲蝽卵的瓢虫中，一些序列和盲蝽属昆虫的序列很相似。在取食盲蝽卵的处理中，一些序列和近期在美国牧草盲蝽(*Lygus lineolaris*)中描述的一种病毒的序列(Perera *et al.*，2012)几乎完全相同(e 值=0)。似乎作为饲料的盲蝽可育卵携带了该病毒，这表明该病毒存在于实验室盲蝽种群中，而且该病毒能抵抗其被瓢虫的消化系统所消化。这个发现对将来害虫防治策略中应用遗传修饰或致病病毒有着很重要的意义。

喂食花粉的瓢虫转录组中的特有序列有可能和糖类的分解有关，这和动物消化植物物质是相符的；喂食虫卵的瓢虫转录组中的特有序列和任何一个转录物都不匹配，甚至和上面提及的病毒也不匹配。

转录物的进一步分析将为与植物和动物饲料差异新陈代谢相关的基因研究提供参考。该研究鉴定的这些可以代表该物种的序列将用来定量测量取食多种食物及剥夺某种特殊营养成分的昆虫基因表达的变化。由于该瓢虫在不同的发育阶段会利用不同的食物(Wiebe and Obrycki，2002；Matos and Obrycki，2006；Riddick *et al.*，2014)，因此将来的研究可在昆虫发育的不同时期提供不同的饲料。另一个研究方向就是评价特殊猎物的基因应答，因为该瓢虫可利用特殊大小和种类的猎物(Roger *et al.*，2000)。这将帮助我们了解怎样生产高质量的捕食性天敌昆虫，以及在我们复杂多变的环境中怎么保护有益昆虫。该研究将为杂食性天敌昆虫的营养健康提供理论指导。

三、信息素及营养的传感器——脂肪体

脂肪体在昆虫整个生活史中起着非常重要的作用。它是一个涉及多个代谢功能的动态组织。其中的一个功能就是储存和释放能量。昆虫储存能量是在主要的脂肪体细胞——脂肪细胞中以糖原和三酰甘油的形式进行的。昆虫脂肪细胞能够以细胞质脂肪滴的方式储存大量的脂类。脂类代谢在昆虫非取食阶段的生长发育、调控及提供能量方面是非常重要的(Arrese and Soulages，2010)。

在果蝇幼虫到蛹转化过程中，脂肪体细胞的基因敲除导致了蛹末期的死亡及其他幼虫器官大小的改变，这说明脂肪体在蛹发育及成虫羽化中非常重要。脂肪体发育和功能在很大程度上被一些激素(胰岛素和蜕皮激素)和营养信号所调控，包括这些路径中的致

癌基因和肿瘤抑制基因。已有的蚕生理及果蝇遗传学研究可为了解激素调控昆虫脂肪体发育和功能提供理论基础(Liu et al., 2009)。

饥饿可导致幼虫脂肪体的快速重组，包括由储存的代谢物的自我吞噬及消耗所造成的线粒体和糙面内质网的损失，而再进食可诱导线粒体在糙面内质网分裂和增加及最后的储存物的补充(Dean et al., 1985)。果蝇幼虫脂肪体细胞需要营养来维持核内再复制循环。营养消耗后，脂肪体细胞快速中止细胞循环。激活细胞循环最重要的饮食就是蛋白质，它可以激活 G_1/S 调控子细胞周期蛋白 E 和 E2F 转录因子(Britton and Edgar, 1998)。幼虫脂肪体和其他组织内的 PI3K 活性依赖于食物中蛋白质的可利用性。抑制胰岛素信号通路可以模拟饥饿对细胞和有机体的影响，然而激活这个路径绕过了细胞增长的营养需求，在有机体水平导致了脂肪体营养的累积并导致饥饿敏感性(Britton et al., 2002)。脂肪体内的氨基酸转运体 Slimfast 的下调导致幼虫严重的生长缺陷，就像在营养不良环境中饲养的果蝇一样异常(Colombani et al., 2003)。

脂肪体内的糖和脂类代谢对于昆虫生长发育和变态也是很重要的。完全饥饿的果蝇幼虫很快就会死亡，然而取食糖的果蝇幼虫可以存活 2 周(Britton and Edgar, 1998)。取食糖但并不饥饿的果蝇幼虫，脂肪合成关键酶基因表达量增加，脂肪酶基因表达量减少(Zinke et al., 2002)。一个三酰甘油脂肪酶 brummer 的过表达消耗了有机体脂肪的储存，然而 brummer 的缺少却导致了肥胖的表型(Gronke et al., 2005)。在饥饿条件下，激脂激素受体和 brummer 的同时缺少导致了更严重的肥胖，阻碍了储存脂肪的快速消耗，不久幼虫即死亡(Gronke et al., 2007)。总之，脂肪体作为信息素及营养的传感器，制约着昆虫整个生长发育过程(Colombani et al., 2003)。

四、遗传缓冲与营养基因组学

作为自然选择的结果，细胞及有机体都是稳定的，这意味着它们在面对随机变异、环境干扰及遗传编码本身的突变时都能最好地执行其遗传程序(Wagner, 2000; Wolfe, 2000; Csete and Doyle, 2002; Gu et al., 2003; Kitano, 2004; Stelling et al., 2004)。而疾病可以简单地理解为各种遗传或环境的变化导致机体的稳态部分丧失。遗传缓冲(genetic buffering)，是一种生物系统的特性，即通过基因活动功能(与吸收的环境扰动因素作用)来维持表型输出的稳定性(Kaput and Rodriguez, 2011)。遗传缓冲是一个代偿过程，凭借这一过程，特定的基因活动保证了表型的稳定性免遭遗传或环境变异的干扰。这种作用通常是在"增强因子"的作用中发现的，尽管有一些基因活性的丧失，但也能保证生物系统的相对稳定，免受特定干扰的影响(如遗传抑制基因)。在实验动物中某个基因在一个近交系中必不可少而在另外一个近交系中可有可无的现象并不少见(Wagner, 2000)，这很可能是两个近交系中分别含有"增强"修饰因子和"抑制"修饰因子作用的结果。遗传缓冲为总体、量化地分析影响表型的基因提供了概念性工具，还包括一个理念，就是表型特征的遗传"因果关系"和"修饰作用"代表了一系列基因交互作用的结果(Hartman et al., 2001; Badano and Katsanis, 2002; Barton and Keightley, 2002; Moore, 2003; Carlborg and Haley, 2004)。

基因交互作用分析的联合性及量化的复杂性对于解释遗传缓冲或许是最大的挑战。

如果认为细胞是个网状的遗传系统,那么任何一个组件的变异不仅会直接影响系统的结局,还会改变系统抵御环境干扰或其他系统组件变异的缓冲容量。当考虑多细胞系统中细胞间表型的交互作用时,这种复杂性就显得更加突出,因为这时用以抵御基因、环境和随机变异的表型稳定性可以归因于不同细胞、组织,甚至器官中基因的作用结果。对不同基因表型的效应进行量化使得交互作用组件间复杂的拓扑效应显得更加扑朔迷离,这些基因表型的效应实际归因于独立表达的个体效应间的交互作用。单细胞系统能够降低研究的复杂性,因此有利于测定决定细胞稳定性的遗传原则。正如基因活性和细胞功能能在漫长的进化过程中被保留下来一样,基因交互作用的法则也应该被保存下来,它能保证细胞的稳定性免遭这些活动和功能变异的干扰(Hartman et al., 2001)。基因的交互作用本身是遗传缓冲的基础(Hartman et al., 2001)。定性地说,基因的交互作用意味着在面临干扰时,一个基因活性的存在、缺失或者变异都有可能改变该系统表型的输出(Parsons et al., 2004; Tong et al., 2004)。定量地说,这意味着来自基因突变和环境干扰的表型应答是非叠加基因作用的。基因交互作用的综合、定量分析揭示了一个功能网,表明了表型稳定性的遗传需要。

遗传缓冲的概念与如何维持表型稳定性有关,因为营养本身是一种行为干扰:营养状况是不断变化的。自然选择作用于生物系统的结果是产生了抵御营养环境变异的表型稳定性,这已经被一些特定的基因位点和影响个体健康的膳食因素之间的遗传交互作用所证实。遗传缓冲为系统、量化地鉴定这些效应提供了框架,因为食物是生物活性物质的复杂混合物,在遗传特征各异的人群中表现出错综复杂的表型交互作用。可控、可调环境状况下进行的遗传模型系统中的大规模研究具有一定的"缩减"能力,能够将交互作用分割开来,得出自然人群中功能性等位基因变异位点的假说。由于许多药剂定位并调控了与食物中生物活性成分交互作用的通路,因此,遗传交互作用网的拓扑学和动力学与营养基因组学和药物基因组学应该是互益互助的(Kaput and Rodriguez, 2011)。

对于天敌昆虫而言,营养物质(寄主、猎物、替代寄主、替代猎物及人工饲料等)同样可以影响遗传信息的表达,但由于遗传缓冲的存在,营养物质变化所导致的一些表型及生物学特性的改变不会在短期内表现出来,而是需要一定时间的适应与选择。遗传背景越复杂,遗传缓冲现象越明显,营养物质变化所导致的表型及生物学特性的改变所需要的时间越长。这种现象在取食无昆虫成分人工饲料的斑腹刺益蝽(*Podisus maculiventris*)野生种群的产卵前期(Coudron et al., 2002)、二斑佩蝽的若虫发育历期及成虫产卵前期(Coudron and Kim, 2004)、蠋蝽(*Arma chinensis*)二龄到成虫的发育历期(Zou et al., 2013b)都有所表现。以二斑佩蝽为例,取食无昆虫成分人工饲料的二斑佩蝽在若虫发育历期及成虫产卵前期就表现出了遗传缓冲的现象。在第一代时取食人工饲料的若虫发育历期(19.7 d)及成虫产卵前期(5.4 d)并没有因为食物的改变而有大的波动,而是与取食昆虫猎物的对照组(15.35 d 和 6.4 d)相近。这是基因交互作用而产生的遗传缓冲现象。到第六代时,取食人工饲料的若虫发育历期(24.4 d)及成虫产卵前期(10.5 d)明显延长,随着代数的增加,营养物质改变所导致的相应生物学特性的变化逐渐显现。到第十一代时,取食人工饲料的若虫发育历期(20.75 d)及成虫产卵前期(8.44 d)有所缩短,这是人工饲料对二斑佩蝽种群进行了选择及二斑佩蝽对人工饲料进行了适应的结果。如何挑选取食人工饲料的天敌昆虫生物学参数来评价人工饲料的优劣一直是生防工作者的一个疑惑,根据遗传缓冲现象来看,发育历期不失为一个良好的参数。

五、果蝇作为营养基因组学模式昆虫的争议

果蝇有着和哺乳动物完全不同的生活史,很多发育及细胞路径都是保守的。在2000年初期,当果蝇的基因组最初被公诸于世时,人类基因中与疾病相关的289个基因中就有177个和果蝇基因有很强的同源性或直接同源(Rubin et al.,2000)。此外,与人类癌症相关的基因有2/3在果蝇上都有同源基因(Adams et al.,2000)。果蝇是非常理想的适用于指导多种类型的营养基因组学研究的模式生物。例如,果蝇有充满脂肪细胞的脂肪体,与脂肪新陈代谢、脂肪细胞发育、胰岛素信号相关的保守新陈代谢及信号通路(Canavoso et al.,1998,2001; Canavoso and Wells,2000; Arrese et al.,2001)。果蝇作为营养基因组学一个模式昆虫的主要优势就是它的遗传学复杂、基因组小、产卵量高、成本低、世代周期短。遗传筛选已经用来分离突变及鉴定与三酰甘油及代谢物水平相关的自然多态性。果蝇基因组 90%是属于基因缺失和其他类型的重叠缺失(Parks et al.,2004)。果蝇超过50%的基因已经通过转位插入和化学介导的点突变方法被敲除(Ruden et al.,2005)。RNA 微阵列芯片及重叠 1 kb 的叠瓦式阵列芯片已经用于分析有变化的基因型和环境引起的基因表达变化和染色质变化(Sun et al.,2003)。复杂的蛋白质组学研究已经可以分析全蛋白表达变化及翻译后修饰(Aebersold and Mann,2003; Patterson and Aebersold,2003)。将来的挑战就是应用新发展的生物信息学计算方法结合营养基因组学途径来为昆虫基因和营养的相互作用提供线索。

黑腹果蝇被认为是研究人类疾病及遗传途径的模式生物。果蝇是否也可以作为营养基因组学研究的一种理想的模式生物,尤其是脂肪酸(FA)新陈代谢,还有待于商榷。Shen 等(2010)研究了 C20 和 C22 多不饱和脂肪酸(polyunsaturated fatty acid,PUFA)在果蝇体内的新陈代谢。FA 成分分析结果显示,在取食普通饲料和添加富含 PUFA 前体细胞亚油酸和 α-亚麻酸的补充饲料的果蝇中,其幼虫、蛹和成虫体内组织中完全缺少 C20 和 C22 PUFA。>C20 的 PUFA 仅能在增补特殊 FA 的果蝇中发现。有趣的是,补充的 C22 PUFA 二十二碳六烯酸(22:6n-3)和二十二碳四烯酸(22:4n-6)分别被大量地转化成短链的 C20 PUFA 二十碳五烯酸(20:5n-3)和花生四烯酸(20:4n-6)。此外,通过对基因组序列进行分析,发现在果蝇体内没有基因编码 Δ-6/Δ-5 去饱和酶、合成 C20/C22 PUFA 的关键酶。这些结果证明了果蝇缺少合成 C20 和 C22 PUFA 的能力,因此 Shen 等(2010)认为果蝇并不适合作为研究脂类新陈代谢和相关疾病的模型。

六、蠋蝽营养基因组学

为了加速蠋蝽人工饲料的改良,Zou 等(2013a)对取食人工饲料和柞蚕蛹的蠋蝽转录组进行了高通量测序,经分析发现,在 13 872 个差异表达基因中,10 261 个基因在取食人工饲料的蠋蝽中发生了上调(图1-4)。通过分析参与维生素 C、叶酸、泛酸钙、烟酰胺、生物素、维生素 B_1、维生素 B_2 等维生素代谢通路中富集并表现上调或下调表达的基因,阐明了饲料中维生素比例需进行调整;通过分析参与糖类、脂类、氨基酸代谢中营养调

控的糖-酯酶-3、葡萄糖转运载体、胰岛素受体、脂肪酸合酶、乙酰辅酶 A 羧酶等基因的表达情况，以及胰岛素和 mTOR 信号通路，阐明了饲料中糖类和脂类需要减少；挖掘出与差异生理特性显著相关的差异表达基因，如热激蛋白 90（参与孕酮介导的卵母细胞成熟，与产卵量减少有关）、精液蛋白（与卵孵化率降低有关）、保幼激素酯酶（与若虫发育历期延长有关）、SOD（与成虫寿命延长有关）、触角酯酶 CXE19 和气味结合蛋白 15（与自残率上升有关）。这个研究表明，用营养基因组学方法有望破译饲料变化对昆虫的影响及如何改良人工饲料。更为重要的是，转录组分析能够解释饲料对雄虫性能的影响（即精液蛋白的表达），这个通过生活史分析是很难做到的。

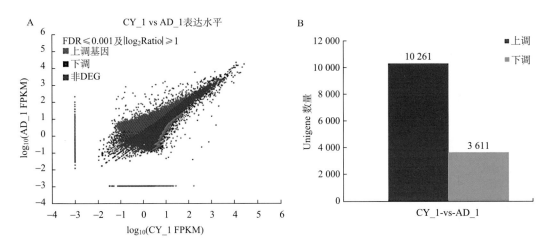

图 1-4 取食人工饲料和柞蚕蛹的蠋蝽差异表达基因（DEG）的表达水平及统计（Zou *et al.*, 2013a）

A. DEG 的表达水平；B. DEG 的数量统计

取食柞蚕蛹和人工饲料的蠋蝽一些生物学特性发生了变化，如在取食人工饲料的蠋蝽中产卵量减少、卵孵化率下降、若虫发育历期延长、成虫寿命增加及自残现象增加（Zou *et al.*, 2013b）。Zou 等（2013a）发现一些差异表达基因（DEG，FDR≤0.001，|log$_2$Ratio|≥2）与这些生物学特性很可能相关。对于减少的产卵量，3 个 DEG[2 个 DEG（*Hsp 83-1* 和 *Hsp 90*），其与孕酮介导的卵母细胞成熟相关]在取食人工饲料的蠋蝽中明显下调了。

在昆虫中，产生于雄虫副腺的精液蛋白（seminal fluid protein，Sfp）可以通过促进精子储存、临时性增加雌虫产卵比率、减少雌虫性接收能力等来显著地增加雄虫适宜性（Gillott，2003），因此可以增加后代的繁殖及延缓精子的替代或竞争（Fricke *et al.*，2009）。雄虫可选择精子分配策略来影响交配后的性选择（postcopulatory sexual selection）（Wigby *et al.*，2009），但是雄虫也可以策略性地分配一次射出的精液中的非精子成分，如 Sfp（Hodgson and Hosken，2006；Cameron *et al.*，2007）。因此，Sfp 可以影响交配后的性选择的程度（Chapman，2001；Poiani，2006；Ravi Ram and Wolfner，2007）。Wigby 等（2009）证明 Sfp 被黑腹果蝇雄虫策略性地分配给雌虫来应对潜在的精子竞争水平。能产生大量特殊的 Sfp 并能将其转移给雌虫的雄虫有较强的竞争优势。较大的雄性副腺也可以显著增加竞争繁殖成功率。特殊 Sfp 的量变可能在交配后的性选择中起着一个很重要的作用，而且在竞争环境中 Sfp 对于雄性的适宜性是非常重要的(Wigby et al., 2009)。因此，在取食人工饲料的蠋蝽中，下调的精液蛋白很可能与减少的产卵量、较低的卵孵化率和性比偏雄性有关(Zou et al., 2013a)。

与昆虫激素生物合成相关的 DEG 中，细胞色素 P450[cytochrome P450 302a1(ko: ecdysteroid 22-hydroxylase)](蜕皮激素)发生了上调。保幼激素相关的基因[esterase FE4-like(ko: juvenile-hormone esterase)、esterase FE4-like isoform 1(ko: juvenile-hormone esterase)、beta-esterase 2 precursor(ko: juvenile-hormone esterase)、venom carboxylesterase-6-like(ko: juvenile-hormone esterase)及 pheromone-degrading enzyme 2(ko: juvenile-hormone esterase)]也发生了上调。这些上调的保幼激素基因很可能与取食人工饲料的蠋蝽若虫发育历期延长有关(Zou et al., 2013a)。应用 DAVID 6.7(Huang et al., 2009)及 GoToolbox(Martin et al., 2004)分析果蝇中影响寿命的基因表达模式，20 个基因可以影响寿命(Alaux et al., 2011)。其中 3 个影响寿命的基因在取食人工饲料的蠋蝽中被发现，可以增加寿命的 SOD 前体及 SOD 基因[superoxide dismutase[Cu-Zn]-like precursor(Swiss-Prot: superoxide dismutase [Cu-Zn])，Cu,Zn-superoxide dismutase](Orr et al., 1999；Sun and Tower, 1999)发生了上调，具催化功能的 Atpalpha 基因(sodium pump alpha subunit)也发生了上调。此外，4 个与较高自残率高度相关的 DEG(antennal esterase CXE19、sensory appendage protein 1、defensin-like protein precursor 及 odorant binding protein 15)在取食人工饲料的蠋蝽中发生了下调。这显示取食人工饲料的蠋蝽很可能对气味的感知能力下降或释放的防御气味较少(Zou et al., 2013a)。

蜜蜂饲料中需要添加 10 种必需氨基酸以满足成虫的发育：精氨酸、组氨酸、赖氨酸、色氨酸、苯丙氨酸、蛋氨酸、苏氨酸、亮氨酸、异亮氨酸和缬氨酸(de Groot, 1953)。然而蠋蝽必需的氨基酸有哪些还不清楚。与蜜蜂所需的 10 种必需氨基酸的新陈代谢相关的基因在取食人工饲料的蠋蝽中都发生了上调。其中，DEG 在一个代谢通路(丙氨酸、天冬氨酸和谷氨酸盐新陈代谢)中发生了显著的富集(Zou et al., 2013a)。

在与脂类代谢相关的 7 个通路中，富集的绝大多数的 DEG 在取食人工饲料的蠋蝽中发生了上调，包括脂肪细胞因子信号通路、丙酮酸新陈代谢、脂肪酸生物合成、甘油酯新陈代谢、脂降解和吸收、脂肪酸新陈代谢和脂肪酸延伸。这表明，蠋蝽人工饲料中脂类含量可能过多，这就需要减少饲料中提供脂类的金枪鱼、鸡蛋及猪肝的含量。在与淀粉和糖代谢相关的 4 个通路中，富集的绝大多数的 DEG 在取食人工饲料的蠋蝽中发生了上调，包括碳水化合物的消化和吸收、果糖和甘露糖的新陈代谢。由于蔗糖是饲料中糖的主要来源，因此需要减少饲料中蔗糖的含量。在与维生素相关的 10 个通路中富集的绝大多数的 DEG 在取食人工饲料的蠋蝽中发生了上调，包括维生素 C 新陈代谢、维生素消化和吸收、叶酸生物合成、泛酸盐和乙酰辅酶 A(CoA)生物合成、烟酸盐和烟酰胺新陈代谢、生物素新陈代谢、维生素 A 新陈代谢、维生素 B_1 新陈代谢、维生素 B_6 新陈代谢及维生素 B_2 新陈代谢。由于维生素，尤其是 B 族维生素是单独加入到饲料中的，因此很可能要减少饲料中相应维生素的含量(Zou et al., 2013a)。

Zinke 等(2002)将果蝇幼虫中营养调控的差异表达基因分为调控糖代谢(如脂肪酶-3、葡萄糖转运载体、胰岛素受体和脂肪酸合酶)和脂类代谢(乙酰辅酶 A 羧酶、酰黄辅酶 A

硫酯水解酶、ATP 柠檬酸裂解酶、间酶、6-P-G-脱氢酶、三酰甘油酯酶)的基因(Zinke et al., 2002)。在取食人工饲料的蠋蝽中, Zou 等(2013a)发现了一些营养调控的差异表达基因, 包括糖-酯酶-3、葡萄糖转运载体、胰岛素受体、脂肪酸合酶和乙酰辅酶 A 羧酶基因, 这些基因都上调了。这些营养调控的差异表达基因又一次表明了饲料中糖和脂类的含量很可能需要减少。

胰岛素信号在葡萄糖和脂类的新陈代谢中起着非常重要的作用(Saltiel and Kahn, 2001)。并且胰岛素/TOR(target of rapamycin)通路是保守的, 具有信号级联放大功能, 它将食物摄入和动物的生长、新陈代谢、繁殖和寿命紧密地联系起来(Colombani et al., 2003; Oldham and Hafen, 2003)。在蜜蜂中, 这个通路在调控个体寿命中起着很重要的作用(Münch and Amdam, 2010)。在蠋蝽胰岛素和 mTOR 信号通路中, 大多数的基因上调了, 这再一次表明饲料中脂类和糖类的含量很可能是过量的。但是 PI 3-激酶(PI3K)和核糖体蛋白 S6 基因在取食人工饲料的蠋蝽中下调了(Zou et al., 2013a)。很多的 PI3K 与很多种类的细胞功能有关, 如细胞生长、增殖、分化、运动、存活及细胞内物质交换。而且, PI3K 是胰岛素信号通路中的一个核心组分, 它通过磷酸化作用调控糖的摄取。

雷帕霉素靶蛋白(target of rapamycin, TOR)可对氨基酸的存在、诱导核糖体生物合成的上调、翻译(Hay and Sonenberg, 2004; Guertin et al., 2006; Grewal et al., 2007; Grewal, 2009; Li et al., 2009)及组织生长所需的能量代谢(Tiefenbock et al., 2009; Baltzer et al., 2009)作出应答。作为 TOR 复合体 1(TORC1)很具有代表性的效应器, S6K 在细胞及生物的生理机能上起着一个很重要但还没有被完全证实的作用。TORC1 作为环境的传感器, 通过整合来自不同环境因子的信号来促进同化作用, 抑制细胞异化作用。哺乳类 TORC1(mTORC1)使 S6K1 和 S6K2 磷酸化并激活它们, 它们的一个识别受体就是核糖体蛋白 S6。mTORC1-S6K1 轴心线控制着基本的细胞过程, 包括转录、翻译、蛋白质和脂肪的合成、细胞生长(大小)及新陈代谢、葡萄糖体内平衡、胰岛素敏感度、脂肪细胞新陈代谢、体重和能量平衡、组织和器官大小(Magnuson et al., 2012)。在取食人工饲料的蠋蝽中, mTOR 信号通路中的 S6 基因发生了下调(图 1-5), 这可能造成翻译过程延迟及细胞增长缓慢, 这也很可能是造成若虫发育历期延长的原因(Zou et al., 2013a)。

在黑腹果蝇中, 神经分泌的产生胰岛素样肽(insulin-like peptide, ILP)的细胞(IPC), 类似于哺乳类胰岛 β 细胞, 参与葡萄糖稳定态的平衡。此外, Haselton 等对果蝇成虫开展了一个口服葡萄糖耐量试验, 该试验证明 IPC 会对急性葡萄糖清除反应作出应答。将黑腹果蝇作为进一步研究与龄期相关的代谢紊乱的系统, Haselton 等发现成虫特异性局部敲除 IPC 会对类胰岛素肽作用、新陈代谢产出及寿命产生影响。该结果显示, 敲除 IPC 的果蝇, 储藏的糖原、三酰甘油及可循环脂类的水平显著增加, 对饥饿的抗性增加, 雌虫繁殖力受损, 寿命增加, 死亡率减少。所有这些都证明, 没有胰岛素抗性, 可以通过调节果蝇成虫 ILP 的活动来达到增加寿命的目的(Haselton et al., 2010)。鉴于此, Zou 等(2013a)推测, 取食人工饲料的蠋蝽有较低的产卵量和较长的寿命, 这应该与人工饲料中较高含量的糖有关。

Zou 等(2015)对用人工饲料和柞蚕蛹连续 12 代饲喂蠋蝽的饲养成本进行了分析, 发现取食人工饲料的蠋蝽的饲养成本是取食柞蚕蛹的蠋蝽的饲养成本的近 2 倍。上述基于

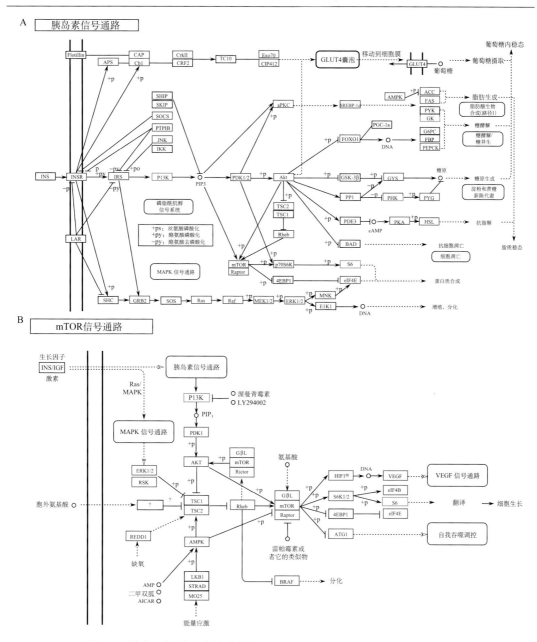

图 1-5　被人工饲料影响的胰岛素和 mTOR 信号通路(Zou et al., 2013a)

A. 胰岛素信号通路；B. mTOR 信号通路。红框表示上调基因在该通路中富集，绿框表示下调基因在该通路中富集

蠋蝽转录组的营养基因组学分析将为蠋蝽人工饲料的改良提供大量可靠的分子数据，同时也为减少饲养成本并进一步促进蠋蝽的大规模扩繁奠定了稳固的组学基础。

七、营养基因组学和系统生物学

系统生物学(systems biology)作为一个有争议的概念已经出现在生物学和医学研究中。对它的共识起源于生物体以系统形式存在这一事实，对存在于复杂的生物网络系统的相互作用了解得越好，就越容易研发全面解决健康问题的方法。因此，系统生物学领域在理论和实践上为我们提供了一个独一无二的视角。系统生物学强调把生物学机理和这些信号网络是如何产生系统的自然性能看作一个整体。在研究中，这个概念的启用保证了系统范围试验技术的集成，以此在系统内大量的过程中来收集大量完整的数据。随着当今尖端组学技术，包括转录组学、蛋白质组学、代谢组学及脂类组学的发展，我们不仅能够分析感兴趣的组分，也可以构建定量的、可检验的生物系统模型，以此来研究改变这些组分是如何从整体上影响一个系统的。鉴于系统生物学发展的巨大潜能，我们必须把它的原理应用于营养基因组学研究中，并把这些研究结果应用于临床上（Kang，2012）。

从一个生物学的角度看，不管是它的研究概念还是它的实践应用，营养基因组学事实上都是系统生物学中的一个重要领域。营养基因组学主要是研究营养素和基因之间的相互作用。从宏观上来讲，营养基因组学反映了一个环境因子（营养素）和我们生物系统（基因）之间的相互作用。在我们能评价营养素-基因相互作用之前，必须也要考虑影响目标营养素的生物活性和组织密度的系统因子，包括消化、吸收及运输。在分子水平，营养基因组学影响的评价需要一个完整的检测，至少包括3个互联系统：营养素-营养素、营养素-基因及基因-基因的相互作用。依照营养素-营养素相互作用，一种营养素可以显著地影响另一种营养素的新陈代谢及生物学功能。例如，ω-6和ω-3多元不饱和脂肪酸都是很重要的脂肪酸，但是它们竞争与代谢酶的结合并进入细胞膜，并不同程度地影响基因的表达（Weylandt and Kang，2005）。在营养素-基因相互作用中，同样的营养素可以以不同的方式调节基因表达。例如，重要的脂肪酸可以直接绑定到转录因子上，像过氧化物酶体增殖物激活受体（PPAR）可以调节脂类新陈代谢基因，但是它们的代谢物，如类花生酸也可以绑定到它们的受体上进行基因表达（Funk，2001）。在基因-基因相互作用中，一个基因的变化可以改变许多其他相关基因的表达。例如，核因子κB（NF-κB）活性可以诱导各种各样的细胞因子的表达，而这些细胞因子反过来可以上调核因子κB活性（Kang and Weylandt，2008）。简言之，一个营养素可以影响多重的基因表达，一个基因表达可以被不同的营养素调节。我们可以看出营养素和基因表达之间的复杂关系不能也不应该被缩小到个体的相互作用，因此营养基因组学应该是系统生物学应用的一个主要领域。

从一个实践的角度出发，系统生物学的综合途径能够帮助我们研发出预防和治疗疾病更有效的方案。目前的医学在很大程度上基于"一个药物，一个目标，一个疾病"这样一种模式，这在理论上听起来很理想。然而，由于一些性质未知，许多现存的药物展现了很有限的疗效。一个有趣的临床现象就是炎症，它的慢性状态可以引起并促使许多严重疾病的发生，如心血管疾病、肥胖、糖尿病和癌症（Hotamisligil，2006）。炎症反应涉及多个生物过程，包括脂质调节介质形成、免疫细胞活性及移动、细胞因子分泌及氧化压力形成。大多抗炎药物仅仅针对一种特殊的酶或路径，如COX-2抑制剂；在很多情况下，由于不良反应，这些药物的结果并不令人满意，并且如果长期应用于预防疾病，它并不安全。在系统生物学原理指导下的一个营养基因组学途径可能为这些情形提供备选方案。例如，通过鉴定在调节炎症的一定阶段会起到很好疗效的营养素，我们可以利用针对多重路径的特殊营养素组合，以此用一个宽泛广谱、无毒的方式来抑制炎症。这种准则的发展是为炎症和其他相关的健康情形制定安全可靠的治疗方案的关键。

理解系统生物学的原理，我们应该认识到生物系统的复杂性，并在所有潜在的水平利用一个综合途径来研究营养素和基因的相互作用。这样我们才能为个性化营养的发展获得可靠而全面的信息(Kang，2012)。

第三节 营养基因组学在昆虫扩繁中的应用

一、天敌昆虫扩繁的目的

天敌昆虫的饲养主要有两个目的：一是为昆虫生物学、生理学、行为学等研究提供试虫；二是大量生产天敌昆虫用于害虫生物防治。天敌昆虫的规模化饲养仍面临许多瓶颈(Cohen et al.，1999)，其中最重要的是自动化和质量控制。自动化可以大大减少生产成本，例如，广东省昆虫研究所在1997年研究的用于生产赤眼蜂和平腹小蜂人工寄主卵的改良自动包卵机，每天可以生产1300万头赤眼蜂或30万头平腹小蜂。前苏联在草蛉人工猎物的相关研究上也取得了一些进展。然而，由于涉及商业利益，很多相关成果不为人知，天敌昆虫生产的自动化目前进展缓慢，这需要昆虫学者和工程师的共同努力。质量控制和质量保障在天敌昆虫的饲养中显得越来越重要。为了确保害虫生物防治的效果，天敌昆虫产品在运送到终端用户(公司、技术员及农民)时必须具有稳定而优良的生物学特性。质量不是一个绝对的概念，应该结合昆虫生产的目标来定义(Grenier，2009)。例如，在天敌昆虫的接种式释放中，田间种群的建立需要较长的时间，其质量参数显然不同于淹没式释放，一方面是较好的适应力、较高的遗传变异性、较长的存活时间，另一方面是较高的繁殖潜能、较好的扩散能力、较高的捕食率或寄生率。在雄性不育昆虫的饲养中，饲养的昆虫与田间种群的兼容性及它们的性竞争力是主要的质量控制参数(Grenier，2009)。

二、昆虫质量控制参数

对于任何领域的昆虫研究，健康、高品质的昆虫试虫都非常重要。昆虫的疾病在未表现出症状时很难检测到，但一个种群发病率可以用给定时间内的死亡率来进行评价。为了确保昆虫的质量，除了一些明显的生物学特性，如种类、虫态虫龄、数量外，其他的参数也需要检测。因此，根据不同的目的制定可靠的质量控制参数及标准非常重要。

对于在人工环境中饲养的寄生性和捕食性天敌昆虫，Grenier和de Clercq(2003)制定了部分质量控制参数。其中，形态学参数主要包括不同发育期的大小和重量，以及畸形的比例；发育和繁殖方面的参数有存活率、不同阶段(卵、幼虫/若虫、蛹及成虫)的发育历期、性比、产卵量、寿命、产卵期；此外，共生物(symbiont)的存在与否也作为一个特殊的参数，因为它在天敌昆虫的繁殖及营养中起到一定的作用；行为学参数对于生物防治很重要，如捕食或寄生效率、对寄主或猎物的定位能力、移动或飞行能力等。虽然尚没有制定生化方面的质量参数，但其重要性毋庸置疑，如蛋白质、脂类、糖类含量，甚至激素的滴度等；另外，遗传学方面的质量控制参数也需要补充，其中遗传变异性及纯合度应首先考虑。因此，有关饲养天敌昆虫的质量控制参数，仍有待进一步补充和完善(Grenier，2009)。

三、面临问题及展望

几十年来，不同国家在寄生和捕食性天敌昆虫的人工饲养方面取得了很大的成功，大约130种食虫昆虫已经可以部分或全部用人工饲料饲养，其中包括20多种赤眼蜂。然而从2000年开始，对人工饲料的研究开始下滑(Cônsoli and Grenier，2010)。同时，研究人工饲养的科学家的重点从学术转向了应用性更强的工作，有时发表文章或申请专利不再那么有规律。

在需要研究的诸多领域中，对营养的更多理解是天敌昆虫饲养和生产的一个关键所在。天敌昆虫饲养不仅仅是一个技术应用问题，更是一个真真切切的基础研究问题。要想保证天敌昆虫饲养成功，学术研究和应用研究都是必不可少的。生产的昆虫的食物和残骸的生化分析是一种鉴定和测试人工饲料的好方法(Grenier，2002)。为了天敌昆虫生产的质量控制，一些生化标准，如在特殊蛋白质中蛋白质/脂类的含量或水平，需要经过生化分析或免疫分析被扩充(Shapiro and Ferkovich，2002；Zapata et al.，2005；Dindo et al.，2006；Sighinolfi et al.，2008)。新的质量控制参数的发展，如不对称(asymmetry)(Ueno，1994；Hewa-Kapuge and Hoffmann，2001)应该被考虑进去。大量有关寄生物-寄主关系的研究，以及这些研究随后对营养、繁殖及质量控制参数的影响也应该被列为研究的重点。

为了改良人工饲料，一个全新的工具——营养基因组学已经开始发展起来(Coudron et al.，2006)。Coudron等(2011)用不添加和添加小麦胚芽油的饲料分别饲养橘小实蝇，发现一个编码活化蛋白激酶C受体1(receptor for activated C kinase 1)基因的表达量在取食添加小麦胚芽油饲料的雌蝇所产卵中增加了6.8倍。蛋白激酶C受体1至少是3个细胞内信号转导途径中的一个很重要的元件，这使得它很可能成为检测橘小实蝇或其他昆虫体内脂类缺乏的候选分子标记。Alaux等(2011)比较了取食花粉和糖的蜜蜂及取食缺少糖饲料的蜜蜂转录组的差异，发现花粉激活了对营养敏感的代谢通路。此外，这些营养对影响寿命的以及与抗菌肽生成相关的基因有积极的影响。Coudron等(2012)发现斑腹刺益蝽中微量元素的水平实质上是受食物来源影响的，并且取食不同的食物微量元素水平会有显著的不同。Zou等(2013a)对取食人工饲料和柞蚕蛹的蠋蝽转录组进行高通量测序所发现的和营养相关的差异表达基因及相关的代谢通路为人工饲料的改良提供了大量有价值的信息。

基因表达不仅是从转录组到蛋白质组的单向流动，而且是两者的相互连接。由于转录后和翻译后的精细调控，转录组的数据并不总是蛋白质丰度的可靠指示剂(Greenbaum et al.，2003；de Godoy et al.，2008；Maier et al.，2009)。因此要应用营养基因组学对天敌昆虫人工饲料进行改良，还需对蛋白质组进行深入的分析。同重同位素相对与绝对定量(isobaric tags for relative and absolute quantitation，iTRAQ)技术是近年来最新开发的一种新的蛋白质组学定量研究技术。该技术可以在一次实验中对多达8个样品的蛋白质组进行定量分析，具有高定量精度的特点，并且弥补了荧光差异凝胶电泳(DIGE)及同位素亲和标签(ICAT)的不足，目前已经被越来越广泛地应用于定量蛋白质组学研究领域。iTRAQ试剂由报告离子、平衡基团、反应基团三部分构成，反应基团可以与肽段N端或赖氨酸侧链发生反应，从而可以标记任何肽段。iTRAQ定量方法主要步骤分别为蛋白质提取、酶解、标记、混合、强阳离子交换色谱层析(SCX)预分离、液相串联质谱分析。其原理为在一级质谱时，平衡基团可以确保无论用哪种报告离子标记肽段，都显示为相同的质荷比值。在二级质谱时，平衡基团发生中性丢失，而报告离子的强度则可以反映肽段的相对丰度值。利用iTRAQ技术进行蛋白质组定量的优势主要体现在：①由于试剂可以标记任何肽段，包括翻译后修饰肽段，因此可以极大地提高蛋白质鉴定的可信度和覆盖度；②由于可以对一个蛋白质的多个肽段进行定量，因此可以提高定量的可信度；③生物标记物的发现使其成为一种高通量的研究方法；④定量精度较高；⑤可以在一次实验中，进行多达8个样品的比较。

目前，iTRAQ技术已经被应用于原生动物门(Protozoa)动鞭虫纲(Zoomastigophora)刚果锥虫(*Trypanosoma congolense*)(Eyford et al.，2011)、节肢动物门(Arthropoda)甲壳纲(Crustacea)蔓足亚纲(Cirripedia)藤壶(*Balanus amphitrite*)幼虫(Han et al.，2013)、墨西哥利什曼原虫(*Leishmania mexicana*)和婴儿利什曼原虫(*Leishmania infantum*)(Lynn et al.，2013)及节肢动物门(Arthropoda)蛛形纲(Arachnida)蜱螨亚纲(Acari)的篦子硬蜱(*Ixodes ricinus*)(Cotté et al.，2014)等生物的研究，而在昆虫纲生物上的研究较少，Bonnett等(2012)应用iTRAQ技术对深秋和初春的中欧山松大小蠹(*Dendroctonus ponderosae*)越冬幼虫的蛋白质组进行了比较分析，该研究证明海藻糖、2-脱氧葡萄糖、抗氧化酶在幼虫越冬的生理生化过程中起着非常重要的作用。这为研究中欧山松大小蠹的冷耐受机制及鞘翅目昆虫发育生物学提供了很有价值的参考。而应用iTRAQ技术来研究天敌昆虫，尤其是取食人工饲料天敌昆虫的研究尚未见报道。

营养基因组学将成为建立健康与营养新模型的基础。但是，表型的综合分析，如代谢分析，是将这种新的科学理论变成实践所必需的。因此，新的生物个体评估方法必须发展为能够发现生物个体代谢过程中细微的、定量的差异，并能通过全面的代谢观察将健康状况视为一个连续的过程。每个个体的代谢都应该进行全面的观察。这种促进健康的方法，需要对代谢分子进行总体的、定量的测量而获得代谢模型，即现在所谓的代谢组学技术，还需要生物正常状况和不同健康状态下代谢产物水平的数据库。目前，代谢组学被定义为代谢分子的综合分析，代谢分子是指代谢过程中产生的小分子物质，它代表了机体中所有代谢途径的总和，研究它的重点是为了鉴定各种通路及确定其在机体功能发挥中的作用。

代谢组学这个新兴的学科有很多优势：①估计营养状况，包括必需和非必需营养素及其内源性代谢的效应；②追踪饮食干预的依从性、进展和成功完成；③鉴定不良反应、预料之外的代谢反应，或对特殊饮食干预的无应答；④发现由于环境改变、生活方式的调整，以及正常的衰老和成熟进程所带来的代谢改变；⑤预测个体的代谢轨迹，预测可能发生的干预代谢结果或干预失败；⑥评定代谢压力；⑦探索代谢状态范围，便于测定最佳健康潜力。

代谢组学的主要目标是测量和定量一个生物样本的所有代谢分子。现在还没有单独的技术可以同时测量和定量一个生物样本的所有代谢分子。目前应用的有两种依赖光谱的检测方法，一种是不能定量的核磁共振波谱法，另一种是要求靶向化合物提纯和提前分馏的质谱技术。这两种都是适合测量小分子物质的极其有效的分析方法。它们都给代谢组学带来了不同的前景，但是要大规模地确认和定量单一样本的所有代谢分子，两者各有优势和缺点。因此，代谢组学领域正在逐步地向这些目标迈进。

目前，尚没有应用代谢组学来研究天敌昆虫人工饲养的报道，但是在昆虫滞育研究中有一定进展。外寄生蜂丽蝇蛹集金小蜂(*Nasonia vitripennis*)可以利用母代效应的幼虫滞育来增强其冷耐受性。蝇寄主滞育状态的一个简单的操控和寄主饲料添加脯氨酸都可显著地增强该寄生蜂的冷耐受性。Li 等(2015)利用质谱技术明确了由寄生蜂滞育、寄主滞育及寄主饲料添加脯氨酸所导致的丽蝇蛹集金小蜂代谢图谱的变化。滞育和非滞育的寄生蜂的代谢图谱显著不同，两者在多重低温保护剂、氨基酸及碳水化合物水平上存在显著差异。滞育的动态本质就是随着滞育时间的增加，代谢图谱发生转变，一个明显的特征就是一系列低温保护剂浓度的增加。在寄生蜂滞育阶段，与氨基酸和碳水化合物新陈代谢相关的代谢途径显著富集。寄主滞育状态也对寄生蜂代谢特征产生了显著的影响，如较高浓度的低温保护剂和过量表达的糖酵解产物。寄主饲料添加的脯氨酸并没有直接转化成寄生蜂体内过量表达的脯氨酸，但是导致了许多其他代谢物丰度的转化，包括必需氨基酸浓度的增加，与能量利用、脂类和氨基酸新陈代谢相关的代谢物的减少。因此，由寄主饲料添加脯氨酸所导致的寄生蜂冷耐受性增强可能是一个由饲料添加物所引起的代谢干扰的间接效果。

所有"组学"学科——基因组学、蛋白质组学和代谢组学——都有一个目标，就是了解外源化合物对昆虫代谢调节的影响。尽管营养基因组学面临诸多的挑战，如生物计算、大量的数据分析及生物信息管理等，但是随着科技的快速发展，在不久的将来，营养基因组学将为昆虫学者提供独一无二的宝贵资源，协助他们进行昆虫产品质量检测、指导人工饲料配方改良、天敌昆虫释放后适宜性评价，最终将能够促进害虫生物防治的稳步前进。

(撰稿人：邹德玉)

参 考 文 献

Adams M D, Celniker S E, Holt R A, *et al.* 2000. The genome sequence of *Drosophila melanogaster*. Science, 287: 2185-2195.

Adams T S. 2000. Effect of diet and mating status on ovarian evelopment in a predaceous stinkbug, *Perillus bioculatus*(Hemiptera: Pentatomidae). Ann Entomol Soc Am, 93: 529-535.

Adams T S, Filipi P A, Yi S X. 2002. Effect of age, diet, diapause and juvenile hormone on oogenesis and the amount of vitellogenin and vitellin in the twospotted stink bug, *Perillus bioculatus*(Heteroptera: Pentatomidae). J Insect Physiol, 48: 477-486.

Aebersold R, Mann M. 2003. Mass spectrometry-based proteomics. Nature, 422: 198-207.

Alaux C, Dantec C, Parrinello H, *et al.* 2011. Nutrigenomics in honey bees: digital gene expression analysis of pollen's nutritive effects on health and varroa-parasitized bees. BMC Genomics, 12: 496-508.

Allen M L. 2015. Characterization of adult transcriptomes from the omnivorous lady beetle *Coleomegilla maculata* fed pollen or insect egg diet. J Genomics, 3: 20-28.

Ames B N. 2003. The metabolic tune-up: Metabolic harmony and disease prevention. J Nutr, 133: S1544-S1548.

Ansorge W J. 2009. Next-generation DNA sequencing techniques. New Biotechnol, 25: 195-203.

Arcellana-Panlilio M, Robbins S M. 2002. Global gene expression prowling using DNA microarrays. Am J Physiol, 282: G397-G402.

Arrese E L, Canavoso L E, Jouni Z E, *et al.* 2001. Lipid storage and mobilization in insects: current status and future directions. Insect Biochem Mol Biol, 31: 7-17.

Arrese E L, Soulages J L. 2010. Insect fat body: energy, metabolism, and regulation. Annu Rev Entomol, 55: 207-225.

Ashrafi K, Chang F Y, Watts J L, *et al.* 2003. Genome-wide RNAi analysis of *Caenorhabditis elegans* fat regulatory genes. Nature, 421: 268-272.

Badano J L, Katsanis N. 2002. Beyond Mendel: an evolving view of human genetic disease transmission. Nat Rev Genet, 3: 779-789.

Bai X D, Mamidala P, Rajarapu S P, *et al.* 2011. Transcriptomics of the bed bug (*Cimex lectularius*). PLoS ONE, 6: e16336.

Bai X D, Zhang W, Ornates L, *et al.* 2010. Combining next-generation sequencing strategies for rapid molecular resource development from an invasive aphid species, *Aphis glycines*. PLoS ONE, 5: e11370.

Baltzer C, Tiefenbock S K, Marti M, *et al.* 2009. Nutrition controls mitochondrial biogenesis in the *Drosophila* adipose tissue through Delg and cyclin D/Cdk4. PLoS ONE, 4: e6935.

Barton N H, Keightley P D. 2002. Understanding quantitative genetic variation. Nat Rev Genet, 3: 11-21.

Blanchard R K, Moore B, Green C L, *et al.* 2001. Modulation of intestinal gene expression by dietary zinc status: effectiveness of cDNA arrays for expression prowling of a single nutrient deficiency. Proc Natl Acad Sci USA, 98: 13507-13513.

Bonnett T R, Robert J A, Pitt C, *et al.* 2012. Global and comparative proteomic profiling of overwintering and developing mountain pine beetle, *Dendroctonus ponderosae* (Coleoptera: Curculionidae), larvae. Insect Biochem Molec Biol, 42: 890-901.

Britton J S, Edgar B A. 1998. Environmental control of the cell cycle in *Drosophila*: nutrition activates mitotic and endoreplicative cells by distinct mechanisms. Development, 12: 2149-2158.

Britton J S, Lockwood W K, Li L, *et al.* 2002. *Drosophila*'s insulin/PI3-kinase pathway coordinates cellular metabolism with nutritional conditions. Dev Cell, 2: 239-249.

Brogiolo W, Stocker H, Ikeya T, *et al.* 2001. An evolutionarily conserved function of the *Drosophila* insulin receptor and insulin-like peptides in growth control. Curr Biol, 11: 213-221.

Cameron E, Day T, Rowe L. 2007. Sperm competition and the evolution of ejaculate composition. Am Nat, 169: E158-E172.

Cameron R, Duncan E, Dearden P. 2013. Biased gene expression in early honeybee larval development. BMC Genomics, 14: 903.

Campion J, Milagro F I, Martinez J A. 2004. Genetic manipulation in nutrition, metabolism, and obesity research. Nutr Rev, 62: 321-330.

Canavoso L E, Bertello L E, de Lederkremer R M, *et al.* 1998. Effect of fasting on the composition of the fat body lipid of *Dipetalogaster maximus*, *Triatoma infestans* and *Panstrongylus megistus* (Hemiptera: Reduviidae). J Comp Physiol B, 168: 549-554.

Canavoso L E, Jouni Z E, Karnas K J, et al. 2001. Fat metabolism in insects. Annu Rev Nutr, 21: 23-46.

Canavoso L E, Wells M A. 2000. Metabolic pathways for diacylglycerol biosynthesis and release in the midgut of larval *Manduca sexta*. Insect Biochem Mol Biol, 30: 1173-1180.

Carlborg O, Haley C S. 2004. Epistasis: too often neglected in complex trait studies? Nat Rev Genet, 5: 618-625.

Cederberg A, Gronning L, Ahren B, et al. 2001. FOXC2 is a winged helix gene that counter-acts obesity, hypertriglyceridemia and diet-induced insulin resistance. Cell, 106: 563-573.

Chapman R F. 1985. Coordination of digestion. *In*: Kerkut G A, Gilbert L I. Comprehensive Insect Physiology, Biochemistry and Pharmacology. Oxford: Pergamon Press: 213-240.

Chapman T. 2001. Seminal fluid-mediated fitness traits in *Drosophila*. Heredity, 87: 511-521.

Chenchik A, Moqadam L, Siebert P D. 1996. A new method for full-length cDNA cloning by PCR. *In*: Krieg P. A Laboratory Guide to RNA: Isolation, Analysis, and Synthesis. New York: Wiley: 273-321.

Chown S L, Nicolson S W. 2004. Insect Physiological Ecology: Mechanisms and Patterns. Oxford: Oxford University Press: 14-48.

Cohen A C, Nordlund D A, Smithr R A. 1999. Mass rearing of entomophagous insects and predaceous mites: are the bottlenecks biological, engineering, economic, or cultural? Biocontrol News Info, 20: 85N-90N.

Colombani J, Raisin S, Pantalacci S, et al. 2003. A nutrient sensor mechanism controls *Drosophila* growth. Cell, 114: 739-749.

Cônsoli F L, Grenier S. 2010. *In vitro* rearing of egg parasitoids. *In*: Cônsoli F L, Parra J R P, Zucchi R A. Egg Parasitoids in Agroecosystems with Emphasis on *Trichogramma*. Dordrecht: Springer: 293-313.

Cotté V, Sabatier L, Schnell G, et al. 2014. Differential expression of *Ixodes ricinus* salivary gland proteins in the presence of the *Borrelia burgdorferi* sensu lato complex. J Proteomics, 96: 29-43.

Coudron T A, Chang C L, Goodman C L, et al. 2011. Dietary wheat germ oil influences gene expression in larvae and eggs of the oriental fruit fly. Arch Insect Biochem Physiol, 76: 67-82.

Coudron T A, Kim Y. 2004. Life history and cost analysis for continuous rearing of *Perillus bioculatus* (Heteroptera: Pentatomidae) on a zoophytogenous artificial diet. J Econ Entomol, 97: 807-812.

Coudron T A, Mitchell L C, Sun R, et al. 2012. Dietary composition affects levels of trace elements in the predator *Podisus maculiventris* (Say) (Heteroptera: Pentatomidae). Biol Control, 61: 141-146.

Coudron T A, Wittmeyer J, Kim Y. 2002. Life history and cost analysis for continuous rearing of *Podisus maculiventris* (Say) (Heteroptera: Pentatomidae) on a zoophytophagous artificial diet. J Econ Entomol, 95: 1159-1168.

Coudron T A, Yocum G D, Brandt S L. 2006. Nutrigenomics: a case study in the measurement of insect response to nutritional quality. Entomol Exp Appl, 121: 1-14.

Cridge A G, Leask M P, Duncan E J, et al. 2015. What do studies of insect polyphenisms tell us about nutritionally-triggered epigenomic changes and their consequences? Nutrients, 7: 1787-1797.

Csete M E, Doyle J C. 2002. Reverse engineering of biological complexity. Science, 295: 1664-1669.

Davis C D, Uthus E O. 2004. DNA methylation, cancer susceptibility, and nutrient interactions. Exp Biol Med, 229: 988-995.

de Godoy L M F, Olsen J V, Cox J, et al. 2008. Comprehensive mass-spectrometry-based proteome quantification of haploid versus diploid yeast. Nature, 455: 1251-1254.

de Groot A P. 1953. Protein and amino acid requirements of the honey bee (*Apis mellifica* L.). Physiol Comp Oecol, 3: 197-285.

de Roos B, Duivenvoorden I, Rucklidge G, et al. 2005. Response of apolipoprotein E*3-Leiden transgenic mice to dietary fatty acids: Combining liver proteomics with physiological data. FASEB J, 19: 813-815.

Dean R L, Locke M, Collins J V. 1985. Structure of the fat body. *In*: Kerkut G A, Gibert L I. Comprehensive Insect Physiology, Biochemistry and Pharmacology. New York: Pergamon Press: 155-210.

Diatchenko L, Lau Y F C, Campbell A P, et al. 1996. Suppression subtractive hybridization: a method for generating differentially regulated or tissue-specific cDNA probes and libraries. Proc Natl Acad Sci USA, 93: 6025-6030.

Dindo M L, Grenier S, Sighinolfi L, et al. 2006. Biological and biochemical differences between *in vitro-* and *in vivo*-reared *Exorista larvarum*. Entomol Exp Appl, 120: 167-174.

Eyford B A, Sakurai T, Smith D, et al. 2011. Differential protein expression throughout the life cycle of *Trypanosoma congolense*, a major parasite of cattle in Africa. Mol Biochem Parasitol, 177: 116-125.

Flier J, Hollenberg A. 1999. ADD-1 provides major new insight into the mechanism of insulin action. Proc Natl Acad Sci USA, 96: 14191-14192.

Fricke C, Wigby S, Hobbs R, et al. 2009. The benefits of male ejaculate sex peptide transfer in *Drosophila melanogaster*. J Evol Biol, 22: 275-286.

Friedman J, Halaas J. 1998. Leptin and the regulation of body weight in mammals. Nature, 395: 763-770.

Funk C D. 2001. Prostaglandins and leukotrienes: advances in eicosanoid biology. Science, 294: 1871-1875.

Gems D, Partridge L. 2001. Insulin/IGF signaling and ageing: seeing the bigger picture. Curr Opin Genet Dev, 11: 287-292.

Gibbons J G, Janson E M, Hittinger C T, et al. 2009. Benchmarking next-generation transcriptome sequencing for functional and evolutionary genomics. Mol Biol Evol, 26: 2731-2744.

Gillott C. 2003. Male accessory gland secretions: modulators of female reproductive physiology and behavior. Annu Rev Entomol, 48: 163-184.

Glastad K M, Hunt B G, Yi S V, et al. 2011. DNA methylation in insects: On the brink of the epigenomic era. Insect Mol Biol, 20: 553-565.

Greenbaum D, Colangelo C, Williams K, et al. 2003. Comparing protein abundance and mRNA expression levels on a genomic scale. Genome Biol, 4: 117.

Grenier S. 2002. Artificial diets for the production of natural enemies (predators and parasitoids) of greenhouse pest insects. Final consolidated report, FAIR 6-project no. CT 98 4322.

Grenier S. 2009. *In vitro* rearing of entomophagous insects - Past and future trends: a minireview. Bull Insectology, 62: 1-6.

Grenier S, de Clercq P. 2003. Comparison of artificially vs. naturally reared natural enemies and their potential for use in biological control. *In*: van Lenteren J C. Quality Control and Production of Biological Control Agents: Theory and Testing Procedures. Oxford: Oxford University Press: 115-133.

Grewal S S. 2009. Insulin/TOR signaling in growth and homeostasis: a view from the fly world. Int J Biochem Cell Biol, 41: 1006-1010.

Grewal S S, Evans J R, Edgar B A. 2007. *Drosophila* TIF-IA is required for ribosome synthesis and cell growth and is regulated by the TOR pathway. J Cell Biol, 179: 1105-1113.

Gronke S, Mildner A, Fellert S. 2005. Brummer lipase is an evolutionary conserved fat storage regulator in *Drosophila*. Cell Meta, 1: 323-330.

Gronke S, Muller G, Hirsch J, et al. 2007. Dual lipotytic control of body fat storage and mobilization in *Drosophila*. PLoS Biol, 5: 1248-1256.

Gu Z, Steinmetz L M, Gu X, et al. 2003. Role of duplicate genes in genetic robustness against null mutations. Nature, 421: 63-66.

Guertin D A, Guntur K V, Bell G W, et al. 2006. Functional genomics identifies TOR-regulated genes that control growth and division. Curr Biol, 16: 958-970.

Han Z, Sun J, Zhang Y, et al. 2013. iTRAQ-based proteomic profiling of the barnacle *Balanus amphitrite* in response to the antifouling compound meleagrin. J Proteome Res, 12: 2090-2100.

Hartman J L, Garvik B, Hartwell L. 2001. Principles for the buffering of genetic variation. Science, 291: 1001-1004.

Haselton A, Sharmin E, Schrader J, et al. 2010. Partial ablation of adult *Drosophila* insulin-producing neurons modulates glucose homeostasis and extends life span without insulin resistance. Cell Cycle, 9: 3063-3071.

Hay N, Sonenberg N. 2004. Upstream and downstream of mTOR. Genes Dev, 18: 1926-1945.

Haydak M H. 1970. Honey bee nutrition. Annu Rev Entomol, 15: 143-156.

Hellerstein M K. 2003. *In vivo* measurement of fluxes through metabolic pathways: the missing link in functional genomics and pharmaceutical research. Annu Rev Nutr, 23: 379-402.

Herzig S, Long F, Jhala U S, et al. 2001. CREB regulates hepatic gluconeogenesis through the coactivator PGC-1. Nature, 413: 179-183.

Hewa-Kapuge S, Hoffmann A A. 2001. Composite asymmetry as an indicator of quality in the beneficial wasp *Trichogramma nr. brassicae* (Hymenoptera: Trichogrammatidae). J Econ Entomol, 94: 826-830.

Hodgson D J, Hosken D J. 2006. Sperm competition promotes the exploitation of rival ejaculates. J Theor Biol, 243: 230-234.

Hoog C. 1991. Isolation of a large number of novel mammalian genes by a differential cDNA library screening strategy. Nucleic Acids Res, 19: 6123-6127.

Hotamisligil G S. 2006. Inflammation and metabolic disorders. Nature, 444: 860-867.

Hoy M A, Yu F, Meyer J M, et al. 2013. Transcriptome sequencing and annotation of the predatory mite *Metaseiulus occidentalis* (Acari: Phytoseiidae): a cautionary tale about possible contamination by prey sequences. Exp Appl Acarol, 59: 283-296.

Huang D W, Sherman B T, Lempicki R A. 2009. Systematic and integrative analysis of large gene lists using DAVID Bioinformatics Resources. Nat Protoc, 4: 44-57.

Hung T, Sievenpiper J L, Marchie A, et al. 2003. Fat versus carbohydrate in insulin resistance, obesity, diabetes and cardiovascular disease. Curr Opin Clin Nutr Metab Care, 6: 165-176.

Ishimori N, Li R, Kelmenson P M, et al. 2004. Quantitative trait loci that determine plasma lipids and obesity in C57BL/6J and 129S1/SvImJ inbred mice. J Lipid Res, 45: 1624-1632.

Jaworski D C, Zou Z, Bowen C J, et al. 2010. Pyrosequencing and characterization of immune response genes from the American dog tick, *Dermacentor variabilis* (L.). Insect Mol Biol, 19: 617-630.

Jenkins D J, Kendall C W, Faulkner D, et al. 2002. A dietary portfolio approach to cholesterol reduction: combined effects of plant sterols, vegetable proteins, and viscous fibers in hypercholesterolemia. Metab Clin Exp, 51: 1596-1604.

Jenkins D J, Kendall C W, Marchie A, et al. 2003a. Effects of a dietary portfolio of cholesterol lowering foods vs lovastatin on serum lipids and C-reactive protein. JAMA, 290: 502-510.

Jenkins D J, Kendall C W, Marchie A, *et al.* 2003b. Type 2 diabetes and the vegetarian diet. Am J Clin Nutr, 78: 610S-616S.

Jenkins D J, Kendall C W, Marchie A, *et al.* 2004. Too much sugar, too much carbohydrate, or just toomuch? Am J Clin Nutr, 79: 711-712.

Kang J X. 2012. Nutrigenomics and systems biology. J Nutrigenet Nutrigenomics, 5: I-II.

Kang J X, Weylandt K H. 2008. Modulation of inflammatory cytokines by omega-3 fatty acids. Subcell Biochem, 49: 133-143.

Kaput J. 2004. Diet-disease gene interactions. Nutrition, 20: 26-31.

Kaput J, Klein K G, Reyes E J, *et al.* 2004. Identification of genes contributing to the obese yellow A^{vy} phenotype: caloric restriction, genotype, diet × genotype interactions. Physiol Genomics, 18: 316-324.

Kaput J, Rodriguez R L. 2004. Nutritional genomics: The next frontier in the postgenomic era. Physiol Genomics, 16: 166-167.

Kaput J, Rodriguez R L. 2011.营养基因组学: 发现通往个性化营养的途径. 祁鸣, 朱心强等译.杭州: 浙江大学出版社: xviii, 1, 429, 106-109.

Kaput J, Swartz D, Paisley E, *et al.* 1994. Diet-disease interactions at the molecular level: an experimental paradigm. J Nutr, 124: 1296S-1305S.

Kitano H. 2004. Biological robustness. Nat Rev Genet, 5: 826-837.

Large V, Hellström L, Reynisdottir S, *et al.* 1997. Human beta-2 adrenoceptor gene polymorphisms are highly frequent in obesity and associate with altered adipocyte beta-2 adrenoceptor function. J Clin Invest, 100: 3005-3013.

Lehner C. 1999. The beauty of small flies. Nat Cell Biol, 1: E129-E130.

Leineweber K, Brodde O E. 2004. Beta2-adrenoceptor polymorphisms: relation between *in vitro* and *in vivo* phenotypes. Life Sci, 74: 2803-2814.

Li R Q, Li Y R, Fang X D, *et al.* 2009. SNP detection for massively parallel whole-genome resequencing. Genome Res, 19: 1124-1132.

Li Y Y, Zhang L S, Chen H Y, *et al.* 2015. Shifts in metabolomic profiles of the parasitoid *Nasonia vitripennis* associated with elevated cold tolerance induced by the parasitoid's diapause, host diapause and host diet augmented with proline. Insect Biochem Molec Biol, 63: 34-46.

Liang P, Pardee A B. 1992. Differential display of eukaryotic messenger RNA by means of the polymerase chain reaction. Science, 257: 967-971.

Liu Y, Liu H H, Liu S M, *et al.* 2009. Hormonal and nutritional regulation of insect fat body development and function. Arch Insect Biochem Physiol, 71: 16-30.

Lynn M A, Marr A K, McMaster W R. 2013. Differential quantitative proteomic profiling of *Leishmania infantum* and *Leishmania mexicana* density gradient separated membranous fractions. J Proteomics, 82: 179-192.

Magnuson B, Ekim B, Fingar D C. 2012. Regulation and function of ribosomal protein S6 kinase (S6K) within mTOR signalling networks. Biochem J, 441: 1-21.

Maier T, Güell M, Serrano L. 2009. Correlation of mRNA and protein in complex biological samples. FEBS Lett, 583: 3966-3973.

Martin D, Brun C, Remy E, *et al.* 2004. GOToolBox: function analysis of gene datasets based on Gene Ontology. Genome Biol, 5: R101.

Martínez J A, Corbalán M S, Sánchez-Villegas A, *et al.* 2003. Obesity risk is associated with carbohydrate intake in women carrying the Gln27Glu β2-adrenoceptor polymorphism. J Nutr, 133: 2549-2554.

Masson L F, McNeill G, Avenell A. 2003. Genetic variation and the lipid response to dietary intervention: a systematic review. Am J Clin Nutr, 77: 1098-1111.

Matos B, Obrycki J J. 2006. Prey suitability of *Galerucella calmariensis* L. (Coleoptera: Chrysomelidae) and *Myzus lythri* (Schrank) (Homoptera: Aphididae) for development of three predatory species. Environ Entomol, 35: 345-350.

Mittapalli O, Bai X D, Mamidala P, *et al.* 2010. Tissue-specific transcriptomics of the exotic invasive insect pest emerald ash borer. PLoS ONE, 5: e13708.

Moore J H. 2003. The ubiquitous nature of epistasis in determining susceptibility to common human diseases. Hum Hered, 56: 73-82.

Müller M, Kersten S. 2003. Nutrigenomics: goals and strategies. Nat Rev Genet, 4: 315-322.

Münch D, Amdam G V. 2010. The curious case of aging plasticity in honey bees. FEBS Lett, 584: 2496-2503.

O'Neil S T, Dzurisin J D K, Carmichael R D, *et al.* 2010. Population-level transcriptome sequencing of nonmodel organisms *Erynnis propertius* and *Papilio zelicaon*. BMC Genomics, 11: 310.

Olafson P U, Lohmeyer K H. 2010. Analysis of expressed sequence tags from a significant livestock pest, the stable fly (*Stomoxys calcitrans*), identifies transcripts with a putative role in chemosensation and sex determination. Arch Insect Biochem Physiol, 74: 179-204.

Oldham S, Hafen E. 2003. Insulin/IGF and target of rapamycin signaling: a TOR de force in growth control. Trends Cell Biol, 13: 79-85.

Ordovas J M, Corella D, Demissie S, *et al.* 2002. Dietary fat intake determines the effect of a common polymorphism in the hepatic lipase gene promoter on high-density lipoprotein metabolism: Evidence of a strong dose effect in this gene-nutrient interaction in the Framingham Study. Circulation, 106: 2315-2321.

Ordovas J M, Shen H Q. 2002. Genetics, the environment, and lipid abnormalities. Curr Cardiol Rep, 4: 508-513.

Orr W C, Mockett R J, Sohal R S. 1999. Overexpression of glutathione reductase extends survival in transgenic *Drosophila melanogaster* under hyperoxia but not normoxia. FASEB J, 13: 1733-1742.

Park E I, Paisley E A, Mangian H J, *et al.* 1997. Lipid level and type alter stearoyl CoA desaturase mRNA abundance differently in mice with distinct susceptibilities to diet-influenced diseases. J Nutr, 127: 566-573.

Parks A L, Cook K R, Belvin M, *et al.* 2004. Systematic generation of high-resolution deletion coverage of the *Drosophila melanogaster* genome. Nat Genet, 36: 288-292.

Parsons A B, Brost R L, Ding H, *et al.* 2004. Integration of chemical-genetic and genetic interaction data links bioactive compounds to cellular target pathways. Nat Biotechnol, 22(1): 62-69.

Patterson S D, Aebersold R H. 2003. Proteomics: the first decade and beyond. Nat Genet, 33(Suppl): 311-323.

Pauchet Y, Wilkinson P, van Munster M, *et al.* 2009. Pyrosequencing of the midgut transcriptome of the poplar leaf beetle *Chrysomela tremulae* reveals new gene families in Coleoptera. Insect Biochem Molec Biol, 39: 403-413.

Pauchet Y, Wilkinson P, Vogel H, *et al.* 2010. Pyrosequencing the *Manduca sexta* larval midgut transcriptome: messages for digestion, detoxification and defence. Insect Mol Biol, 19: 61-75.

Perera O P, Snodgrass G L, Allen K C, *et al.* 2012. The complete genome sequence of a single-stranded RNA virus from the tarnished plant bug, *Lygus lineolaris* (Palisot de Beauvois). J Invertebr Pathol, 109: 11-19.

Poiani A. 2006. Complexity of seminal fluid: a review. Behav Ecol Sociobiol, 60: 289-310.

Ravi Ram K, Wolfner M F. 2007. Seminal influences: *Drosophila* Acps and the molecular interplay between males and females during reproduction. Integr Comp Biol, 47: 427-445.

Richards B K S, Belton B N, Poole A C, *et al.* 2002. QTL analysis of self-selected macronutrient diet intake: fat, carbohydrate, and total kilocalories. Physiol Genomics, 11: 205-217.

Riddick E W, Wu Z, Rojas M G. 2014. Is *Tetranychus urticae* suitable prey for development and reproduction of naive *Coleomegilla maculata*? Insect Sci, 21: 99-104.

Roger C, Coderre D, Boivin G. 2000. Differential prey utilization by the generalist predator *Coleomegilla maculata lengi* according to prey size and species. Entomol Exp Appl, 94: 3-13.

Rubin G M, Yandell M D, Wortman J R, *et al.* 2000. Comparative genomics of the eukaryotes. Science, 287: 2204-2215.

Ruden D M, de Luca M, Garfinkel M D, *et al.* 2005. *Drosophila* nutrigenomics can provide clues to human gene-nutrient interactions. Annu Rev Nutr, 25: 499-522.

Saltiel A R, Kahn C R. 2001. Insulin signalling and the regulation of glucose and lipid metabolism. Nature, 414: 799-806.

Schena M, Shalon D, Davis R W, *et al.* 1995. Quantitative monitoring of gene expression patterns with a complementary DNA microarray. Science, 270: 467-470.

Schena M, Shalon D, Heller R, *et al.* 1996. Parallel human genome analysis: microarray-based expression monitoring of 1000 genes. Proc Natl Acad Sci USA, 93: 10614-10619.

Shapiro J P, Ferkovich S M. 2002. Yolk protein immunoassays (YP-ELISA) to assess diet and reproductive quality of mass-reared *Orius insidiosus* (Heteroptera: Anthocoridae). J Econ Entomol, 95: 927-935.

Shen G M, Dou W, Niu J Z, *et al.* 2011. Transcriptome analysis of the oriental fruit fly (*Bactrocera dorsalis*). PLoS ONE, 6: e29127.

Shen L R, Lai C Q, Feng X, *et al.* 2010. *Drosophila* lacks C20 and C22 PUFAs. J Lipid Res, 51: 2985-2992.

Siebert P D, Chenchik A, Kellogg D E, *et al.* 1995. An improved PCR method for walking in uncloned genomic DNA. Nucleic Acids Res, 23: 1087-1088.

Sighinolfi L, Febvay G, Dindo M L, *et al.* 2008. Biological and biochemical characteristics for quality control of *Harmonia axyridis* (Pallas) (Coleoptera, Coccinellidae) reared on liver-based diet. Arch Insect Biochem Physiol, 68: 26-39.

Slansky Jr F, Scriber J M. 1985. Food consumption and utilization. *In*: Kerkut G A, Gilbert L I. Comprehensive Insect Physiology, Biochemistry and Pharmacology. Oxford: Pergamon Press: 87-163.

Spiegelman B, Flier J. 1996. Adipogenesis and obesity: rounding out the big picture. Cell, 87: 377-389.

Stelling J, Sauer U, Szallasi Z, *et al.* 2004. Robustness of cellular functions. Cell, 118: 675-685.

Sun J, Tower J. 1999. FLP recombinase-mediated induction of Cu/Zn superoxide dismutase transgene expression can extend the life span of adult *Drosophila melanogaster* flies. Mol Cell Biol, 19: 216-228.

Sun L V, Chen L, Greil F, *et al.* 2003. Protein-DNA interaction mapping using genomic tiling path microarrays in *Drosophila*. Proc Natl Acad Sci USA, 100: 9428-9433.

Tiefenbock S K, Baltzer C, Egli N A, *et al.* 2009. The *Drosophila* PGC-1 homologue Spargel coordinates mitochondrial activity to insulin signalling. EMBO J, 29: 171-183.

Tong A H, Lesage G, Bader G D, *et al.* 2004. Global mapping of the yeast genetic interaction network. Science, 303: 808-813.

Trujillo E, Davis C, Milner J. 2006. Nutrigenomics, proteomics, metabolomics, and the practice of dietetics. J Am Diet Assoc, 106: 403-413.

Ueno H. 1994. Fluctuating asymmetry in relation to two fitness components, adult longevity and male mating success in a ladybird beetle, *Harmonia axyridis* (Coleoptera: Coccinellidae). Ecol Entomol, 19: 87-88.

Ukkola O, Bouchard C. 2004. Role of candidate genes in the responses to long-term overfeeding: review of findings. Obes Rev, 5: 3-12.

Ukkola O, Tremblay A, Bouchard C. 2001. Beta-2 adrenergic receptor variants are associated with subcutaneous fat accumulation in response to long-term overfeeding. Int J Obes Relat Metab Disord, 25: 1604-1608.

van Belleghem S M, Roelofs D, van Houdt J, *et al.* 2012. De novo transcriptome assembly and SNP discovery in the wing polymorphic salt marsh beetle *Pogonus chalceus* (Coleoptera, Carabidae). PLoS ONE, 7: e42605.

Velculescu V E, Zhang L, Vogelstein B, *et al.* 1995. Serial analysis of gene expression. Science, 270: 484-487.

Vera J C, Wheat C W, Fescemyer H W, *et al.* 2008. Rapid transcriptome characterization for a nonmodel organism using 454 pyrosequencing. Mol Ecol, 17: 1636-1647.

Vincent S, Planells R, Defoort C, *et al.* 2002. Genetic polymorphisms and lipoprotein responses to diets. Proc Nutr Soc, 61: 427-434.

Wagner A. 2000. Robustness against mutations in genetic networks of yeast. Nat Genet, 24: 355-361.

Wang X W, Luan J B, Li J M, *et al.* 2010. De novo characterization of a whitefly transcriptome and analysis of its gene expression during development. BMC Genomics, 11: 400.

Wang X W, Luan J B, Li J M, *et al.* 2011. Transcriptome analysis and comparison reveal divergence between two invasive whitefly cryptic species. BMC Genomics, 12: 458.

West D B, Goudey-Lefevre J, York B, *et al.* 1994. Dietary obesity linked to genetic loci on chromosomes 9 and 15 in a polygenic mouse model. J Clin Invest, 94: 1410-1416.

Weylandt K H, Kang J X. 2005. Rethinking lipid mediators. Lancet, 366: 618-620.

Wiebe A P, Obrycki J J. 2002. Prey suitability of *Galerucella pusilla* eggs for two generalist predators, *Coleomegilla maculata* and *Chrysoperla carnea*. Biol Control, 23: 143-148.

Wigby S, Sirot L K, Linklater J R, *et al.* 2009. Sperm fluid protein allocation and male reproductive success. Curr Biol, 19: 751-757.

Wittmeyer J L, Coudron T A, Adams T S. 2001. Ovarian development, fertility and fecundity in *Podisus maculiventris* Say (Heteroptera: Pentatomidae): an analysis of the impact of nymphal adult, male and female nutritional source on production. Invertebr Reprod Dev, 39: 9-20.

Wolfe K. 2000. Robustness-it's not where you think it is. Nat Genet, 25: 3-4.

Xu Y, Zhou W W, Zhou Y J, *et al.* 2012. Transcriptome and comparative gene expression analysis of *Sogatella furcifera* (Horvath) in response to southern rice black-streaked dwarf virus. PLoS ONE, 7: e36238.

Xue J, Bao Y Y, Li B L, *et al.* 2010. Transcriptome analysis of the brown planthopper *Nilaparvata lugens*. PLoS ONE, 5: e14233.

Ye S Q, Kwiterovich P O Jr. 2000. Influence of genetic polymorphisms on responsiveness to dietary fat and cholesterol. Am J Clin Nutr, 72: 1275s-1284s.

Yocum G D, Coudron T A, Brandt S L. 2006. Differential gene expression in *Perillus bioculatus* nymphs fed a suboptimal artificial diet. J Insect Physiol, 52: 586-592.

Yoon J C, Puigserver P, Chen G, et al. 2001. Control of hepatic gluconeogenesis through the transcriptional coactivator PGC-1. Nature, 413: 131-138.

York B, Lei K, West D B. 1996. Sensitivity to dietary obesity linked to a locus on Chromosome 15 in a CAST/Ei × C57BL/6J F2 intercross. Mamm Genome, 7: 677-681.

Zagrobelny M, Scheibye-Alsing K, Jensen N B, et al. 2009. 454 pyrosequencing based transcriptome analysis of Zygaena filipendulae with focus on genes involved in biosynthesis of cyanogenic glucosides. BMC Genomics, 10: 574.

Zapata R, Specty O, Grenier S, et al. 2005. Carcass analysis allowing to improve a meat-based diet for the artificial rearing of the predatory mirid bug Dicyphus tamaninii. Arch Insect Biochem Physiol, 60: 84-92.

Zhang F J, Guo H Y, Zheng H J, et al. 2010. Massively parallel pyrosequencing-based transcriptome analyses of small brown planthopper (Laodelphax striatellus), a vector insect transmitting rice stripe virus (RSV). BMC Genomics, 11: 303.

Zinke I, Kirchner C, Chao L, et al. 1999. Suppression of food intake and growth by amino acids in Drosophila: the role of pumpless, a fat body expressed gene with homology to vertebrate glycine cleavage system. Development, 126: 5275-5284.

Zinke I, Schutz C S, Katzenberger J D, et al. 2002. Nutrient control of gene expression in Drosophila: microarray analysis of starvation and sugar-dependent response. EMBO J, 21: 6162-6173.

Zou D Y, Coudron T A, Wu H H, et al. 2015. Performance and cost comparisons for continuous rearing of Arma chinensis (Hemiptera: Pentatomidae: Asopinae) on a zoophytogenous artificial diet and a secondary prey. J Econ Entomol, 108: 454-461.

Zou D Y, Coudron T A, Zhang L S, et al. 2013a. Nutrigenomics in Arma chinensis (Hemiptera: Pentatomidae: Asopinae): transcriptomes analysis of Arma chinensis fed on artificial diet and Chinese oak silk moth pupae. PLoS ONE, 8: e60881.

Zou D Y, Wu H H, Coudron T A, et al. 2013b. A meridic diet for continuous rearing of Arma chinensis (Hemiptera: Pentatomidae: Asopinae). Biol Control, 67: 491-497.

Zou Z, Najar F, Wang Y, et al. 2008. Pyrosequence analysis of expressed sequence tags for Manduca sexta hemolymph proteins involved in immune responses. Insect Biochem Molec Biol, 38: 677-682.

Zudaire E, Simpson S J, Illa I, et al. 2004. Dietary influences over proliferating cell nuclear antigen expression in the locust midgut. J Exp Biol, 205: 2255-2265.

第二章　RNAi 与昆虫营养及繁殖生理研究

第一节　RNAi 概述

RNA 干扰（RNA interference，RNAi）是近年发展起来的一种抑制真核生物基因表达的新技术，从诞生之日起，RNAi 就吸引了昆虫学研究者的高度关注，目前已成为昆虫功能基因组学可靠的、必不可少的研究手段，并在害虫治理中展现出诱人前景。近年来，昆虫学工作者也一直借助 RNAi 技术在昆虫营养与繁殖生理学领域开展工作。昆虫对营养成分的需求，对营养信号的感应，对营养水平的调节等是昆虫营养学研究的重点。昆虫的营养与繁殖互为因果，不可分割。食物中营养物质的组成与含量会影响昆虫蜕皮、变态、卵子发生、卵巢发育、卵黄原蛋白（vitellogenin，Vg）合成等生理过程，各种内分泌激素通过下游的信号通路对这些过程进行调控。对昆虫营养与繁殖信号通路的解析是昆虫功能基因组研究的重要组成部分，RNAi 技术为研究工作的开展提供了可靠的技术手段。

RNAi 是由内源或外源双链 RNA（double-stranded RNA，dsRNA）介导的细胞内 mRNA 特异降解，导致靶基因表达沉默并产生相应功能缺失的现象（Fire *et al*.，1998；Hannon，2002）。RNAi 的发现可追溯到 1990 年，Napoli 等（1990）向矮牵牛中导入更多拷贝与粉红色色素合成有关的基因以产生颜色更深的紫色矮牵牛花，结果许多花朵的颜色不但没有加深，反而变成白色或花白色。因为导入的基因和其同源的内源基因同时都被抑制，所以被称为共抑制（co-suppression）现象。由于这种共抑制现象被确认是发生在转录后水平，故又被称为转录后基因沉默（post-transcriptional gene silencing，PTGS）。

由 dsRNA 介导产生的 RNAi 现象首先是在线虫中发现的。当向秀丽隐杆线虫（*Caenorhabditis elegans*）中注射反义 RNA 以抑制相应基因表达时，dsRNA 比反义 RNA 具有更强烈的抑制效应，并将其命名为 RNA 干扰（RNAi）（Fire *et al*.，1998）。随后，dsRNA 介导的 RNAi 现象陆续发现于真菌（Cogoni *et al*.，1999）、果蝇（Pal-Bhadra *et al*.，1999）、烟草（Waterhouse *et al*.，1998）、锥虫（Ngo *et al*.，1998）、水螅（Lohmann *et al*.，1999）、涡虫（Sanchez-Alvarado and Newmark，1999）、斑马鱼（Li *et al*.，2000）、老鼠（Hasuwa *et al*.，2002）等多种生物中。

在植物和线虫中，RNAi 信号能在细胞与细胞之间传播，引发多数组织细胞或全身性的 RNAi 效应，称为系统性基因沉默（systemic gene silencing）。大多数昆虫也存在 RNAi 信号的系统性传播现象，可以将 dsRNA 导入昆虫的卵、血腔或局部组织，引发远距离靶基因的特异性沉默。在昆虫学研究中，现在已经采用注射、饲喂导入 dsRNA 或 siRNA（small interfering RNA）的方法在多种昆虫之中诱导 RNAi 的产生（Terenius *et al*.，2011）。这些昆虫包括鞘翅目、鳞翅目、膜翅目、双翅目和直翅目等种类的昆虫，而且研究还发现在大多数昆虫之中 RNAi 也是系统性的，在某些昆虫如赤拟谷盗（*Tribolium castaneum*)和双斑蟋(*Gryllus bimaculatus*)中还发现,对亲本实施 RNAi 在其子代中仍可观察到基因沉默现象(Bucher et al.,2002;Ronco et al.,2008)。随着利用研究的深入和多种昆虫基因组序列的公布,RNAi 方法对单个基因功能的分析已发展到对多个基因乃至整个基因组水平基因功能的研究。此外,利用 RNAi 介导的转基因植物控制害虫,以及在野外控制益虫病害的研究方面也有了成功的报道(Baum et al.,2007;Hunter et al.,2010;Mao et al.,2007,2010)。

一、RNAi 的分子机制

RNAi 是生物体保护自身基因组免受外源性(如病毒)和内源性(如转座元件)序列侵袭的一种免疫机制,是生物进化过程中保留下来的一种转座子扩展(transposon expansion)和基因转录后调节的机制(Buckingham et al.,2004;Tijsterman et al.,2004)。RNAi 大体上可分为三步:①细胞内表达的或外源的 dsRNA 被 RNaseIII 中的 Dicer 酶切割成短小的双链小 RNA(siRNA);②这些 siRNA 解旋且其中的一条单链(引导链)优先与 RNA 介导的沉默复合体(RICS)结合;③在引导链的引导下,RISC 与互补的 mRNA 序列碱基配对,将 mRNA 切割降解,阻止 mRNA 的翻译。此后,人们根据这一生物特性,发展了 RNA 干扰技术,并已广泛应用于模式生物以外的其他物种中。RNAi 作为基因功能研究的重要工具,研究发现其也是昆虫抵抗外源病毒的一种重要的天然免疫反应,主要包括 siRNA 和 miRNA 介导的 2 种方式。siRNA 介导方式主要是外源病毒进入生物体细胞内以后,以病毒 RNA 作为模板合成与之对应的 dsRNA,这些 dsRNA 被 Dicer 酶识别并被切割成 siRNA,使 RNAi 信号在细胞间传递,从而导致病毒 RNA 的降解,以抵御病毒侵染。例如,Dicer 酶基因突变的果蝇与其野生型相比对病毒的感染能力更为敏感,且随着病毒滴度的提高其死亡率也逐渐增加(Galiana-Arnoux et al.,2006),说明 RNAi 参与了抵抗病毒的免疫反应。细胞内源性的 miRNA 也参与了维护和调节免疫反应,其作用方式与 siRNA 的抗病毒方式相似。

二、RNAi 的特点

RNAi 在多细胞生物中需要细胞自主 RNAi 及系统 RNAi 传播机制来抵抗外来病毒的感染。系统 RNAi 指 RNAi 信号从一个细胞传递到另外一个细胞,或从一种组织传递到同一个体的另外一种组织。有些研究者称这种现象为非细胞自主 RNAi(non-cell-autonomous RNAi),并相应地将 dsRNA 引起的同一细胞内 mRNA 降解称为细胞自主 RNAi(cell-autonomous RNAi)(Voinnet,2005)。RNAi 具有 3 个显著的特点。

1. 高特异性

在形成沉默复合体后,siRNA 只能与互补的 mRNA 序列结合配对并将其切割,所以 RNAi 是一个靶向的、高特异性的过程(Gordon and Waterhouse,2007;Price and Gatehouse,2008)。

2. 系统性

线虫是最早用来研究 RNAi 的模式生物,系统 RNAi 的很多研究都在线虫中进行。

在线虫中，分子遗传学的研究表明 sid-1 对 RNAi 的系统诱发具有重要作用。SID-1 是一个具有 776 个氨基酸、11 个跨膜结构域、7 个螺旋、高通量表达的跨膜疏水性蛋白。SID-1 能够通过不同的动力学方式运输 dsRNA、siRNA 或 RNAi 信号到生物体各个不同的细胞系中(Winston et al., 2002；Feinberg and Hunter, 2003；Shih and Hunter, 2011；王会冬等, 2012)。果蝇的 RNAi 不具强烈的系统性，也没有发现 sid-1 同源基因。但在赤拟谷盗基因组中发现了 3 个 sid-1 的同源基因(Tomoyasu et al., 2008)，在美洲沙漠飞蝗(Schistocerca americana)中也发现 sid-1 同源基因(Dong and Friedrich, 2005)，两种昆虫都存在强烈的系统 RNAi 反应。在家蚕(Bombyx mori)中虽然发现了 3 个 sid-1 同源基因，但没有强烈的系统 RNAi 反应，有报道证明 SID-1 蛋白调节 dsRNA 进入家蚕细胞，并且可以增强家蚕细胞的沉默效果(王会冬等, 2012；Kobayashi et al., 2012；Mon et al., 2012)。在同翅目的棉蚜(Aphis gossypii)中发现了一个 sid-1 同源基因，棉蚜的跨膜蛋白拓扑结构分析显示，这个基因所编码的蛋白质与线虫中的 SID-1 有很大的相似性，但它在 dsRNA 摄取中的作用还需要进一步研究(Xu and Han, 2008)。西方蜜蜂(Apis mellifera)的 sid-1 同源基因的表达量在其目标基因下降之前提高了，说明 sid-1 同源基因参与了 dsRNA 的摄取(Aronstein et al., 2006)。目前在双翅目中还没有发现 sid-1 同源基因，推测可能是在长期的自然进化中双翅目昆虫丢失了 sid-1 同源基因。

进一步研究发现昆虫的系统 RNAi 机制可能与线虫存在差异。赤拟谷盗有 3 个 sid-1 同源基因，当其中的一个或全部被沉默时，RNAi 没有受到影响，说明 sid-1 同源基因在昆虫中所起到的作用还需要进一步鉴定(Tomoyasu et al., 2008)。昆虫的系统 RNAi 机制还需要进行更深入的研究。

3. 可遗传性

通过人工注射方式介导产生的 RNAi，从效果产生到完全检测不到效果只有几天到十几天的时间，其作用效果随着时间的延长而减弱，理论上似乎是一种瞬时效应，但很多研究结果证明 RNAi 的效果是可持续的。可遗传的 RNAi 是指用转基因的手段将表达双链的反向重复序列(中间用内含子隔开)整合到昆虫染色体上。果蝇胚胎时期 RNAi 的效果能够持续到整个胚胎发育阶段，而在成虫时期对基因的干扰似乎大大减少(Kennerdell and Carthew, 1998；Misquitta and Paterson, 1999)。果蝇的 RNAi 效应不仅具有瞬时性的特点，而且注射 dsRNA 诱导的 RNAi 在孟德尔法则上并不是可遗传的，导致实验操作中要针对每个个体进行分析，收集数据费时费力。为解决这个难题，Piccin 等(2001)发展了可调控的遗传 RNAi 方法，成功地对果蝇实现了可持续的基因沉默。Kanginakudru 等(2007)将可遗传的 RNAi 应用于鳞翅目的家蚕中，成功实现了 early-1(ie-1)基因的持续沉默，并阻止了病毒对家蚕的侵染，该技术为养蚕业的发展作出了巨大贡献。

向培养的昆虫细胞转染或直接向昆虫注射体外合成的 dsRNA，虽然可以特异性地抑制目的基因的表达，抑制效应可以持续一段时间，甚至可以传给子代细胞或昆虫，但最后抑制效应仍会消失，不能稳定遗传，也不能实现组织特异性的抑制，而基于转基因技术的 RNAi 可以避免这些不足。用异源的内含子作间隔子(spacer)将拟干扰的目标基因构建成反向重复序列，利用 GAL4/UAS 转基因系统或 piggyBac、P 因子等转座载体在一定条件下进行表达，产生发夹环状 dsRNA，从而获得可遗传的效果，但这种方法局限于黑腹果蝇(*Drosophila melanogaster*)等转基因体系比较成熟的昆虫。GAL4/UAS 转基因系统可以实现组织特异性基因表达抑制，用热激蛋白等条件性启动子可以实现 RNAi 的时间特异性(Fortier and Belote，2000；Kennerdell and Carthew，2000；Piccin *et al.*，2001；Lee and Carthew，2003；Dai *et al.*，2008；Yuen *et al.*，2008)。

第二节　RNAi 应用关键技术及注意事项

RNAi 技术能对特定基因进行靶向敲除，为我们深入了解昆虫复杂的生命机制提供了强有力的手段。在此基础上，害虫治理与益虫利用的前景也变得更为广阔。自从 1998 年首次应用 RNAi 技术在果蝇胚胎中研究 *frizzled* 和 *frizzled2* 在 Wingless 途径中的基因功能以来，RNAi 技术已经成为现代昆虫学基因功能研究之中一项被广泛采用的方法。近年来，有关 RNAi 技术应用的报道呈现爆发式增长，所涉及的昆虫种类繁多，这里主要从 RNAi 技术应用的方法学方面进行阐述。

一、RNAi 诱导分子的类型

在昆虫 RNAi 的研究中有两种诱导分子，dsRNA 与 siRNA。由于 dsRNA 不会诱导产生类似于哺乳动物中的干扰素效应，因此目前发表的绝大多数论文中主要以 dsRNA 在昆虫中开展研究工作(Bridge *et al.*，2003)。siRNA 的合成费用相对较高，以 siRNA 诱导 RNAi 的相关报道很少。但是最近日本研究者 Yamaguchi 等(2011)在家蚕(*Bombyx mori*)胚胎中的实验发现，与 dsRNA 相比 siRNA 诱导的 RNAi 效果更佳。说明在昆虫中直接采用 siRNA 不仅会诱导 RNAi 产生，而且对于一些直接采用 dsRNA 较难诱导基因沉默的昆虫和基因来说，采用导入 siRNA 的方法不失为一个较好的选择。

二、诱导分子的合成方法

siRNA 和长 dsRNA 都能高效、特异地诱导昆虫 RNAi 效应，但 siRNA 的设计和筛选比较费时费力，因此在昆虫中通常用体外转录的长 dsRNA 来诱导 RNAi。siRNA 可以通过化学合成法、体外转录法、RNaseⅢ酶切 dsRNA 法、构建 siRNA 表达载体法和 siRNA 表达框法等来制备。长 dsRNA 可以通过酶促法来制备，酶促法几乎可以制备任何长度的 dsRNA。它采用依赖 DNA 的 RNA 聚合酶从 DNA 模板合成正义链和反义链 RNA。这些 RNA 聚合酶不能从头启动 RNA 链合成，相反，它们从模板 DNA 内的启动子序列处启动 RNA 合成。从 5′向 3′方向链的延长受到与模板 DNA 碱基配对的控制，一直达到模板 DNA 分子的 3′端为止。然后进行退火，使互补 RNA 链的碱基配对成 dsRNA。有 2 种酶促合成 dsRNA 的实验方法。一是采用含有原核 RNA 聚合酶启动子的质粒 DNA 作为模板。这种方法先通过 PCR 扩增在昆虫靶标基因序列的两端引入限制性内切酶识别序列，然后将此序列插入载体中两个 T7 启动子之间的多克隆位点，将载体转化 RNaseⅢ缺陷的大肠杆菌(*Escherichia coli*)，这样就能通过一个类似于体外合成的过程在细菌中表达 dsRNA，这些 dsRNA 进入昆虫体内后会被剪切成 siRNA，并诱发强烈的 RNAi 反应(Li *et* al., 2011; Zhu et al., 2011; Gu and Knipple, 2013)。二是在 PCR 引物的 5′端加上噬菌体 T7、T3 或 SP6 启动子序列，PCR 扩增获得 DNA 片段作为模板，用噬菌体 T7、T3 或 SP6RNA 聚合酶合成 RNA。这种方法快速且适合于各种模板，已成为酶促合成 dsRNA 的首选方法(Zamore et al., 2000; Hannon, 2002; 何正波等, 2009; Garbutt et al., 2013)。

三、RNAi 的应用时期

1. 胚胎 RNAi(embryo RNAi)

可以在胚胎期将 dsRNA 显微注射到胚胎中，诱导昆虫胚胎期、幼虫期或成虫期表达的基因发生特异性沉默。dsRNA 胚胎显微注射是一种非常有效的方法，主要用于卵容易收集、易于显微注射、易存活的一些模式昆虫，主要用于研究昆虫发育早期的基因(Kennerdell et al., 2002; Schmid et al., 2002)。但显微注射容易产生人为损伤，降低卵的存活率。对于某些昆虫，dsRNA 的显微注射容易产生基因敲除的嵌合体模型或死表型，给基因功能的分析带来困难(Kennerdell and Carthew, 1998; Tomoyasu et al., 2008)。

2. 亲本 RNAi(parental RNAi)

科学家将雌性蛹期 RNAi 的效果可传递到下一代的现象称为亲本 RNAi，其传递性是指从母本通过类似于胞质遗传的方式将 RNAi 效应遗留给子代。Bucher 等(2002)将赤拟谷盗足上的一个独立基因 *Tribolium giant homologue* 的 dsRNA 注射到蛹中，将注射 dsRNA 的雌蛹羽化后产生的雌虫与野生型雄虫交配，产生的后代均有干扰表型。将注射 dsRNA 的雄蛹羽化后产生的雄虫与野生型雌虫交配，产生的后代没有干扰表型。亲本 RNAi 极大地促进了昆虫胚胎发育相关基因的功能研究(Copf et al., 2004)，为一些卵不易获得或卵在显微注射后不易存活的昆虫提供了一种简单、快捷、低成本的方法。因此，亲本 RNAi 迅速成为了研究昆虫尤其是非模式昆虫基因功能的主要方法，已经用于许多昆虫的基因功能研究，如宽纹突角长蝽(*Oncopeltus fasciatus*)、双斑蟋(*Gryllus bimaculatus*)、杜氏阔沙蚕(*Platynereis dumerilii*)、西方蜜蜂(*Apis mellifera*)、惜古比天蛾(*Hyalophora cecropia*)、赤拟谷盗(*Tribolium castaneum*)、丽蝇蛹集金小蜂(*Nasonia vitripennis*)和东亚飞蝗(*Locusta migratoria manilensis*)等(Bettencourt et al., 2002; Amdam et al., 2003; Schröder, 2003; Farooqui et al., 2004; Liu and Kaufman, 2004a, 2004b; Mito et al., 2005; He et al., 2006; Lynch and Desplan, 2006)。

3. 幼虫 RNAi(larvae RNAi)

直接将 dsRNA 注射到昆虫幼虫或若虫的血腔，引起胚后发育过程或成虫期的基因发生特异性沉默的方法称为幼虫 RNAi。Tomoyasu 和 Denell(2004)将绿色荧光蛋白基因 *gfp* 的 dsRNA 注射进 1 龄或末龄赤拟谷盗 *gfp* 转基因品系幼虫血腔，发现 *gfp* 的表达被沉默，而且 RNAi 的作用能够持续到成虫期。他们还按相同方法注射了成虫体表刚毛形成基因 *Tc2ASH* dsRNA，结果发现整个成虫体表都没有形成刚毛，说明幼虫 RNAi 作用既具有持续性又具有系统性，可以用于研究幼虫期和成虫期的基因功能，并用于其他昆虫的基因功能研究(Nishikawa and Natori, 2001; Tomoyasu and Denell, 2004; Dong and Friedrich, 2005; Erezyilmaz et al., 2006)。

4. 成虫 RNAi(adult RNAi)

直接将 dsRNA 注射到昆虫成虫的血腔,引起成虫基因发生特异性沉默的方法称为成虫 RNAi。Dzitoyeva 等(2001)将 *LacZ* 基因的 dsRNA 注射到 *LacZ* 转基因果蝇成虫的血腔里,使在肠道和中枢神经系统中表达的 *LacZ* 被沉默,证实成虫 RNAi 能够用于果蝇成虫的基因功能研究。随后他们用此方法成功抑制了果蝇γ2 氨基丁酸(GABA)受体的表达(Dzitoyeva *et al.*,2003)。成虫 RNAi 还被用于特异性地抑制在蚊子唾液腺和脂肪体等组织中表达的基因,为研究和防治病原体的传播开辟了一条新的途径(Zhu *et al.*,2003;Boisson *et al.*,2006)。

四、dsRNA 的导入方式

目前,对昆虫进行 RNAi 的操作技术已经比较成熟,将 dsRNA 或 siRNA 导入昆虫体内主要有 4 种方法,即注射、饲喂、组织培养和转基因表达。每种方法都各有其优缺点,在操作中应根据实际情况进行选择(杨中侠等,2008)。

1. 注射法

将体外合成的 dsRNA 通过显微注射仪导入昆虫体内,是目前应用最普遍的导入方法,而且昆虫注射技术已经十分成熟,对于口器、生境和发育历期的要求十分宽泛(Ober and Jockusch,2006)。1998 年 Kennerdell 和 Carthew 首次用显微注射的方法将果蝇与翅形成相关基因(*frizzled* 和 *frizzled 2*)注入胚胎中,得到这两个基因的缺陷型突变体。继 RNAi 技术在果蝇的成功应用之后,在昆虫胚胎中通过人工介导的方式引入 dsRNA,产生缺陷型个体来研究基因的功能已被越来越多的昆虫学家所应用。Brown 等(1999)首次将 RNAi 技术应用于模式昆虫赤拟谷盗(*Tribolium castaneum*)中,探讨了 RNAi 技术应用于模式昆虫中及研究不同生物发育机制的可行性。通过将目标基因的 dsRNA 注射到胚胎,成功验证了半翅目、鳞翅目和直翅目等某些昆虫基因的功能(Hughes and Kaufman,2000;Fabrick *et al.*,2004;Miyawaki *et al.*,2004)。除胚胎外,dsRNA 还可以注射到昆虫的任何部位,但通常位于前胸和腹部。进入体内后,dsRNA 很容易在体内扩散引起 RNAi,甚至可能将这种效应传递到子代(Hakim *et al.*,2010;赵洁和刘小宁,2015)。注射法的局限性体现在需体外合成 dsRNA 和微量注射操作有一定难度。目前,试剂盒的涌现为体外合成 dsRNA 提供了极大方便,但微量注射是一项较难掌握的技术。虫体较大的昆虫在注射 dsRNA 后,伤口易愈合,成活率较高,目前已建立了烟草天蛾(*Manduca sexta*)(Levin *et al.*,2005;Soberón *et al.*,2007)、斜纹夜蛾(*Spodoptera litura*)(Rajagopal *et al.*,2002)和棉铃虫(*Helicoverpa armigera*)(Sivakumar *et al.*,2007)等鳞翅种类的 dsRNA 注射技术体系。虫体很小的昆虫,在注射难度加大的同时,成活率也相对较低。Ghanim 等(2007)首次对烟粉虱(*Bemisia tabaci*)的 2 日龄成虫进行 dsRNA 注射,成活率仅为 50%~60%。由于操作的局限性,注射法很难用于大规模分析。

2. 饲喂法

根据昆虫可取食人工饲料的特点,又发展了另一种 dsRNA 导入方法即饲喂法。继 Turner 等(2006)首次证明 RNAi 技术不仅能通过注射也可通过饲喂来实现后,目前,该方法已成功应用于其他昆虫,如长红猎蝽(*Rhodnius prolixus*)(Araujoa et al.,2006)、棉铃虫(Mao et al.,2007)、玉米根萤叶甲(*Diabrotica virgifera virgifera*)(Baum et al.,2007)、蚕豆蚜(*Acyrthosiphon pisum*)(Mao and Zeng,2012)等 RNAi 研究。给苹果浅褐卷蛾(*Epiphyas postvittana*)幼虫直接饲喂 dsRNA 溶液,在饲喂后的 2 d 时间之内肠道中的羧酸酯酶表达水平下降了一半以上;羽化后的前 2 d 内触角中的信息素结合蛋白表达水平也明显下降(Turner et al.,2006)。将蜜蜂雷帕霉素靶蛋白(target of rapamycin,TOR)的 dsRNA 加到饲料里,饲喂蜜蜂幼虫,可以使蜜蜂 TOR 的表达水平下降一半,导致蜜蜂幼虫不能发育成为蜂王而呈现工蜂的形态特征(Patel et al.,2007)。

饲喂法的优势就是可以从多细胞这一整体研究干扰过程,即从肠腔进入肠细胞,随后从肠组织扩散到其他组织。与注射法相比,此方法不会引起机械损伤,便于微小昆虫的研究;不需要专门的设备,使研究更加便捷。但是,饲喂法对诱导分子的消耗量大,作用较慢,效率较低,且在昆虫无法取食的发育时期如胚胎期或蛹期不能实施。因此要根据研究的实际需要来选用合适的递呈方法(赵洁和刘小宁,2015)。

3. 组织培养法

组织培养法是将 dsRNA 混合入培养基,昆虫细胞直接从培养基中吸收 dsRNA 而诱导 RNAi 的一种方法。美国科学家 Caplen 等(2000)首先对模式昆虫果蝇的体细胞进行了 RNAi 的尝试,通过组织培养将 dsRNA 导入果蝇组织细胞 Schneider 2(S2)中,成功抑制了外源基因 *gfp* 的表达,且该细胞转染对细胞本身的生长并无影响,外源 dsRNA 对果蝇体内其他非目标基因的表达也无影响,证明了组织培养在导入 dsRNA 中的可行性。随后,白纹伊蚊(*Aedes albopictus*)和埃及伊蚊(*Aedes aegypti*)的离体细胞,也被应用于研究基因功能(Caplen et al.,2002;Travanty et al.,2004)。该方法因培养基的培养条件较难掌握,不易培养出符合要求的细胞,因而应用较少。

4. 转基因表达

目前,果蝇的遗传转化技术已相当成熟。将靶标基因的反向重复序列插入表达载体中,置于含有 *GAL4* 效应基因上游激活序列(UAS)的启动子控制之下,以表达靶标序列的发夹 RNA。只要具备 *GAL4* 激活细胞系,这种方法就能在昆虫的任何细胞及任何生育时期使用(Dietzl et al.,2007;Kennerdell and Carthew,2000;Bellés,2010)。但目前这种方法只适用于果蝇,不适用于其他昆虫。

五、影响 RNAi 效率的因素

RNAi 效率受多种因素的影响,故在 RNAi 设计时一定要考虑这些因素,以提高 RNAi 效率。主要的影响因素如下。

1. dsRNA 序列特异性

dsRNA 序列决定生物出现脱靶效应的可能性。例如,干扰长红猎蝽幼虫的 *nitroporin 2*(*NP2*)基因时,另外 2 个高度同源的基因(*NP1* 和 *NP3*)也被沉默(Araujo et al.,2006)。因此需要尽量设计特异性的 dsRNA 序列。

2. dsRNA 序列长度

dsRNA 长度决定了吸收和沉默的效率。dsRNA 片段一般在 300~500 bp，但在 S2 细胞中 Saleh 等（2006）也用过最小为 211 bp 的 dsRNA 片段，或者也可用已经在临床研究中取得了较多成功的 siRNA。

3. dsRNA 浓度

dsRNA 浓度对于每个物种的特定基因都有最适合的 dsRNA 浓度来引起最适的干扰效应，浓度越高，沉默效应不一定越强（Meyering-Vos and Muller，2007）。

4. 应用时期

尽管较大的龄期便于操作，但幼龄时期往往表现出更强的沉默效应。例如，对草地夜蛾的咽侧体抑制素 AS-C-type 进行干扰来调控保幼激素的生物合成，结果显示 5 龄幼虫比成虫的沉默效应更强（Griebler et al.，2008）。

5. 种属敏感性

系统 RNAi 研究表明，不同种属的昆虫对 RNAi 的敏感程度是不一样的（Bucher et al.，2002；Liu and Kaufman，2004a，2004b；Lynch and Desplan，2006；Mito et al.，2008；Ronco et al.，2008；Terenius et al.，2011）。

目前，直翅目、䗛螂目、等翅目、鞘翅目、脉翅目、膜翅目、鳞翅目、双翅目昆虫都有成功的 RNAi 案例。但在蜉蝣目、蜻蜓目、内颚纲（包括原尾目、弹尾目、双尾目）、石蛃目、衣鱼目昆虫中还没有 RNAi 案例的报道。在这些成功的 RNAi 案例中，不同种类对 RNAi 的敏感程度是有差别的（Voinnet，2005；Tomoyasu et al.，2008）。由于失败的结果不会被发表，很可能一些对 RNAi 敏感性差的种类没有被报道。多新翅类（polyneopterans）与准新翅类（paraneopterans）昆虫，如德国小蠊（*Blattella germanica*）、双斑蟋（*Gryllus bimaculatus*）等都属于敏感类型。而在寡新翅类（oligoneopterans）中，进化地位低的种类（如赤拟谷盗）其敏感性比进化地位高的种类（如鳞翅目与双翅目昆虫）要好。在果蝇成虫与胚胎中（Tomoyasu et al.，2008），dsRNA 只能穿透部分组织，而在幼虫中只能穿透血细胞（Miller et al.，2008）。在鳞翅目昆虫如家蚕与烟草天蛾（*Manduca sexta*）中，血细胞是较好的 RNAi 靶标，但其他组织会抵制 RNAi 反应（Eleftherianos et al.，2007；Miller et al.，2008）。

第三节　RNAi 在昆虫研究中的应用

一、RNAi 与基因功能分析

近年来，随着测序技术的进步及成本的降低，我们获得了大量的昆虫基因组信息，其中包含了大量未知功能的新基因，怎样去揭示这些基因的功能是我们面临的难题。RNAi 使大规模研究未知基因功能成为可能。借助 RNAi 技术研究基因功能有其独特的优点：一是简单易行，容易开展；二是试验周期短，成本低；三是 RNAi 的沉默效率比反义 RNA 技术更高，效果更好；四是可以进行高通量基因功能分析；五是 RNAi 具有高度特异性（何正波等，2009）。RNAi 技术不仅能揭示新基因的功能，而且能发掘已知基因的新功能与行使已知功能的新基因。而研究不同昆虫中同源基因的功能有助于我们对调控某种特定功能的信号通路进行比较，深入了解昆虫发育过程(Bellés，2010)。

1. RNAi 技术应用的昆虫种类

RNAi 技术在昆虫中的应用始于双翅目的果蝇，目前，已建立了两个庞大的 RNAi 基因文库，其中一个文库收集了 22 270 个转基因果蝇品系，另外一个文库包括了 13 000 个果蝇品系，这两个文库的结合极大地促进了果蝇全基因组研究(Ledford，2007)。目前，RNAi 应用已扩展到其他昆虫，如双翅目的埃及伊蚊(*Aedes aegypti*)(Attardo *et al.*，2003)；膜翅目的西方蜜蜂(*Apis mellifera*)(Gatehouse *et al.*，2004)，丽蝇蛹集金小蜂(*Nasonia vitripennis*)(Lynch and Desplan，2006)；鞘翅目的赤拟谷盗(*Tribolium castaneum*)(Minakuchi *et al.*，2009)，桑天牛(*Apriona germari*)(Lee *et al.*，2006)，异色瓢虫(*Harmonia axyridis*)(Kuwayama *et al.*，2006)，蓼蓝齿胫叶甲(*Gastrophysa atrocyanea*)(Fujita *et al.*，2006)；鳞翅目的家蚕(*Bombyx mori*)(Uhlirova *et al.*，2003)，惜古比天蛾(*Hyalophora cecropia*)(Terenius，2007)，烟草天蛾(*Manduca sexta*)(Soberón *et al.*，2007)，棉铃虫(*Helicoverpa armigera*)(Mao *et al.*，2015)，斜纹夜蛾(*Spodoptera litura*)(Rajagopal *et al.*，2002)，海灰翅夜蛾(*Spodoptera littoralis*)(Kotwica *et al.*，2013)，甜菜夜蛾(*Spodoptera exigua*)(Tian *et al.*，2009)，草地贪夜蛾(*Spodoptera frugiperda*)(Griebler *et al.*，2008)，苹果浅褐卷蛾(*Epiphyas postvittana*)(Turner *et al.*，2006)，印度谷螟(*Plodia interpunctella*)(Fabrick *et al.*，2004)，小蔗杆草螟(*Diatraea saccharalis*)(Yang *et al.*，2010)，欧洲玉米螟(*Ostrinia nubilalis*)(Khajuria *et al.*，2010)，甘蓝夜蛾(*Mamestra brassicae*)(Tsuzuki *et al.*，2005)，小菜蛾(*Plutella xylostella*)(Yang *et al.*，2009)，琥珀蚕(*Antheraea assama*)(Terenius *et al.*，2011)，印度柞蚕(*Antheraea mylitta*)(Gandhe *et al.*，2007)，柞蚕(*Antheraea pernyi*)(Hirai *et al.*，2004)；直翅目的美洲沙漠飞蝗(*Schistocerca americana*)(Dong and Friedrich，2005)，双斑蟋(*Gryllus bimaculatus*)(Mito *et al.*，2006)；半翅目的各种蚜虫(Mao and Zeng，2012，2013，2014)，烟粉虱(*Bemisia tabaci*)(Ghanim *et al.*，2007)，宽纹突角长蝽(*Oncopeltus fasciatus*)(Liu and Kaufman，2004a，2004b)，长红猎蝽(*Rhodnivs prolixus*)(Araujo *et al.*，2006)；蜚蠊目的德国小蠊(*Blattella germanica*)(Martin *et al.*，2006)；双翅目的丝光绿蝇(*Lucilia sericata*)(Shaw *et al.*，2001)，肉蝇(*Sarcophaga peregrina*)(Nishikawa and Natori，2001)，黑带食蚜蝇(*Episyrphus balteatus*)(Rafiqi *et al.*，2008)，尖音库蚊(*Culex pipiens*)(Sim and Denlinger，2008)，白纹伊蚊(*Aedes albopictus*)(Attardo *et al.*，2003)；网翅目的美洲大蠊(*Periplaneta americana*)(Pueyo *et al.*，2008)，太平洋折翅蠊(*Diploptera punctata*)(Hult *et al.*，2015)；脉翅目的黑腹草蛉(*Chrysopa perla*)(Konopova and Jindra，2008)；等翅目的美洲散白蚁(*Reticulitermes flavipes*)(Zhou *et al.*，2006)等。

2. RNAi 技术应用的生物途径与功能基因

由于 RNAi 是一种高特异性的生理过程，可针对单拷贝的、功能不可替代的基因设计靶向 dsRNA 分子，阻断特定基因表达，通过对表型的分析明确基因的功能，故理论上 RNAi 可用于干扰细胞核内各种功能基因。目前，RNAi 技术已被成功应用于各种信号通路、各类代谢途径与生理过程的研究，如行为学研究、胚胎发育研究、变态研究、营养与生殖信号通路研究等。

二、RNAi 与害虫控制

RNAi 由于具有高效和特异的特点，成为新型靶标筛选和鉴定领域中最活跃的方向之一，利用昆虫细胞、胚胎、幼虫和成虫 RNAi 技术在昆虫细胞或个体模型中直接沉默目标基因，可以从分子水平寻找新型的药物靶标。尤其是 RNAi 技术可以实现快速、大规模、高通量地在整个基因组水平上进行筛选，可以发现许多以前未曾注意到或不通过高通量筛选很难得到的一些潜在靶标。另外，对于已经获得的一些重要的化合物，RNAi 有助于更早地鉴定较好的候选药物，加快药物的研制速度。同时，RNAi 技术还有助于鉴定药物作用的生化模式，以及其他与此作用相关的基因（何正波等，2009；田宏刚和张文庆，2012）。

将 RNAi 应用于害虫的种群控制，首先是选择合适的靶基因。靶基因最好与昆虫的生长发育、生殖行为和繁殖能力密切相关，沉默后会出现畸形、交配能力下降、繁殖力减弱甚至死亡的现象。近年来，通过 RNAi 技术已筛选到一些合适的靶基因，这些基因有的是调控能量代谢方面的酶，如质子代谢的 V-ATPase（Kotwica et al.，2013）、有毒物质代谢的细胞色素 P450 酶等（Tao et al.，2012），也有与生长发育相关的激素，如蜕皮激素、保幼激素等（Huang et al.，2013），还有针对神经调控通路的受体和酶（Kumar et al.，2009；Agrawal et al.，2013）。

目前，在进行杀虫靶标基因筛选时，往往以 dsRNA 作为杀虫介质，通过注射或饲喂进行试验。在大田生产中，针对个体的注射是难以应用的，饲喂可能性更大，但要求将 dsRNA 制成一定的剂型。目前，dsRNA 大量合成的成本较高，应用也受到限制。Mao 等（2015）对 RNAi 的应用进行了探讨。他们以棉铃虫 V-ATPase A 与 Coatomer β 的编码基因以靶标，各设计了多段 siRNA，将 siRNA 溶液涂布在烟叶上对幼虫进行饲喂，发现与取食绿色荧光蛋白基因（*gfp*）siRNA 的幼虫相比，取食靶标基因 siRNA 的幼虫生长放缓，死亡率提高。这项工作给我们的启示是，除 dsRNA 外，siRNA 也可作为杀虫介质。

除 dsRNA 与 siRNA 外，还有一种应用 RNAi 的可靠手段，就是培育表达靶基因 dsRNA 的转基因植物。结合转基因手段，在植物里面表达害虫靶标基因 dsRNA 来防治害虫已被证明是一种行之有效的方法。目前，运用此技术研究的害虫包括鞘翅目的玉米根萤叶甲、鳞翅目的棉铃虫、半翅目的褐飞虱和蚜虫等（Baum et al.，2007；Mao et al.，2007；Pitino et al.，2011；Zha et al.，2011；Mao and Zeng，2014）。Mao 等（2007）以棉花和棉铃虫为研究对象，分离了棉铃虫参与棉毒素解毒的 *P450* 基因，用表达相应 dsRNA 的转基因植物喂食后，棉铃虫 *P450* 基因的表达显著降低，对棉酚的耐受性大大减弱。再用含有棉酚的饲料或棉花叶片喂食，这些棉铃虫生长缓慢，甚至死亡。Baum 等（2007）对玉米进行了基因改造，使其表达以玉米根萤叶甲的一种关键酶为靶标的小 RNA，结果表明，经过基因改良的玉米 50%受害。

三、RNAi 与昆虫保护

以前昆虫 RNAi 的研究主要集中在昆虫基因功能的解析和害虫控制的研究之中，最近的研究显示，RNAi 还可用于在野外控制益虫的病害，进一步拓展了 RNAi 在昆虫学研究中的应用范围。蜜蜂是一种非常重要的经济昆虫，近年来由于受到 CCD(conlony collapse disorder)疾病的困扰，蜜蜂的生产遇到了严重的挑战。研究认为，CCD 可能由一种 IAPV(israeli acute paralysis virus)病毒引起，虽然这种病毒并未在所有患 CCD 疾病的蜂群中发现，但 IAPV 会导致蜜蜂的死亡。室内研究证明，通过饲喂西方蜜蜂(*Apis mellifera*)IAPV dsRNA 的方式可以有效抑制目标基因的表达(Maori et al.，2009)。最近 Hunter 等(2010)通过对西方蜜蜂的野外试验发现，IAPV dsRNA 可以阻止蜜蜂自然条件下受 IAPV 干扰而导致的死亡现象。这项研究是自然条件下利用 RNAi 技术进行益虫病害控制的首次报道(田宏刚和张文庆，2012)。

四、RNAi 与昆虫营养和繁殖生理学研究

昆虫对营养信号的感应、对营养水平的调节，以及蜕皮、变态、卵子发生、卵巢发育、卵黄原蛋白(vitellogenin，Vg)合成等生理过程相互影响，决定昆虫的生长、发育、变态与繁殖。尽管这些过程非常复杂，但也有一定的规律可循。昆虫在特定的环境与食物条件下，内分泌激素如促前胸腺素(PTTH)、保幼激素(JH)、蜕皮激素(ecdysone)、胰岛素样肽(ILP)等的合成会发生改变，这些变化会通过各种途径与通路将感知的信号传递到特定组织或器官的特定基因，影响这些基因的表达，最终导致某种生理状态的出现(Nation，2002)。有两种信号通路在这些生理过程中发挥重要作用，即胰岛素样肽(ILP)途径与雷帕霉素靶标(TOR)途径(Sheng et al.，2011)。将 RNAi 技术应用于天敌昆虫营养学与繁殖生物学研究，将极大推进天敌昆虫饲养工程。

1. RNAi 在昆虫营养与繁殖生理学研究中应用的种类

作为最重要的模式昆虫，果蝇(*Drosophila melanogaster*)在 RNAi 技术的发展过程中发挥了非常重要的作用(Bellés，2010)。目前，通过 GAl4-UAS 系统，研究人员可以在果蝇体内表达 dsRNA，在多个组织中有效诱导可持续性 RNAi 产生，并且可在多个世代中观察到有效的基因沉默(Miller et al.，2008)。美国哈佛医学院建立了果蝇 RNAi 筛选中心(*Drosophila* RNAi Screening Center，DRSC)，正在利用 RNAi 对其基因网络调控及系统生物学开展相关研究工作(Doumanis et al.，2009；Saleh et al.，2009；Perrimon et al.，2010；Choo et al.，2011)。

目前，RNAi 已被应用于多种昆虫的营养学或繁殖生物学研究，包括褐飞虱(*Nilaparvata lugens*)、家蚕(*Bombyx mori*)、西方蜜蜂、德国小蠊(*Blattella germanica*)、尖音库蚊(*Culex pipiens*)、白纹伊蚊(*Aedes albopictus*)、赤拟谷盗(*Tribolium castaneum*)、大草蛉(*Chrysopa septempunctata*)(Konopova and Jindra，2008；Mao et al.，2015)、黑带食蚜蝇(*Episyrphus balteatus*)(Rafiqi et al.，2008)、异色瓢虫(*Harmonia axyridis*)等。基于昆虫营养与繁殖生理学研究对于天敌昆虫饲养的重要性，本章对 RNAi 在昆虫营养与繁殖生理学研究中的应用进行了总结(表 2-1)。

表 2-1 RNAi 在昆虫营养与繁殖生理学研究中的应用

昆虫种类	分类	基因或蛋白	基因或蛋白功能	作用分子	合成方法	导入方法	应用时期	对照基因	参考文献
赤拟谷盗 T. castaneum	鞘翅目	FOXO (fox head transcription factor)、JHAMT (JH acid methyltransferase)、AKT、ILP、Met (methoprene tolerant)	ILP 与 TOR 途径成员	dsRNA	MEGAscript T7 试剂盒	注射	蛹或雌成虫	大肠杆菌 malE 基因	Sheng et al., 2011
异色瓢虫 H. axyridis	鞘翅目	egfp	加强型绿色荧光蛋白	dsRNA	MEGAscript T7 试剂盒	注射	卵	—	Kuwayama et al., 2006
黑腹草蛉 C. perla	脉翅目	Broad-Complex (BR-C)	蜕皮激素响应基因	dsRNA	MEGAscript T7 试剂盒	注射	幼虫	egfp	Konopova and Jindra, 2008
大草蛉 C. septempunctata	脉翅目	Vigellogenin	卵黄合成	dsRNA	原核表达	注射	4 日龄雌成虫	gfp	Liu et al., 2015
宽纹突角长蝽 O. fasciatus	半翅目	hunchback	胚带生长与体节分化	dsRNA	MEGAscript T7 试剂盒	注射	卵、未交配雌成虫	—	Liu and Kaufman, 2004a
果蝇 D. melanogaster	双翅目	ILP8	ILP 途径，调节生长与成熟	dsRNA	转基因品系	—	—	—	Garelli et al., 2012
果蝇 D. melanogaster	双翅目	frizzled, frizzled2	翅的形成	dsRNA	T7 启动子合成法	注射	卵	—	Kennerdell and Carthew, 1998
黑带食蚜蝇 E. balteatus	双翅目	zerknüllt (zen)	胚胎发育、羊膜与浆膜融合	dsRNA	T7 启动子合成法	注射	卵	—	Rafiqi et al., 2008
尖音库蚊 C. pipiens	双翅目	FOXO	ILP 与 TOR 途径成员	dsRNA	MEGAscript T7 试剂盒	注射	雌成虫	β-gal	Sim and Denlinger, 2008

续表

昆虫种类	分类	基因或蛋白	基因或蛋白功能	作用分子	合成方法	导入方法	应用时期	对照基因	参考文献
白纹伊蚊 A. albopictus	双翅目	GATA 因子	Vg 表达调节因子	dsRNA	含 T7 启动子的病毒载体表达	病毒接种	雌成虫	—	Attardo et al., 2003
西方蜜蜂 A. mellifera	膜翅目	vitellogenin	卵黄合成	dsRNA	RiboMax™ T7 试剂盒	注射	刚羽化的工蜂	—	Guidugli et al., 2005
丽蝇蛹集金小蜂 N. vitripennis	膜翅目	hunchback, orthodenticle	胚带生长与体节分化	dsRNA	MEGAscript T7 试剂盒	注射	黄蛹期	—	Lynch and Desplan, 2006
稻褐飞虱 N. lugens	半翅目	ILP, InR, AKT 等	ILP	dsRNA	MEGAscript T7 试剂盒	注射	若虫期	gfp	Xu et al., 2015
家蚕 B. mori	鳞翅目	BBX-B8	ILP	dsRNA	T7 启动子合成法	注射	5 龄幼虫	egfp	Zheng et al., 2012
德国小蠊 B. germanica	蜚蠊目	vitellogenin, RXR 核受体	卵黄合成,蜕皮调节	dsRNA	T7 启动子合成法	注射	若虫或成虫	pSTBlue-1 的非编码序列	Martin et al., 2006

2. RNAi 与卵黄原蛋白基因研究

昆虫卵黄发生中最重要的蛋白质是卵黄原蛋白(Vg)，其在脂肪体中合成然后释放进入血淋巴，经受体介导的内吞作用被卵母细胞吸收。RNAi 被用于西方蜜蜂(*Apis mellifera*)与德国小蠊(*Blattella germanica*)卵黄原蛋白基因表达的干扰。当通过 RNAi 干扰工蜂 Vg 表达时，JH 的合成提高，说明 Vg 表达对工蜂 JH 合成存在一种反馈机制(Guidugli *et al.*, 2005)。通过 RNAi 干扰德国小蠊 Vg 基因表达时，卵母细胞生长受抑制；干扰 Vg 受体基因时，卵母细胞不能成熟，类似于 Vg 干扰后的表型，但是 Vg 表达水平的下降不能刺激 JH 的产生(Martin *et al.*, 2006)。RNAi 技术和 Sindbis 病毒表达系统相结合，成功地鉴定了埃及伊蚊(*Aedes aegypti*)的卵黄原蛋白受体 AaGATAr 的功能。另外，本章作者所在实验室通过 dsRNA 显微注射成功干扰了大草蛉卵黄原蛋白基因表达，导致雌成虫产卵量减少，卵孵化率降低，阐明了大草蛉 Vg 的生理功能(Liu *et al.*, 2015)。

3. RNAi 与生长、生殖及滞育调控研究

针对卵黄发生还有一个相关研究热点，就是生殖系统对营养信号的响应机制。以德国小蠊为例，JH 是卵黄发生与繁殖必不可少的，对 TOR 的 RNAi 试验表明，营养信号转导到 JH 产生的过程中，TOR 发挥了关键作用(Maestro *et al.*, 2009)。Clemens 等(2000)应用 RNAi 研究了果蝇细胞系中胰岛素信号转导途径，取得了与已知胰岛素信号转导通路完全一致的结果，在此基础上他们还分析了 DSH3PX1 与 DACK 之间的关系，证实了 DACK 是位于 DSH3PX1 磷酸化上游的激酶。目前，应用 RNAi 技术已证明沉默尖音库蚊(*Culex pipiens*)的胰岛素基因可以激活体内 FOXO(forkhead transcription factor)的下游基因，从而导致滞育，表明昆虫中有一种调控滞育的保守机制(Sim and Denlinger, 2008)。家蚕的胰岛素样肽(ILP)又称家蚕素(bombyxin，BBX)，对 5 龄家蚕幼虫注射 *BBX-B8* dsRNA(10 μg/头)，24 h 后，家蚕脑部 *BBX-B8* 转录水平下降了 37.33%。注射 72 h 后，*BBX-B8* 转录水平下降 30%，而且血淋巴中海藻糖含量升高 12.68%。此外，蛹翅芽原基发育受抑制，成虫翅畸形。在化蛹的第 1 天对蛹进行 *BBX-B8* dsRNA 注射时，输卵管内成熟卵细胞的数量增加，dsRNA 注射量 10 μg 时，增加值为 7.86%；注射量为 15 μg 时，增加值为 12.62%。这些结果表明，*BBX-B8* 在家蚕的器官发育、繁殖与海藻糖代谢中发挥重要作用(Zheng *et al.*, 2012)。

夏末的短日照会促使尖音库蚊进入繁殖性滞育，表现为卵巢发育停滞，脂肪储备增加。胰岛素途径及其下游的叉头转录基因 *FOXO* 参与滞育反应的传导。当通过 RNAi 敲除非滞育尖音库蚊(处于长日照条件)的胰岛素受体表达时，初级卵泡发育停滞。使用保幼激素后，初级卵泡恢复发育。如果于短日照条件下饲养，并注射 *FOXO* dsRNA，则脂肪储备显著减少，寿命缩短。这些结果表明，胰岛素信号的阻断激发了 *FOXO* 的表达，从而导致滞育。此结果与胰岛素途径在短日照条件下引发 JH 合成中止的效应是一致的。在果蝇与秀丽隐杆线虫中也存在类似的反应，这是一种在昆虫与线虫中都存在的保守滞育机制(Sim and Denlinger, 2008)。

借助 RNAi，Garelli 等(2012)发现在果蝇中器官芽能自主激活胰岛素样肽 DILP8 的表达，传达非正常生长信号，延迟成熟。通过抑制蜕皮激素合成，延缓器官芽生长，控

制个体大小。DILP8 功能缺失则会导致果蝇身体不均匀生长，表现为个体大小不整齐，成熟期不一致。此外，我们知道幼虫组织生长受损会延迟生长和变态，呈现一种耦合机制。当非正常生长组织导致发育延迟时，通过 RNAi 沉默果蝇 *dilp8* 的表达能恢复发育。当生长受损，发育延迟时，*dilp8* 会被诱导表达。这些结果表明，Dilp8 是一个协调组织生长状态与发育时间选择的分泌因子（Colombani *et al.*，2012）。

褐飞虱在不同的环境条件下会分化为长翅型与短翅型两种类型。Xu 等（2015）通过 RNAi 对长翅型与短翅型的分子调控机制进行了深入研究，发现胰岛素受体 InR1 与 InR2 通过调节叉头转录因子的表达实现对长翅型与短翅型的控制。当 InR1 表达时，通过 ILP 途径决定长翅型，反之为短翅型。InR2 则为负调控基因，其沉默时出现长翅型。此外，脑神经细胞分泌的 ILP3 也决定长翅型。

(撰稿人：毛建军)

参 考 文 献

何正波，陈斌，冯国忠. 2009. 昆虫 RNAi 技术及其应用. 昆虫知识，46(4)：525-532.

田宏刚，张文庆. 2012. RNAi 技术在昆虫学中的研究进展及展望. 应用昆虫学报，49(2)：309-316.

王会冬，龚亮，胡美英，等. 2012. 系统 RNA 干扰及在昆虫中的应用. 生物技术通报，12：19-24.

杨中侠，文礼章，吴青君，等. 2008. RNAi 技术在昆虫功能基因研究中的应用进展. 昆虫学报，51(10)：1077-1082.

赵洁，刘小宁. 2015. RNAi 在昆虫控制领域的研究进展. 中国植保导刊，35(1)：17-23.

Agrawal T, Sadaf S, Hasan G. 2013. A genetic RNAi screen for IP_3/Ca^{2+} coupled GPCRs in *Drosophila* identities the PdfR as a regulator of insect flight. PLoS Genet, 9(10)：e1003849.

Amdam G V, Simöes Z L P, Guidugli K R, *et al*. 2003. Disruption of vitellogenin gene function in adult honeybees by intraabdominal injection of double-stranded RNA. BMC Biotechnol, 3: 1-8.

Araujo R N, Santos A, Pinto F S, *et al*. 2006. RNA interference of the salivary gland nitrophorin 2 in the triatomine bug *Rhodnius prolixus*(Hemiptera: Reduviidae) by dsRNA ingestion of injection. Insect Biochem Mol Biol, 36(9)：683-693.

Aronstein K, Pankiw T, Saldivar E. 2006. SID-1 is implicated in systemic gene silencing in the honey bee. J Agric Res, 45(1)：20-24.

Attardo G M, Higgs S, Klingler K A, *et al*. 2003. RNA interference-mediated knockdown of a GATA factor reveals a link to anautogeny in the mosquito *Aedes aegypti*. Proc Natl Acad Sci, 100: 13374-13379.

Baum J A, Bogaert T, Clinton W, *et al*. 2007. Control of coleopteran insect pests through RNA interference. Nat Biotechnol, 25: 1322-1326.

Bellés X. 2010. Beyond *Drosophila*: RNAi *in vivo* and functional genomics in insects. Annu Rev Entomol, 55: 111-128.

Bettencourt R, Terenius O. 2002. Faye IHemolin gene silencing by ds-RNA injected into *Cecropia pupae* is lethal to next generation embryos. Insect Mol Biol, 11(3)：267-271.

Boisson B, Jacques J C, Choumet V, *et al*. 2006. Gene silencing in mosquito salivary glands by RNAi. FEBS Letters, 580(8)：1 988-1 992.

Bridge A J, Pebernard S, Ducraux A, et al. 2003. Induction of an interferon response by RNAi vectors in mammalian cells. Nat Genet, 34(3): 263-264.

Brown S J, Mahaffey J P, Lorenzen M D, et al. 1999. Using RNAi to investigate orthologous homeotic gene function during development of distantly related insects. Evol Dev, 1: 11-15.

Bucher G, Scholten J, Klingler M. 2002. Parental RNAi in *Tribolium* (Coleoptera). Curr Biol, 12: R85-R86.

Buckingham S D, Esmaeili B, Wood M, et al. 2004. RNA interference: from model organisms towards therapy for neural and neuromuscular disorders. Hum Mol Genet, 13: R275-R288.

Caplen N J, Fleenorb J, Fire A, et al. 2000. Morgan dsRNA mediat ed gene silencing in cultured *Drosophila* cells: a tissue culture model for the analysis of RNA interference. Gene, 252: 95-105.

Caplen N J, Zheng Z, Falgout B, et al. 2002. Inhibition of viral gene expression and repli cation in mosquito cells by dsRNA-triggered RNA interference. Mol Ther, 6: 243-251.

Choo S W, White R, Russell S. 2011. Genome-wide analysis of the binding of the Hox protein ultrabithorax and the Hox cofactor homothorax in *Drosophila*. PLoS ONE, 6(4): e14778.

Clemens J C, Worby C A, Simonson-Leff N, et al. 2000. Use of double-stranded RNA interference in *Drosophila* cell lines to dissect signal transduction pathways. Proc Nat Acad Sci, 97(12): 6499-6503.

Cogoni G, Macino G. 1999. Gene silencing in *Neurospora cassa* requires a protein homologous to RNA-dependent RNA polymerase. Nature, 339(6732): 166-169.

Colombani J, Andersen D S, Léopold P. 2012. Secreted peptide Dilp8 coordinates *Drosophila* tissue growth with developmental timing. Science, 336: 582-585.

Copf T, Schröder R, Averof M. 2004. Ancestral role of caudal genes in axis elongation and segment ation. Proc Natl Acad Sci, 101(51): 17711-17715.

Dai H, Ma L, Wang J, et al. 2008. Knockdown of ecdysistriggering hormone gene with a binary UAS GAL4 RNA interference system leads to lethal ecdysis deficiency in si lkworm. Acta Biochim Biophys Sin, 40(9): 790-795.

Dietzl G, Chen D, Schnorrer F, et al. 2007. A genome-wide transgenic RNAi library for conditional gene inactivation in *Drosophila*. Nature, 448: 151-56.

Dong Y, Friedrich M. 2005. Nymphal RNAi: systemic RNAi mediated gene knockdown in juvenile grasshopper. BMC Biotechnology, 5: 25.

Doumanis J, Wada K, Kino Y, et al. 2009. RNAi screening in *Drosophila* cells identifies new modifiers of mutant huntingtin aggregation. PLoS ONE, 4(9): e7275.

Dzitoyeva S, Dimitrijevic N, Manev H. 2001. Intra-abdominal injection of double-stranded RNA into anesthetized adult *Drosophila* triggers RNA interference in the central nervous system. Mol Psychiatry, 6(6): 665-670.

Dzitoyeva S, Dimitrijevic N, Manev H. 2003. γ-aminobutyric acid B receptor 1 mediates behavior-impairing actions of alcohol in *Drosophila*: adult RNA interference and pharmacological evidence. Proc Natl Acad Sci, 100(9): 5485-5490.

Eleftherianos I, Gokcen F, Felfoldi G, et al. 2007. The immunoglobulin family protein hemolin mediates cellular immune responses to bacteria in the insect *Manduca sexta*. Cell MicroBiol, 9: 1137-1147.

Erezyilmaz D F, Riddiford L M, Truman J W. 2006. The pupal specifier broad directs progressive morphogenesis in a direct developing insect. Proc Natl Acad Sci, 103(18): 6925-6930.

Fabrick J A, Kanost M R, Baker J E. 2004. RNAi-induced silencing of embryonic tryptophan oxygenase in the pyralid moth, *Plodia interpunctella*. J Insect Sci, 4: 15.

Farooqui T, Vaessin H, Smith B H. 2004. Octopamine receptors in the honeybee (*Apis mellifera*) brain and their disruption by RNA-mediated interference. J Insect Physiol, 50(8): 701-713.

Feinberg E H, Hunter C P. 2003. Transport of dsRNA into cells by the transmembrane protein SID-1. Science, 301: 1545-1547.

Fire A, Xu S, Montgomery M K, et al. 1998. Potent and specific genetic interference by double-stranded RNA in *Caenorhabditis elegans*. Nature, 391(6669): 806-811.

Fortier E, Belote J M. 2000. Temperature-dependent gene silencing by an expressed inverted repeat in *Drosophila*. Genesis, 26(4): 240-244.

Fujimoto Y, Kobayashi A, Kurata S, et al. 1999. Two subunits of the insect 26/29-kDa proteinase are probably derived from a common precursor protein. J Biochem, 125: 566-573.

Fujita K, Shimomura K, Yamamoto K, et al. 2006. A chitinase structurally related to the glycoside hydrolase family 48 is indispensable for the hormonally induced diapause termination in a beetle. Biochem Biophys Res Commun, 345: 502-507.

Galiana-Arnoux D, Dostert C, Schneemann A, et al. 2006. Essential function *in vivo* for Dicer-2 in host defense against RNA viruses in *Drosophila*. Nature Immunol, 7(6): 590-597.

Gandhe A S, John S H, Nagaraju J. 2007. Noduler, a novel immune up-regulated protein mediates nodulation response in insects. J Immunol, 179: 6943-6951.

Garbutt J S, Bellés X, Richards E H, et al. 2013. Persistence of double stranded RNA in insect hemolymph as a potential determiner of RNA interference success: evidence from *Manduca sexta* and *Blattella germanica*. J Insect Physiol, 59(2): 171-178.

Garelli A, Gontijo A, Miguela V, et al. 2012. Imaginal discs secrete insulin-like peptide 8 to mediate plasticity of growth and maturation. Science, 336: 579-582.

Gatehouse H S, Gatehouse L N, Malone L A, et al. 2004. Amylase activity in honey bee hypopharyngeal glands reduced by RNA intereference. J Apicult Res, 43: 9-13.

Ghanim M, Kont Sedalov S, Czosnek H. 2007. Tissue-specific gene silencing by RNA interference in the whitefly *Bemisia tabaci* (Gennadius). Insect Biochem Mol Biol, 37: 732-738.

Gordon K H, Waterhouse P M. 2007. RNAi for insect-proof plants. Nat Biotechnol, 25(11): 1231-1232.

Griebler M, Westerlund S A, Hoffmann K H, et al. 2008. RNA interference with the allatoregulating neuropeptide genes from the fall armyworm *Spodoptera frugiperda* and its effects on the JH titer in the hemolymph. J Insect Physiol, 54(6): 997-1007.

Gu L Q, Knipple D C. 2013. Recent advances in RNA interference research in insects: Implications for future insect pest management strategies. Crop Prot, 45: 36-40.

Guidugli K R, Nascimento A M, Amdam G V, et al. 2005. Vitellogenin regulates hormonal dynamics in the worker caste of a eusocial insect. FEBS Lett, 579: 4961-4965.

Hakim R S, Baldwin K, Smallhe G. 2010. Regulation of midgut growth, development, and metamorphosis. Annu Eev Entomol, 55: 593-608.

Hannon G J. 2002. RNA interference. Nature, 418(6894): 244-251.

Hasuwa H, Kaseda K, Einarsdottir T, et al. 2002. Small interfering RNA and gene silencing in transgenic mice and rats. FEBS Lett, 532: 227-230.

He Z B, Cao Y Q, Yin Y P, et al. 2006. Role of hunchback in segment patterning of *Locusta migratoria manilensis* revealed by parental RNAi. Dev Growth Differ, 48(7): 439-445.

Huang J H, Lozano J, Belles X. 2013. Broad-complex functions in postembryonic development of the cockroach *Blattella germanica* shed new light on the evolution of insect metamorphosis. Biochim

Biophys Acta, 1830(1): 2178-2187.

Hughes C L, Kaufman T C. 2000. RNAi analysis of deformed, proboscipedia and sex combs reduced in the milkweed bug *Oncopeltus fasciatus*: novel roles for Hox genes in the Hemipteran head. Development, 127: 3683-3694.

Hult E F, Huang J, Marchal E, *et al.* 2015. RXR/USP and EcR are critical for the regulation of reproduction and the control of JH biosynthesis in *Diploptera punctate*. J Insect Physiol, doi. org/10. 1016/j. jinsphys. 2015. 04. 006.

Hunter W, Ellis J, van Engelsdorp D, *et al.* 2010. Large-scale field application of RNAi technology reducing Israeli acute paralysis virus disease in honey bees (*Apis mellifera*, Hymenoptera: Apidae). PLoS Pathog, 6(12): e1001160.

Kanginakudru S, Royer C, Edupalli S V, *et al.* 2007. Targeting ie-1 gene by RNAi induces baculoviral resistance in lepidopteran cell lines and in transgenic silkworms. Insect Mol Biol, 16(5): 635-644.

Kennerdell J R, Carthew R W. 1998. Use of dsRN-mediated genetic interference to demonstrate that *frizzled* and *frizzled 2* act in the wingless pathway. Cell, 95(7): 1017-1026.

Kennerdell J R, Carthew R W. 2000. Heritable gene silencing in *Drosophila* using double-stranded RNA. Nat Biotechnol, 18: 896-898.

Kennerdell J R, Yamaguchi S, Carthew R W. 2002. RNAi is activated during *Drosophila* oocyte maturation in a manner dependent on aubergine and spindle-E. Genes Dev, 16(15): 1884-1889.

Khajuria C, Buschman L L, Chen M S, *et al.* 2010. A gut specific chitinase gene essential for regulation of chitin content of peritrophic matrix and growth of *Ostrinia nubilalis* larvae. Insect Biochem Mol Biol, 40: 621-629.

Kobayashi I, Tsukioka H, Komoto N, *et al.* 2012. SID-1 protein of *Caenorhabditis elegans* ediates uptake of dsRNA into *Bombyx* cells. Insect Biochem Mol Biol, 42(2): 148-154.

Konopova B, Jindra M. 2008. Broad-Complex acts downstream of Met in juvenile hormone signaling to coordinate primitive holometabolan metamorphosis. Development, 135: 559-568.

Kotwica Rolinska J, Gvakhafia B O, Kedzierska U, et al. 2013. Effects of period RNAi on V-ATPase expression and rhythmic pH changes in the vas deferens of *Spodoptera littoralis* (Lepidoptera: Noctuidae). Insect Biochem Mol Biol, 43(6): 522-532.

Kumar M, Gupta G P, Rajam M V. 2009. Silencing of aeetylcholinesterase gene of *Helicoverpa armigera* by siRNA affects larval growth and its life cycle. J Insect Physiol, 55(3): 273-278.

Kuwayama H, Yaginuma T, Yamashita O, *et al.* 2006. Germ-line transformation and RNAi of the ladybird beetle, *Harmonia axyridis*. Insect Mol Biol, 15(4): 507-512.

Ledford H. 2007. Fly library boosts gene tool supply. Nature, 448: 115.

Lee K S, Kim B Y, Kim H J, *et al.* 2006. Transferrin inhibits stress-induced apoptosis in a beetle. Free Radic Biol Med, 41: 1151-1161.

Lee Y S, Carthew R W. 2003. Making a better RNAi vector for *Drosophila*: use of intron spacers. Methods, 30(4): 322-329.

Levin D M, Breuer L N, Zhuang S, *et al.* 2005. A hemocyte-specific integrin requi red for hemocytic encapsulation in the tobacco hornworm, *Manduca sexta*. Insect Biochem Mol Biol, 35: 369-380.

Li X, Zhang M, Zhang H. 2011. RNA interference of four genes in adult *Bactrocera dorsalis* by feeding their dsRNAs. PLoS ONE, 6: e17788.

Li Y X, Farrell M J, Liu R, *et al.* 2000. Double-stranded RNA injection produces null phenotypes in zebrafish.

Dev Biol, 217(2): 394-405.
Liu C, Mao J, Zeng F. 2015. *Chrysopa septempunctata* vitellogenin functions through effects on egg production and hatching. J Econ Entomol, 108(6): 2779-2788.
Liu P Z, Kaufman T C. 2004a. *Hunchback* is required for suppression of abdominal identity, and for proper germband growth and segmentation in the intermediate germband insect *Oncopeltus fasciatus*. Development, 131: 1515-1527.
Liu P Z, Kaufman T C. 2004b. Kruppel is a gap gene in the intermediate germband insect *Oncopeltus fasciatus* and is required for development of both blastoderm and germband-derived segments. Development, 131: 4567-4579.
Lohmann J U, Endl I, Bosch T C. 1999. Silencing of developmental genes in Hydra. Dev Biol, 214(1): 211-214.
Lynch J A, Desplan C. 2006. A method for parental RNA interference in the wasp *Nasonia vitripennis*. Nat Protoc, 1: 486-494.
Maestro J L, Cobo J, Bellés X. 2009. Target of rapamycin(TOR) mediates the transduction of nutritional signals into juvenile hormone production. J Biol Chem, 284: 5506-5513.
Mao J J, Zeng F R. 2012. Feeding-based RNA interference of a gap gene is lethal to the pea aphid, *Acyrthosiphon pisum*. PLoS ONE, 7(11): e48718.
Mao J J, Zeng F R. 2013. *Hunchback* is required for abdominal identity suppression and germband growth in the parthenogenetic embryogenesis of the pea aphid, *Acyrthosiphon pisum*. Archives Insect Biochem, 84(4): 209-221.
Mao J J, Zeng F R. 2014. Plant-mediated RNAi of a gap gene enhanced tobacco tolerance against the *Myzus persicae*. Transgenic Res, 23(1): 145-152.
Mao J J, Zhang P Z, Liu C Y, et al. 2015. Co-silence of the coatomer β and v-ATPase A genes by siRNA feeding reduces larval survival rate and weight gain of cotton bollworm, *Helicoverpa armigera*. Pestic Biochem Phys, 118: 71-76.
Mao Y, Cai W, Wang J, et al. 2007. Silencing a cotton bollworm P450 monooxygenase gene by plant-mediated RNAi impairs larval tolerance of gossypol. Nat Biotech, 25: 1307-1313.
Maori E, Paldi N, Shafir S, et al. 2009. IAPV, a bee-affecting virus associated with Colony Collapse Disorder can be silenced by dsRNA ingestion. Insect Mol Biol, 18(1): 55-60.
Martin D, Maestro O, Cruz J, et al. 2006. RNAi studies reveal a conserved role for RXR in molting in the cockroach *Blattella germanica*. J Insect Physiol, 52: 410-416.
Meyering-Vos M, Muller A. 2007. Structure of the sulfakinin cDNA and gene expression from the Mediterranean field cricket *Gryllus bimaculatus*. Insect Mol Biol, 16(4): 445-454.
Miller S C, Brown S J, Tomoyasu Y. 2008. Larval RNAi in *Drosophila*? Dev Genes Evol, 218: 505-510.
Minakuchi C, Namiki T, Shinoda T. 2009. *Krüppel homolog 1*, an early juvenile hormone-response gene downstream of *Methoprene-tolerant*, mediates its anti-metamorphic action in the red flour beetle *Tribolium castaneum*. Dev Biol, 325: 341-350.
Misquitta L, Paterson B M. 1999. Targeted disruption of gene function in *Drosophila* by RNA interference(RNAi): A role for nautilus in embryonic somatic muscle formation. Proc Natl Acad Sci, 96(4): 1451-1456.
Mito T, Okamoto H, Shinahara W, et al. 2006. Krüppel acts as a gap gene regulating expression of *hunchback* and even-skipped in the intermediate germ cricket *Gryllus bimaculatus*. Dev Biol, 294: 471-481.

Mito T, Ronco M, Uda T, et al. 2008. Divergent and conserved roles of extradenticle in body segmentation and appendage formation, respectively, in the cricket *Gryllus bimaculatus*. Dev Biol, 313: 67-79.

Mito T, Sarashina I, Zhang H, et al. 2005. Non-canoni cal functions of hunchback in segment patterning of the intermediate germ cricket *Gryllus bimaculatus*. Development, 132(9): 2069-2079.

Miyawaki K, Mito T, Sarashina I, et al. 2004. Involvement of Wingless Armadillo signaling in the posterior sequential segmentation in the cri cket, *Gryllus bimaculatus* (Orthoptera), as revealed by RNAi analysis. Mech Dev, 121: 119-130.

Mon H, Kobayashi I, Ohkubo S, et al. 2012. Effective RNA interference in cultured silkworm cells mediated by overexpression of *Caenorhabditis elegans* SID-1. RNA Biology, 9(1): 40-46.

Mutti N S, Park Y, Reese J C, et al. 2006. RNAi knockdown of a salivary transcript leading to lethality in the pea aphid, *Acyrthosiphon pisum*. J Insect Sci, 6: 38.

Napoli C, Lcmieux C, Jorgensen R. 1990. Introduction of a chimeric chalcone synthase gene into petunia results in reversible co-suppression of homologous genes in trans. Plant Cell, 2(4): 279-289.

Nation J L. 2002. Insect Physiology and Biochemistry. Boca Raton, Florida: CRC Press LLC: 119-150.

Ngo H, Tschudi C, Gul L K. 1998. Ullu EDouble-stranded RNA induces mRNA degradation in *Trypanosoma brucei*. Proc Nat Acad Sci, 95(25): 14687-14692.

Nishikawa T, Natori S. 2001. Targeted disruption of a pupal hemocyte protein of Sarcophaga by RNA interference. Eur J Biochem, 268(20): 5295-5299.

Ober K A, Jockusch E L. 2006. The roles of wingless and decapentaplegic in axis and appendage development in the red flour beetle, *Tribolium castaneum*. Dev Biol, 294(2): 391-405.

Pal-Bhadra M, Bhadra U, Birchler J A. 1999. Cosuppression of nonhomologous transgenes in *Drosophila* involves naturally related endogenous sequences. Cell, 1999, 99(1): 35-46.

Patel A, Fondrk M K, Kaftanoglu O, et al. 2007. The making of a queen: TOR pathway is a key player in diphenic caste development. PLoS ONE, 2(6): e509.

Perrimon N, Ni J Q, Perkins L. 2010. *In vivo* RNAi: today and tomorrow. CSH Perspect Biol, 2(8): doi: 10.1101/cshperspect. a003640.

Piccin A, Salameh A, Benna C, et al. 2001. Efficient and heritable functional knock-out of an adult phenotype in *Drosophila* using a GAL4-driven hairpin RNA incorporating a heterologous spacer. Nucl Acids Res, 29(12): E55.

Pitino M, Coleman A D, Maffei M E, et al. 2011. Silencing of aphid genes by dsRNA feeding from plants. PLoS ONE, 6(10): e25709.

Price D R, Gatehouse J A. 2008. RNAi-mediated crop protection against insects. Trends in Biotechnol, 26(7): 393-400.

Pueyo J I, Lanfear R, Couso J P. 2008. Ancestral Notch-mediated segmentation revealed in the cockroach *Periplaneta americana*. Proc Natl Acad Sci, 105: 16614-16619.

Rafiqi A M, Lemke S J, Ferguson S, et al. 2008. Evolutionary origin of the amnioserosa in cyclorrhaphan flies correlates with spatial and temporal expression changes of zen. Proc Natl Acad Sci, 105: 234-239.

Rajagopal R, Sivakumar S, Agrawal N, et al. 2002. Silencing of midgut aminopeptidase N of *Spodoptera litura* by double stranded RNA establishes its role as *Bacillus thuringiensis* toxin receptor. J Biol Chem, 277: 46849-46846.

Ronco M, Uda T, Mito T, et al. 2008. Antenna and all gnathal appendages are similarly transformed by *homothorax* knock-down in the cricket *Gryllus bimaculatus*. Dev Biol, 313: 80-92.

Saleh M C, Tassetto M, van Rij R P, *et al*. 2009. Antiviral immunity in *Drosophila* requires systemic RNA interference spread. Nature, 458(7236): 346-350.

Saleh M C, van Rij R P, Hekele A, et al. 2006. The endocytic pathway mediates cell entry of dsRNA to induce RNAi silencing. Nat Cell Biol, 8(8): 793-802.

Sanchez-Alvarado A, Newmark P A. 1999. Double-stranded RNA specifically disrupts gene expression during planarian regeneration. Proc Natl Acad Sci, 96(9): 5049-5054.

Schmid A, Schindelholz B, Zinn K. 2002. Combinatorial RNAi: a method for evaluating the functions of gene families in *Drosophila*. Trends NeuroSci, 25(2): 71-74.

Schröder R. 2003. The genes orthodenticle and hunchback substitut e for bicoid in the beetle *Tribolium*. Nature, 422(6 932): 621-625.

Shaw P J, Salameh A, McGregor A P. 2001. Divergent structure and function of the *bicoid* gene in Muscoidea fly species. Evol Dev, 251-262.

Sheng Z, Xu J, Bai H. 2011. Juvenile hormone regulates vitellogenin gene expression through insulin-like peptide signaling pathway in the red flour beetle, *Tribolium castaneum*. J Biol Chem, 286: 41924-41936.

Shih J D, Hunter C P. 2011. SID-1 is a dsRNA-selective dsRNA-gated channel. RNA, 17(6): 1057-1065.

Sim C, Denlinger D L. 2008. Insulin signaling and FOXO regulate the overwintering diapause of the mosquito *Culex pipiens*. Proc Nat Acad Sci, 105: 6777-6781.

Sivakumar S, Rajagopal R, Venkatesh G R, *et al*. 2007. Knockdown of aminopeptidase-N from Helicoverpa armigera larvae and in transfected Sf21 cells by RNA interference reveals its functional interaction with *Bacillus thuringiensis* insecti cidal protein Cry1Ac. J BoilChem, 282: 7312-7319.

Soberón M, López L P, López I, et al. 2007. Engineering modified Bt toxins to counter insect resistance. Science, 318: 1640-1642.

Tang T, Zhao C Q, Feng X Y, *et al*. 2012. Knockdown of several components of cytochrome P450 enzyme systems by RNA interference enhances the Susceptibility of *Helicoverpa armigera* to fenvalerate. Pest Manag Sci, 68(11): 1501-1511.

Terenius O, Bettencourt R, Lee S Y, *et al*. 2007. RNA interference of Hemolin causes depletion of phenoloxidase activity in *Hyalophora cecropia*. Dev Comp Immunol, 31: 571-575.

Terenius O, Papanicolaou A, Garbutt J S. 2011. RNA interference in Lepidoptera: an overview of successful and unsuccessful studies and implications for experimental design. J Insect Physiol, 57: 231-245.

Tian H, Peng H, Yao Q, *et al*. 2009. Developmental control of a lepidopteran pest *Spodoptera exigua* by ingestion of bacteria expressing dsRNA of a non-midgut gene. PLoS ONE, 4: e6225.

Tijsterman M, May R C, Simmer F, *et al*. 2004. Genes required for systemic RNA interference in *Caenorhabditis elegans*. Curr Biol, 14(2): 111-116.

Tomoyasu Y, Denell R E. 2004. Larval RNAi in *Tribolium* for analyzing adult. Dev Genes Evol, 214(11): 575-578.

Tomoyasu Y, Miller S C, Tomita S, *et al*. 2008. Exploring systemic RNA interference in insects: a genome-wide survey for RNAi genes in *Tribolium*. Genome Biol, 9: R10.

Travanty E A, Adelman Z N, Franz A W E, *et al*. 2004. Using RNA interference to develop dengue virus resistance in genetically modified *Aedes aegypti*. Insect Biochem Mol Biol, 34(7): 607-613.

Tsuzuki S, Sekiguchi S, Kamimura M, *et al*. 2005. A cytokine secreted from the suboesophageal body is essential for morphogenesis of the insect head. Mechanisms of Development, 122: 189-197.

Turner C T, Davy M W, MacDiarmid R M, *et al*. 2006. RNA interference in the light brown apple moth,

Epiphyas postvittana induced by double-stranded RNA feeding. Insect Mol Biol, 15(3): 383-391.

Uhlirova M, Foy B D, Beaty B J, et al. 2003. Use of Sindbis virus-mediated RNA interference to demonstrate a conserved role of Broad-Complex in insect metamorphosis. Proc Natl Acad Sci, 100: 15607-15612.

Voinnet O. 2005. Non-cell autonomous RNA silencing. FEBS Lett, 579: 5858-5871.

Waterhouse P M, Graham M W, Wang M B. 1998. Virus resistance and gene silencing in plants can be induced by simultaneous expression of sense and antisense RNA. Proc Natl Acad Sci, 95(23): 13959-13964.

Winston W M, Molodowitch C, Hunter C P. 2002. Systemic RNAi in *C. elegans* requires the putative transmembrane protein SID-1. Science, 295(5564): 2456-2459.

Xu H J, Xue J, Lu B, et al. 2015. Two insulin receptors determine alternative wing morphs in planthoppers. Nature, 14286, doi: 10.1038.

Xu W N, Han Z J. 2008. Cloning and phylogenetic analysis of sid-1 like genes from aphids. J Insect Sci, 8: 1-6.

Yamaguchi J, Mizoguchi T, Fujiwara H. 2011. SiRNAs induce efficient RNAi response in *Bombyx mori* embryos. PLoS ONE, 6(9): e25469.

Yang Y, Zhu Y C, Ottea J, et al. 2010. Molecular characterization and RNA interference of three midgut aminopeptidase N isozymes from *Bacillus thuringiensis*-susceptible and resistant strains of sugarcane borer, *Diatraea saccharalis*. Insect Biochem Mol Biol, 40: 592-603.

Yang Z X, Wen L Z, Wu Q J, et al. 2009. Effects of injecting cadherin gene dsRNA on growth and development in diamondback moth *Plutella xylostella* (Lep.: Plutellidae). Journal of Appl Entomol, 133: 75-81.

Yuen J L, Read S A, Brubacher J L, et al. 2008. Biolistics for high-throughput transformation and RNA interference in *Drosophila melanogaster*. Fly, 2(5): 247-254.

Zamore P D, Tuschl T, Sharp P A, et al. 2000. RNAi: Double-stranded RNA directs the ATP-dependent cleavage of mRNA at 21 to 23 nucleotide intervals. Cell, 101: 25-33.

Zha W, Peng X, Chen R, et al. 2011. Knockdown of midgut genes by dsRNA-transgenic plant-mediated RNA interference in the hemipteran insect *Nilaparvata lugens*. PLoS ONE, 6: e20504.

Zheng X J, Lu Y, Zhang P J, et al. 2012. Effect of inhibiting the expression of insulin-like peptide gene BBX-B8 on development and reproduction of silkworm, *Bombyx mori*. Afr J Biotechnol, 11(10): 2548-2554.

Zhou X, Oi F M, Scharf M E. 2006. Social exploitation of hexamerin: RNAi reveals a major cast e-regulatory factor in termites. Proc Natl Acad Sci, 103: 4499-4504.

Zhu F, Xu J, Palli R, et al. 2011. Ingested RNA interference for managing the populations of the Colorado potato beetle, *Leptinotarsa decemlineata*. Pest Manag Sci, 67: 175-182.

Zhu J S, Chen L, Raikhel A S. 2003. Posttranscriptional control of the competence factor βFTZ-F1 by juvenile hormone in the mosquito *Aedes aegypti*. Proc Natl Acad Sci, 100(23): 13338-13343.

Zhu Q, Arakane Y, Beeman R W, et al. 2008. Functional specialization among insect chitinase family genes revealed by RNA interference. Proc Natl Acad Sci, 105(18): 6650-6655.

第三章 昆虫卵黄原蛋白基因

第一节 概 述

卵黄原蛋白(vitellogenin,Vg)是普遍存在于非哺乳类性成熟的卵生雌性动物血液中的一种蛋白,是几乎所有卵生动物卵黄蛋白的前体(Utarabhand and Bunlipatanon,1996)。Telfer(1954)首次在昆虫惜古比天蛾(*Hyalophora cecropia*)中发现了此雌性特异蛋白,Pan等(1969)将该蛋白命名为Vg,后来普遍把这种在卵生动物的卵黄形成过程中,雌性个体血浆中大量存在的含糖、磷、脂的大分子蛋白描述为Vg,目前在多种昆虫中开展了这方面的研究。大部分昆虫的Vg由雌性脂肪体在激素的调控下合成,分泌到血淋巴(Ramaswamy et al.,1997;Zeng et al.,1997,2000;Sorge et al.,2000),被卵母细胞通过内吞作用所摄取,经修饰、切除、加工后以晶体形式沉积为卵黄蛋白(Comas et al.,2000;戈林泉和吴进才,2010;Amdam et al.,2010),作为胚胎发育的营养来源。

一、卵黄的发生

卵黄发生(vitellogenesis)是昆虫卵巢成熟的关键,它可为卵母细胞的生长和胚胎发育提供所需的氨基酸、脂、钙和能量等营养和功能性物质,也直接影响昆虫的繁殖力。在卵黄发生的过程中,核心问题是卵黄原蛋白的合成和摄取,绝大多数昆虫中,Vg由脂肪体合成,分泌到血淋巴中,通过卵黄原蛋白受体(vitellogenin receptor,VgR)调节的内吞作用由卵母细胞摄取(龚和和翟启慧,1979)。

二、昆虫卵黄原蛋白的结构特性

Vg是一类大分子质量的糖脂复合蛋白,含1%～14%的糖类、6%～16%的脂及大约84%的氨基酸(董胜张等,2008)。昆虫Vg来源于6～7 kb的mRNA编码而形成的200 kDa的前体蛋白,经修饰后成为由几个亚基组成的天然的卵黄原蛋白。其氨基酸序列,通常含有几个比较保守的结构域或氨基酸基序(motif),如多聚丝氨酸束、GL/ICG基序、半胱氨酸残基、DGXR基序、DXXR基序等(Barr,1991;Rouille et al.,1995;Hirai et al.,1998;Tufail and Takeda,2005,2008;Tufail et al.,2007)。昆虫Vg的最显著特性是有多聚丝氨酸束,在所有已测序昆虫的Vg序列中,多聚丝氨酸束多位于N端,也有少数位于C端,其位置也相对保守(Lee et al.,2000a;Tufail et al.,2010)。所有昆虫Vg的C端(IV和V结构域)比较显示在紧接着高度保守的半胱氨酸残基第九个位点处是GL/ICG基序,另外,在几乎所有的昆虫Vg序列中,DGXR基序位于GL/ICG基序上游17～19氨基酸残基处。研究表明,GL/ICG基序和半胱氨酸残基是脊椎动物卵黄原蛋白寡聚化从而发挥功能所必需的基序(Goldstein et al.,1985;Tufail et al.,2000,2001)。D、E、P、Y等氨基酸残基在所有Vg序列C端都是高度保守的,但是其作用还不清楚

(Lee et al.，2009)。C 端的 9 个半胱氨酸残基及上游高度保守的 GL/ICG 基序是鉴定卵黄原蛋白基因的依据，也为在不同昆虫中克隆卵黄原蛋白基因提供了新的思路(Lee et al.，2000b)。

三、卵黄原蛋白的激素调控机制

昆虫卵黄发生是由内分泌调控的。在大多数昆虫中卵黄发生是由保幼激素(juvenile hormone，JH)调控的，如东亚飞蝗(*Locusta migratoria*)、长红猎蝽(*Rhodnius prolixus*)和马德拉蜚蠊(*Leucophaea maderae*)等半变态昆虫。但双翅目昆虫的卵黄发生较为复杂，主要由保幼激素和 20-羟基蜕皮酮(20-hydroxyecdysone，20E)二者共同调控，在蚊子和果蝇中，20E 对 Vg 的合成速率有重要作用。鳞翅目昆虫在预成虫或蜕皮后，Vg 的发生受 JH 和 20E 的启动。

1. 不完全变态昆虫和鞘翅目昆虫 Vg 合成的激素调控

在不完全变态昆虫和鞘翅目昆虫中，JH 是控制雌性生殖的主要因子，其主要通过调节脂肪体对 Vg 的合成和卵巢滤泡细胞对 Vg 的摄取。这种调控方式目前已经在许多昆虫中得到证明，包括直翅目、鞘翅目、半翅目、蜚蠊目等，其中以蜚蠊目中的德国小蠊和直翅目中的东亚飞蝗研究得最为清楚。

在直翅目中，JH 调节 Vg 的合成在一些蝗虫和蚱蜢中通过一些经典的试验(包括咽侧体摘除和 JH 处理)得到了证实。其中，以东亚飞蝗研究得最为清楚，其 Vg 的合成是周期性的。只有重复地点滴 JH，或使用高剂量并与 JH 酯酶的抑制剂一起使用才能诱导雌性飞蝗 Vg 的合成(Chen et al.，1976)。已取食飞蝗个体的脑制备物和保幼激素类似物(JH analog，JHA)同样可刺激体外培养的脂肪体合成 Vg。

2. 双翅目昆虫 Vg 合成的激素调控

在双翅目昆虫，就目前研究情况来看，Vg 的合成及其激素调控的机制十分复杂，由 JH、蜕皮激素(molting hormone，MH)、卵发育神经激素(由脑神经分泌细胞分泌并储存在心侧体中)(egg developmental neurosecretory hormone，EDNH)和抑卵激素(oostatic hormone)共同参与(Kelly et al.，1987)。关于双翅目昆虫 Vg 合成的激素调控，已在 20 多种昆虫中开展了大量研究，其中以家蝇和埃及伊蚊的研究最为深入。

在埃及伊蚊中，与其他昆虫的卵黄发生不同，其卵黄发生和 Vg 合成在成虫血餐后才被激活，其 Vg 合成受 JH、MH 和 EDNH 的共同调控；蜕皮激素的合成受 EDNH 的调控，将 EDNH 注射到蚊子体内后，发现体内的胆固醇转化成了蜕皮激素和 20E(Boronsky and Thomas，1985)。在埃及伊蚊卵黄发生期，MH 的合成受 EDNH 调控，EDNH 的作用是刺激卵巢合成和释放 MH(Hagedorn and Kunkel，1979)。其血餐后可产生一种血因子(blood factor)激活卵巢合成 EDNH 释放因子，与卵黄发生有关的 Vg 基因同时也被诱导表达。

3. 鳞翅目昆虫 Vg 的激素调控

鳞翅目昆虫中的凤蝶总科[如大菜粉蝶(*Pieris brassicae*)、黄钩蛱蝶(*Polygonia caureum*)等]和夜蛾总科[如美洲棉铃虫(*Helicoverpa zea*)和美洲粘虫(*Pseudaletia unipuncta*)

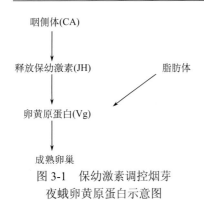

图 3-1 保幼激素调控烟芽夜蛾卵黄原蛋白示意图

等],卵黄发生在成虫羽化前就已经开始,JH 对其 Vg 的合成和卵子成熟是必需的(Sorge et al.,2000)。Zeng 等(1997)发现烟芽夜蛾(*Heliothis virescens*)的咽侧体中释放出的 JH 与脂肪体 Vg 的合成量呈正相关;在刚羽化的去头雌虫中,由于没有 JH 的释放,Vg 合成受到抑制,而对去头雌虫利用显微注射 JHI 后,Vg 的合成又得到恢复,他们也发现该昆虫 Vg 的合成量及产卵量与 JH 存在以下相互作用的密切关系(图 3-1)。

第二节 卵黄原蛋白基因及其功能研究

一、卵黄原蛋白基因的克隆

昆虫 Vg 是 6～7 kb mRNA 的转录产物,近年来,随着昆虫生殖生理的不断深入研究,已有 40 种昆虫的 51 个 Vg 基因被克隆。不同种属的昆虫中有不同的 Vg 数量,如埃及伊蚊有 3 个 Vg 基因、跗斑库蚊有 4 个 Vg 基因、红火蚁有 3 个 Vg 基因、斯氏珀蜂有 3 个 Vg 基因、美洲大蠊和马德拉蜚蠊均有 2 个 Vg 基因被克隆和鉴定。

根据前人对昆虫 Vg 基因的克隆研究,主要采用的克隆方式是构建 cDNA 表达文库,并制备 Vg 的多克隆抗体,筛选阳性克隆进行测序,通过测得的序列设计基因特异性引物,进行 RACE 扩增获得 Vg 基因的全长序列(Lee et al.,2009),也有用染色体步移的方法对 5′-侧翼序列进行克隆的(Song et al.,2010)。现在多根据 Vg 保守的 GL/ICG 基序设计 11 个碱基的上游引物,进行 3′-RACE 扩增,然后再以此测得的序列设计 5′-RACE 下游特异引物,进行 5′-RACE 扩增,最后用特异性引物扩增全长 Vg 基因序列(Lee et al.,2000a;Tufail et al.,2007)。Liu 等(2015)和梁慧芳等(2015)根据此方法分别克隆得到了大草蛉和大眼长蝽卵黄原蛋白基因全长序列。

二、卵黄原蛋白基因分子进化研究

目前,对于昆虫 Vg 分子进化的研究多采用同源性比较和系统树的分析方法。Liu 等(2015)采用聚类分析法对 51 种昆虫的卵黄原蛋白的分子特性进行了分类。尽管这些卵黄原蛋白的分子特性有一定的规律可循,但在目、科、亚科、属和种间也表现出一定的特异性,即呈现了较丰富的多样性。该系统发育树将同一目的昆虫聚集在同一个进化分支上,反映出序列间种内相似性大于种间的相似性,与传统的昆虫分类地位较为接近(图 3-2)。昆虫 Vg 和非昆虫 Vg(如脊椎动物、线虫等)与人类的血清载脂蛋白 B(apolipoprotein B,ApoB)进化上同源,可能起源于共同的祖先,同属于低密度脂蛋白家族(low density lipoprotein,LDL)。以前的研究发现,昆虫 Vg 与脊椎动物、线虫、鱼虾 Vg 进化关系上较远,在系统进化树上聚在不同的分支上,但昆虫 Vg 聚类在一个独立的分支上,从而推测这种进化关系可能反映了昆虫 Vg 与其他动物的亲缘关系较远或者在其他动物分化之前已经开始形成(Sappington and Raikhel,1998)。

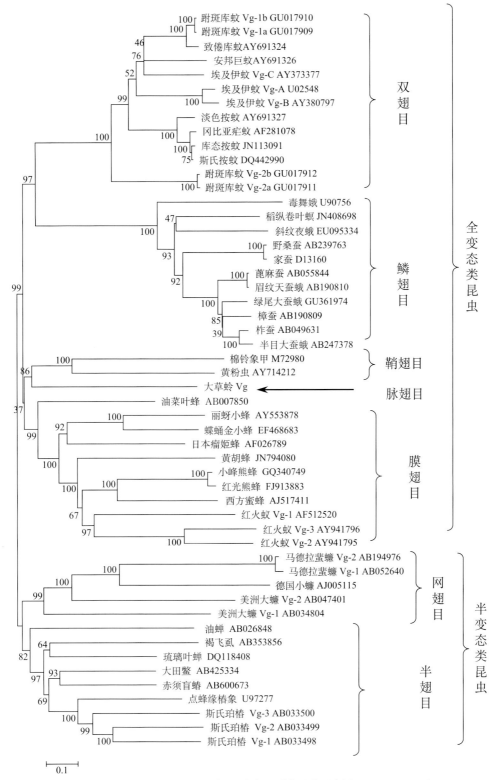

图 3-2 昆虫卵黄原蛋白基因氨基酸序列系统进化分析（Liu *et al.*，2015）

三、卵黄原蛋白基因功能

1. 营养和生殖功能

虽然不同门类、不同种属的卵黄原蛋白产生的方式不同，同源性较差，但总的来说，即从无脊椎动物到脊椎动物，卵黄原蛋白在结构和功能上仍是非常相似的，它们在不同的生物体内行使相似的生物学功能。研究表明，Vg 为正在发育的胚胎提供氨基酸、脂肪、碳水化合物、维生素、磷和硫等营养和功能性物质，卵黄原蛋白还能促进培养中的动物卵母细胞的生长和分化。Vg 作为卵黄蛋白的前体，为卵生动物胚胎发育提供能源物质，与卵生动物的繁殖密不可分。

梁慧芳等（2015）用酶联免疫吸附测定（ELISA）方法对大眼长蝽雌虫卵黄原蛋白与大眼长蝽产卵量进行了研究，结果表明，大眼长蝽雌虫中卵黄原蛋白含量在羽化后第 3 天即可检测到，并随着发育时间的延长，卵黄原蛋白含量逐渐升高，在羽化后第 22 天达到高峰，而后逐渐下降。研究发现大眼长蝽一般在羽化后 7~10 d 开始产卵，可见，大眼长蝽雌虫并不是在卵黄原蛋白合成的初期开始产卵，只有卵黄原蛋白累积到一定程度才开始产卵，产卵量会随着卵黄原蛋白含量的增加而增加，该结果表明，大眼长蝽雌虫卵黄原蛋白的表达量与大眼长蝽产卵量紧密相关。龚和等（1980）研究也发现，在猎物适合取食的情况下，七星瓢虫血淋巴中卵黄原蛋白含量一直较高，成虫在羽化后第 4 天出现卵黄原蛋白，出现后第 6 天开始产卵（龚和等，1980）。

另外，对蜜蜂的研究表明，若虫期高浓度的 JH 和羽化初期高浓度的 Vg，使得蜂王的卵巢能够被最大限度地激活，单个蜂王的卵巢可包含 180 根卵巢管，因此蜂王的日产卵量可以超过 1000 粒。而工蜂具有非常细小的卵巢，每个卵巢含有 2~12 个卵巢管，一般并不执行繁殖功能（Barchuk et al.，2002）。

2. 其他生理功能

除了 Vg 的营养和载体功能，Vg 还具有一定的免疫防御功能。在埃及伊蚊（*Aedes aegypti*）的卵黄合成过程中，Vg 基因的调控区序列可以产生高水平的脂肪体特异性的抗菌因子和防御素来抵御病原体侵入。

Vg 在蜜蜂体内的功能研究较多，到目前为止，共发现了 3 个基因可以调控蜜蜂的采蜜行为，分别是 *foraging*（*Amfor*）、*malvolio*（*Amvl*）和 *Vg*，其中 *Amfor* 调节工蜂的趋光性，*Amvl* 调节工蜂的蔗糖反应，而采用 *Vg* RNAi 后可以使工蜂的采蜜行为提前 3~4 d（Amdam et al.，2007）。Nelson 等（2007）用 RNA 干扰技术发现，敲除 *Vg* 基因可使工蜂由筑巢向采食行为的转变提前，证实了蜜蜂 *Vg* 基因活性通过抑制工蜂由筑巢向采食行为转变而影响工蜂的劳动分工这一假说。

对多数动物而言，寿命往往与繁殖力呈负相关，但蜜蜂的蜂王兼具长寿和高繁殖力，而有相同基因组的工蜂寿命则要短得多且基本不育。蜂王体内的 Vg 浓度要显著大于工蜂，同时巢蜂和长寿命冬蜂血淋巴的 Vg 浓度也都分别大于采食蜂和短寿命夏蜂（Amdam and Omholt，2002；Amdam et al.，2004）。同时 Nelson 等（2007）也发现 Vg 参与调控蜜蜂的寿命，敲除 *Vg* 基因的蜜蜂寿命比对照明显缩短。Seehuus 等（2006）研究还发现，蜜蜂 Vg 是通过清除体内自由基来降低体内氧化压力，从而延长其寿命的。

3. 大草蛉 *Vg* 基因功能研究

大草蛉(图3-3)是一种重要的天敌昆虫,由于它的食性大、分布广、数量多而广受国内外研究者和生物防治工作者的重视。Liu 等(2015)根据大草蛉 *Vg* 基因全长序列,设计了 4 段 dsRNA 干扰片段,并利用 RNA 干扰和显微注射技术对大草蛉卵黄原蛋白基因功能进行了较为深入的研究。研究结果表明,显微注射 *Vg* 基因 dsRNA 片段后,*Vg* 基因的转录及表达量下降,注射不同目的片段 dsRNA 后,干扰效果有较大差异,G2 处理卵黄原蛋白基因在第 3 天达到最大减少量,而 G1、G3、G4 处理后卵黄原蛋白基因在第 5 天达到最大减少量;且表达量的减少率在注射后不同时间先升高,在达到最大减少率后,表达量的减少率逐渐下降(图 3-4)。

图 3-3　大草蛉成虫

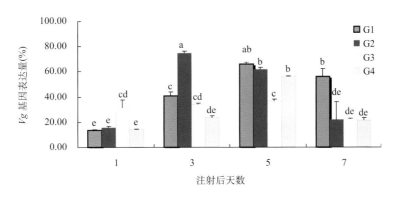

图 3-4　RNA 干扰(显微注射不同 *Vg* 基因 dsRNA 片段 G1~G4)后,大草蛉 *Vg* 基因表达量的变化

柱上相同小写字母表示差异不显著($P<0.05$),下同

研究结果也显示,RNA 干扰处理(注射不同目的片段 dsRNA G1~G4)后,大草蛉前 5 d 产卵总量都低于对照(GFP)(图 3-5),因此干扰卵黄原蛋白基因影响大草蛉前 5 d 产卵总量。同时结果也表明,用卵黄原蛋白基因的不同片段 dsRNA 进行 RNA 干扰处理(G1~G4)后,大草蛉卵孵化率都显著低于对照(GFP)(图 3-6),由此说明,*Vg* 基因功能不但与产卵数量相关,而且与卵的质量及卵的孵化率紧密相关。干扰卵黄原蛋白基因能影响大草蛉卵的质量,进而影响卵的孵化率。

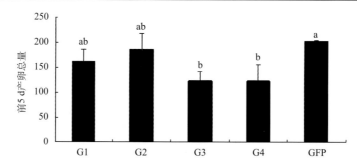

图 3-5　不同 *Vg* dsRNA 注射后对大草蛉前 5 d 产卵总量的影响

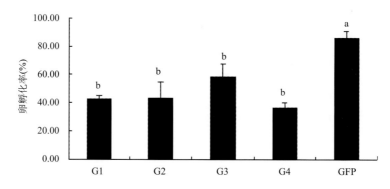

图 3-6　不同 *Vg* dsRNA 注射后对大草蛉卵孵化率的影响

（撰稿人：刘昌燕　曾凡荣）

参 考 文 献

董胜张, 叶恭银, 刘朝良. 2008. 昆虫卵黄蛋白分子进化的研究进展. 昆虫学报, 51(11): 1196-1209.

戈林泉, 吴进才. 2010. 昆虫卵黄蛋白及其激素调控的研究进展. 昆虫知识, 47(2): 236-246.

龚和, 翟启慧. 1979. 昆虫卵黄原蛋白和卵黄发生. 昆虫学报, 22(2): 252-259.

龚和, 翟启慧, 魏定义, 等. 1980. 七星瓢虫的卵黄发生: 卵黄原蛋白的发生和取食代饲料的影响. 昆虫学报, 23(3): 252-259.

梁慧芳, 曾凡荣, 毛建军. 2015. 大眼长蝽卵黄原蛋白基因克隆、序列分析及表达研究. 生物技术通报, 31(10): 149-156.

刘昌燕. 2013. 大草蛉卵黄原蛋白基因功能研究. 北京: 中国农业科学院博士学位论文.

Amdam G V, Nilsen K A, Norbergk, et al. 2007. Variation in endocrine signaling underlies variation in social life history. Am Nat, 170(1): 37-46.

Amdam G V, Omholt S W. 2002. The regulatory anatomy of honeybee lifespan. Journal of Theoretical Biology, 216(2): 209-228.

Amdam G V, Page R E. 2007. The making of a social insect: Developmental architectures of social design. Bioessays, 29(4): 334-343.

Amdam G V, Robert E P, Fondrk M K, et al. 2010. Hormone response to bidirectional selection on social behavior. NIH Public Access, 12(5): 428-436.

Amdam G V, Simões Z L P, Hagen A, *et al.* 2004. Hormonal control of the yolk precursor vitellogenin regulates immune function and longevity in honeybees. Experimental Gerontology, 39(5): 767-773.

Barchuk A R, Bitondi M M G, Simoes Z L P. 2002. Effects of juvenile hormone and ecdysone an the timing of vitellogenin appearance in hemolymph of queen and worker pupae of *Apis mellifera*. J Insect Sci, 2(1): 9.

Barr P J. 1991. Mammalian subtilisins: the long-sought dibasic processing endoproteases. Cell, 66(1): 1-3.

Boronsky D, Thomas B R. 1985. Purification and partial characterization of mosquito egg development neurosecretory hormone: evidence for gonadotropic and steroidogenic effects. Arch Insect Biochem Physiol, 2(2): 265-281.

Chen T T, Couble P, Lucca D, *et al.* 1976. Juvenile hormone control of vitellogenin synthesis in *Locusta migratoria*. *In*: Gilbert L I. The Juvenile Hormones. New York: Springer: 505-529.

Comas D, Piulachs M D, Belles X. 2000. Vitellogenin of *Blattella germanica* (L.) (Dictyoptera, Blattellidae): nucleotide sequence of the cDNA and analysis of the protein primary structure. Arch Insect Biochem Physiol, 45(1): 1-11.

Goldstein J L, Brown M S, Anderson R G, *et al.* 1985. Receptor-mediated endocytosis: concepts emerging from the LDL receptor system. Cell and Developmental Biology, 1: 1-39.

Hagedorn H H, Kunkel J G. 1979. Vitellogenin and vitellin in insects. Ann Rev Entomol, 24: 475-505.

Hirai M, Watanabe D, Kiyota A, *et al.* 1998. Nucleotide sequence of vitellogenin mRNA in the bean bug, *Riptortus clavatus*: analysis of processing in the fat body and ovary. Insect Biochem Mol Biol, 28(8): 537-547.

Kelly T J, Adams T S, Schwartz M B, *et al.* 1987. Juvenile hormone and ovarian maturation in the Diptera: A review of recent results. Insect Biochem, 17(7): 1089-1093.

Lee J M, Hatakeyama M, Oishi K. 2000a. A simple and rapid method for cloning insect vitellogenin cDNAs. Insect Biochemistry and Molecular Biology, 30(3): 189-194.

Lee J M, Nishimori Y, Hatakeyama M, *et al.* 2000b. Vitellogenin of the cicada *Graptopsaltria nigrofuscata* (Homoptera): analysis of its primary structure. Insect Biochem Mol Biol, 30(1): 1-7.

Lee K Y, Yoon H J, Lee S B, *et al.* 2009. Molecular cloning and characterization of a vitellogenin of the bumblebee *Bombus ignitus*. International Journal of Industrial Entomology, 18(1): 37-44.

Liu C Y, Mao J J, Zeng F R. 2015. *Chrysopa septempunctata* (Neuroptera: Chrysopidae) vitellogenin functions through effects on egg production and hatching. Journal of Economic Entomology, 108(6): 2779-2789.

Nelson C M, Ihle K E, Fondrk M K, *et al.* 2007. The gene vitellogenin has multiple coordinating effects on social organization. PLoS Biol, 5(3): 0673-0677.

Pan M L, Bell W J, Telfer W H. 1969. Vitellogenic blood protein synthesis by insect fat body. Science, 165(3891): 393-394.

Ramaswamy S B, Shu S Q, Park Y I, *et al.* 1997. Dynamics of juvenile hormone-mediated gonadotropism in the lepidoptera. Archives of Insect Biochemistry and Physiology, 35(4): 539-558.

Rouille Y, Duguay S J, Lund K, *et al.* 1995. Proteolytic processing mechanisms in the biosynthesis of neuroendocrine peptides: the subtilisin-like proprotein convertases. Front Neuroendocrinol, 16(4): 322-361.

Sappington T W, Raikhel A S. 1998. Molecular characteristics of insect vitellogenins and vitellogenin receptor. Insect Biochem and Mol Biol, 28: 277-300.

Seehuus S C, Norberg K, Gimsa U, *et al.* 2006. Reproductive protein protects functionally sterile honey bee workers from oxidative stress. Proceedings of the National Academy of Sciences of the United States of America, 103(4): 962-967.

Song C, Jennifer S A, Katie N P J, *et al.* 2010. Duplication, concerted evolution and purifying selection drive the evolution of mosquito vitellogenin genes. BMC Evolutionary Biology, 10: 142-155.

Sorge D, Nauen R, Range S, *et al.* 2000. Regulation of vitellogenesis in the fall armyworm, *Spodoptera frugiperda* (Lepidoptera: Noctuidae). J Insect Physiol, 46, 969-976.

Telfer W H. 1954. Immunological studies of insect metamorphosis. II. The role of a sex-limited blood protein in egg formation by the Cecropia silkworm. J Gen Physiol, 37(4): 539-558.

Tufail M, Bembenek J, Elgendy A M, *et al.* 2007. Evidence for two vitellogenin-related genes in Leucophaea maderae: the protein primary structure and its processing. Arch Insect Biochem Physiol, 66(4): 190-203.

Tufail M, Hatakeyama M, Takeda M. 2001. Molecular evidence for two vitellogenin genes and processing of vitellogenins in the American cockroach, *Periplaneta americana*. Arch Insect Biochem Physiol, 48(2): 72-80.

Tufail M, Lee J M, Hatakeyama M, *et al.* 2000. Cloning of vitellogenin cDNA of the American cockroach, *Periplaneta americana* (Dictyoptera), and its structural and expression analyses. Arch Insect Biochem Physiol, 45(1): 37-46.

Tufail M, Naeemullah M, Elmogy M, *et al.* 2010. Molecular cloning, transcriptional regulation, and differential expression profiling of vitellogenin in two wing-morphs of the brown planthopper, *Nilaparvata lugens* Stål (Hemiptera: Delphacidae). Insect Molecular Biology, 19(6): 787-798.

Tufail M, Takeda M. 2005. Molecular cloning, characterization and regulation of the cockroach vitellogenin receptor during oogenesis. Insect Mol Biol, 14(4): 389-401.

Tufail M, Takeda M. 2008. Molecular characteristics of insect vitellogenins. J Insect Physiol, 54(12): 1447-1458.

Utarabhand P, Bunlipatanon P. 1996. Plasma vitellogenin of grouper (Epinephelus malabaricus): Isolation and properties. Comparative Biochemistry and Physiology Part C: Pharmacology, Toxicology and Endocrinology, 115(2): 101-110.

Zeng F, Shu S, Park Y I, *et al.* 1997. Vitellogenin and egg production in the moth, Heliothis virescens. Archives of Insect Biochemistry and Physiology, 34(3): 287-300.

Zeng F, Shu S, Ramaswamy S B, *et al.* 2000. Vitellogenin in pupal hemolymph of *Diatraea grandiosella* (Lepidoptera: Pyralidae). Annals of the Entomological Society of America, 93(2): 291-294.

第四章　蚊子发育及繁殖中的营养和激素调控

第一节　概　　述

蚊子生长发育的生命周期分为 4 个阶段：卵、幼虫、蛹和成虫。从卵孵化出来后，蚊子在水中从幼虫发育到蛹，最终羽化成成虫。幼虫从水中摄取藻类、真菌和其他微生物以获取营养。蛹不需要摄食。雄性和雌性的成虫以花蜜等植物汁液为食。非自殖的蚊子如埃及伊蚊，其雌性必须吸取脊椎动物的血液以获得产卵所需的营养。一只雌蚊在其生命周期中可以重复进行吸血和产卵的过程。正是因为吸血的特性，雌蚊成为了能够传播人类疾病的载体(Christophers，1960)。自殖的蚊子大多数不需要吸血即能产卵，一小部分则在第一个产卵周期时不需要吸血。不论是自殖还是非自殖的蚊子，其成虫的繁殖能力均受到来自外界的营养条件的制约(Telang and Wells，2004；Telang et al.，2006)。大量研究表明，雌蚊根据营养状态来调节其体内激素水平的变化，从而影响卵的产生。在本章中，我们以传播黄热病的埃及伊蚊作为例子，来阐述营养和激素对蚊子发育与繁殖的调控作用。在本章末，我们提供了在实验室条件下进行人工饲养埃及伊蚊的详尽流程与注意事项。

第二节　发育与繁殖

一、幼虫生长与发育

雌性埃及伊蚊通常在水中产卵。在自然界中，卵在降雨后被水淹没即开始孵化。卵在含氧量较低的水里更容易孵化(Gjullin et al.，1941；Burgess，1959)。因此在人工饲养时，研究人员利用真空泵或者高压灭菌锅降低水中的氧气含量，从而加快卵的孵化。卵在这些处理过的水中通常在几分钟之内即可完成孵化。

在实验室里，蚊子幼虫被饲养在 27～28℃的水中，辅以研碎的鱼食干粉、普通鼠饲料、或者酵母与普通鼠饲料的混合物。在最佳实验室饲养条件下，埃及伊蚊于 6～7 d 完成从孵化到末龄幼虫(4 龄)的发育。充足的饲料是保证幼虫正常生长的关键。生长速率通常反映在虫体的体重和身长上(Couret et al.，2014)。在温度和湿度恒定的前提下，如果埃及伊蚊幼虫缺乏足够的食物供给，则其发育明显迟缓。如图 4-1 所示，在孵化后的第六天，图中右边杯中的幼虫由于食物充足，绝大多数已经进入 4 龄，并且一部分已经化蛹。与此同时，左边杯中的幼虫由于食物缺乏而发育延迟，大部分依然停留在 3 龄，只有少数进入了 4 龄。

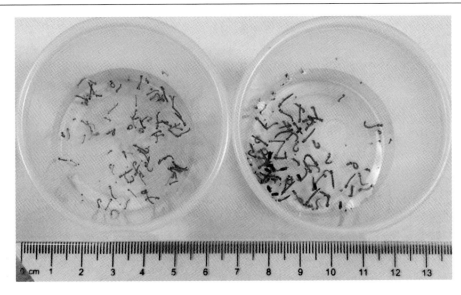

图 4-1　埃及伊蚊幼虫的发育受食物供给的影响

在每个塑料杯中分别放入 80 只刚孵化出的埃及伊蚊幼虫。左边杯中持续添加正常量 20%的饲料，右边杯中持续添加高出正常量 10%的饲料。图片拍摄于孵化后的第 6 天

处于过度饥饿状态的幼虫会一动不动地停留在水的表面。因为饥饿会导致角质层疏水，许多幼虫平躺在水面，尽量使身体舒展以使尽可能多的体表与水接触(Christophers, 1960)。如果长时间饥饿，蚊子幼虫会失去所有的脂肪，变得几乎透明。这些幼虫最终也进行化蛹，但产生的是较小的蛹。另外，个体的生长取决于实际摄取的食物量的多少。如果饲养的密度过大，将导致个体发育迟缓、大小不一(Price et al., 2015)。蚊子在幼虫阶段缺少食物也会导致其成虫的体积变小，产卵量下降和产生较小的卵(Shiao et al., 2008)。低营养供给和高幼虫密度不仅延缓幼虫的发育，还危害蚊子成虫的免疫力，从而增加了被各种病原体感染的可能性。因此幼虫期的营养条件对其成虫的寿命有显著影响(Alto et al., 2012)。

幼虫各龄期之间的蜕皮及从幼虫到蛹的变态蜕皮受到一系列昆虫激素的调节(Riddiford, 2012)。保幼激素(juvenile hormone，JH)和蜕皮激素(ecdysone)在昆虫蜕皮中的作用受益于对果蝇的研究(Edgar, 2006)。蜕皮激素启动蜕皮与变态的过程，而保幼激素决定每次蜕皮后昆虫的发育方向，即发育为幼虫或产生变态形成蛹和成虫。保幼激素存在于整个前 3 龄，通过抑制成虫特征性基因的表达，阻止幼虫提前进入成虫阶段。保幼激素同时允许蜕皮激素通过切换遗传程序而完成幼虫之间的蜕皮(Riddiford, 2012)。在末龄幼虫时期，保幼激素的分泌减少，蜕皮激素调控幼虫进行变态蜕皮，从而使其完成化蛹和最终羽化为成虫。

进入末龄，蚊子幼虫摄取大量营养，快速生长以达到蛹化的合适体重。然后幼虫继续取食不断生长。如果这时缺少食物供给，则幼虫相应减少体内的蜕皮激素合成，并只维持最低的生长速度，最终产生较小的蛹(Telang et al., 2007)。通常情况下，蚊子幼虫进入 4 龄不久便开始由前胸部和腹部合成蜕皮激素。蜕皮激素的水平在进入 4 龄 30～

36 h 达到顶峰,随后逐渐下降,在 48 h 左右回到基础水平(Telang et al., 2007)。在 4 龄,如果幼虫在前 12 h 有正常食物供给,然后饥饿至 36 h,其产生相对较高水平的蜕皮激素;整个 36 h 都处于饥饿状态的幼虫则产生较低水平的蜕皮激素。与在此 36 h 期间有正常食物供给的幼虫相比,经过上述两种处理的幼虫产生的蜕皮激素的水平均明显低于正常值(Telang et al., 2007)。幼虫处于饥饿状态时,体内的营养储备和个体重量也相应地受到了影响。虽然发育迟缓,但是一旦在饥饿之后被给予充足的营养,几乎所有幼虫就都能够完成变态,成功化蛹。

二、成虫的卵黄发生前期

蛹不具备取食口器,所以不摄取食物。蛹经历 2～3 d 发育为成虫。成蚊不论雌性还是雄性,都需要来自碳水化合物的能量进行交配、吸血和产卵等重要生命活动。雄蚊只以糖分为主要能量来源。雌蚊除了糖分,更需要通过从哺乳动物吸取血液而获得卵黄发育所必需的蛋白质及铁元素。野外生长的成蚊以植物的花蜜、果汁和蜜露为食物来源。实验室饲养的蚊子则以 10% 的蔗糖溶液或葡萄干为食。成蚊在羽化后的几小时之内便开始取食(Foster, 1995)。每次取食便可延长寿命数天或数周。成蚊主要以脂肪、碳水化合物和蛋白质的形式将营养储存在脂肪体中。这些化合物通过能量代谢过程被转化用于飞行及卵黄蛋白的合成。

处在卵黄发生前期(previtellogenic stage)的雌蚊,在羽化完成不久便由咽侧体开始合成保幼激素。保幼激素在前 2 d 持续增加,之后一直维持较高的水平;蚊子吸血后,保幼激素水平迅速下降(Shapiro et al., 1986)。保幼激素的存在对于刚完成羽化的蚊子至关重要。在保幼激素的调控下,它们逐渐发育成熟,具备响应蜕皮激素的能力,通过吸血来完成卵黄合成和卵子发生。卵黄发生前期的许多发育事件受到保幼激素的调控(Shapiro and Hagedorn, 1982;Hagedorn and Kerkut, 1985;Raikhel and Lea, 1991;Noriega et al., 1997)。举例来说,正常成蚊的初级卵泡,在羽化后 2～3 d 生长至 100 μm 左右,随后进入形态发育的"休止状态";这种休止一直维持到吸血(Gwadz and Spielman, 1973)。如果在刚羽化 1 h 以内,通过手术将咽侧体(保幼激素合成的部位)从雌蚊体内切除,则其初级卵泡几乎停止生长,并且在吸血之后不会产卵。这些咽侧体被切除的雌蚊,一旦重新植入咽侧体或者给予保幼激素,则恢复正常的生殖特性(Gwadz and Spielman, 1973;Raikhel and Lea, 1991)。在卵黄发生前期,保幼激素通过调节 TOR(target of rapamycin)信号通路和蜕皮激素信号通路确保蚊子达到生殖成熟(Zhu et al., 2003;Shiao et al., 2008)。

保幼激素在刚羽化的成蚊体内的合成,与其在幼虫时期的营养储备有关。通过调节蚊子在幼虫时期的取食,可以间接控制其发育为成虫后的特性。在幼虫时期摄取充足营养的雌蚊,具有更长的翅膀,而幼虫时期营养缺乏的蚊子其成虫的翅膀比前者短 20%(Telang and Wells, 2004;Shiao et al., 2008)。个头较大的雌蚊含有更多的脂质、糖原和蛋白,也就拥有更多的能量储备(Telang and Wells, 2004)。在低能量储备的雌蚊体内,保幼激素的合成水平明显低于高能量储备的个体,而且成熟卵巢的卵泡细胞也相应较小(Telang and Wells, 2004)。个头较大的雌蚊在吸血后也相应产生较多的卵(Telang and

Wells, 2004; Shiao et al., 2008)。

卵黄发生前期雌蚊卵巢的发育和保幼激素的合成，也受到成虫时期营养的影响。与用 20%蔗糖溶液饲养的雌蚊相比，只用水饲养的雌蚊由于饥饿而逐渐丧失体内的脂质储备。饥饿能够显著降低保幼激素合成所需各种酶的表达水平(Perez-Hedo et al., 2014)。羽化后约 3 d，雌蚊达到生殖成熟，进入休止状态；卵巢在吸血之前也停止进一步发育。如果一直没有吸血，成熟的雌蚊会逐渐吸收正在发育的卵泡细胞，把生殖营养重新支配给其他生理活动。羽化后 7 d，只用水喂养的雌蚊吸收了 20%的卵泡细胞，而用 20%蔗糖溶液喂养的雌蚊只吸收 4%的卵泡细胞(Clifton and Noriega, 2012)。卵泡细胞再吸收的过程受保幼激素调控。处在休止期的只用水喂养的饥饿雌蚊，在外部施加保幼激素后，能够减缓卵泡细胞被吸收的速率，达到与摄取 20%蔗糖的雌蚊相近的吸收速率(Clifton and Noriega, 2012)。

三、吸血后的卵黄发生期

正常成体雌蚊一次能够吸取大约 5 mg 的血液，这超过了其未进食的体重。大量吸血引起腹部膨胀，促使雌蚊立即停止搜寻宿主的行为(Klowden and Lea, 1979)。吸血量有一定的阈值，如果吸血量小于整个雌蚊承受能力的一半以下，那么它们会继续寻找下一个宿主(Klowden and Lea, 1978)。

雌蚊吸血之后，通常会找到一个阴凉的地方休息。吸血引发体内内分泌的级联反应，从而促进卵子成熟和最后的产卵(Hansen et al., 2014)。一旦吸血，雌蚊体内的保幼激素水平急剧下降。大脑的神经分泌细胞开始合成并分泌一种称为卵巢蜕皮激素生成素(ovarian ecdysteroidogenic hormone，OEH)的神经肽。OEH 促进卵巢内蜕皮激素的产生。蜕皮激素随后在脂肪体内转化成具有更高生物活性的 20-羟基蜕皮酮(20-hydroxyecdysone，20E)。20E 的水平在吸血 4 h 后开始上升，在 18～24 h 达到高峰，这个过程引起一系列转录激活因子的表达(Hagedorn and Kerkut, 1985; Raikhel et al., 2004)。中肠对血的消化吸收，会引起蚊子体内氨基酸水平的升高，从而激活 TOR 信号通路。20E 信号通路和 TOR 信号通路协同作用，利用吸血获得的营养，调控脂肪体内脂质和卵黄蛋白前体(yolk protein precursor，YPP)的生成。卵黄蛋白前体进入血淋巴，随后通过受体介导的内吞作用，被运输至正在发育的卵母细胞的卵黄体中(Raikhel et al., 2004)。

在吸血后 30～36 h，雌蚊体内 20E 的水平逐渐下降至基础水平。吸血获得的营养消化殆尽，卵黄蛋白前体的合成也迅速衰减。保幼激素的水平在吸血后 48 h 重新上升(Bentley and Day, 1989)。一只雌性埃及伊蚊吸血一次平均可以产生 100～200 只卵。卵的数量取决于吸血量的多少及血的来源(Christophers, 1960)。在产过一批卵后，雌性埃及伊蚊可以再次吸血和产卵。在其一生中，大概可以生产 5 批卵。

雌蚊喜欢将卵产在潮湿粗糙的表面，如容易被洪水淹到的地方和常常有积水的地方。通常情况下，雌蚊不会将所有的卵产在同一个地点，相反，它会花去几小时甚至几天来选择多个地方分别产卵。这样所谓的"跳跃性产卵"方式被证明会提高卵的存活率(Marquardt et al., 2004)。卵在产生之后的数小时以内由白色变成明亮的黑色，而且变得坚硬抗干燥。随后在 28℃的温度下经历 4 d 方可完成胚胎发育(Clements, 1992)。发育完全的卵一旦没入水中便开始孵化，但也可以在干燥的条件下存活数月。

第三节 埃及伊蚊的人工饲养流程

一、饲养用盆和笼子

许多能够盛水的容器均可用来饲养埃及伊蚊的幼虫。饲养幼虫的盆和饲养成虫的笼子如图 4-2 所示。

图 4-2 埃及伊蚊的饲养盆和饲养笼

大号、中号和小号的饲养盆的尺寸分别为：56 cm × 40 cm × 14 cm、40 cm × 27 cm × 13 cm、34 cm × 19 cm × 11 cm。大号和小号饲养笼的尺寸分别为：35 cm × 35 cm × 35 cm、20 cm × 20 cm × 20 cm

二、温度和湿度

温度和湿度是人工饲养蚊子时最关键的条件。光照周期和光的强度也影响蚊子在不同阶段的发育。为了保证养虫室中蚊子的正常生长发育，这些条件应该严格控制。温度通常设定在 27～28℃，相对湿度保持在 80% ± 5%。光照周期设定为 14 h 光照和 10 h 黑暗。

三、孵化

(一)正常孵化

将附有蚊卵的纸片浸入盛水的盆中，添加少量鱼食即可。大部分卵会在接下来的 24 h 以内完成孵化。将纸片留在水中直至孵化完成。新近收集的卵的孵化率明显高于储存了 1～3 个月的卵。

(二)快速孵化

通过抽真空降低水中氧气的含量可以缩短卵的孵化时间，提高孵化效率。将一片附着卵的纸片放进装有约 100 ml 水的杯子(图 4-3A)。然后，将杯子置于真空室中，打开连接在真空室外的油泵开始抽真空（图 4-3B），保持真空度在 600 mmHg①左右。在 15～30 min 之内微小的白色幼虫会孵化出来（图 4-3C）。在抽真空 30～45 min 之后将杯子取出，并将孵化出的幼虫转移至饲养幼虫的小号水盆，并添加少许鱼食。

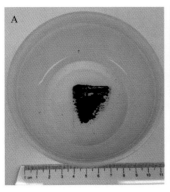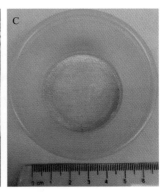

图 4-3　埃及伊蚊卵的抽真空孵化

A. 将一小片带有卵的纸片放入装有 100 ml 水的小杯中；B. 将杯子放入真空室，打开连接的油泵抽真空；C. 抽真空 30 min 后可以观察到孵化出的 1 龄幼虫

（三）孵化完成

孵化完成后，用 70%乙醇擦拭过的镊子取出纸片，在饲养盆上标记蚊子种属名称和孵化时间，并确保盆内幼虫的密度合适。平均一只幼虫需要至少 2 ml 水的生活空间。

四、幼虫饲养

每日早晨和傍晚注意观察水盆，及时添加饲料。避免过度喂食而引起细菌的滋生和有机废物的产生。饲养盆里的水应该始终保持清洁。孵化后第三天，将幼虫转移至大号的饲养盆，并添加足够的水和饲料。孵化后第四天，幼虫发育至 3 龄和 4 龄，这时的幼虫体积足够大，可以利用滤网换上新鲜的水并添加饲料。

五、蛹的收取

大部分幼虫在孵化后的 6～7 d 完成化蛹。蛹羽化为成虫需要 48 h。必须在第一次观察到蛹出现之后的 24～36 h 将蛹收集。

（一）化蛹过程不同步

如果化蛹过程不同步，可以用塑料吸管将蛹从盆中逐个转移至小杯中。

---

① 1 mmHg=1.333 22×10² Pa。

(二) 化蛹过程同步

如果化蛹过程基本同步,可以参照以下流程收集蛹。

1) 将一个大号的滤器放在水桶之上,并将另一小号的滤网置于大号之上(图 4-4)。将饲养盆中的内容物小心地倾倒于小号滤网中,并用更多的水将盆冲洗以收集剩余的蛹。蛹和幼虫会滞留在滤网之上。

图 4-4 收集蛹的装置

图中所示为一只水桶、一个大号滤器、一个小号滤网、一个 500 ml 三角瓶、一个 500 ml 和一个 250 ml 塑料杯

2) 将小号滤网倾斜,用缓慢的水流从滤器底部冲下,从而将蛹转移至较大的杯中。整个操作始终在大号滤器上方进行。

3) 将杯中内容物转移至三角瓶中(图 4-4),添加水至接近瓶口。

4) 相对于幼虫,蛹更需要氧气。在 2~5 min 内,绝大部分蛹会游至上层接近瓶口的位置。这时,将三角瓶内含蛹的部分倾倒至如图 4-4 所示的小杯中。在转移过程中,会有一小部分幼虫也被一起收集。在大部分蛹完成羽化以后,杯子会放入冷冻室 24 h 以上,所有残存的幼虫和蛹会被一并杀死。

5) 收集蛹的杯子不能太满,水位在一半以下即可。水要始终保持干净;蛹并不需要取食,所以不要添加食物。

六、成蚊的饲养

1) 将装有约 400 只蛹的杯子放入如图 4-2 所示的大号笼子内。保证里面有足够的空间。这时需要放置糖水。如果没有糖水供给,刚羽化的蚊子会在 1~2 d 内死亡。

2) 取 3~4 个消毒棉球放于容积约为 60 ml 的小杯中,添加 10%蔗糖溶液使棉球完全浸湿。用同样方法设置用水浸湿的棉球。将浸透蔗糖溶液或水的棉球各一个分别置入笼子顶部。参照图 4-5。

图 4-5　埃及伊蚊成虫的简易喂食装置
棉球浸有 10%蔗糖供成体蚊子取食

3) 蛹一般在 48 h 之后羽化成成虫。通常雄蚊的出现早于雌蚊。观察到羽化现象的第三天将杯子从笼中转移出来，放置于冷冻室 24 h 以上以杀死残余的蛹。转移杯子时，首先将杯盖通过笼子一侧的纱布窗放入笼子并盖于杯子上；然后将杯子通过纱布窗移出，操作时避免蚊子逃逸。

4) 每天给棉球添加新鲜的蔗糖溶液或水，使其保持湿润。隔两天更换糖水棉球，以免发霉。

5) 图 4-6 所示的吸取装置可以用来转移成蚊，用作实验解剖。

七、喂血

1) 羽化 3 d 以后的雌蚊开始吸血。通常在喂血前 6～12 h 移去糖水棉球，这样增加蚊子的食欲。人工喂血装置或者麻醉的小鼠均可用于给埃及伊蚊喂血。

2) 典型的人工喂血装置如图 4-7A 所示。将拉伸了的封口膜紧密覆盖于装置口(图 4-7A，下部)，将预热好的羊血从装置另一端(图 4-7A，上部)加入。然后将装置放于笼子顶端，打开水循环以保持装置中的血液温度为 37℃(图 4-7B)。雌蚊会在 30～60 min 内完成吸血(图 4-7C)。

3) 如果用麻醉后的小鼠给蚊子喂血，所有的处理必须严格按照统一的动物实验操作规范进行。据计算，一只成体雌蚊可以吸取 2.5 μl 的血液。因此，一只 25 g 左右的小鼠可以最多给 150 只雌蚊喂血。操作时，首先用麻醉剂(包含 23%的氯胺酮、22.5%的甲苯

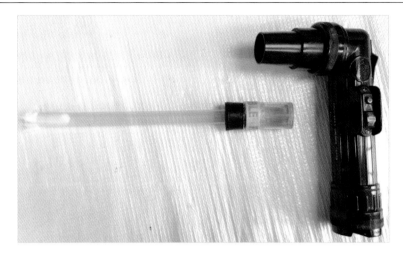

图 4-6 蚊子成虫的转移装置

左边是端口带有棉球的吸管,右边是手持电动抽吸工具

噻嗪和 54.5%的生理盐水)将小鼠麻醉,然后将小鼠腹部向下放置于笼子顶部(图 4-7D、E)。一只小鼠最好只用于一次喂血。结束后用二氧化碳吸入法安乐处死。

图 4-7 埃及伊蚊的喂血过程

A、B、C. 人工喂血装置,由一个盛血的容器和一个 37℃ 恒温水循环组成。雌蚊寻找到血液的所在,通过封口膜吸取装置里的羊血;D、E. 用麻醉的小鼠喂血。蚊子通过感受气味、温度和二氧化碳寻找到小鼠的位置进行吸血

4)喂血结束,重新将糖水棉球放置于笼子之上,保证蚊子的营养供给,这对于雄蚊尤其重要。

八、卵的收取

1)将棉球以锥形放在塑料杯中(图4-8A)。加入去离子水,使之完全浸透。在杯子底部存留一部分多余的水。折一张滤纸,并折出一些折痕。将滤纸紧贴棉花放于杯中,滤纸会自然浸湿(图4-8B)。如此制作的收卵装置可以确保滤纸至少3 d保持湿润。

图4-8　埃及伊蚊的简易收卵装置

A. 将滤纸放在用水浸湿的棉球上,确保滤纸不会在3 d以内干燥;B. 雌蚊将卵产在湿润的滤纸表面,折痕处居多

2)喂血后的48 h左右将收集卵的装置放入笼子。过2～3 d,大部分雌蚊会将卵产在滤纸上(图4-9A)。

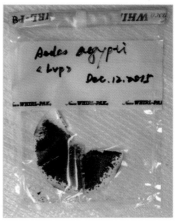

图4-9　埃及伊蚊卵的收集与储存

A. 产有卵的滤纸;B. 经过漂洗、吸干,将滤纸放入样品收集袋存于室温阴凉处

3)当大部分雌蚊完成产卵,用70%乙醇擦拭镊子,将产有卵的滤纸从杯中取出,放入另一个装有干净去离子水的杯中进行简单漂洗,以除去杂物和死蚊。

4)将经过清洗的纸片放入另一个装有湿润棉球的小杯中,置于室温,如图4-9B所示。

4 d 之后，卵完成胚胎发育，可用于孵化下一批蚊子。

5) 如果需要储存，首先将完成胚胎发育的卵从杯中取出，正面朝上放于纸巾上以除去过多水分；然后将其放入 Whirl-Pak 取样袋中，标注属名和种名，以及收卵的时间（图 4-9B）。将袋子放入塑料容器中，于室温阴凉处保存。一般可以保存 3 个月。

（撰稿人：Pengcheng Liu　Jinsong Zhu）

参 考 文 献

Alto B W, Muturi E J, Lampman R L. 2012. Effects of nutrition and density in *Culex pipiens*. Med Vet Entomol, 26(4): 396-406.

Bentley M D, Day J F. 1989. Chemical ecology and behavioral aspects of mosquito oviposition. Annu Rev Entomol, 34: 401-421.

Burgess L. 1959. Techniques to give better hatches of the eggs of *Aedes aegypti* L. Diptera: Culicidae. Mosquito News, 19: 256-259.

Christophers S R. 1960. *Aedes Aegypti*: The yellow fever mosquito. *In*: Christophers S R. Its Life History, Bionomics and Structure. Cambridge: Cambridge University Press.

Clements A N. 1992. The Biology of Mosquitoes: Development, Nutrition, and Reproduction. New York: Chapman & Hall.

Clifton M E, Noriega F G. 2012. The fate of follicles after a blood meal is dependent on previtellogenic nutrition and juvenile hormone in *Aedes aegypti*. J Insect Physiol, 58(7): 1007-1019.

Couret J, Dotson E, Benedict M Q. 2014. Temperature, larval diet, and density effects on development rate and survival of *Aedes aegypti*. Diptera: Culicidae. PLoS ONE, 9(2): e87468.

Edgar B A. 2006. How flies get their size: genetics meets physiology. Nat Rev Genet, 7(12): 907-916.

Foster W A. 1995. Mosquito sugar feeding and reproductive energetics. Annu Rev Entomol, 40: 443-474.

Gjullin C M, Hegarty C P, Bollen W B. 1941. The necessity of a low oxygen concentration for the hatching of *Aedes mosquito* eggs. Journal of Cellular and Comparative Physiology, 17(2): 193-202.

Gulia-Nuss M, Elliot A, Brown M R, *et al*. 2015. Multiple factors contribute to anautogenous reproduction by the mosquito *Aedes aegypti*. J Insect Physiol, 82: 8-16.

Gwadz R W, Spielman A. 1973. Corpus allatum control of ovarian development in *Aedes aegypti*. J Insect Physiol, 19(7): 1441-1448.

Hagedorn H H, Kerkut G A. 1985. The role of ecdysteroids in reproduction. *In*: Kerkut G A, Gilbert L I. Comprehensive Insect Physiology, Biochemistry and Pharmacology. Oxford, UK: Pergamon Press: 205-261.

Hansen I A, Attardo G M, Park J H, *et al*. 2004. Target of rapamycin-mediated amino acid signaling in mosquito anautogeny. Proc Natl Acad Sci U S A, 101(29): 10626-10631.

Hansen I A, Attardo G M, Rodriguez S D, *et al*. 2014. Four-way regulation of mosquito yolk protein precursor genes by juvenile hormone-, ecdysone-, nutrient-, and insulin-like peptide signaling pathways. Front Physiol, 5: 103.

Klowden M J, Lea A O. 1978. Blood meal size as a factor affecting continued host-seeking by *Aedes aegypti* L. Am J Trop Med Hyg, 27(4): 827-831.

Klowden M J, Lea A O. 1979. Abdominal distention terminates subsequent host-seeking behaviour of *Aedes aegypti* following a blood meal. J Insect Physiol, 25(7): 583-585.

Marquardt W C, Black W C, Freier J E, et al. 2004. Biology of Disease Vectors. 2nd. Amsterdam: Elsevier Academic Press.

Noriega F G, Shah D K, Wells M A. 1997. Juvenile hormone controls early trypsin gene transcription in the midgut of *Aedes aegypti*. Insect Mol Biol, 6(1): 63-66.

Perez-Hedo M, Rivera-Perez C, Noriega F G. 2014. Starvation increases insulin sensitivity and reduces juvenile hormone synthesis in mosquitoes. PLoS ONE, 9(1): e86183.

Price D P, Schilkey F D, Ulanov A, et al. 2015. Small mosquitoes, large implications: crowding and starvation affects gene expression and nutrient accumulation in *Aedes aegypti*. Parasit Vectors, 8: 252.

Raikhel A S, Brown M R, Belles X, et al. 2004. Hormonal control of reproductive processes. *In*: Gilbert L I, Latrou K, Gill S. Comprehensive Insect Physiology, Biochemistry, Pharmacology and Molecular Biology. Vol. Endocrinology. Oxford: Elsevier Press: 3.

Raikhel A S, Lea A O. 1991. Control of follicular epithelium development and vitelline envelope formation in the mosquito; role of juvenile hormone and 20-hydroxyecdysone. Tissue Cell, 23(4): 577-591.

Riddiford L M. 2012. How does juvenile hormone control insect metamorphosis and reproduction? General and Comparative Endocrinology, 179(3): 477-484.

Shapiro A B, Wheelock G D, Hagedorn H H, et al. 1986. Juvenile hormone and juvenile hormone esterase in adult females of the mosquito *Aedes aegypti*. Journal of Insect Physiology, 32(10): 867-877.

Shapiro J P, Hagedorn H H. 1982. Juvenile hormone and the development of ovarian responsiveness to a brain hormone in the mosquito, *Aedes aegypti*. Gen Comp Endocrinol, 46(2): 176-183.

Shiao S H, Hansen I A, Zhu J, et al. 2008. Juvenile hormone connects larval nutrition with target of rapamycin signaling in the mosquito *Aedes aegypti*. J Insect Physiol, 54(1): 231-239.

Telang A, Frame L, Brown M R. 2007. Larval feeding duration affects ecdysteroid levels and nutritional reserves regulating pupal commitment in the yellow fever mosquito *Aedes aegypti*. Diptera: Culicidae. J Exp Biol, 210(Pt 5): 854-864.

Telang A, Li Y, Noriega F G, et al. 2006. Effects of larval nutrition on the endocrinology of mosquito egg development. J Exp Biol, 209(Pt 4): 645-655.

Telang A, Wells M A. 2004. The effect of larval and adult nutrition on successful autogenous egg production by a mosquito. J Insect Physiol, 50(7): 677-685.

Zhu J, Chen L, Raikhel A S. 2003. Posttranscriptional control of the competence factor betaFTZ-F1 by juvenile hormone in the mosquito *Aedes aegypti*. Proc Natl Acad Sci U S A, 100(23): 13338-13343.

第五章 赤眼蜂个体发育及繁殖基础生物学

赤眼蜂种类繁多、分布广泛、寄主多样、生长周期短、易于大规模人工繁殖，其对农林害虫防控效果显著，且安全无毒、利于生态平衡、契合可持续发展战略，是世界范围内迄今为止农林害虫中应用面积最广、防治害虫和投入研究最多的一类卵寄生蜂（Huffaker and Messenger，1976；李丽英，1984；刘树生和施祖华，1996；王承纶等，1998；Wang et al.，2014）。

我国农业害虫生物防治事业始于赤眼蜂的应用研究，早在20世纪30年代就已经开始，至今已有80多年的研究历史。我国对赤眼蜂的应用研究主要集中于赤眼蜂人工繁殖中间寄主适合度、工厂化繁殖、蜂种保存、田间试验释放方法与效果评价等，经过近一个世纪不懈的摸索与探究，在赤眼蜂的基础生物学和生物防治的应用上都取得了举世瞩目的成就，成为世界上应用赤眼蜂防治农业害虫推广最广泛的国家之一（詹根祥和梁广文，1999；向玉勇和张帆，2011）。

本章对国内外赤眼蜂的个体发育及其扩繁生物学方面取得的研究进展进行了概述，主要包括个体发育及其营养需求、性别决定及环境因子的影响等。

第一节 赤眼蜂的个体发育

赤眼蜂的卵、幼虫和蛹3个发育阶段都在寄主卵内完成，只有羽化为成虫后才离开寄主卵。已有多种赤眼蜂的个体发育研究报道，如广赤眼蜂（*Trichogramma evanescens*）（利翠英，1961）、松毛虫赤眼蜂（*Trichogramma dendrolimi*）（王承纶等，1981；Taraka et al.，2000）、螟黄赤眼蜂（*Trichogramma chinolis*）（Tanaka，1985a，1985b；易帝玮，2015）。

一、卵与胚胎发育

螟黄赤眼蜂的卵期与胚胎发育时期是从母体刚产下进入寄主卵至26 h之前的这段时期（图5-1A～C）。刚从母体产下时白色透明，呈前端尖、后端钝、中后端略膨大的棒状，随发育时间的延长，外形无太大变化，但胚体长径和宽径逐渐变大，变化范围分别为110～240 μm和42～115 μm，但长径与宽径之比逐渐减小。这与其他种类赤眼蜂刚产下的卵的大小一致，长100～140 μm，宽30～50 μm（Tanaka，1985a；Manweiler，1986；Saakian-Baranova，1990；Dahlan and Gordh，1996；Jarjees and Merritt，2002）。

广赤眼蜂的卵膜薄而不明显，卵内物质均匀同质，无卵黄，细胞核位于卵中央（利翠英，1961）。卵进入寄主卵后，即开始卵裂，经3～4次卵裂，即在产卵后4～6 h，形成一层细胞的胚盘；产卵后10～12 h，胚体逐渐增大呈短宽状，在胚体前端和后端分别出现口陷和肛陷，形成囊胚和消化道；产卵后16～22 h，囊胚细胞层逐渐变薄而发育成为幼虫的体壁；又经2～3 h的发育，在开口两侧逐渐出现一对微小的弯形口钩，胚体继续伸展，头尾两端的宽度大致相等，进入胚胎发育的最后阶段。

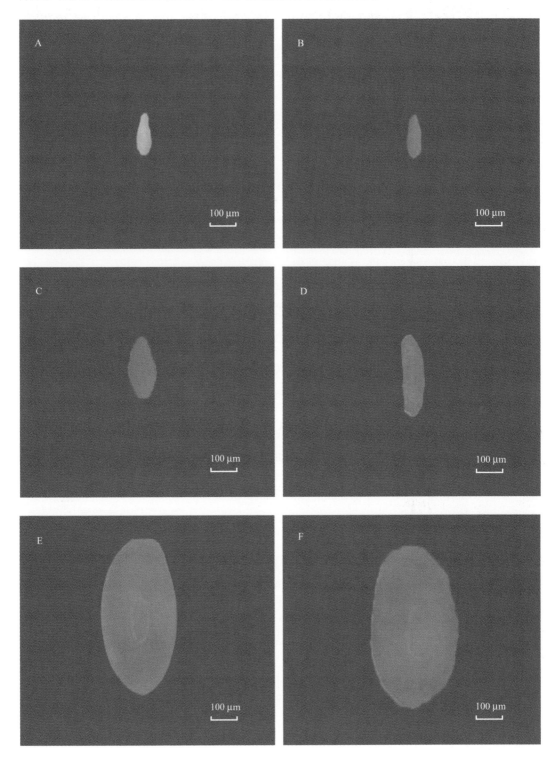

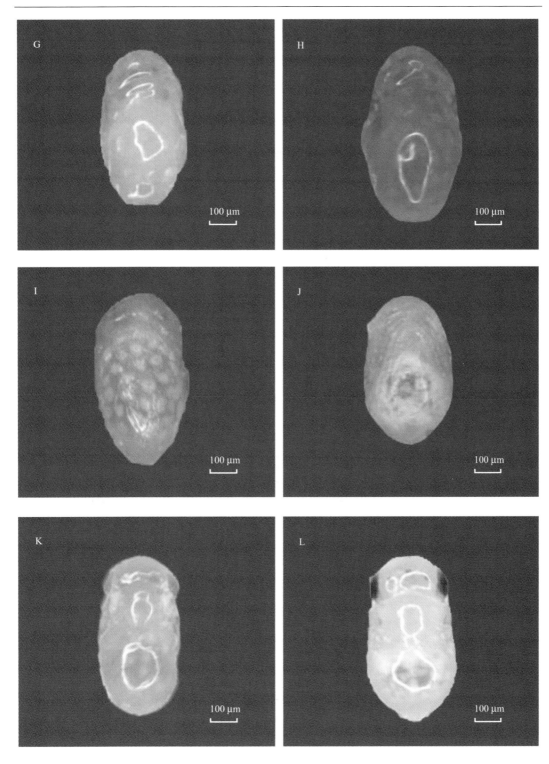

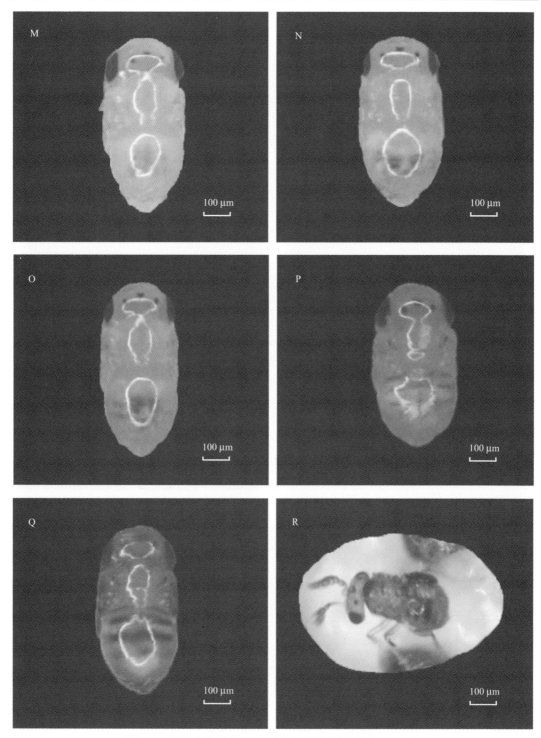

图 5-1　螟黄赤眼蜂在 25℃下的个体发育（易帝玮，2015）

A. 刚从母体产下的卵；B. 产卵后 12 h；C. 产卵后 24 h；D. 产卵后 26 h；E. 产卵后 36 h；F. 产卵后 48 h；G. 产卵后 60 h；H. 产卵后 72 h；I. 产卵后 84 h；J. 产卵后 96 h；K. 产卵后 108 h；L. 产卵后 120 h；M. 产卵后 132 h；N. 产卵后 144 h；O. 产卵后 156 h；P. 产卵后 168 h；Q. 产卵后 180 h；R. 产卵后 192 h

二、幼虫

26～60 h 之前的这段时期是螟黄赤眼蜂的幼虫期（图 5-1D～F）。虫体的外形变化较大，这个过程均可取食，长径和宽径仍逐渐变大。卵进入寄主卵内 26 h 后，孵化进入幼虫期，身体前后宽度基本相等，呈香蕉状，在体式显微镜放大 8×10 倍条件下，能清晰地观察到位于前端腹面的口钩，颜色与胚胎期无太大差别；此时虫体长径和宽径分别约为 240 μm 和 88 μm，但二者之比急剧增加。随后的 10 h 内，虫体随取食增加而迅速增大，呈纺锤形，浅黄绿色；长径和宽径分别增长到 520 μm 和 303 μm，为增长速率最快的一段时间。当发育至 48 h 时，虫体两端圆钝，似椭圆形，颜色与 36 h 时相同，长径和宽径略大。

根据幼虫是否蜕皮而对有龄期的划分仍存在争议（Boivin，2010），主要是因为赤眼蜂幼虫个体太小，研究难度较大，因此文献中有关各种赤眼蜂幼虫龄期的报道各有不同，甚至相互矛盾。目前比较认同的观点是，赤眼蜂幼虫只有 1 个龄期，幼虫自始至终都只有因为取食而导致的体积增加，而下唇须的大小则没有变化；从进化的角度来说，作者认为，赤眼蜂幼虫如果在短短的 30 h 左右的时间内还需要进行多次蜕皮，是对有限资源的浪费，也没有任何生物学意义。利翠英（1961）通过切片方法对广赤眼蜂个体发育的详细研究，并没有发现幼虫有蜕皮现象，即幼虫只有 1 个龄期，而 Saakian-Baranova（1990）报道广赤眼蜂有 3 个龄期；Tanaka 等（2000）报道松毛虫赤眼蜂有 2 个龄期，而王承纶等（1981）则认为其有 3 个龄期；报道有 3 个龄期的还有布埃斯赤眼蜂（*Trichogramma buesi*）（Abbas，1989）、显棒赤眼蜂（*Trichogramma semblidis*）（Saakian-Baranova，1990）、*Trichogramma minutum*（Manweiler，1986）、宽赤眼蜂（*Trichogramma platneri*）（Saakian-Baranova，1990）、甘蓝夜蛾赤眼蜂（*Trichogramma brassicae*）（Wu *et al.*，2000）、*Trichogramma maidis*（=*Trichogramma brassicae*）（Hawlitzky and Boulay，1982）；短毛赤眼蜂（*Trichogramma brevicapillum*）则有 4 个龄期（Pak and Oatman，1982）。同样有意思的是，曾有人报道澳洲赤眼蜂（*Trichogramma australicum*）、甘蓝夜蛾赤眼蜂和卷蛾赤眼蜂（*Trichogramma cacoeciae*）具有 3 个龄期（Brenière，1965；Saakian-Baranova，1990），但稍后又有人报道其只有 1 个龄期（Volkoff *et al.*，1995；Dahlan and Gordh，1996，1997；Jarjees *et al.*，1998；Wu *et al.*，2000；Jarjees and Merritt，2002）。

三、预蛹期

60～108 h 的发育时期是螟黄赤眼蜂的预蛹期。虫体外形变化大，表现为梅花斑的先增加后减少，长径和宽径及二者之比在小范围内波动（图 5-1G～K）。刚进入预蛹期，通体梅花斑不是太明显，前、后两端圆钝，已出现头与胸腹部的分界；长径和宽径相较于 48 h 均略有下降，但二者之比与 48 h 相当。发育至 72 h 时，梅花斑较明显，前、后两端仍圆钝，长径和宽径略有增加，但二者之比下降。发育至 84 h 之后，头部与尾部的梅花斑消失，初次呈现头部圆钝、尾部尖细的蛹形，长径和宽径比前一个发育时间有所下降，但二者之比略有上升。发育至 96 h，梅花斑进一步消失，只留下腹部背侧一面仍然保留有梅花斑；长径下降为整个预蛹期的最低，而长径与宽径之比却下降为整个个体发育期的最低。预蛹期虫体最明显的变化是足芽和翅芽的出现(利翠英，1961)。

四、蛹期

螟黄赤眼蜂进入蛹期发育是 108～192 h(图 5-1K～Q)。刚刚进入蛹期时复眼刚刚显现，淡红色，背腹面梅花斑仍可见，体色透明。120 h 时，单眼、复眼颜色加深，鲜红色，背腹面梅花斑渐渐消失，体乳白色。132 h 时，单眼、复眼颜色略加深，背腹面梅花斑完全消失，体色微黄。144 h 之前，头、胸和腹部明显分界，体色逐渐加深，复眼逐渐变红，腹部两条黑带逐渐显现，长径、长径与宽径之比略有增加，单眼、复眼颜色变为深红色，背腹面现黑色小团块，体色逐渐加深；144 h 之后则呈下降趋势，短径在这个过程中有所缩短。156 h 时，背腹面一端现两条浅黑色带。168 h 时，背腹面黑色带横贯整个腹背面，体色变为黄褐色。180 h 时，两条黑色带加深、加粗，体色进一步加深。

蛹期是赤眼蜂个体发育中外部形态和内部结构变化最大的时期(利翠英，1961)。从外部形态来说，头、胸和腹部完成分化，复眼、单眼和触角已全部形成，足和翅已发育完全；从内部结构来说，蛹期发育最快的是神经系统和生殖系统。神经系统由预蛹期的脑、脑神经和腹神经索发育成为完整的神经系统，由预蛹期的简单生殖囊发育成为成虫生殖腺；消化、循环和排泄系统也得到进一步完善。

五、成虫

完成蛹期发育后羽化进入成虫期(图 5-1R)，羽化的成虫咬破寄主卵壳爬出，膜翅展开。一般来说，雄虫先行羽化，等待雌虫羽化并与之交配。

第二节 赤眼蜂的营养需求

赤眼蜂的取食活动发生在幼虫和成虫两个阶段，其中幼虫对寄主卵内物质的取食是赤眼蜂完成个体发育的营养来源，成虫通过取食花蜜、蜜露、产卵时寄主卵外溢物等获得补充营养而延长寿命，甚至可以不同程度地增加产卵量。

一、寄主卵的大小

寄主卵的大小因种而异，大小差别悬殊，而且形状各异(夏邦颖，1983)。表 5-1 总结了用于繁殖赤眼蜂的几种中间寄主卵及 2 种赤眼蜂卵的大小和形状。大小决定了每粒寄主卵所能繁育的赤眼蜂的数量，如 1 粒柞蚕卵、蓖麻蚕卵和松毛虫卵可分别繁育赤眼蜂 60～80 头、20～25 头和 15～20 头(刘志诚等，2000)，而麦蛾、米蛾和地中海粉螟卵的大小相似，1 粒卵只能繁育 1 头赤眼蜂。根据蒲蛰龙等(1956)的研究结果，用麦蛾卵繁育赤眼蜂，子代小而弱，雄性比增高，活动能力较差。因此，寄主卵的大小决定了赤眼蜂幼虫能获得的食物量，从而决定了赤眼蜂的个体发育和所产子代蜂的质量。例如，将利用马尾松毛虫卵繁育的广赤眼蜂转移到棉古毒蛾(灰带毒蛾)*Orgyia postica* 卵(球形，直径约 0.7 mm)上连续繁殖 3 代，第 3 代子代的质量显著降低，说明了寄主卵大小对繁蜂质量的重要性(蒲蛰龙等，1956)。利用人工卵繁育赤眼蜂的研究也获得了相似的结果，平均直径为 2.6 mm 的蜡卵中含有的 0.0093 g 人工饲料，可以保证 80～150 头幼虫正常发育的营养需求，并顺利化蛹和羽化（刘文惠等，1983；张良武和高镒光，1987），蜡卵略大于柞蚕卵，产生的赤眼蜂数量也略多于柞蚕卵。

表 5-1 几种用于繁育赤眼蜂的中间寄主卵及两种赤眼蜂卵的形状和大小

昆虫种类	形状	大小
柞蚕 Antheraea pernyi	扁椭圆形	长 2.2～3.2 mm，宽 1.8～2.6 mm
蓖麻蚕 Samia cynthia ricina	椭圆形	长约 2.5 mm，宽约 1.9 mm
马尾松毛虫 Dendrolimus punctatus	近圆形	直径约 1.5 mm
麦蛾 Sitotroga cerealella	椭圆形	长约 0.5 mm
米蛾 Corcyra cephalonica	椭圆形	长约 0.55 mm，宽约 0.36 mm
地中海粉螟 Ephestia kuehniella	扁圆形	直径约 0.5 mm
广赤眼蜂 Trichogramma evanescens	长棒形	长 0.07～0.1 mm
螟黄赤眼蜂 Trichogramma chinolis	长棒形	长约 0.1 mm，宽约 0.04 mm

表 5-2 列出了 1 个松毛虫卵被 1 头、2 头、3 头雌蜂寄生后的复寄生数、子代蜂性比和体躯长短（蒲蛰龙等，1956）。雌蜂数多而寄主卵少时，复寄生数增加，而且复寄生的多少影响子代蜂的大小和性比。例如，用柞蚕卵繁殖松毛虫赤眼蜂和螟黄赤眼蜂，每卵复寄生数以 60～80 个为好，羽化的子代蜂个体大、生命力强（刘志诚等，2000）。用米蛾卵繁殖螟黄赤眼蜂，以 1 卵羽化 1 蜂为好，如羽化 2 头，则体躯短小，活动迟钝，且多为雄性。由此可知，在赤眼蜂发育过程中，寄主卵营养量的减少对成蜂的性比和体型大小都有不良影响。

表 5-2 雌蜂和寄主比率对复寄生、性比和子代蜂体型的影响（蒲蛰龙等，1956）

雌蜂数	松毛虫卵	平均每卵羽化蜂数	性比（♀：♂）	平均体长 (mm)	
				♀	♂
1	1	19.7	7.4：1	0.50	0.40
2	1	27.3	4.1：1	0.47	0.37
3	1	30	4.0：1	0.45	0.36

二、寄主卵的营养组成

从结构上来说，寄主卵包括卵细胞和卵壳两部分。卵壳围绕在卵细胞周围提供保护作用；卵细胞则储存了寄主胚胎发育所需的营养物质，包括卵黄蛋白、脂类、糖类和一些细胞器等（Vinson，2010），是寄主个体发育的起点。因此，寄主卵细胞所含营养物质的量和组成对赤眼蜂的个体发育至关重要。

尽管寄主卵是赤眼蜂个体发育的唯一营养来源，但对赤眼蜂个体发育的具体营养需求迄今并不清楚，有限的研究仅见于有关人工寄主卵配方的研究，其中 15%～20% 以上的柞蚕蛹血淋巴含量是赤眼蜂在人工卵中完成个体发育的保证，刘志诚等（2000）对此进行了总结。为了优化人工卵的饲料配方，谢中能等（1982）比较分析了柞蚕、蓖麻蚕和米蛾3种寄主卵的氨基酸种类组成和含量的差异（表5-3），发现3种寄主卵在氨基酸种类组成上并没有大的差异，都是以谷氨酸、天冬氨酸、赖氨酸和亮氨酸含量最高，所占百分比也大致相似；但氨基酸总含量则差异较大，米蛾卵比同属天蚕蛾科的柞蚕卵和蓖麻蚕卵低11%~13%。进一步研究发现，柞蚕卵细胞由80.90%的水和19.10%的干物质组成，后者包括66.08%的蛋白质、23.88%的脂类、7.54%的糖类和其他微量营养物质（戴开甲等，1987）。

表5-3 柞蚕卵、蓖麻蚕卵和米蛾卵的氨基酸含量（谢中能等，1982）

氨基酸	柞蚕卵 含量(mg/ml)	%	蓖麻蚕卵 含量(mg/ml)	%	米蛾卵 含量(mg/ml)	%
天冬氨酸	14.39	11.7	15.71	12.5	12.96	11.9
苏氨酸	5.99	4.9	5.69	4.5	5.92	5.4
丝氨酸	6.98	5.7	6.32	5.0	7.07	6.5
谷氨酸	20.56	16.8	21.74	17.3	18.01	16.6
脯氨酸	4.00	3.3	3.08	2.4	2.28	2.1
甘氨酸	3.72	3.0	3.98	3.2	4.15	3.8
丙氨酸	6.92	5.6	6.98	5.5	5.85	5.4
胱氨酸	1.75	1.4	1.24	1.0	0.99	0.9
缬氨酸	7.39	6.0	7.79	6.2	7.13	6.6
蛋氨酸	0.27	0.2	0.69	0.5	0.31	0.3
异亮氨酸	6.33	5.2	7.76	6.2	5.66	5.2
亮氨酸	9.10	7.4	10.85	8.6	9.01	8.3
酪氨酸	6.86	5.6	6.71	5.3	5.23	4.8
苯丙氨酸	4.83	3.9	4.25	3.4	4.37	4.0
赖氨酸	10.21	8.3	11.09	8.8	8.91	8.2
组氨酸	5.87	4.8	4.82	3.8	3.90	3.6
精氨酸	7.41	6.0	7.22	5.7	6.94	6.4
总量	122.58	100	125.92	100	108.69	100

三、卵龄变化对营养质量的影响

寄主卵内含有大量的卵黄蛋白，这是胚胎发育过程中组织器官生成的物质来源。就赤眼蜂而言，进入寄主卵内的赤眼蜂卵在很短时间内孵化，囊状幼虫迅速将寄主卵内营养物质全部吞入自己体内，然后完成消化吸收过程。因此，赤眼蜂在自然条件下只能利用新鲜的寄主卵，而不能寄生在常温下发育约3 d后的玉米螟和米蛾卵上，主要原因可能是赤眼蜂幼虫无法吞食已经发育成型的寄主胚胎。

工厂化繁育赤眼蜂过程中，常常需要通过冷藏来累积寄主卵以满足生产的需要。为了延长寄主卵的保存时间，昆虫学家采用了各种不同的方法以抑制或终止寄主的胚胎发育。例如，通过解剖未交配的柞蚕雌蛾获得成熟的未受精卵，采用紫外辐射等方法直接杀死米蛾卵内的胚胎，如此可以延长寄主卵的冷藏时间。据报道，地中海粉螟卵在0.7℃下冷藏3个月未影响其对赤眼蜂的适合性（刘树生和施祖华，1996）；对于国内广泛应用的米蛾卵，冷藏是否影响其对赤眼蜂的适合性，已有许多报道（邱式邦等，1980；胡振尉和徐企尧，1985；包建中和陈修浩，1989；刘志诚等，2000；马德英等，2001；张国红等，2008；袁曦等，2013）。例如，马德英等（2001）认为在0~5℃条件下冷藏米蛾卵时间不宜超过3 d，否则将影响赤眼蜂的产卵寄生；张国红等（2008）则发现随着米蛾卵冷藏（4℃）天数的增加，松毛虫赤眼蜂和螟黄赤眼蜂的寄生力呈下降趋势，冷藏米蛾卵不宜超过15 d，超过50 d后两种赤眼蜂基本不能寄生。

冷藏过程的确对寄主卵产生了影响。首先，冷藏会直接导致寄主卵干缩，长径、短径缩小（图5-2）（易帝玮，2015）。也就是说，冷藏过程是一个寄主卵内水分损失的过程，水分损失会导致卵内物质黏稠度增加，从而影响赤眼蜂幼虫对卵内物质的吞食，并导致赤眼蜂幼虫不能获得发育所需的足够水分。其次，冷藏也导致寄主卵内代谢物质的变化，从而改变寄主卵的内环境（如pH、水分含量）和营养质量（如营养物质降解）。代谢组学研究表明，丙氨酸、葡萄糖、乙酸的含量均随着冷藏时间的延长而迅速增加，主要原因可能是卵内大分子物质随冷藏时间延长而降解，有机酸含量增加，卵内小环境发生变化。

因此，寄主卵龄的变化严重影响赤眼蜂对寄主卵寄生的成功率。在赤眼蜂的繁育过程中，需要慎重使用经过冷藏的寄主卵；而在田间应用中，自然寄主卵的卵龄同样对赤眼蜂的应用效果产生重要影响。

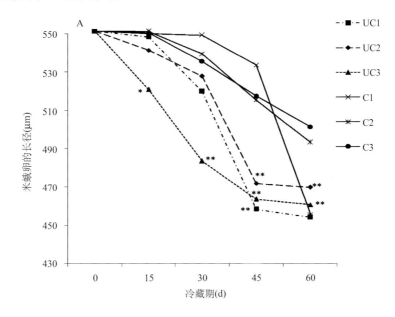

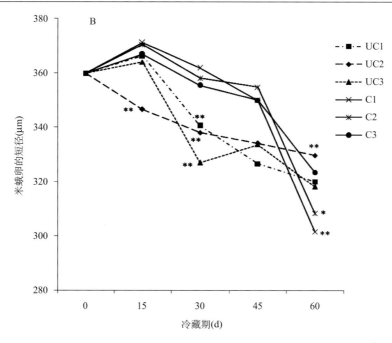

图 5-2 冷藏(4℃)时间对米蛾卵长径(A)和短径(B)的影响(易帝玮，2015)

UC1. 不加盖直接冷藏；UC2. 不加盖垫纸冷藏；UC3. 不加盖纸包冷藏；C1. 加盖直接冷藏；C2. 加盖垫纸冷藏；C3. 加盖纸包冷藏；*表示不同冷藏期之间差异显著($P<0.05$)；**表示不同冷藏期之间差异极显著($P<0.01$)

四、成虫取食

赤眼蜂成虫需要补充糖类食物以增加能量，成虫在自然条件下能获得的食物包括花蜜、花粉、蜜露等(Jervis et al.，1992；Quicke，1997；Zhang et al.，2004)。蜜糖可以显著延长赤眼蜂寿命和增加其繁殖力，比取食水的寿命延长 7.6 倍，产子数增加 13.7 倍。因此，在赤眼蜂规模化繁育过程中，尽可能用蜂蜜作为成蜂的补充食物(表5-4)。以甘蓝夜蛾赤眼蜂 [*Trichogramma brassicae*(Bezdenko)]为例，取食蜂蜜、蜂蜜和花粉、花粉和水、水的雌性成虫寿命分别为 8.37 d、8.23 d、4.97 d 和 2.67 d，表明补充食物能显著延长雌性成虫的寿命；同时，有寄主[欧洲玉米螟(*Ostrinia nubilalis* Hübner)]卵存在时，

表 5-4 饲料对成蜂寿命及繁殖力的影响(蒲蛰龙等，1956)

饲料	供试蜂数(♀)	平均体长(mm)	平均寿命(d)	寄生卵数	羽化子蜂数	平均每雌蜂产子数
蜜糖	41	0.46	11.20	30	965	23.50
葡萄糖	46	0.47	11.00	18	609	13.20
蔗糖	38	0.50	10.70	16	471	11.70
麦芽糖	36	0.46	10.00	13	338	9.30
果糖	36	0.46	5.30	14	512	14.20
乳糖	67	0.43	1.40	6	202	3.00
水	44	0.43	1.30	4	71	1.60

雌性成虫取食蜂蜜、蜂蜜和花粉、花粉和水、水的寿命分别为 12.33 d、12.17 d、4.90 d 和 2.60 d（Zhang et al., 2004）。因此，补充食物和寄主卵的存在共同显著延长了雌蜂的寿命。

第三节　赤眼蜂的性比调节

赤眼蜂之所以成为最重要的生物防治因子，根本原因之一在于其将害虫杀死在卵期，这是幼虫或蛹寄生蜂所不能比拟的。因此，获得数量多、产卵量大的健壮雌蜂是生物防治成功的基础。如何通过调节性比产生更多的健壮雌蜂，使释放到田间的子代蜂能寄生更多的寄主卵，是工厂化生产赤眼蜂追求的目标。Russell 和 Stouthamer(2010)总结了赤眼蜂性比调节的研究进展。

一、赤眼蜂的性别决定

赤眼蜂的性别模式为单倍二倍性，即雄性个体为单倍体，由未受精卵发育而来，雌性个体为二倍体，由受精卵发育而来，这也是膜翅目性别决定的主要方式（Hamilton，1967）。母体年龄、精子的消耗、产卵率、延迟或中断的产卵、寄主密度、寄主大小、寄主质量、寄生蜂的密度、交配次数、雌性识别、不同寄主比例等，都可能影响母体的产卵决定（Werren，1983；Godfray，1994；Shuker et al., 2005）。因此，赤眼蜂的性别取决于母体产下的卵是否受精，这与雌蜂的生活史、所处的生态条件、对当前环境的适应等方面密切相关（Russell and Stouthamer，2010）。

赤眼蜂的性别决定还与雌蜂产卵时的性别分配策略有关（Waage and Ming，1984）。广赤眼蜂雌性个体总是先产下几个雄性卵，然后再产雌性卵，类似的性别分配策略也存在于螟黄赤眼蜂（Suzuki et al., 1984）和短管赤眼蜂（*Trichogramma pretiosum*）（Luck et al., 2001）。不同的是，短管赤眼蜂雌性先产下一个或几个雌性卵，然后再产雄性卵，这在田间观察和实验室研究中都已经被证实。赤眼蜂根据产卵时的环境条件，通过优化子代性比使子代获得最佳生存条件。

二、共生细菌诱导的性比调节

除上述产卵行为决定的性比调节外，共生细菌沃尔巴克氏体（*Wolbachia*）对赤眼蜂的性别决定可以产生颠覆性的影响导致产雌孤雌生殖现象。

产雌孤雌生殖（thelytokous parthenogensisi）是指二倍体雌性由未受精的单倍体卵发育而来，这在 270 多种报道的寄生蜂中并不常见（Luck et al., 1992）。最早发现 *Wolbachia* 改变赤眼蜂性别决定的是 Stouthamer 等(1990)，产雌孤雌生殖雌性取食含有抗生素的蜂蜜后能产生雄性后代。*Wolbachia* 诱导的产雌孤雌生殖不同于已知的任何一种性别调节方式，如生殖不亲和、杀死雄性、雄性雌性化等，这是一种全新的生殖模式，这种生殖模式完全不需要雄性参与。

Stouthamer 和 Kazmer(1994)采用分子标记的方法发现了 *Wolbachia* 诱导赤眼蜂产雌孤雌生殖的机制，主要有两个方面：①对于未受精卵，经过正常的减数分裂以后，第一次有丝分裂失败，两个单倍体细胞融合，变成二倍体卵细胞，从而由雄性转变为雌性；

②对于受精卵来说，*Wolbachia* 不干扰正常的受精作用和性别发育。有意思的是，*Wolbachia* 的诱导作用仅限于未受精卵，而对受精卵无效的机制尚不清楚。目前，已知受 *Wolbachia* 诱导进行产雌孤雌生殖的赤眼蜂种类至少有 14 种(Russell and Stouthamer, 2010)，包括在我国广泛用于防治甘蔗螟虫的螟黄赤眼蜂。

Wolbachia 诱导赤眼蜂产生 100%的雌性，似乎正是生物防治所追求的目标。实际情况怎样呢？通过比较短管赤眼蜂源于同一单雌品系的感染雌性和治愈雌性生殖力，治愈雌性所产生的子代数量显著高于感染雌性，即通过这种方式诱导产生的雌性适合度降低(Stouthamer and Luck, 1993)。类似的结果同样存在于梳毛赤眼蜂(*Trichogramma deion* Pinto *et* Oatman)和蚬蝶赤眼蜂(*Trichogramma kaykai* Pinto)中(Tagami *et al*., 2002)。

三、性比调节与生物防治

共生细菌 *Wolbachia* 能普遍诱导赤眼蜂进行产雌孤雌生殖，最明显的优势就是子代雌性数量的增加，在生物防治中无疑具有潜在的推广应用价值。至于上述提到的适合度问题，可以根据生物防治的实际需要进行权衡。

第四节 环境因子对赤眼蜂的影响

赤眼蜂体长不足 0.5 mm，非常微小，正确理解并评价环境因子对赤眼蜂生长发育、繁殖和存活的影响，是赤眼蜂繁育并利用其进行害虫生物防治的前提。蒲蛰龙(1982)对此进行了详细总结。

一、温度、湿度对赤眼蜂的影响

温度影响赤眼蜂的世代历期和成虫寿命。一定温度范围内，赤眼蜂发育速率随环境温度的升高而加快(表5-5)。低温环境下，新陈代谢作用减弱，生长发育缓慢。温度低于或高于一定的发育温度范围，发育都将停止。赤眼蜂的世代历期随环境温度的升高而缩短，但高温也有限度，温度过高赤眼蜂将发育停滞甚至死亡。

表 5-5 不同温度 3 个螟黄赤眼蜂品系在柞蚕卵上的发育历期(d)(鲁新等，2003)

温度(℃)	TC 品系	GL 品系	YM 品系
20	17.6413±0.8402	20.2673±1.4037	17.9484±1.0583
23	14.2055±0.9493	15.8524±1.9162	14.5644±1.0216
26	11.1703±0.7478	12.2059±1.0553	11.6979±0.9583
29	9.6878±0.7724	10.2976±0.7813	10.1985±0.9590
32	9.2244±0.6773	9.2500±1.0607	9.6000±0.6179

温度还影响赤眼蜂的寄生率(表5-6)。温度变化对寄生率有影响，但对不同品系的影响程度不同，TC 品系在不同温度下均表现了较高的寄生率，26℃下寄生率最高；GL 品系在 23～29℃内寄生率较高，20℃寄生率最低；YM 品系在 20～29℃寄生率均比较高，

32℃寄生率最低。

表 5-6　不同温度 3 个螟黄赤眼蜂品系在柞蚕卵上的寄生率(%)（鲁新等，2003）

温度(℃)	TC 品系	GL 品系	YM 品系
20	73.17	49.67	65.33
23	71.63	73.33	56.67
26	89.12	72.17	56.83
29	79.83	69.50	52.50
32	79.84	60.50	39.17

环境湿度和食物中的含水量直接影响赤眼蜂的发育与繁殖。在适宜的湿度范围内，赤眼蜂均能正常发育。如果湿度过低，则影响成蜂体内卵细胞的正常发育，降低产卵量，成蜂寿命缩短；还会造成已经寄生的寄主卵失水，影响子代蜂的发育和羽化，甚至使发育停滞。如果湿度过高甚至饱和，有时被寄生的寄主卵容易长霉菌而影响蜂的发育和羽化。雨天不利于成蜂的飞翔和扩散。

二、光对赤眼蜂的影响

赤眼蜂成虫有趋光性。在室内常向光线强的一面活动，在田间黑光灯附近的寄主卵块寄生率也较高。强光下，蜂特别活跃，消耗能量大，寿命也短。在阴暗的环境或采用人工遮光，蜂的活动缓慢或成群集结不活动，可以适当延长蜂的寿命。因此，繁蜂时应避免阳光直射，否则蜂会因过度活动而在 1~2 h 内死亡。赤眼蜂比较偏好白色、绿色和紫色光。田间释放以晴朗天气为好，有利于赤眼蜂飞翔和扩散，提高寄生率。

三、风对赤眼蜂的影响

赤眼蜂身体微小，其飞行、交配、觅食等活动都受到风的影响，较大风速有利于赤眼蜂的扩散。甘蔗田测定赤眼蜂飞翔半径的试验表明，试验条件为当天有大量蜂羽化，风速为 1.1~2.2 m/s，风向北、东北和东，结果这 3 个方向的寄生率占 8 个方向的 63.8%（蒲蛰龙等，1956）。因此，田间释放时，布点要均匀，同时还要考虑放蜂时的风速和风向。

四、蒸发对赤眼蜂的影响

蒸发过大会导致寄主卵失水过多，从而影响卵寄生率或导致寄主卵内赤眼蜂个体发育生理失衡，甚至死亡。蒸发与温度、湿度和风速有关，如室内繁蜂遇到蒸发过大时，可以用加湿器增加湿度或覆盖的办法降低蒸发；需要增加蒸发时，可以采用通风的方法。

（撰稿人：张古忍　李敦松）

参 考 文 献

包建中, 陈修浩. 1989. 中国赤眼蜂的研究与利用. 北京: 学术书刊出版社: 160-161.

戴开甲, 曹爱华, 卢文筠, 等. 1987. 赤眼蜂寄主柞蚕卵成分的初步分析//湖北省赤眼蜂人工寄主卵研究协作组. 赤眼蜂人工寄主卵研究. 武汉: 武汉大学出版社: 131-138.

胡振尉, 徐企尧. 1985. 米蛾卵冷冻保存技术研究. 浙江林业科技, 3: 23-26.

李丽英. 1984. 赤眼蜂研究应用新进展. 昆虫知识, 21(5): 237-240.

利翠英. 1961. 赤眼蜂 *Trichogramma evanescens* Westw. 的个体发育及其对于寄主蓖麻蚕 *Attacus cynthia ricini* Boisd. 胚胎发育的影响. 昆虫学报, 10(4-6): 339-354, 图版 I-V.

刘树生, 施祖华. 1996. 赤眼蜂研究和应用进展. 中国生物防治, 12(2): 78-84.

刘文惠, 周永富, 陈巧贤, 等. 1983. 稻螟赤眼蜂及欧洲玉米螟赤眼蜂体外培育研究. 昆虫天敌, 5(3): 166-170.

刘志诚, 刘建峰, 张帆, 等. 2000. 赤眼蜂繁殖及田间应用技术. 北京: 金盾出版社: 61-64.

鲁新, 李丽娟, 张国红. 2003. 温度对螟黄赤眼蜂不同品系的影响. 吉林农业科学, 28(5): 18-21.

马德英, 张军, 陈伟利, 等. 2001. 米蛾在新疆的繁殖与利用研究. 新疆农业大学学报, 24(4): 25-28.

蒲蛰龙. 1982. 害虫生物防治的原理和方法. 北京: 科学出版社: 11-44.

蒲蛰龙, 邓德蔼, 刘志诚, 等. 1956. 甘蔗螟虫卵赤眼蜂繁殖利用的研究. 昆虫学报, 6(1): 1-35.

邱式邦, 田毓起, 周伟儒, 等. 1980. 改进米蛾饲养技术的研究. 植物保护学报, 3: 153-158.

王承纶, 王辉先, 王野岸, 等. 1981. 松毛虫赤眼蜂 *Trichogramma dendrolimi* Matsumura 个体发育与温度的关系. 动物学研究, 2(4): 317-326.

王承纶, 张荆, 霍绍棠, 等. 1998. 赤眼蜂的研究、繁殖与应用//包建中, 古德祥. 中国生物防治. 太原: 山西科学技术出版社: 67-123.

夏邦颖. 1983. 昆虫的卵. 生物学通报, (5): 16-18.

向玉勇, 张帆. 2011. 赤眼蜂在我国生物防治中的应用研究进展. 河南农业科学, (12): 20-24.

谢中能, 吴屏英, 邓秀莲. 1982. 赤眼蜂寄主卵的氨基酸含量分析. 昆虫天敌, 4(2): 22-25.

易帝玮. 2015. 螟黄赤眼蜂繁蜂质量的影响因子研究. 广州: 中山大学硕士学位论文.

袁曦, 王振营, 冯新霞, 等. 2013. 利用生命表评价低温冷藏米蛾卵对繁育螟黄赤眼蜂及寄生亚洲玉米螟效果的影响. 环境昆虫学报, 35(6): 792-798.

詹根祥, 梁广文. 1999. 中国赤眼蜂研究和应用的历史与现状. 江西农业学报, 11(2): 39-46.

张国红, 鲁新, 李丽娟, 等. 2008. 贮存后的米蛾卵对赤眼蜂繁殖的影响. 吉林农业科学, 33(5): 42-43, 52.

张良武, 高镒光. 1987. 松毛虫赤眼蜂在鄂协 II 号人工寄主卵上产卵寄生能力的研究//湖北省赤眼蜂人工寄主卵研究协作组. 赤眼蜂人工寄主卵研究. 武汉: 武汉大学出版社: 196-204.

Abbas M S T. 1989. Studies on *Trichogramma buesi* as a biological agent against *Pieris rapae* in Egypt. Entomophaga, 34: 447-451.

Boivin G. 2010. Reproduction and immature development of egg parasitoids. In: Consoli F L, Parra J R, Zucchi R A. Egg Parasitoids in Agroecosystems with Emphasis on *Trichogramma*, Progress in Biological Control. New York: Springer Science+Business Media B. V.: 1-23.

Brenière J. 1965. Les trichogrammes parasites de *Proceras sacchariphagus* Boj. Borer de la canne à sucre à Madagascar. 2-Etude biologique de *Trichogramma australicum* Gir. Entomophaga, 10: 99-117.

Dahlan A N, Gordh G. 1996. Development of *Trichogramma australicun* Girault (Hymenoptera: Trichogrammatidae) on *Helicoverpa armigera* (Hübner) eggs (Lepidoptera: Noctuidae). Austral J

Entomol, 35: 337-344.

Dahlan A N, Gordh G. 1997. Development of *Trichogramma australicum* (Hym.: Trichogrammatidae) at low and high population density in artificial diet. Entomophaga, 42: 526-536.

Godfray H C J. 1994. Parasitoids: behavioral and evolutionary ecology. Princeton: Princeton University Press.

Hamilton W D. 1967. Extraordinary sex ratio. Science, 156: 477-488.

Hassan S A, Liscsinszky H, Zhang G R. 2004. The oak-silkworm egg *Antheraea pernyi* (Lepidoptera: Anthelidae) as a mass rearing host for parasitoids of the genus *Trichogramma* (Hymenoptera: Trichogrammatidae). Biocontrol Science and Technology, 14(3): 269-279.

Hawlitzky N, Boulay C. 1982. Régimes alimentaires et développement chez *Trichogramma maidis* Pintureau et Voegele (Hym.: Trichogrammatidae) dans Ioeuf d'*Anagasta kuehniella* Zeller (Lep.: Pyralidae). Colloques ÍINRA, 9: 101-106.

Huffaker C B, Messenger P S. 1976. Theory and Practice of Biological Control. New York: Academic Press.

Jarjees E A, Merritt D J. 2002. Development of *Trichogramma australicun* Girault (Hymenoptera: Trichogrammatidae) on *Helicoverpa* (Lepidoptera: Noctuidae) host eggs. Austral J Entomol, 41: 310-315.

Jervis M A, Kidd N A C, Walton M. 1992. A review of methods for determining dietary range in adult parasitoids. Entomophaga, 37(4): 565-574.

Luck R F, Janssen J A M, Pinto J D, et al. 2001. Precise sex allocation, local mate competition, and sex ratio shifts in the parasitoid wasp *Trichogramma pretiosum*. Behav Ecol Sociobiol, 49: 311-321.

Luck R F, Stouthamer R, Nunney L. 1992. Sex determination and sex ratio patterns in parasitic Hymenoptera. *In*: Wrench N D L, Ebbert M A. Evolution and Diversity of Sex Ratio in Haplodiploid Insects and Mites. New York: Chapman & Hall: 442-476.

Manweiler S A. 1986. Developmental and ecological comparison of *Trichogramma minutum* and *Trichogramma platneri* (Hymenoptera: Trichogrammatidae). Pan-Pac Entomol, 62: 128-139.

Quicke D L J. 1997. Parasitic Wasps. London: Chapman & Hall: 273-274.

Russell J E, Stouthamer R. 2010. Sex ratio modulators of egg parasitoids. *In*: Consoli F L, Parra J R, Zucchi R A. Egg Parasitoids in Agroecosystems with Emphasis on *Trichogramma*, Progress in Biological Control. New York: Springer Science+Business Media B. V.: 167-190.

Saakian-Baranova A A. 1990. Morphological study of preimaginal stages of six species of the genus *Trichogramma* Westwood (Hymenoptera, Trichogrammatidae). Entomol Obozrenie: 257-263.

Shuker D M, Pen I, Duncan A B, et al. 2005. Sex ratio under asymmetrical local mate competition: theory and a test with parasitoid wasps. Am Nat, 166: 301-316.

Stouthamer R, Kazmer D J. 1994. Cytogenetics of microbe-associated parthenogenesis and its consequences for gene flow in *Trichogramma* wasps. Heredity, 73: 317-327.

Stouthamer R, Luck R F. 1993. Influence of microbe-associated parthenogenesis on the fecundity of *Trichogramma deion* and *T. pretiosum*. Entomol Exp Appl, 67: 183-192.

Stouthamer R, Luck R F, Hamilton W D. 1990. Antibiotics cause parthenogenetic *Trichogramma* (Hymenotera, Trichogrammatidae) to revert to sex. Proc Natl Acad Sci USA, 87: 2424-2427.

Suzuki Y, Tsuji H, Sasakawa M. 1984. Sex allocation and effects of superprarsitism on secondary sex-ratio in the gregarious parasitoid, *Trichogramma chilonis* (Hymenoptera, Trichogrammatidae). Anim Behav, 32: 478-484.

Tagami Y, Miura K, Stouthamer R. 2002. Positive effect of fertilization on the survival rate of immature stages in a Wolbachia-associated thelytokous line of *Trichogramma deion* and *T. kaykai*. Entomol Exp

Appl, 105: 165-167.

Tanaka M. 1985a. Early embryonic development of the parasite wasp, *Trichogramma chinolis* (Hymenoptera: Trichogrammatidae). *In*: Ando H, Miya K. Recent Advances in Insect Embryology in Japan. Tsukuba, Japan: ISEBU: 171-179.

Tanaka M. 1985b. Embryonic and early post-embryonic development of the parasite wasp, *Trichogramma chinolis* (Hymenoptera: Trichogrammatidae). *In*: Ando H, Miya K. Recent Advances in Insect Embryology in Japan. Tsukuba, Japan: ISEBU: 181-189.

Taraka Y, Kawamura S, Tanaka T. 2000. Biological characteristics: growth and development of the egg parasitoid *Trichogramma dendronimi* (Hymenoptera: Trichogrammatidae) on the cabbage armyworm *Mamestra brassicae* (Lepidoptera: Noctuidae). Appl Entomol Zool, 35: 369-379.

Vinson S B. 2010. Nutritional ecology of insect egg parasitoids. *In*: Consoli F L, Parra J R, Zucchi R A. Egg Parasitoids in Agroecosystems with Emphasis on *Trichogramma*, Progress in Biological Control. New York: Springer Science+Business Media B. V. : 25-55.

Volkoff A N, Daumal J, Barry P, *et al.* 1995. Development of *Trichogramma cacoeciae* Marchall (Hymenoptera: Trichogrammatidae): time table and evidence for a single larval instar. Int J Insect Morphol Embryol, 24: 459-466.

Waage J K, Ming N S. 1984. The reproductive strategy of a parasitic wasp: 1. Optimal progeny and sex allocation in *Trichogramma evanescens*. J Anim Ecol, 53: 401-415.

Wang Z Y, He K L, Zhang F, *et al.* 2014. Mass rearing and release of *Trichogramma* for biological control of insect pests of corn in China. Biological Control, 68: 13-144.

Werren J H. 1983. Sex-ratio evolution under local mate competition in a parasite wasp. Evolution, 37: 116-124.

Wu Z X, Cohen A C, Nordlund D A. 2000. The feeding behavior of *Trichogramma brassicae*: new evidence for selective ingestion of solid food. Entomol Exp Appl, 96: 1-8.

Zhang G R, Zimmerman O, Hassan S A. 2004. Pollen as a source of food for egg parasitoids of the genus *Trichogramma* (Hymenoptera: Trichogrammatidae). Biocontrol Sci Techn, 14(2): 201-209.

第六章 捕食螨营养需求与生殖的基础生物学

第一节 捕食螨营养需求

一、捕食螨食性划分类群

McMurtry 和 Croft(1997)将植绥螨科捕食螨根据其食性划分为四大类群,McMurtry 等(2013)对其划分又进行了重新修订,仍为四大类群,只是在大的类群中进行了细化。我国吴伟南先生等(2008)从营养的角度对植绥螨类群有同样的划分。

1. 叶螨及镰螯螨的专食性捕食螨

针对不同捕食对象,该类群又分为三类,即叶螨属(叶螨科)的专食性捕食螨、形成网或巢的螨(叶螨科)的专食性捕食螨、镰螯螨(镰螯螨总科)的专食性捕食螨。

2. 叶螨的选择性捕食螨

该类群主要包括新小绥螨属、静走螨属(*Galendromus*)和盲走螨属(*Typhlodromus*)(*Anthoseius*)的 rickeri 群。主要种类有加州新小绥螨(*Neoseiulus californicus*)、伪新小绥螨(*Neoseiulus fallacis*)、长毛钝绥螨(*Amblyseius longispinosus*)、拟长毛钝绥螨(*Amblyseius pseudolongispinosus*)、沃氏新小绥螨(*Neoseiulus womersleyi*)、西方静走螨(*Galendromus occidentalis*)。

3. 多食性捕食螨

该类群食性比较广。其食物谱中包括螨类、小型昆虫,如蓟马、粉虱、粉蚧及线虫等。这一类群中的大多种类还可以花粉为食并繁育。此外,在猎物不足时,还可以利用植物的分泌物及蜜露作为补充食物。在有猎物时还可利用它们提高这些捕食螨的繁殖势能。这一类群中还有一些种类可取食植物病原物(Zemek and Prenerová,1997)。有些种类还可以以丰年虾[*Artemia franciscana*(Kellogg)]作为人工饲料饲养,如草地瘦钝走螨[*Amblydromalus limonicus*(Garman & McGregor)](Vangansbeke *et al*.,2014b)和斯氏钝绥螨(*Amblyseius swirskii* Athias-Henriot)(Nguyen *et al*.,2014a)。

这一类群根据它们的喜好生境进行亚类划分。

1)多毛叶片上的捕食螨。

2)光滑叶片上的捕食螨。

该类群包括植绥螨科大属如植绥螨属与新小绥螨属的大多数种类,也包括小属如瘦钝走螨属(*Amblydromalus*)中的一些种类。主要种类有斯氏钝绥螨、草地瘦钝走螨(同属的另外几个种,如 *Amblydromalus manihoti*、*Amblydromalus lailae* 等)和安德森钝绥螨(*Amblyseius andersoni*)、*Transeius montdorensis*、江原钝绥螨(*Amblyseius eharai*)、*Scapulaseius newsami* 等。

3)生活于双子叶植物上限定空间的捕食螨。这些特定空间包括形成虫瘿的叶片及螨窝(domatia)。主要包括新小绥螨属的 desertus 群。

4)生活于单子叶植物上限定空间的捕食螨。生活于叶鞘间或者苞叶与果面间。包括新小绥螨属的 paspalivorus 群,包括贝氏新小绥螨(*Neoseiulus baraki*)、新贝氏新小绥螨(*Neoseiulus neobaraki*)及 *Neoseiulus paspalivorus*。

5)土壤/枯枝落叶上的捕食螨。不时在土壤表层与低矮作物上移动。主要包括新小绥螨属和 *Arrenoseius* 的很多种类、钝绥螨属的一些种类和似前锯绥螨属(*Proprioseiopsis*)、钳爪绥螨属(*Chelaseius*)及禾绥螨属(*Graminaseius*)种类。巴氏新小绥螨和胡瓜新小绥螨是两个代表性种类。

4. 花粉嗜食性捕食螨

这一类群主要来自真绥螨属捕食螨,如维多利亚真绥螨、芬兰真绥螨(*Euseius finlandicus*)、尼氏真绥螨等。这一类群的捕食螨大多还有刺吸植物叶片细胞的特性。

二、营养成分

捕食螨对营养的需求包括蛋白质、糖类、酯类、无机盐类、维生素、水。一些研究表明,蛋白质和糖等在捕食螨的生长发育和繁殖中扮演着重要作用(Huang *et al.*,2013;杨康,2014;杨康等,2015)。Rojas 和 Morales-Ramos(2008)研究了智利小植绥螨在猎物叶螨存在的情况下,添加葡萄糖和果糖对其生长繁殖的影响。发现与清水对照相比,两者按 1:1 配比的 30%溶液显著地提高了从卵到 6 日龄成螨的存活率,雌螨产卵量也有增加。维生素 A 的缺乏会导致捕食螨委陵菜钝绥螨(*Amblyseius potentillae*)对二斑叶螨产生的利它素产生不同的反应(Dicke *et al.*,1986)。

三、捕食螨营养的主要来源

1. 猎物

捕食螨的猎物种类各样,昆虫(如蓟马、粉虱、蚜虫、蕈蚊、小叶蝉、木虱、粉蚧、跳虫、鳞翅目昆虫卵等)、螨类(叶螨、跗线螨、粉螨、瘿螨等)及线虫等都是捕食螨的食物来源。对于多食性捕食螨如巴氏新小绥螨、胡瓜新小绥螨及斯氏钝绥螨等而言,这些猎物大多可供给它们充足的营养;而单食性的捕食螨,如智利小植绥螨,其猎食的对象仅为叶螨属的几个种,如二斑叶螨、朱砂叶螨、截形叶螨等,因此,这些猎物成为其最重要的营养源。

2. 昆虫蜜露

一些捕食螨可利用如蚜虫、粉虱的蜜露作为营养。例如,土拉真绥螨(*Euseius tularensis*)、草茎真绥螨(*Euseius stipulatus*)及木槿真绥螨(*Euseius hibisci*)在取食冰叶日中花(*Malephora crocea*)花粉、太平洋叶螨和柑橘全爪螨这些食物时添加蚜虫与粉虱的蜜露,捕食螨的非成熟期死亡率会降低,成螨产卵率会显著增加(Zhao and McMurtry,1990)。

3. 植物质(花粉、植物汁液、植物分泌物等)

一些捕食螨可以充分利用植物本身营养自己。植物花粉、汁液及分泌物等,对于维持捕食螨的自然种群发挥了重要作用。例如,梨盲走螨(*Typhlodromus pyri*

Scheuten)(Acari: Phytoseiidae)即使在猎物苹果全爪螨或花粉存在时,也可在苹果叶片和果实上形成取食斑,而且,梨盲走螨也可以以植物质存活与繁殖(Sengonca et al.,2004)。

Magalhães 和 Bakker(2002)开发了一个应用系统性杀虫剂检测植绥螨取食植物的技术。通过这个技术他们发现,捕食螨阿里波小盲走螨(*Typhlodromalus aripo*)可取食其寄主植物木薯,而其他种类的捕食螨如山地新小绥螨(*Neoseiulus idaeus*)和智利小植绥螨却不取食。Nomikou 等(2003)在黄瓜上施用系统性杀虫剂涕灭威(aldicarb)来评价两种天敌捕食螨——盾形真绥螨[*Euseius scutalis*(Athias-Henriot)]和斯氏钝绥螨[*Amblyseius swirskii* Athias-Henriot]在用药剂处理过的植株叶片与未处理植株叶片上的存活率,两种处理均存在有无花粉两种情况。斯氏小盲绥螨的存活率不受杀虫剂的影响。但盾形真绥螨在杀虫剂处理植株叶片上的存活率仅为未处理的 1/10。当用玻片浸渍法测试时,两者对杀虫剂有同样的敏感性,这表明,盾形真绥螨通过取食叶片组织消化了杀虫剂。无论有无花粉存在,在处理的叶片上都观察到有捕食螨的死亡,这意味着植物内含物对于盾形真绥螨是不可缺少的。

4. 微生物

一些捕食螨可以取食一些病原微生物或食用菌的菌丝。梨盲走螨可取食欧氏白粉病菌(*Erysiphe orontii*)和草莓白粉病菌(*Oidium fragariae*)的分生孢子(Zemek and Prenerová,1997)。

5. 水

水对于捕食螨来说是不可或缺的,对于维持其生命至关重要。捕食螨在生长发育过程中需要饮水,不断补充水分。即使在低温储存期间,有水的情况下,其生命历期也可大大延长。加州新小绥螨储存期间,在 5℃条件下,相对湿度 100%时的平均存活时间是相对湿度 80%时的 1.6~2.3 倍(Ghazy et al.,2012a,2012b)。

四、交替食物

Sengonca 和 Schmitz-Knobloch(1989)比较了两种捕食螨委陵菜钝绥螨(*Amblyseius potentillae*)和梨盲走螨分别用二斑叶螨饲喂、用花粉饲喂 1 代和 2 代,以及先用花粉饲养 6 代再饲喂二斑叶螨,发现花粉增加了捕食螨的寿命,并且用花粉饲养 6 代后再饲喂叶螨所得捕食螨的产卵量最多。交替食物可能促进了捕食螨的生长发育与繁殖。

第二节 捕食螨的生殖

一、生殖方式

捕食螨中研究最多的是植绥螨科捕食螨的生殖,其生殖方式特殊,称为假产雄孤雌生殖(pseudoarrhenotoky),该科仅有危地马拉钝绥螨(*Amblyseius guatemalensis*)被证实为产雌孤雌生殖(Wysoki and Swirski,1968)。对于假产雄孤雌生殖雌螨,交配是产卵的必要条件。然而,雄螨为单倍体,雌螨为二倍体。雄螨是由受精卵发育而来的,一半来自父系的染色体丢失或异质化。大多植绥螨科捕食螨的雄螨染色体为 4 条,雌螨为 8 条,目前，仅发现西方静走螨的雄螨染色体为3条，雌螨为6条。

二、影响生殖的因素

1. 交配与生殖

对于植绥螨科捕食螨，交配是生殖的必要条件，但危地马拉钝绥螨例外。交配时间的长短会影响到产卵量及后代性比。单次交配的时间越长，产卵量越大。对于拟长毛钝绥螨而言，一次完全交配只能产下自然交配（多次交配）下的一半卵量（徐学农和梁来荣，1994），而智利小植绥螨一次完全交配就可产下一生中全部卵量。交配时间越短，后代的雌性比越小。

2. 捕食螨自身生理因素

Megevand 和 Tanigoshi(1995)用木薯单爪螨（*Mononychellus tanajoa*）或棉小爪螨（*Oligonychus gossypii*）饲喂山地钝绥螨（*Amblyseius idaeus*），然后进行不同时间的饥饿实验。研究发现，雌螨可以忍受24～72 h的饥饿而不会降低其繁殖力。在食物缺乏时，资源基本上用于维持生命，饥饿一旦解除，捕食螨产卵就可恢复。因此，产卵并不取决于时间年龄，而取决于生理年龄。

3. 非生物因素对生殖的影响

适合的温湿度等环境条件，都有利于捕食螨提高生殖水平，而不利的环境条件可致捕食螨生殖力下降或完全不产卵。处于适温至高适温区的捕食螨产卵量大，繁殖能力最强。拉哥钝绥螨在25℃条件下同样饲养条件时的内禀增长率最大（Yue and Tsai，1996）；拟长毛钝绥螨在15～30℃时随着温度的升高，其产卵总量及日均产卵量都显著增加；35℃时，产卵量显著减少（姜晓环，2010）。在中国新疆采集到的双尾新小绥螨（*Neoseiulus bicaudus*）(Wang *et al*.，2015)可能是高温适应型，以土耳其斯坦叶螨（*Tetranychus turkestani*）为食时，在18～35℃其内禀增长率逐渐增加，35℃时甚至达到0.4(Li *et al*.，2015)。

第三节　生殖与营养的关系

一、营养对生殖的影响

营养条件的好坏直接影响到捕食螨的生殖能力。这些条件包括猎物的种类、密度、有无补充营养、植物自身营养、甚至营养食物链的三级营养关系。

1. 猎物

猎物的种类、发育阶段和密度等均对捕食螨的生殖产生影响。

不同种类的捕食螨食性不一致，对猎物的选择也不一致，由此繁殖也不一致。小植绥螨属捕食螨是叶螨属的几个种的专食性捕食者，当强迫饲喂其他猎物时也可捕食，但生长发育缓慢或不能繁殖。智利小植绥螨在被强迫取食时甚至可以以蓟马为食，但即使取食也不能繁殖。在取食叶螨属的不同种时其生殖表现也不一致。智利小植绥螨取食伊氏叶螨（*Tetranychus evansi*）的内禀增长率(0.106)和净增殖率(4.37)要比取食二斑叶螨、土耳其斯坦叶螨和卢氏叶螨（*Tetranychus ludeni*）低得多。作为第二大类群中的加州新小绥螨在捕食上述 4 种叶螨时出现同样的情况(Escudero and Ferragut, 2005)。加州新小绥螨在取食薯蓣瘿螨(*Eriophyes dioscoridis*)和二斑叶螨卵或若螨时,其繁殖力也不一样。取食二斑叶螨若螨时总产卵量最大,为 64.7 粒,而取食薯蓣瘿螨仅产 32.95 粒(El-Laithy and El-Sawi,1998)。

对于第三大类群捕食螨来说,对猎物的选择性就更大。斯氏钝绥螨相对于叶螨来说更倾向于选择蓟马(Xu and Enkegaard, 2010);斯氏钝绥螨取食椭圆食粉螨[*Aleuroglyphus ovatus*(Troupeau)]要比取食烟粉虱和二斑叶螨有更高的繁殖率(Cavalcante *et al.*, 2015);东方钝绥螨可以取食叶螨,也可取食粉虱。取食叶螨时其内禀增长率为 0.23,取食叶螨与粉虱的混合种群时,其内禀增长率为 0.16,而仅以粉虱卵为食时,其种群难以增长(Zhang *et al.*, 2015)。

尼氏小名走螨(*Cydnodromella negevi*)(*Typhlodromus negevi*)以东方真叶螨(*Eutetranychus orientalis*)和二斑叶螨为食时,其雌成螨每天分别可产卵 1.3 粒和 1.1 粒。当以瘿螨为食时,日均产卵量增加到 3.3 粒(Abou-Awad *et al.*, 1989)。Vantornhout 等(2004,2005)用多种食物(如叶螨、蓟马、地中海粉螟卵和丰年虾卵及多种花粉)饲喂不纯伊绥螨(*Iphiseius degenerans*)时发现,蓟马不是合适的猎物。Vangansbeke 等(2014a)以西花蓟马、温室白粉虱[*Trialeurodes vaporariorum*(Westwood)(Hemiptera: Aleyrodidae)]、侧多食跗线螨[*Polyphagotarsonemus latus*(Banks)(Acari: Tarsonemidae)]和二斑叶螨饲喂草地瘦钝走螨,并以甜果螨[*Carpoglyphus lactis* L.(Acari: Carpoglyphidae)](一些捕食螨标准化大量饲养的食物)作对照。发现以温室白粉虱及二斑叶螨为食时,其非成熟期的存活率分别仅为76.0%和17.1%,而且发育时间长。草地瘦钝走螨取食温室白粉虱的繁殖力比取食西方花蓟马要低得多,而且,仅以温室白粉虱为食不足以使捕食螨发育至第二代。以甜果螨为食时,种群增长率最高,并且超过了以其自然猎物西方花蓟马为食的。当雌成螨以侧多食跗线螨为食时,不能繁殖,尽管对侧多食跗线螨的幼若螨及成螨的捕食量还比较高。

兵下盾螨(*Hypoaspis miles*)是土壤表层自由活动的捕食螨,可捕食土壤中多种小型生物,如粉螨、蕈蚊、线虫、西花蓟马蛹、番茄斑潜蝇(*Liriomyza bryoniae*)蛹等。Enkegaard 等(1995)的研究结果表明,蕈蚊幼虫是兵下盾螨高质量的食物源。以蕈蚊幼虫为食时,内禀增长率要显著高于以粉螨或线虫为食的。

斯氏钝绥螨的两个种群——贝宁种群和荷兰种群在以烟粉虱低日龄(24 h 以内)卵为食时,其产卵量显著高于以高日龄(48 h 以上)卵为食的螨。以低、高日龄卵为食的,荷兰种群日产卵量分别为 1.8 粒和 0.9 粒,贝宁种群为 0.9 粒和 0.5 粒(Cavalcante *et al.*, 2015)。

不同的猎物密度对捕食螨的繁育也有影响。随猎物朱砂叶螨密度的降低,拟长毛钝绥螨雌螨的总产卵量及日均产卵量也逐渐减少(姜晓环,2010)。在猎物缺乏时,捕食螨甚至会利用体内已形成的卵的营养来维持生命(Ghazy *et al.*, 2012a)。

2. 植物

土拉真绥螨(*Euseius tularensis*)可以取食植物汁液,其繁殖还受到施肥及植物营养的影响(Grafton-Cardwell and Ouyang, 1996)。将柑橘苗移入盆中,3 个月内每周用 1X(X 表示稀释倍数)、0.1X、0.01X 和 0.001X 的肥料施肥。将不同处理的柑橘苗叶片剪下,再将土拉真绥螨接入其上进行饲养，同时添加冰叶日中花花粉。饲养发现，虽然第 1 代和第 2 代的存活率及性比在不同施肥处理间没有差异，但第 2 代中，无论是第一天还是整个雌螨阶段，饲养于用 1X 肥料种植的柑橘叶片上的土拉真绥螨其产卵量要显著高于其他处理。随着肥料浓度的降低，土拉真绥螨雌螨的产卵量也减少。通过对叶片的分析发现，随着肥料浓度的降低，叶片中的 N、K、Mn 和 Zn 的浓度也直线下降。N 和 Mn 浓度与捕食螨的产卵量显著正相关。

3. 三级营养关系的影响

粉螨是多种多食性捕食螨饲养时的替代猎物。通过改变粉螨的饲料成分而改变粉螨的自身营养状况，从而间接地影响捕食螨的生长发育与繁殖。Huang 等（2013）和杨康（2014）等在利用粉螨对巴氏新小绥螨饲养的过程中，通过在基础饲料——麸皮中添加酵母和葡萄糖等，提高了粉螨体内的可溶性蛋白质及糖含量，大大促进了巴氏新小绥螨种群的增长及规模化生产效率。

猎物的营养也可以通过取食植物而改变，进而影响到捕食螨的繁殖。智利小植绥螨是一些叶螨如二斑叶螨的专食性捕食者。二斑叶螨饲养于不同的作物上，再用这些叶螨去饲喂智利小植绥螨。当取食饲养于大豆、玫瑰、菊花及康乃馨上的二斑叶螨时，智利小植绥螨自然增长率（natural rates of increase）分别为 0.334、0.301、0.275 和 0.244。

二、生殖对营养的需求

蛋白质对于捕食螨的生殖非常重要。研究表明，食料中添加蛋白质可促进捕食螨的繁殖（Huang *et al.*，2013；Nguyen *et al.*，2014）。特别是处于生殖旺盛期，捕食螨对营养的需求更大，捕食量增加。

（撰稿人：徐学农 吕佳乐 王恩东）

参 考 文 献

姜晓环. 2010. 拟长毛钝绥螨后代性比之影响因素研究. 北京：中国农业科学院硕士学位论文.

吴伟南，张金平，方小端，等. 2008. 植绥螨的营养生态学及其在生物防治上的应用. 中国生物防治，24(1)：85-90.

徐学农，梁来荣. 1994. 拟长毛钝绥螨交配行为及生殖研究. 安徽农业大学学报，21(1)：81-86.

杨康. 2014. 猎物饲料中添加酵母对巴氏新小绥螨生命参数及能量转化的影响. 北京：中国农业科学院硕士学位论文.

杨康，吕佳乐，王恩东，等. 2015. 猎物饲料中添加酵母对巴氏新小绥螨个体大小及功能反应的影响. 中国生物防治学报，31(1)：28-34.

Abou-Awad B A, Nasr A K, Gomaa E A, *et al.* 1989. Life history of the predatory mite, *Cydnodromella negevi* and the effect of nutrition on its biology (Acari: Phytoseiidae). Insect Science and its Application, 10(5): 617-623.

Cavalcante A C C, Borges L R, Lourençáço A L, *et al.* 2015. Potential of two populations of *Amblyseius swirskii* (Acari: Phytoseiidae) for the control of *Bemisia tabaci* biotype B (Hemiptera: Aleyrodidae) in

Brazil. Exp Appl Acarol, DOI 10. 1007/s10493-015-9964-6.

Dicke M, Sabelis M W, Groeneveld A. 1986. Vitamin a deficiency modifies response of predatory mite *Amblyseius potentillae* to volatile kairomone of two-spotted spider mite, *Tetranychus urticae*. Journal of Chemical Ecology, 12 (6): 1389-1396.

El-Laithy A Y M, El-Sawi S A. 1998. Biology and life table parameters of the predatory mite *Neoseiulus californicus* fed on different diet. Zeitschrift fur Pflanzenkrankheiten und Pflanzenschutz, 105 (5): 532-537.

Enkegaard A, Brodsgaard H F, Sardar M A. 1995. *Hypoaspis miles*-a polyphagous predatory mite for control of soil-dwelling pests: biology and food preference. SP Rapport-Statens Planteavlsforsog, (4): 247-255.

Escudero L A, Ferragut F. 2005. Life-history of predatory mites *Neoseiulus californicus* and *Phytoseiulus persimilis* (Acari: Phytoseiidae) on four spider mite species as prey, with special reference to Tetranychus evansi (Acari: Tetranychidae). Biological Control, 32: 378-384.

Ghazy N A, Suzuki T, Amano H, et al. 2012b. Humidity-controlled cold storage of *Neoseiulus californicus* (Acari: Phytoseiidae): effects on male survival and reproductive ability. Journal of Applied Entomology, doi: 10. 1111/j. 1439-0418. 2012. 01752. x.

Ghazy N A, Suzuki T, Shah M, et al. 2012a. Using high relative humidity and low air temperature as a long-term storage strategy for the predatory mite *Neoseiulus californicus* (Gamasida: Phytoseiidae). Biological Control, 60: 241-246.

Grafton-Cardwell E E, Ouyang Y. 1996. Influence of citrus leaf nutrition on survivorship, sex ratio, and reproduction of *Euseius tularensis* (Acari: Phytoseiidae). Environmental Entomology, 25 (5): 1020-1025.

Huang H, Xu X N, Lv J L, et al. 2013. Impact of proteins and saccharides on mass production of *Tyrophagus putrescentiae* (Acari: Acaridae) and its predator *Neoseiulus barkeri* (Acari: Phytoseiidae), Biocontrol Science and Technology, 23: 11, 1231-1244, DOI: 10. 1080/09583157. 2013. 822849.

Li Y T, Jiang J Y Q, Huang Y Q, et al. 2015. Effects of temperature on development and reproduction of *Neoseiulus bicaudus* (Phytoseiidae) feeding on *Tetranychus turkestani* (Tetranychidae). Systematic and Applied Acarology, 20 (5): 478-490.

Magalhães S, Bakker F M. 2002. Plant feeding by a predatory mite inhabiting cassava. Experimental and Applied Acarology, 27: 27-37.

McMurtry J A, Croft B A. 1997. Life-styles of phytoseiid mites and their roles in biological control. Annu Rev Entomol, 42: 291-321.

McMurtry J A, de Moraes G J, Shourassou Z F. 2013. Revision of the lifestyles of phytoseiid mites (Acari: Phytoseiidae) and implications for biological control strategies. Systematic & Applied Acarology, 18 (4): 297-320.

Megevand B, Tanigoshi L K. 1995. Effects of prey deprivation on life table attributes of *Neoseiulus idaeus* Denmark and Muma (Acari: Phytoseiidae). Biological Control, 5 (1): 73-82.

Nguyen D T, Vangansbeke D, de Clercq P. 2014. Artificial and factitious foods support the development and reproduction of the predatory mite *Amblyseius Swirskii*. Exp Appl Acarol, 62: 181-194.

Nomikou M, Janssen A, Sabelis W M. 2003. Phytoseiid predator of whitefly feeds on plant tissue. Experimental and Applied Acarology, 31: 27-36.

Rojas M G, Morales-Ramos J A. 2008. *Phytoseiulus persimilis* (Mesostigmata: Phytoseiidae) feeding on extrafloral nectar: reproductive impact of sugar sources in presence of prey. Biopesticides International,

4(1): 1-5.

Sengonca C, Khan I A, Blaeser P. 2004. The predatory mite *Typhlodromus pyri* (Acari: Phytoseiidae) causes feeding scars on leaves and fruits of apple. Experimental and Applied Acarology, 33: 45-53,

Sengonca C, Schmitz-Knobloch W. 1989. Suitability and effect of pollen diet on the development, reproduction and longevity of the predatory mites *Amblyseius potentillae* (Garman) and *Typhlodromus pyri* Scheuten. Mitteilungen der Deutschen Gesellschaft fur Allgemenine und Angewandte Entomologie, 7(1-3): 215-220.

Vangansbeke D, Nguyen D T, Audenaert J, *et al*. 2014a. Diet-dependent cannibalism in the omnivorous phytoseiid mite *Amblydromalus limonicus*. Biological Control, 74: 30-35.

Vangansbeke D, Nguyen D T, Audenaert J, *et al*. 2014b. Performance of the predatory mite *Amblydromalus limonicus* on factitious foods. BioControl, 59: 67-77

Vantornhout I, Minnaert H L, Tirry L, *et al*. 2004. Effect of pollen, natural prey and factitious prey on the development of *Iphiseius degenerans*. BioControl, 49: 627-644.

Vantornhout I, Minnaert H L, Tirry L, *et al*. 2005. Influence of diet on life table parameters of *Iphiseius degenerans*. Exp Appl Acarol, 35: 183-195.

Wang B, Wang Z, Jiang X, *et al*. 2015. Re-description of *Neoseiulus bicaudus* (Acari: Phytoseiidae) newly recorded from Xinjiang, China. Systematic and Applied Acarology, 20(4): 455-461.

Wysoki M, Swirski E, 1968. Karyotypes and sex determination of ten species of phytoseiid mites (Acarina: Mesostigmata). Genetica, 39: 220-228.

Xu X, Enkegaard A. 2010. Prey preference of the predatory mite, *Amblyseius swirskii* between first instar western flower thrips *Frankliniella occidentalis* and nymphs of the twospotted spider mite *Tetranychus urticae*. Journal of Insect Science, 10: 149.

Yue B, Tsai J H. 1996. Development, survivorship, and reproduction of *Amblyseius largoensis* (Acari: Phytoseiidae) on selected plant pollens and temperatures. Environmental Entomology, 25(2): 488-494.

Zemek R, Prenerová E. 1997. Powdery mildew (Ascomycotina: Erysiphales)–an alternative food for the predatory mite *Typhlodromus pyri* Scheuten (Acari: Phytoseiidae). Experimental and Applied Acarology, 21: 405-414.

Zhang X X, Lv J L, Hu Y, *et al*. 2015. Prey Preference and life table of amblyseius orientalis on *Bemisia tabaci* and *Tetranychus cinnabarinus*. PLoS ONE, 10(10): e0138820. doi: 10. 1371/journal. pone. 0138820.

Zhao Z M, McMurtry J A, 1990. Development and reproduction of three *Euseius* (Acari: Phytoseiidae) species in the presence and absence of supplementary foods. Experimental & Applied Acarology, 8: 233-242.

第二篇 昆虫规模化扩繁基础研究

第七章　规模化扩繁优质昆虫的关键技术及设备

第一节　饲养高品质昆虫的关键技术及设备

在饲养优质昆虫时，成功的昆虫饲养取决于每项技术的成功实施。为说明这一原则，我们把昆虫饲养比作一个"系统工程"，该系统包括 9 个方面：设备设计、系统管理、质量控制、健康安全、环境、昆虫病原菌、昆虫种群遗传、昆虫饲料、生产系统。这个"系统工程"中 9 个方面或部门都是"系统工程"的重要部分。这个"系统工程"的中心则是"生产部门"，因为该部门直接负责生产昆虫。"系统工程"的其他部门则对生产系统是否能成功生产优质昆虫产生很大影响。例如，"微生物管理部门"必须正常运行，以防止昆虫感染病害，或者避免由于饲料的污染而产生劣质的昆虫。当这个"系统工程"的某一个部门不能正常工作时，就必须将该部门暂时停业整顿，待问题解决后再恢复该部门在这个"系统工程"中的职责。该系统中的设备管理人员每年都需要抽出一定的时间仔细分析饲养流程，以保证所有部门都正常运行。如果其中的一个部门不能正常工作，解决问题的最佳时间是生产不太忙的时候，这也是生产新设备和开发新技术的最好时机。一个昆虫饲养项目的建立就是努力建立一个整体系统，以单虫的最低成本及时生产足够的优质昆虫。这就需要改进技术和创新使用设备来满足不同昆虫饲养的需要。

经验表明，解决问题的最好办法是采用团队中科学家合作的方式。团队往往包括设施的管理人员和不同领域的专家，这样有利于解决问题。例如，设计和制造一种特殊的设备，在团队里，一定需要拥有机械设计技能方面的人才。有时，团队也会寻求外界专家的帮助，来解决特殊的昆虫饲养问题。

一、饲养昆虫关键技术需要考虑的方面

昆虫饲养的关键技术(标准操作方法和程序)是很多昆虫饲养项目的基础。研究和开发饲养昆虫关键技术需要考虑以下方面：①明确的目标；②技术的研究和开发；③技术的试验，验证关键技术是否遵守制定的目标，同时对饲养的昆虫又不会造成不良的影响；④对实施该技术的工作人员进行培训；⑤定期监测确保关键技术的正确实施。

二、饲养昆虫的设备

昆虫饲养项目里包含各种不同的饲养设备。有些设备可以从公司购买，有些购买的设备应当加以改进，以提高饲养昆虫的效率，另外一些特殊的设备需要有关饲养工作人员自己设计和制造。无论是购买还是自己设计制造的设备，都应仔细明确该设备的用途，通过改进或重新设计制造来完成昆虫饲养任务，同时这些设备必须满足以下条件：①不对昆虫造成伤害或不良影响；②操作安全、方便；③高效；④经久耐用(故障率低)；⑤容易清洁、消毒和维修；⑥费用合理。

三、饲养项目规模与技术和设备的关系

昆虫饲养的规模分为 3 类：①小规模（每周生产上百头昆虫成虫）；②中型规模（每周生产上千头昆虫成虫）；③大规模（每周生产百万头以上昆虫成虫）。此外，不同的饲养项目所饲养的昆虫种群数有差异。有的饲养项目和设施仅饲养一种昆虫，如寄生螺旋蝇（*Cochliomyia hominivorax*）幼虫饲养项目；有一些项目和设备需要饲养多种昆虫，如有些私人拥有和公有的机构饲养多种生防天敌昆虫。不论饲养项目规模的大小，饲养的关键技术即标准操作方法（SOP）都是相同的。例如，饲养关键技术中保持设备清洁和消毒灭菌的条件大致相同。但是，不同规模的饲养项目设备的利用率差别很大。通常小型饲养项目的饲养设备，还可以用于实验室其他的用途，并且可以在当地购买，如准备少量人工饲料的电热板和小型电动搅拌机（图7-1）。中等规模项目可以购买一些需要的设备，但有一些必须由工作人员和团队成员设计及制造。

图 7-1　常用的昆虫小规模饲养设备

下面举个例子，介绍我和我的研究团队改进的一种专门往饲养杯里注入人工饲料的设备。该设备首先往饲养杯里注入人工饲料，然后在人工饲料上撒一层玉米渣，再接鳞翅目的初孵幼虫，随后该设备将饲养杯自动封口，并放置在装饲料杯的盘中（图 7-2）（Edwards *et al.*，1996）。大规模的项目经常需要专门设计和制造有关的饲养设备。这些大的项目通常有研发团队持续不断地解决饲养问题，如研制新的设备。举例来说，在美国亚利桑那州凤凰城，棉红铃虫（*Pectinophora gossypiella*）饲养中心用双螺杆挤压设备，持续不断地生产人工饲料用于饲养棉红铃虫的幼虫（图 7-3）。这种设备工作的过程包括混合、蒸煮、捏合、剪切、成型，最后形成人工饲料。该设备还应用于食品工业。

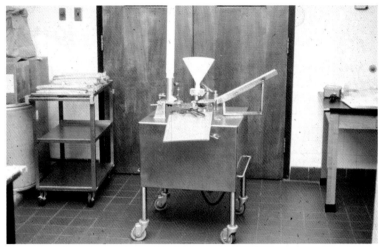

图 7-2 一种用于接种初孵鳞翅目幼虫的设备

该设备可以自动用纸制的盖子将装有人工饲料和接种的初孵幼虫的塑料杯密封

图 7-3 一种用于大规模饲养鳞翅目棉红铃虫的昆虫人工饲料处理器

四、饲养昆虫项目的发展

如前所述,昆虫饲养项目在不断发展。许多昆虫饲养项目开始时规模较小,逐渐发展到中等规模,甚至有时发展到大规模项目。随着时间的推移,有些项目加入一些新的饲养对象。由于这些变化的需要,新的技术和设备也逐步地发展以解决饲养中的问题,从而满足这些变化,达到项目制定的目标。这种优化的过程大大提高了饲养效率(降低了每头昆虫饲养的成本),增加了生产昆虫能力和产品质量。

第二节 中等规模的饲养项目举例

美国农业部昆虫饲养课题组,从 1965 年到现在,研制了许多有关昆虫饲养的关键技术和设备。刚开始该课题组只饲养一种害虫即西南玉米杆螟(*Diatraea grandiosella*)。20 世纪 70 年代,我们增加了另外一种害虫草地贪夜蛾(*Spodoptera frugiperda*),到 80 年代又增加了两种害虫[美洲棉铃虫(*Helicoverpa zea*)和烟芽夜蛾(*Heliothis virescens*)]。昆虫生产量的增加需要我们发展到中等规模的饲养项目。这种变化要求我们的科研人员研发新的关键技术和设备,从而高质量地饲养和生产不同的昆虫。该课题团队组成包括昆虫学家和棉花、玉米育种学家,这些专家的主要任务是研发和培育抗以上鳞翅目害虫的育种材料。饲养这些昆虫的目的是让这些昆虫来模拟野外昆虫对玉米和棉花的为害。换句话说,在实验室饲养的昆虫必须对敏感玉米和棉花育种材料造成严重的危害,这样科研人员才能筛选抗虫育种材料。

一、采卵设备和关键技术

下面将举一些例子说明饲养中昆虫卵的收集设备和关键技术,以及它们是怎么随着时间的发展而改进的。

(一)收集棉铃虫和烟芽夜蛾卵的设备和技术

美洲棉铃虫和烟芽夜蛾产的卵是单个的,喜欢产在特殊的纱布及采卵板上。下面介绍从以上采卵板收集棉铃虫和烟芽夜蛾卵的特殊设备和技术(Parrott and Jenkins, 1992; Jenkins et al., 1995)。这种特殊设备必须自行设计和制造,该设备称为卵收获器,利用预先设计好的程序来自动收集卵(图 7-4)。这些设备被不断改进以解决一些新的问题。现在,这台设备包括一个可以装 113 L 次氯酸钠消毒液(0.18%)的塑料储存槽,该次氯酸钠消毒液的配制方法是:用 0.8 L 液体漂白剂(Clorox 公司®,包含 5.25%次氯酸钠)和 23 L 的水混合配制,最终浓度是 0.18%。以上塑料槽中有一个可放置 20 块采卵板的架子(所有采卵板来自 4 个大型的养虫笼,每个笼子饲养 1500~2000 头成虫)。收获卵的过程如下:首先用自来水冲洗,然后用配制好的次氯酸钠消毒液进行消毒,该次氯酸钠消毒液从 5 个喷头喷出,这 5 个喷头装在采卵板架上方的活动横梁上,该横梁可以来回移动同时喷出消毒液。首先 5 个喷头中喷出的消毒液可以将卵从采卵板上洗下来,然后卵被冲洗通过一个 60 目网筛,这样卵就被收集起来了。用一个水泵把用过的水抽回到上一个水箱中再利用。整个过程只需要 1 min 45 s。然后这个设备开始 2 min 的清洗过程，主要用自来水除去卵表面的次氯酸钠消毒液。最后将清洗过的昆虫卵倒在一个量筒中，再用清水冲洗几次。注意将采卵板旋转 90°，重复洗涤和冲洗以确保所有的卵都被收集起来。然后将以上收集的卵混合在一起。如果需要收集几种鳞翅目的昆虫卵，在收集下一种昆虫卵之前，设备的塑料槽要彻底清洗，收集每一种昆虫卵后要将次氯酸钠消毒液排空，在收集第二种昆虫卵时用新的消毒液。重复以上卵的收集过程来收集第二种昆虫卵。一般首先收集烟芽夜蛾卵，然后是美洲棉铃虫卵。这样做的原因是，美洲棉铃虫幼虫有互相残杀的习性，如果烟芽夜蛾和美洲棉铃虫的卵发生混淆，那么只有美洲棉铃虫能在饲养杯里孵化。

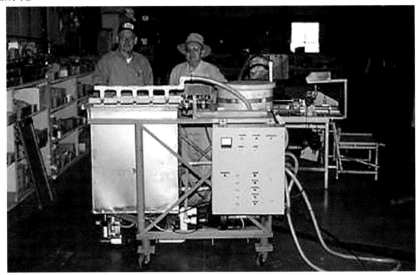

图 7-4　一种用于收获美洲棉铃虫卵和烟芽夜蛾卵的设备

收获的昆虫卵一部分送往养虫室用于保存种群，另外一部分用于科研。在卵被分成以上两部分之前，要估算并记录卵的总数，因为卵在量筒里是沉在量筒的底部，所以很容易读取有多少毫升的卵，试验表明每毫升大约含 6000 个卵。将以上分出的用于保存种群的一部分卵倒入灭菌烧杯中，送往养虫室。用吸管从烧杯中吸出然后均匀地铺在灭菌的滤纸上。这些滤纸放在超净工作台上自然干燥。然后放在消毒过的玻璃瓶中，这些玻璃瓶放在可控温的环境中。以上这些卵不需要额外的表面灭菌，因为以上过程中已经完成了卵的表面消毒。

以上收获的另一部分用于科研的卵倒入塑料冲洗瓶中，注入大约 3/4 的水，添加几滴吐温(Tween80)非离子性乳化剂，加乳化剂的目的是防止卵黏着在一起。然后将这些卵均匀地分散到直径为 36 cm 的圆形纱布上，将纱布摊开放在有孔的木板上面。然后将其放在一个架子上，架子下面放一个小风扇，风扇有助于空气对流使卵干得更快(图7-5)。将干燥的卵转移到一个合适的容器中(图7-6)，然后把这个容器置于生长箱内。以上介绍了收获烟芽夜蛾卵和美洲棉铃虫卵的设备。需要注意的是，必须要考虑怎样处理两种或两种以上的昆虫卵，把它们分开而不混淆。要做到这一点，必须标记不同昆虫的产卵板及用不同容器收集不同的昆虫卵。

图 7-5　用于干燥美洲棉铃虫卵和烟芽夜蛾卵的简单设备

图 7-6　从采卵板收集卵的简单器具

(二)收集玉米螟的设备和技术

玉米螟卵产在蜡纸上成块状,卵块不需要从蜡纸上拿下来。但是这些卵必须进行卵表面消毒，这些消毒技术针对引起昆虫疾病和污染昆虫饲料的微生物。当玉米螟卵达到黑头阶段（卵孵化的前一天）时，用3%漂白溶液（Clorox公司®）表面消毒，这种漂白溶液含有5.25%的次氯酸钠有效灭菌成分。实施消毒所用的设备和材料如下：一个简单的定时器，一个3.8 L塑料或金属烧杯，一个100 ml的塑料量筒，振荡器，一个超净工作台，一个用于悬挂蜡纸条的简单支架，Clorox公司漂白剂，自来水，两片圆形与烧杯大小合适的压纸物，灭菌的广口瓶，高压灭菌纸（Kimwipes®）。

用于卵的表面消毒所用的设备和材料见图7-7。具体的操作步骤如下。

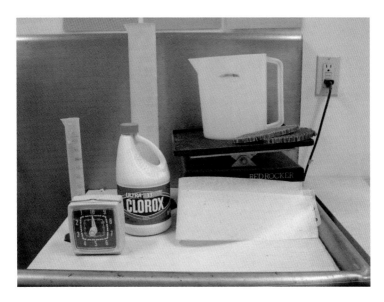

图7-7　用于卵的表面消毒的设备和用品

1）将长60.96 cm、宽30.48 cm的蜡纸产卵基板剪成10～12条附着虫卵的蜡纸条，随后将这些附有虫卵的蜡纸条放入一个装有0.2%次氯酸钠水溶液的大烧杯（2020 ml自来水+80 ml漂白剂）中。

2）两片圆形压纸物压在蜡纸带顶部使它们浸入溶液中。

3）烧杯中的溶质在机械振荡器上振荡5 min（以保证虫卵表面清洗彻底）。

4）弃去次氯酸钠消毒液。

5）盛有蜡纸条的烧杯直接用自来水冲洗15 min以洗去次氯酸钠。

6）将蜡纸条从烧杯中移出并闻气味以保证次氯酸钠的气味已清除，若气味还未除掉，带卵的蜡纸条需重新放回烧杯中冲洗5 min。

7）将蜡纸条垂直悬挂在干燥支架上，置于超净工作台中20～30 min使其干燥。

8）将5～7条附着虫卵的蜡纸条放入一个较大的广口瓶中，用高压灭菌的Kimwipes®纸盖住瓶口，然后拧上一个金属盖，但金属盖的顶部是中空的，便于透气。次氯酸钠表面消毒过度可破坏虫卵的表面物质并可能使虫卵因脱水而死亡。次氯酸钠表面消毒不彻底可能导致微生物残留。因此，工作人员必须按以上技术操作步骤严格执行，这样才能避免影响卵的孵化或者导致微生物的残留。定期检查工作人员的操作程序以确保以上技术的严格执行。

(三) 饲养昆虫发育的控制

在选定的最佳温度 26.7℃的条件下,玉米螟卵的孵化需要 5 d。有时为了研究工作需要,不同批次的卵需在同一时间孵化。例如,玉米螟在周二和周四产卵,当温度保持在 26.7℃时可分别在周六和周日孵化。用两种温度的组合可以使这些虫卵在预定工作日(周一至周五)孵化。同时,如果需要,我们能使不同时间产下的虫卵在同一天孵化。这项实验工作由当时我的一个研究生 SenSeong Ng 完成。在他的实验中,他记录了下列温度处理组合的孵化日期:在 26.7℃下 0 d、1 d、2 d、3 d、4 d 后将虫卵从 26.7℃环境转入 21.1℃环境;在 21.1℃下 0 d、1 d、2 d、3 d、4 d、5 d、6 d、7 d、8 d 后将虫卵从 21.1℃环境转入 26.7℃环境。当虫卵仅保存在 21.1℃时,它们在第 9 天孵化。该结果使我们能够在同日上午将连续 5 晚产下的卵一起孵化。这对我们研究植物抗虫性是极为重要的,因为我们的实验需要大量刚孵化的幼虫用于大田植物接虫。以上实验提供了一种关键技术,这种技术十分有利于我们实验室 4 种鳞翅目昆虫的饲养和大规模扩繁,同时应用该技术扩繁的高质量昆虫加快了我们植物抗虫性研究项目的进展。我们通过发表科学论文和邀请同行科学家到我们实验室进行参观访问来分享我们的这项关键技术(Ng et al., 1987)。现在,这一技术已被广泛应用于各种鳞翅目昆虫的饲养。

二、饲养幼虫的关键技术和设备

我们需要合适的昆虫人工饲料和饲养容器来饲养 4 种不同的鳞翅目昆虫;同时我们也需要关键技术和设备来准备人工饲料,并将饲料分配到饲养的容器中;我们还需要设备和技术来完成以下后续步骤:接种新孵化的幼虫到饲养容器中,保持饲养的环境条件,过滤空气中有害微生物。为了生产优质昆虫和降低饲养成本,同时满足生产增长的需要,我们研发了有关昆虫饲养的设备、技术和人工饲料。

(一) 幼虫人工饲料

我们用人工饲料来饲养幼虫以获得正常的优质蛹和成虫。用来喂养玉米螟和草地贪夜蛾的饲料是一种以酪蛋白/小麦胚芽为主的人工饲料;用来喂养美洲棉铃虫和烟芽夜蛾的饲料稍有不同,饲料中酪蛋白被营养大豆粉代替。以上两种饲料通常由一家私营公司(Bio-Serv Inc., Frenchtown, New Jersey)按照我们的配方标准制作,并随时满足我们的需要。

(二) 饲养容器

因为玉米螟和美洲棉铃虫的幼虫有高度互相残杀的习性,所以必须将它们分别放置在个别小容器或饲养小室中。最初,我们选择使用干净的 1 盎司[①]塑料杯与硬纸盖作为饲养容器。在 20 世纪 80 年代末,我们同美国农业部另一个小组合作发明了 32 小室的塑料

---

① 1 盎司=28.349 523 g。

容器（Davis et al., 1990），并用这个新的饲养容器来饲养以上提到的4种不同的鳞翅目昆虫。这种新的饲养容器由两部分组成。下面一部分是一个塑料托盘，由32个独立饲养小室组成。上面是一个密封盖以防止幼虫逃逸，同时提供昆虫一个合适的环境。在成功使用这种饲养容器之前，两个主要问题必须解决。第一个必须解决的问题是饲养小室内的气体交换，保证人工饲料不会干得太快。第二个必须解决的问题是选择一种新的塑料，这种塑料透明并且足够结实以防止幼虫咬洞逃逸。以上研发由美国农业部的两个研究课题组和两个私营公司共同合作来完成。本人担任这个团队的首席科学家。我们选用聚氯乙烯（PVC）透明塑料来制造这种饲养容器，做成32小室的托盘同时由一种聚酯材料（Mylar®）制成相应的托盘盖（图7-8）。盖子是预穿孔的，每5 mm有一个针孔以提供气体交换孔隙，使饲料随着幼虫的发育慢慢变干直至幼虫化蛹。密歇根州的 Oliver Products of Grand Rapids 公司与我们一起研制了盖子（Mylar®），这种盖子带有热敏黏合剂以密封塑料托盘。此外，我们与该公司一起设计了一台设备，此设备用于托盘的顶盖封口。当昆虫人工饲料添加到饲养小室中后，随后将玉米渣和初孵幼虫加入人工饲料中，以上设备将自动把托盘盖封好（图7-9）。我们选择了得克萨斯州的 Dixon Paper Company in Lubbock（Texas）公司来生产 PVC 托盘，同时该公司将其产品商品化，满足中小型昆虫饲养项目的需要。

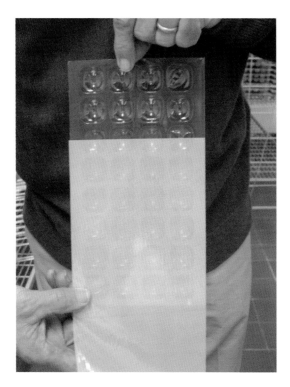

图7-8 用于饲养鳞翅目昆虫的32小室饲养容器

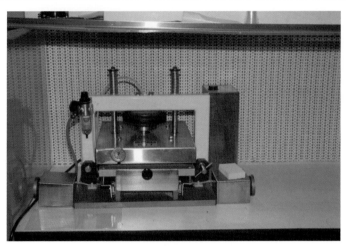

图 7-9　用于 32 小室塑料盘封盖的半自动设备

大规模的昆虫饲养、扩繁需要设备和生产线，这条生产线原来用于人类食品工业成型充填封口，经过改良后，该生产线成功地饲养了几种不同的鳞翅目昆虫(Tillman et al., 1997)。这条生产线首先用 PVC 塑料制成 32 小室托盘，将人工饲料注入每个饲养小室中，冷却后，把混有玉米渣的虫卵接种到饲养小室中，最后用以上 Mylar 封盖将托盘封住，如此重复连续进行流水线生产作业(图 7-10)。现在，这种 32 小室托盘和相应的封盖已经被广泛应用于公共和私营昆虫饲养项目。与 1 盎司的饲养塑料杯相比，该饲养容器主要优点有：①显著降低成本；②显著缩短向饲养小室中注入饲料和接虫所需的时间；③大大节省了存放饲养容器的空间。

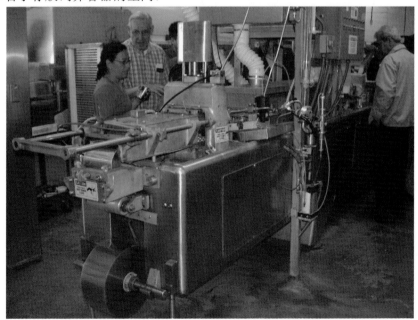

图 7-10　一种大规模饲养鳞翅目昆虫设备，该设备包括成型—灌注—冷却—接种—密封

以上的例子是由上述两个科研单位和其他单位的专家组成的一个团队共同努力完成的。由我们团队研发的该项成果使昆虫饲养行业有了一个改进的 32 小室饲养容器及其流水线作业的相关设备，这些设备和容器给昆虫饲养项目提供了较好的生产设备和技术，同时也给私营公司提供了一个好的上市产品。

(三) 饲料的制备及分配设备和技术

为了延长保质期，饲料成分中的琼脂(凝结剂)，在使用前应保存在 4℃。为了避免大量个别配料库存，减少分别称量配料所需的时间及准备过程中可能出现的错误，通常将饲料准备分成 3 个"包"，每一个包含有 23 个成分中的一个或多个饲料成分。A 包只含琼脂。B 包含有经过高压灭菌的 9 种热稳定成分，其中包括除去微生物并通过 60 目的玉米渣。C 包(维生素混合物)由 13 种热不稳定成分组成。其他成分是抗生素(硫酸新霉素)和水。饲料成分用电子天平称量，精确到 0.1 mg。

饲料在带有蒸汽套 20 L 的钢桶中准备，该钢桶的两侧可带有一个变速搅拌器(图 7-11)。这些特制的钢桶非常好用，测试结果表明，在这些钢桶里准备饲料，能够避免微生物污染。此外，这些钢桶易于清洁和灭菌，以上设备工作稳定。准备大约 1 加仑①饲料的技术如下。

1) 干燥的材料称重：A 包(84.3 g)，B 包(472.0 g)，C 包(29.6 g) 和硫酸新霉素(2.0 g)。

2) A 包溶解于 700 ml 冷自来水中(如果将琼脂直接倒进沸水，它将黏附在钢桶表面造成受热不均)。

图 7-11　用于制备昆虫人工饲料的带有搅拌器的蒸汽钢桶

---

① 1 加仑＝4.546 09 L。

3) 1480 ml 的自来水在钢桶中烧开。

4) 打开搅拌机，B 包和溶解的琼脂(A 包)添加到钢桶中煮 3 min。

5) 关闭钢桶的加热器，加入 1464 ml 的 10℃蒸馏水使温度立即下降到约 80℃。这一温度不至于破坏下一步要加入的热不稳定成分。

6) 加入 C 包和硫酸新霉素，饲料混合 2～3 min，使其分散均匀。

(四) 饲料分配器

饲料分配已经从一个技术员通过压缩一个含有饲料的塑料瓶(图 7-12)来填充独立的饲养杯子，发展到一种填充机，半自动地把饲料分配到独立的饲养杯子中(图 7-13)，最后发展到设计及制作一台机器，将饲料从钢桶中泵出，然后同时分配到所有 32 小室中(图 7-14)。每杯或饲养小室人工饲料加入的量应基于幼虫正常发育直至化蛹所需的饲料量，通常饲料量比必需的量多出一点以确保幼虫有足够的食物。

图 7-12　将人工饲料灌注到塑料杯中的塑料挤压瓶

图 7-13　将人工饲料灌注到塑料杯中的灌注器

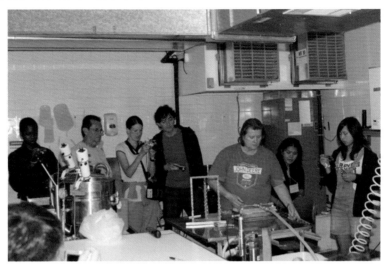

图 7-14　将人工饲料灌注到 32 个饲养小室中的分散器

当分配饲料到饲养容器的设备研发和使用后,相关的关键技术也得到发展和沿用。现在使用的分配器需要在使用前通过塑料管、水泵和灌注头泵热水。分配完饲料之后,设备泵入热的含有抗微生物剂的次氯酸钠水溶液清洁该系统。随后拆卸泵和灌注头,清理,以进一步消除系统中余下的饲料,然后重新组装。这个程序只需要 15~20 min 就能完成。完成这些任务后,灌注头进入指定的存放地方,直到下一次被使用。灌注过程完成后,填充了饲料的 32 小室被放在一个超净工作台里冷却,干燥。干燥的程度取决于要饲养的昆虫。例如,草地贪夜蛾需要比玉米螟更干燥的饲料才能正常发育。

(五) 接虫器

1978 年以前,接种幼虫需要手动使用一个很细的毛笔将 2~3 个刚孵化虫从玻璃瓶转到塑料杯内的饲料表面。1978 年墨西哥玉米和小麦遗传改良国际研究所(CIMMYT)的约翰维·米姆博士(Dr. John A. Mihm)访问过我们的实验小室,转让了一些技术给我们。他和他的同事设计了一个手持设备,人工在玉米植株上接种混有鳞翅目初孵幼虫的玉米渣(Mihm et al.,1978)。我们马上意识到该装置在我们植物抗虫研究和饲养项目中的使用潜力。在他访问之后几个月,我和一位有着优秀的机械技能的技术人员根据我们的特殊需要(Davis and Oswalt,1979;Wiseman et al.,1980)修改了他们的设备(图 7-15)。此外,Billy 博士(美国农业部的一位同事)和我发现了一个玉米渣的商业来源,并确定了一个最适合与初孵幼虫混合的玉米渣的颗粒大小(20/40 目)。

为了让其他科学家在他们的研究和饲养项目中利用这一装置,我邀请了一个生物服务公司的总裁访问我们的实验室,他仔细观察了用混有初孵幼虫的玉米渣接种饲养容器和用昆虫接种植物的设备。同时,我们询问他的公司是否愿意生产和销售我们的设备,以便昆虫饲养和植物抗虫研究可以利用这些设备。他们表示愿意制造这个设备并投入市场。到现在为止,这个名为"戴维斯接种器"的设备已被该生物服务公司投入市场近 30 年。

图 7-15　用于植物或饲养小室接初孵幼虫的接虫器

"接虫器"用于接种初孵幼虫到塑料杯或饲养小室,用于与初孵幼虫混合的玉米渣必须经过高压灭菌,或者用伽马射线灭菌和应用抗生素来避免玉米渣被微生物污染。下面是我们目前正在使用的玉米渣消毒灭菌技术。我们从生物服务公司购买的通过 20/40 目的玉米渣已经用伽马辐射灭菌。玉米渣到货,用下列步骤对其进行处理。第一步:将杀菌剂卡普坦®(Captan®)(0.11% W/W)和硫酸新霉素(0.03% W/W)添加到灭菌的玉米渣中(一批次准备 4450 g)。第二步:这 3 种成分在一个混匀罐里搅拌 2~3 h 使其充分混匀。第三步:将混匀的原料分装到小的容器中(如可密封的塑料袋子),以尽量减少微生物的再污染。

这种"接虫器"操作起来很简单。它的工作原理是将一个 1000 ml 含有玉米渣/初孵幼虫混合物的塑料瓶旋进装置顶部,翻滚瓶内物质使其混合均匀,把"接种器"的出口管对准目标,然后将其手柄从一方扳到另一方,从而将一定量的玉米渣和初孵幼虫接种到目标上。接种的目标是每次操作平均接种 2~3 头初孵幼虫到每个饲养小室。如果接虫数不足 2~3 头将导致大量的饲养小室是空室,而接虫数超过 2~3 头则造成幼虫(特别是具有互相残杀习性的昆虫,如草地贪夜蛾和烟芽夜蛾)争夺食物并在饲养小室里产生过量水分。为了保证每次"接种"2~3 头初孵幼虫,必须通过以下简单的校准程序:①通过经验预计倒入一定量的玉米渣到玻璃槽中;②轻轻拍打带有虫卵的蜡纸条,使初孵幼虫从它们的表面脱落,取出蜡纸条,轻轻搅动玻璃槽使初孵幼虫混入玉米渣中;③将混有初孵幼虫的玉米渣倒入灭菌的 1000 ml 塑料瓶中;④把原料瓶和"接种器"连接并再次轻轻翻滚初孵幼虫和玉米渣的混合物;⑤重复 5 次"接虫",并确定每次"接虫"初孵幼虫的平均数目;⑥继续向瓶中添加少量玉米渣,每次添加玉米渣后翻滚混合物,并重新计算每次分配器的平均初孵幼虫数,直到初孵幼虫达到目标数量为止。一旦初孵幼虫和玉米渣混合物被校准,饲养小室"接虫"应立即开始。"接虫"过程应该在超净工作台下进行,以保护饲料不被微生物污染。一个熟练技术员大约用 10 s 接种 32 小室饲养盘,这比用很细的毛笔手动转移快 20 倍以上(图 7-16)。

第七章 规模化扩繁优质昆虫的关键技术及设备

图 7-16 使用商用接虫器

接种后，饲养盘立即被半自动封口机（图 7-17）用封盖材料封口。封口步骤如下。

图 7-17 用于密封 32 小室饲养盘的设备

1）拉出封口模具并把两个接种饲养盘放在封口机的小室模型中。
2）无菌海绵用灭菌水浸湿后拭擦每个托盘的顶部，目的是减少封盖材料对玉米渣的静电吸引。
3）把一个预先剪好的封盖材料放置在每个托盘的顶部，有黏合剂的向下。
4）把托盘推向密封机下方。

5）同时按下密封设备的按钮（具有安全功能）启动密封机。

6）取出密封好的饲养盘。

下一个饲养盘再重复以上步骤。封口后，在饲养盘上做标记（如昆虫种类、接种日期和收获蛹日期），然后将饲养盘放在分隔支架上（每个支架可以容纳 20 个托盘），同时根据昆虫饲养的条件要求，把支架转移到一个可控环境中，该环境温度 26.7℃，相对湿度 50%～60%，光照 16 h 和黑暗 8 h。如前所述，这是我们饲养以上所提及 4 种鳞翅目昆虫的最佳饲养环境。如果要延迟收获蛹日期，那么幼虫必须饲养在另一种环境条件下，温度控制在 21.1℃，相对湿度 50%～60%，12 h 光照、12 h 黑暗交替。

三、饲养成虫的关键技术和设备

（一）蛹的收集

在第一只蛾羽化出现前一天收集蛹。可以最大限度地收集蛹，同时保证较高的成虫羽化率和降低蛹的损伤。下面以玉米螟为例，说明收获 4 种鳞翅目昆虫蛹所使用的技术。在收获的当天（接虫 26 d 之后），随机挑选 3～4 个饲养盘，检查并记录被微生物污染和空的饲养小室数，以及一个饲养盘中正常蛹及幼虫数。此外，发现任何异常都要记录，如患病、死亡的幼虫或畸形蛹及不同类型的污染（真菌或细菌）等。从饲养盘 32 个小室中收获玉米螟蛹的技术如下。

1）看看是否有任何迹象表明饲养小室的饲料被微生物污染，如果有的话，用剪刀（注意不要打开这些受污染的饲养小室）从饲养盘中移除这些饲养小室。

2）将饲养盘上的盖子用手撕开（图 7-18）。

图 7-18　饲养盘密封盖

3）轻轻拍打饲养盘底部，将饲养盘中的蛹和剩余的其他饲料、排泄物倒入一个塑料盆中。

4）从其他剩余的饲料和排泄物中轻轻地挑出蛹（图 7-19），用自来水轻轻地冲洗蛹几秒钟，以便除去剩余的饲料和粪便。

图 7-19　从剩余的饲料、虫的排泄物和玉米渣中收获蛹

可能人们有这样的问题：为什么不设计和制造一台设备，从这些 32 小室饲养盘中来收集蛹？我们尝试过，结果表明，人工收集蛹花费的时间与使用设备相当，但是人工收集蛹后处理时间要比用设备收集处理时间短很多。

(二) 产卵笼

将收集得到的蛹转移到一个特别设计的饲养笼中，成虫饲养在大笼子里，目的是方便产卵。产卵笼按照不同的需要设计为小型、中型和大型三大类。下面将介绍玉米螟成虫产卵笼。第一种是小型的，由铁丝网组成，底部和顶部由纱布套住。顶部用橡皮筋将纱布固定在铁丝网笼上。这种小型笼可以装大约 20 只成虫(图 7-20)。第二种中型笼，与小型笼类似，但体积要大一些，并且在顶盖做了一些改进。这种笼子可以容纳大约 150 只成虫(图 7-21)。产卵蜡纸放在笼子外，用胶条固定，迫使雌虫透过铁丝网产卵，这样

图 7-20　一种带尼龙布用于成虫交尾和产卵的小型铁丝笼

图 7-21 一种用于成虫交尾和产卵的中型铁丝笼

每个卵块含有的卵大致相同。在这个时候,我们将有卵块的蜡纸固定在玉米植株上,均匀地接虫。这要求所产的卵块都在蜡纸的一侧并且大小相似(Davis,1976)。1979 年以后,我们改进并使用了约翰维·米姆博士的手持接种器,用初孵幼虫和玉米渣混合物接种玉米植株和饲养盘,我们开始考虑一种新的成虫产卵笼,这种产卵笼可以使雌虫在蜡纸的两侧产卵,并且卵块的大小并不重要。

设计新的产卵笼需要大量的时间思考和讨论,我和机械技师在设计一个新的成虫产卵笼时,需要思考和讨论以下方面:玉米螟成虫行为,成虫容量,方便添加蛹来保证成虫的来源,方便去除死的成虫,可以向成虫提供产卵的蜡纸,并很方便地从笼子中取出蜡纸,而不损伤虫卵或者使成虫逃逸。我们设计了几个产卵笼,从中选择了一个最能满足我们以上要求的产卵笼。图 7-22 是第三种产卵笼。这种产卵笼很方便,我们可以从前门向笼中添加蛹(图 7-23),成虫产卵的蜡纸垂直悬挂在笼中,并且可以每日通过笼子上方的插槽插入和移除已经产卵的蜡纸(图 7-24)。另外,笼子的底部倾斜以方便从笼子里除去死的成虫。笼子的底部都有脚轮,移动很方便。一只笼子里可容纳 1500 只成虫,这种笼子在连续使用 3~4 个月后必须清洁和灭菌。以上设计的玉米螟 3 种产卵笼非常成功,我们为草地贪夜蛾也设计和制作了一种类似的成虫产卵笼,并在我们设计的美洲棉铃虫和烟芽夜蛾产卵笼的基础上,帮助研究棉花抗虫育种的科学家设计了类似的产卵笼。该产卵笼的详细情况请参阅以下学术论文:Davis(1982,1989);Davis 等(1985);Parrott 和 Jenkins(1992);Parrott 等(1986);Jenkins 等(1995)。这类产卵笼目前已被许多鳞翅目昆虫饲养者使用。

图 7-22 一种用于成虫交尾和产卵的大型铁丝笼

图 7-23 示范将蛹放入大型铁丝笼中

图 7-24 供雌虫产卵的蜡纸(用金属钉垂直地固定在铁丝笼的顶端)

(三) 养虫室空气清洁过滤系统

鳞翅目昆虫成虫产卵笼中的数千只飞蛾每天要脱掉数以百万计的鳞片,严重威胁人类健康。最初,我们设计及制造了一种设备,在当地五金商店购买过滤网从空气中除去这些鳞片(图 7-25),但并没有解决问题。20 世纪 90 年代初,在来自密西西比州杰克逊市和马萨诸塞州切姆斯福市的空气过滤器销售和服务公司代表和有关专家的协助下,我们设计和制造了一种新的系统,该系统采用 3 种类型的过滤器清洁空气,能够从空气中过滤 95% 的 0.5~5.0 μm 的污染物和鳞片(图 7-26)。首先是通过两个除去较大颗粒的初级

图 7-25　除去飞蛾鳞片等空气过滤设备

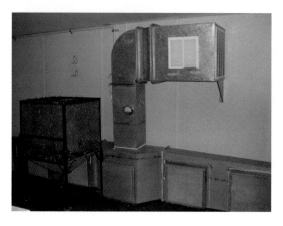

图 7-26　除去飞蛾鳞片和空气污染物过滤系统

过滤器，然后通过另一个过滤器除去小的粒子。这个收集系统成功的一个关键是：产卵笼的位置靠近空气过滤系统，成虫产生的鳞片可以通过产卵笼的铁丝网眼直接进入空气过滤系统。现在我们养虫室都装有该空气清洁过滤系统。每天空气过滤器用一个改良过的真空吸尘系统清洁，把过滤器中的鳞片和其他污染物除掉。每3~4个月更换一次初级过滤器的过滤片，这种方法可以延长初级过滤器的寿命，每隔2~3年更换一次初级过滤器。这一系统较好地解决了昆虫饲养过程中成虫鳞片严重威胁人类健康的问题。这项技术通过出版论文（Davis and Jenkins，1995）被昆虫饲养行业所广泛采用。

四、昆虫病害和饲料污染管理关键技术和设备

以上所述的关键技术和设备只是前面提及的昆虫饲养生产系统工程中的一方面。还需要其他的技术和设备来成功地解决系统工程的其他方面，例如，为昆虫提供合适的环境，控制有害微生物，保持遗传性状，来达到确保饲养昆虫的质量。下面将介绍用于控制昆虫病害和饲料污染的关键技术和设备。微生物尤其是真菌引起的饲料污染，已成为我们饲养项目成功与否的关键。要尽量减少微生物污染造成的损失，我们必须对有害微生物的污染进行综合防治。这需要昆虫病理学家和其他人帮助来防治有害微生物。现在，综合防治有害微生物的设备和技术已经到位，有效地控制了微生物的污染和饲养昆虫病害的问题。

我想与大家分享我们昆虫病害和饲料污染综合防治的技术如下。

1）保持良好的工作人员卫生，并制定养虫室工作人员的标准作业程序（SOP）（图7-27）和高标准的公共卫生，注意地板、墙壁、工作空间、设备和饲养用品的消毒（图7-28）；卵的表面杀菌，准备原料和制作饲料时的卫生和消毒，同时注意饲养工作人员每天工作的程序是从消毒灭菌区域到没有消毒灭菌区域，这个程序不能颠倒；在收获蛹前除去微生物污染的饲养小室以防止病菌进入空气中；妥善处置垃圾；正确使用和保养超净工作台及空气过滤器。

图7-27　用肥皂进行手部消毒

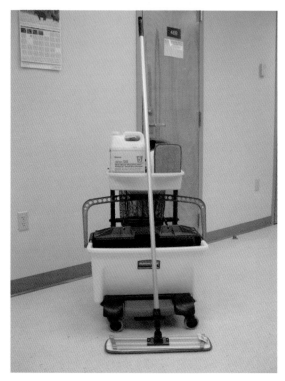

图 7-28　进行地面消毒的医用杀菌消毒剂和设备

2）严格区分对消毒灭菌条件要求不同的工作。例如，准备人工饲料要求在消毒灭菌的环境中进行，而收获蛹和饲养成虫就不需要如此严格。

3）在饲养昆虫中使用超净工作台和特殊空气过滤设备（图 7-29），从空气中除去灰尘和微生物。

图 7-29　空气过滤装置

五、质量控制

质量控制是饲养系统工程中重要的一方面，需要评价饲养昆虫的质量和昆虫饲养任务的完成情况。例如，饲养昆虫天敌来防治害虫，质量控制实验将告诉我们，该天敌昆虫控制目标害虫的情况。许多大型的饲养项目(如昆虫不育技术项目)配有质量控制小组，其工作是评价昆虫的质量(在饲养昆虫生产的过程中)和释放昆虫到田间后的防治效果。中小型饲养项目没有配备特殊的质量控制小组，因此，必须培训工作人员在昆虫生长各个阶段识别正常和异常的昆虫。

对于我们这个中型鳞翅目饲养项目，我负责每天/每周，在昆虫生产过程中评价饲养昆虫的质量和这些饲养昆虫被释放到田间后的效果。另外，我告诉我的工作人员如何区分正常和异常的昆虫，并让他们发现问题时告诉我。下面以玉米螟为例，介绍生产过程中玉米螟不同生长阶段的质量评价技术，以及我们的田间试验评价方法。首先，观察卵孵化的情况和初孵幼虫的活动(图7-30)，通常卵孵化率应在80%以上。正常初孵幼虫很活跃且呈灰色。异常初孵幼虫短小并呈红色。当观察到有异常初孵幼虫时，卵的孵化率也很低。

图 7-30 观察西南玉米杆螟(SWCB)和秋粘虫(FAW)初孵幼虫评估卵及幼虫的质量

下一个质量控制是评价蛹。如上所述，收获蛹时记录死亡和存活的幼虫数，已化蛹的蛹数和成虫的羽化数；空小室数；微生物污染的饲养小室数。我每天都观察蛹的生产和正常化蛹的过程(图7-31)。此外，我通过观察空蛹壳及在笼子里超过7 d的死蛹，粗略估计在大笼子里出现的成虫数(图7-32)。

图 7-31 观察收获的西南玉米杆螟(SWCB)蛹以评估蛹的质量

图 7-32 观察西南玉米杆螟(SWCB)蛹羽化的数目

成虫，观察笼子里畸形成虫，如翅膀扭曲和羽化是否完全，雌雄交配后能否正常分开，以上类似的观察也用来评价饲养其他鳞翅目昆虫的质量。当畸形的百分比达到一定程度时，很明显，我们的昆虫饲养生产系统出现了问题。我们必须找到引起问题的原因并立即解决，使生产高质量的昆虫不会出现大问题。有些问题是由微生物污染饲料、饲料的湿度、病原微生物及工作人员不遵循正确的方法所造成的。

每年玉米植物抗虫性研究课题小组在田间进行一些小规模的试验，这些试验包括由该课题小组研究得到的抗虫基因型玉米和高度感虫基因型玉米，这样，我们可以明确"接虫"后抗性的标准。图 7-33 和图 7-34 显示了玉米螟对敏感基因型玉米造成的严重危害，同时，

图 7-33 西南玉米杆螟(SWCB)幼虫在不同基因型玉米上的危害

图 7-34 西南玉米杆螟(SWCB)幼虫危害

这两个图也清楚地显示了玉米螟对敏感基因型玉米和抗性基因型玉米危害的差异。在饲养以上提到的3种鳞翅目昆虫时也进行了类似的试验。显然，研究玉米和棉花的课题小组取得了成功，重要原因是有充足数量的（在需要接虫的时候）优质昆虫，能够造成敏感基因型作物的重大损害，这样研究小组很容易地将抗性基因型和敏感基因型分开。

第三节 小 结

20世纪下半叶，研发提高昆虫饲养能力的技术和设备已大幅度发展，在这些基础上，采用人工饲料饲养昆虫的实验室和设施也大量增加。室内昆虫饲养从最初的每周只能生产少数成虫发展到每周生产数以百万计。此外，随着昆虫饲养技术的发展，饲养昆虫的质量有了很大的提高。我们坚信21世纪将成为"昆虫饲养的黄金时代"。我寄希望于年轻的昆虫饲养科研工作者，希望他们继续创新、改进昆虫饲养设备和技术、提高昆虫饲养科学水平，进一步推动昆虫人工饲养更好更快地发展。

（撰稿人：Frank M. Davis 著　曾凡荣译）

参 考 文 献

Davis F M, Oswalt T G, Ng S S. 1985. Improved oviposition and egg collection system for the fall armyworm (Lepidoptera: Noctuidae). Journal of Economic Entomology, 78: 725-729.

Davis F M. 1976. Production and handling of eggs of the southwestern corn borer for host plant resistance studies. Mississippi Agricultural & Forestry Experiment Station Technical Bulletin, 74: 11.

Davis F M. 1980. A larval dispenser–capper machine for mass rearing the southwestern corn borer. Journal of Economic Entomology, 73: 692-693.

Davis F M. 1982. Southwestern corn borer: oviposition cage for mass production. Journal of Economic Entomology, 75: 61-63.

Davis F M. 1989. Rearing southwestern corn borer and fall armyworm at Mississippi State. In: CIMMYT. Toward Insect Resistant Maize for the Third World: Proceedings of the International Symposium on Methodologies for Developing Host Plant resistance to Maize Insects. Mexico, D. F.: CIMMYT: 27-38.

Davis F M, Jenkins J N. 1995. Management of scales and other insect debris: occupational health hazard in a lepidopterous rearing facility. Journal of Economic Entomology, 88: 185-191.

Davis F M, Malone S, Oswalt T G, et al. 1990. Medium-sized lepidopterous rearing system using multicellular rearing trays. Journal of Economic Entomology, 83: 1535-1540.

Davis F M, Oswalt T G. 1979. Hand inoculator for dispensing lepidopterous larvae. U. S. Department of Agriculture, Science and Education Administration, Advances in Agricultural Technology. SST-S-9. 5p.

Edwards R H, Miller E, Becker R, et al. 1996. Twin screw extrusion processing of diet for mass rearing the pink bollworm. Transactions of the American Society of Agricultural Engineers, 39: 1789-1797.

Jenkins J N, McCarty J C, Moghal M S. 1995. Rearing tobacco budworm and bollworm for host plant resistance research. Mississippi Agricultural & Forestry Experiment Station Technical Bulletin, 208: 8.

Mihm J A, Peairs F B, Ortega A. 1978. New procedures for efficient mass production and artificial infestation with lepidopterous pests of maize. CIMMYT Review: 138.

Ng S S, Davis F M, Williams W P. 1987. Coordinating supplies of southwestern corn borers (Lepidoptera: Pyralidae) and fall armyworms (Lepidoptera: Noctuidae) by manipulating development time using temperature. Journal of Economic Entomology, 80: 1340-1344.

Parrott W L, Jenkins J N. 1992. Equipment for mechanically harvesting eggs of *Heliothis virescens* (Lepidoptera: Noctuidae). Journal of Economic Entomology, 85: 2496-2499.

Parrott W L, Mulrooney J E, Jenkins J N, *et al*. 1986. Improved techniques for production of tobacco budworm (Lepidoptera: Noctuidae). Journal of Economic Entomology, 79: 277-280.

Tillman P G, McKibben G, Malone S, *et al*. 1997. Form-fill-seal machine for mass rearing noctuid insects. Mississippi Agricultural & Forestry Experiment Station Technical Bulletin, 213: 4.

Wiseman B R, Davis F M, Campbell J E. 1980. Mechanical infestation device used in fall armyworm plant resistance programs. Florida Entomologist, 63: 425-432.

第八章　规模化扩繁昆虫人工饲料研制

第一节　概　　述

昆虫人工饲料的研究经历了不同的发展阶段。从饲养的昆虫类型来看，经历了植食性昆虫、捕食性昆虫和寄生性昆虫人工饲养几个阶段（曾爱平等，2005）；从1908年Bogdanow第一次成功地用肉汁、淀粉、蛋白等配制人工饲料饲养黑颊丽蝇（*Calliphora vomitoria* Linne）（王延年，1990），到目前昆虫营养要素及昆虫人工饲料研究和应用已有100多年的历史。在这100多年的发展历程中，从昆虫人工饲料配方研制进展及饲养昆虫种类来看，20世纪50年代以前是昆虫营养及人工饲料研究初级阶段；50年代初至60年代中期，是以饲养植食性昆虫人工饲料为主的发展阶段，随着有机杀虫剂的大量生产和应用，农林害虫防治研究和昆虫生理、毒理等基础学科研究对实验昆虫种类和数量需求激增，促进了昆虫营养要素及人工饲料研究；60年代中期以后是昆虫人工饲料全面发展阶段。Cohen（2001）从昆虫学领域4种重要学术刊物中随机抽样，发现这些刊物发表的文章中有1/3供试昆虫来自人工饲料饲养；1/3来源于人工培育的自然饲料饲养；剩下的1/3供试昆虫来源于野外采集。该结果表明，人工饲料所饲养的昆虫在有关研究和应用领域已占有相当大的比例。

在我国昆虫人工饲料发展历程中，一些昆虫人工饲料和昆虫饲养方面的重要著作促进了昆虫人工饲料的发展。例如，《昆虫、螨类和蜘蛛的人工饲养》（忻介六和苏德明，1979）、《昆虫、螨类和蜘蛛的人工饲养（续篇）》（忻介六和邱益三，1986）对多种昆虫、蜘蛛和螨类的人工饲料进行了总结，编著者也指出昆虫人工饲料研究和饲养技术已成为昆虫学研究和害虫防治新技术上的基本技术之一。王延年等（1984）编写的《昆虫人工饲料手册》收集了166种昆虫饲料配方和配制方法。Sing和Moore（1985）也编写了*Handbook of Insect Rearing*，该书收集了100多种昆虫的最佳饲料配方和饲养方法，对昆虫人工饲料成分的来源、加工及饲养器具的规格等都有详细的叙述。此外，近年来曾凡荣和陈红印（2009）等编写的《天敌昆虫饲养系统工程》，以及张礼生等（2014）编写的《天敌昆虫扩繁与应用》详细介绍了一些天敌昆虫的饲养关键技术及其在生物防治中的应用。

目前，用人工饲料已建立的数以百计室内昆虫种群，为昆虫毒理、生理等基础学科研究及新农药的筛选，提供了无数发育整齐、反应一致的试虫，有力地促进了这些工作的深入发展。尽管如此，室内饲养的昆虫种类还远不能满足昆虫学研究的需要，昆虫人工饲料及饲养技术有关工作的研究仍需大力开展。近年来，昆虫学研究和生物防治的需要，大大促进了昆虫人工饲料研究和应用工作的迅速发展。昆虫人工饲料的应用主要有以下方面：保持室内种群，为各项研究和生物测定提供试虫，如新农药的筛选；大规模饲养天敌昆虫，用于生物防治；大规模饲养昆虫供田间释放用于不育和遗传防治；大规模饲养具有重要经济意义（包括药用）的昆虫；大规模饲养昆虫增殖病毒等用于生物防治和医药研究；研究昆虫的营养生理；研究昆虫的食性和行为；大规模饲养害虫来筛选抗虫基因，以及检测植物的抗虫性和抗虫育种等。

在早期研究中，由于人工饲养的昆虫很少，而且当时人工饲料的营养成分在大多数昆虫中是通用的，因此科研人员曾设想研制出通用的昆虫人工饲料。但是以后的研究工作表明，研制这种通用饲料的可能性不大，因为不同种类昆虫生活习性、生长发育、生殖特点不相同，营养成分需求和营养平衡需求比例也不完全相同(莫美华等，2007)，饲养不同种类昆虫的人工饲料也不可能完全相同。近几十年来，人工饲料饲养的昆虫种类增长很快，特别是随着昆虫生理、毒理、病理、辐射不育、化学不育、天敌释放、性引诱剂、激素等研究范围的不断扩大，以及利用天敌昆虫防治害虫的需要，使昆虫人工饲料研究工作得到迅速发展。目前，用人工饲料饲养的昆虫已超过 1400 种(张克斌和谭六谦，1989)，涉及直翅目、等翅目、半翅目、同翅目、鞘翅目、鳞翅目、膜翅目、双翅目、脉翅目等多种昆虫。由此可见，针对不同昆虫开发和研制不同昆虫人工饲料具有较大的需求和广阔的应用前景。为方便读者了解和开展昆虫人工饲料和昆虫饲养方面的工作，本章汇集了 119 种昆虫人工饲料的配方及其来源相关文献，详见表 8-1。

表 8-1 常见昆虫人工饲料配方及相关文献

序号	昆虫	人工饲料	参考文献
1	家蚕 *Bombyx mori*	桑叶粉 75 g，蔗糖 5 g，维生素混合物 0.39 g，山芋淀粉 5 g，柠檬酸 1.75 g，氯霉素 0.5 g，山梨酸 0.3 g，琼脂 7.5 g，水 370 ml	蔡幼民，王红林，何家禄，等. 1978. 家蚕人工饲料的研究：饲料理化因素对家蚕摄食和生长的影响. 昆虫学报, 21: 369-384.
2	棉铃虫 *Helicoverpa armigera*	麸皮 150 g，蔗糖 20 g，酵母粉 30 g，琼脂 20 g，黄豆粉 80 g，抗坏血酸 3 g，干酪素 40 g，蒸馏水 500 ml，山梨酸 3 g，乙酸 4 ml，复合维生素 8 g，甲醛 2 ml	蒋金炜，丁识伯，张艳民，等. 2010. 人工饲料对棉铃虫生长发育和繁殖力的影响. 河南农业大学学报, 2(44): 178-182.
3	大草蛉 *Chrysopa pallens*	脱脂蝇蛆粉 2 g，酵母抽提物 0.8 g，生鸡蛋黄 0.8 g，蔗糖 0.4 g，蜂蜜 0.5 g，抗坏血酸 0.05 g，蒸馏水 13 ml，琼脂 0.198 g	林美珍，陈红印，杨海霞，等. 2008. 大草蛉幼虫人工饲料最优配方的饲养效果及其中肠主要消化酶的活性测定. 中国生物防治, 24(3): 205-209.
4	二化螟 *Chilo suppressalis*	玉米茎粉 18.75 g，大豆粉 15 g，麦芽粉 15 g，稻糠粉 6.25 g，茭白茎粉 7.5 g，干酪素 10 g，酵母粉 18.75 g，纤维素 7.50 g，蔗糖 15 g，葡萄糖 7.5 g，维生素 C 7.5 g，复合维生素 B 3 g，胆固醇 0.375 g，氯化胆碱 0.25 g，Beck 氏盐 2.5 g，山梨酸 1.35 g，琼脂 13.49 g，自来水 809.25 ml	刘慧敏，李闪红，王满，等. 2008. 二化螟人工饲料关键因子的优化及其优化配方的饲养效果. 昆虫知识, 45(2): 310-314.
5	中华按蚊 *Anopheles sinensis*	兔肝粉酵母粉混合物	潘家复，韩罗珍. 1979. 中华按蚊实验室饲养的研究. 昆虫学报, 22: 41-44.

续表

序号	昆虫	人工饲料	参考文献
6	绿盲蝽 *Apolygus lucorum*	蔗糖 2.8 g, 啤酒酵母粉 0.25 g, 50%蜂蜜水 2.5 ml, 鸡蛋 22.5 g, 小麦胚 10 g, 利马豆粉 30 g, 大豆粉 2.5 g, 卵黄 30 g, 大豆卵磷脂 1.5 g, 复合维生素 1.2 g, 水 164 ml	宋国晶, 李国平, 封洪强, 等. 2010. 用正交试验法优选绿盲蝽若虫人工饲料配方. 植物保护, 36(6): 96-99.
7	蓖麻蚕 *Samia cynthia ricina*	蓖麻叶粉 5 g, 玉米粉 0.5 g, 石花菜 1 g, 苯甲酸钠 0.3 g, 大豆粉 1.5 g, 蔗糖 1 g, 亚硫酸氢钠 0.36 g, 自来水 30 ml	王高顺, 陈小钰, 陈淡贞. 1979. 蓖麻蚕的人工饲料. 蚕业科学, 5: 60-61.
8	南方小花蝽 *Orius strigicollis*	啤酒酵母 20 g, 蛋黄 30 g, 蜂蜜 20 g, 蔗糖 10 g, 亚油酸 0.9 g, 叶片营养液 100 ml[营养液配方为 Cu(NO$_3$)$_2$ 5.9 g, KNO$_3$ 2.5 g, KH$_2$PO$_4$ 0.7 g, MgSO$_4$ 0.6 g], 柠檬酸铁 50 mg, 链霉素 250 mg, 蒸馏水 5000 ml, 0.1%山梨酸	张士昶, 周兴苗, 潘悦, 等. 2008. 南方小花蝽液体人工饲料的饲养效果评价. 昆虫学报, 51(9): 997-1001.
9	七星瓢虫 *Coccinella septempunctata* 异色瓢虫 *Harmonia axyridis*	鲜猪肝：蜂蜜=5：1	中国科学院北京动物所昆虫生理研究室. 1977. 七星瓢虫和异色瓢虫人工饲养和繁殖试验初报. 昆虫知识, 14: 58-60.
10	三化螟 *Tryporyza incertulas*	纤维素 2.5 g, 蔗糖 1.5 g, 干酪素 3 g, 韦氏盐 1 g, 米油 0.1 g, 琼脂 2 g, 葡萄糖 1.5 g, 胆固醇 0.2 g, 稻芽粉 2.5 g, 氯化胆碱 0.1 g, 维生素混合液 3 ml, 4 mol/L KOH 0.6 ml, 水 110 ml	郑忠庆, 林爱莲. 1973. 用人工饲料饲育三化螟初报. 昆虫学报, 16: 195-197.
11	桃条麦蛾 *Anarsia lineatella*	麦胚 30 g, 蔗糖 35 g, 胆固醇 3 g, 山梨酸 1.2 g, 对羟基苯甲酸甲酯 0.2 g, 维生素加强混合物 12 g, 干酪素 35 g, 韦氏盐 10 g, 琼脂 20 g, 纤维素 25 g, 小麦粉 35 g, 37%甲醛 3 ml, 水 1000 ml	Anthon E, Smith L O, Garrett S D. 1971. Artificial diet and pheromone studies with peach twig borer. J Econ Entomol, 64: 259-262.
12	葱地种蝇 *Delia antiqua*	明胶 32 g, 酶水解的酵母 40 g, 纤维素 40 g, 对羟基苯甲酸甲酯 1.25 g, 炼乳 200 ml, 蔗糖 60 g, 麦芽粉 40 g, 金霉素 0.3 g, 正丙基二硫化物 0.2 ml, 水 1000 ml	Allen W R, Askew W L. 1970. A simple technique for mass-rearing the onion maggot (Diptera; Antho-myiidae) on an artificial diet. Can Entomol, 102: 1554-1558.
13	橘小实蝇 *Bactrocera dorsalis*	砂糖 14.4 g, 甘蔗渣 8.4 g, 苯甲酸钠 0.1 g, 盐酸 0.3 ml, 酵母 10.8 g, 麦胚 7.2 g, 对羟基苯甲酸甲酯 0.1 g, 自来水 73.2 ml	Ashraf M, Tanaka N, Harris E J. 1978. Rearing of oriental fruit flies: a need for wheat germ in larval diet containing bagasse, a nonnutritive bulking agent. Ann Entomol Soc Am, 71: 674-676.

续表

序号	昆虫	人工饲料	参考文献
14	桃小透翅蛾 *Sesiidae pictipes*	斑豆粉 412 g, 啤酒酵母 125 g, 凝胶 46 g, 山梨酸 4 g, 土霉素 0.25 g, 40%甲醛 15 ml, 麦胚 200 g, 干酪素 100 g, 对羟基苯甲酸甲酯 8 g, 抗坏血酸 12 g, 维生素混合液 30 ml, 水 2700 ml	Antonio A Q, McLaughlin J R, Leppla N C, et al. 1975. Culturing the lesser peach tree borer. J Econ Entomol, 68: 309-310.
15	石竹卷叶蛾 *Playnota stultana*	琼脂 900 g, 蔗糖 1260 g, 苜蓿粉 540 g, 韦氏盐 360 g, 金霉素 5 g, 维生素混合液 120 ml, 38%对羟基苯甲酸甲酯 180 ml, 4 mol/L KOH 180 ml, 干酪素 1260 g, 麦麸 1080 g, 纤维素 180 g, 抗坏血酸 150 g, 10%氯化胆碱 360 ml, 38%山梨酸 180 ml, 10%甲醛 150 ml, 水 3100 ml	Aliniazee M T, Stafford E M, Fukushima C. 1971. Rearing of the omnivorous leaf roller in the laboratory on artificial diet. Ann Entomol Soc Am, 64: 1172-1173.
16	茶小卷蛾 *Adoxophyes orana*	干酪素 35 g, 麦胚 30 g, 蔗糖 35 g, 啤酒酵母 30 g, 琼脂 25 g, 亚麻油 5 ml, 水 850 ml, 韦氏盐 10 g, 氯化胆碱 4 g, 纤维素 5 g, 防腐剂溶液 20 ml	Ankersmit G W. 1968. The photoperiod as a control agent against *Adoxophyes reticulana* (Lepidoptera: Tortricidae). Entomol Exp Appl, 11: 231-240.
17	广埃姬蜂 *Itoplectus conquisitor*	精氨酸 0.50 g, 亮氨酸 0.65 g, 丝氨酸 0.500 g, 氯化镁 0.25 g	Arthur A P, Hegedkar B M, Batsch W W. 1972. A Chemically defined, synthetic medium that induces oviposition in the parasite *Itoplectus conquisitor* (Say) (Hymenoptera: Ichneumonidae). Can Entomol, 104: 1251-1258.
18	丽蚜小蜂 *Encarsia formosa*	无维生素干酪素 50 g, 甘氨酸 0.15 g, 玉米油 10 g, 蔗糖 300 g, 核黄素 1.25 g, 盐酸吡哆醇 1.25 g, 氯化胆碱 50 g, 叶酸 0.25 g, L-胱氨酸 0.10 g, 胆固醇 0.15 g, 韦氏盐 0.70 g, 盐酸硫胺素 2.50 g, 烟酸 50 g, 泛酸钙 2.50 g, 生物素 0.24 g, 水 200 ml	Balboni E R. 1964. Influence of chloramphenicol on some aspects of the metabolism of the parasitoid *Encarsia formosa* Gahan. J Insect physiol, 10: 887-896.
19	丝光绿蝇 *Lucilia sericata*	L-氨基酸混合物 50 g, 混合盐 2.2 g, 琼脂 30 g, NaOH 0.4 g, 水 1000 ml, 脂类 6.25 g, 葡萄糖 12.5 g, 核苷酸 1.88 g, 维生素混合物 282.8 mg	Barlow J S, Kollberg S. 1971. An improved chemically defined diet for *Lucilia sericata* (Diptera:Calliphoridae). Can Entomol, 103: 1341-1345.
20	欧洲玉米螟 *Ostrinia nubilalis*	琼脂 3.35 g, 葡萄糖 5 g, 胆固醇 0.22 g, 韦氏盐 0.44 g, 维生素混合物 0.10 g, 纤维素 2 g, 干酪素 5 g, 玉米油 0.22 g, 玉米叶粉 1 g, 水 125 ml	Beck S D. 1956c. The European corn borer. *Pyrausta nubilalis* (Hubn.), and its principal host plant. II. The influence of nutritional factors on larval establishment and development on the corn plant. Ann Entomol Soc Am, 49: 582-588.

续表

序号	昆虫	人工饲料	参考文献
21	谷象 *Sitophilus granarius* 玉米象 *Sitophilus zeamais*	无维生素干酪素 1 g，啤酒酵母 0.75 g，麦胚油 0.25 g，水 1.4 ml，玉米淀粉 7.99 g，麦胚 0.25 g，胆固醇 0.1 g	Baker J E, Mabie J M. 1973c. Growth responses of larvae of the rice weevil, maize weevil, and granary weevil on a meridic diet. J Econ Entomol, 66: 681-683.
22	黄足圆皮蠹 *Anthrenus flavipes*	毛织品圆片 100 g，胆固醇 0.1 g，Medici-Taylor 盐 1 g，维生素混合液 0.5 ml	Baker J, Eand Schwalbe C P. 1975. Food utilization by larvae of the furniture carpet beetle, *Anthrenus flavipes*. Entomol Exp Appl, 18: 213-219.
23	麦瘦种蝇 *Leptohylemyia coarctata*	蜂蜜 1 g，茶匙炼乳 1 g，茶匙水 50 ml，牛血 200 ml	Bardner R, Kenten J. 1957. Notes on laboratory rearing and biology of the wheat bulb fly, *Leptohylemyia coarctata* (Fall.) Bull. Entomol Res, 48: 821-831.
24	小蠹虫 Bark beetles	树皮 100 g，啤酒酵母 10 g，苯甲酸钠 0.8 g，水 500 ml	Bedard W D. 1966. A ground phloem medium for rearing immature bark beetles (Scolytidae). Ann Entomol Soc Am, 59: 931-938.
25	小菜蛾 *Plutella xylostella*	无维生素干酪素 126 g，韦氏盐 36 g，琼脂 90 g，抗坏血酸 14.4 g，10%氯化胆碱 36 ml，10%甲醛 13 ml，维生素混合液 6 ml，水 3080 ml，蔗糖 126 g，麦胚 108 g，纤维素 18 g，畜用金霉素 0.5 g，22.5%KOH 18 ml，15%对羟基苯甲酸甲酯 36 ml，油菜叶粉 1.5 g	Biever K D, Boldt P E. 1971. Continuous laboratory rearing of the diamond back moth and related biological data. Ann Entomol Soc Am, 64: 651-655.
26	康氏爱姬蜂 *Exeristes comstockii*	L-氨基酸混合物 3 g，胆固醇 0.10 g，蔗糖 14 g，维生素混合液 20 ml，吐温 80 0.6 ml，韦氏盐 0.75 g，核酸 0.75 g，脂肪酸 400 ml，2 mol/L KOH 2.5 ml，水 35.9 ml	Bracken G K. 1965. Effects of dietary components on fecundity of the parasitoid *Exeristes comstockii* (Cress.) (Hymenoptera: Ichneumonidae). Can Entomol, 97: 1037-1041.
27	地中海粉螟 *Ephestia kuehniella*	玉米粉 4 g，混合饲料粉 2 g，蜂蜜 1 g，麦胚 0.5 g，全麦粉 4 g，干酵母 1 g，甘油 1 g，燕麦片 1 g	Boles H P, Marzke F O. 1966. Lepidoptera infesting stored products. *In*: Smith C N. Insect Colonization and Mass Production. New York and London: Academic Press: 259-270.
28	米象 *Sitophilus oryzae*	玉米粉 72 g，麦胚粉 5 g，胆固醇 0.5 g，甘油 10 g，无维生素干酪素 10 g，维生素混合物 2 g，Medici-Taylor 混合盐 0.5 g	Chippendale G M. 1972. Dietary carbohydrates: role in survival of the adult rice weevil, *Sitophilus oryzae*. J Insect Physiol, 18: 949-957.

续表

序号	昆虫	人工饲料	参考文献
29	黄瓜条纹叶甲 *Acalymma vittata*	纤维素 1.5 g，琼脂 6 g，抗坏血酸 1.2 g，无维生素干酪素 12 g，葡萄糖 6 g，韦氏盐 1 g，麦胚 3.8 g，山梨酸 0.4 g，10%叶绿酸 0.5 ml，4 mol/L KOH 2 ml，啤酒酵母 3.3 g，玉米粉 10 g，蔗糖 6 g，大豆粉 3.3 g，硫酸链霉素 0.1 g，1% β-胡萝卜素 2 ml，10%甲醛溶液 3 g，水 285 ml	Creighton C S, Cuthbert E R Jr. 1968. A semisynthetic diet for adult banded cucumber beetles. J Econ Entomol, 61: 337-338.
30	美松梢小卷蛾 *Rhyacionia frustrana*	麦胚 24 g，干酪素 28 g，纤维素 12 g，山梨酸 0.8 g，抗坏血酸 2.8 g，22.5%KOH 4 ml，蔗糖 10.5 g，韦氏盐 2 g，糊精 10.5 g，范氏维生素加强混合物 8 g，琼脂 16 g，10%甲醛 1.1 ml，15%对羟基苯甲酸甲酯 8 ml，水 585 ml	Creswell M J, Sturgeon E E, Eikenbary R D. 1971. Laboratory rearing of the Nantucket pine tip moth, *Rhyacionia frustrana*, on artificial diets. Ann Entomol Soc Am, 64: 1159-1163.
31	黄杉合毒蛾（花旗松毒蛾） *Hemerocampa pseudotsugata*	无维生素干酪素 160 g，麦胚 100 g，抗坏血酸 20 g，韦氏盐 30 g，对羟基苯甲酸甲酯 5 g，蔗糖 150 g，纤维素 18 g，土霉素 2.5 g，山梨酸 3 g，代森锌 1 g	Chauthani A R, Claussen D. 1968. Rearing douglas-fir tussock moth larvae on synthetic media for the production of nuclear-polyhedrosis virus. J Econ Entomol, 61:101-103.
32	新几内亚甘蔗象 *Rhabdoscelus obscurus*	纤维素 5 g，糖蔗汁 110 ml，琼脂 5.5 g，水 137 ml，土霉素 10.8 ml，防霉剂 2.7 ml	Chang V C S, Jensen L. 1972. A diet for studying clonal resistance of sugarcane to the New Guinea sugarcane weevil. J Econ Entomol, 65: 1197-1199.
33	西南玉米杆螟 *Diatraea grandiosella*	麦芽粉 50 g，蔗糖 20 g，范式维生素加强混合液 10 g，山梨酸 1 g，干豆腐渣 60 g，琼脂 15 g，韦氏盐 8 g，对羟基苯甲酸甲酯 2 g，大豆粉 20 g，水 1000 ml	Yin C M, Peng W K. 1981. Simplified soy pulp-wheat germ diets for rearing tue southwestern corn borer, *Diatraea grandiosella* Dyar. Ann Entomol Soc Am, 74: 425-427.
34	埃及伊蚊 *Aedes aegypti*	果糖 50 g，葡萄糖 50 g，混合盐 0.15 g，氨基酸混合物 6.63 g，水 100 ml	Dimond J B, Lea A O, Hahnert W F Jr, et al. 1956. The amino acids required for egg production in *Aedes aegypti*. Can Entomol, 88: 57-62.
35	玉米禾草螟 *Chilo zonellus*	琼脂 51 g，抗坏血酸 13 g，山梨酸 4.1 g，甲醛 8 ml，酵母 40 g，对羟基苯甲酸甲酯 8 g，鹰嘴豆粉 420 g，水 3120 g	Dang K, Anand M, Jotwani M G. 1970. A simple improved diet for mass rearing of sorghum stem borer *Chilo zonellus* Swinhoe. Indian J Entomol, 32: 130-133.

续表

序号	昆虫	人工饲料	参考文献
36	大蜡螟 *Galleria mellonella*	纤维素 27 g, 亚油酸 0.1 g, 葡萄糖 30 g, 甘油 20 g, 干酪素 20 g, 胆固醇 05 g, 韦氏盐 2 g, 维生素混合液 20 ml	Dadd R H. 1964. A study of carbohydrate and lipid nutrition in the wax moth. *Galleria mellonella*(L.), using partially synthetic diets. J Insect Physiol, 10:161-178. Dadd R H. 1966. Beeswax in the nutrition of the wax moth, *Galleria mellonella*(L.). J Insect Physiol, 12: 1479-1492.
37	莎草黏虫 *Spodoptera exempla*	干酪素 18.9 g, 蔗糖 18.9 g, 玉米叶粉 8.1 g, 纤维素 2.7 g, 抗坏血酸 2.25 g, 金霉素 1.2 g, 维生素混合液 1 ml, 亚麻油 1.5 ml, 10%甲醛 2.25 ml, 麦胚 16.2 g, 琼脂 13.5 g, 混合盐 5.4 g, 氯化胆碱 0.5 g, 对羟基苯甲酸甲酯 0.8 g, 4 mol/L KOH 2.7 ml, 生育酚乙酸盐 08 ml, 玉米油 1.5 ml, 水 470 ml	Dazid W A L, Ellaby S, Taylor G.1975. Rearing *Spodoptera exempla* on semi synthetic diets and on growing maize. Entomol Exp Appl, 18: 226-237.
38	草原谷金针虫 *Ctenicera aeripennis*	啤酒酵母 5 g, 胆固醇 2 g, McCollum-Davis 混合盐 1 g, 糊精 100 g, 无维生素干酪素 100 g	Davis G R F. 1959b. A method for rearing larvae of *Ctenicera aeripennis* destructor (Brown) (Coleoptera:Elateridae) aseptically in test tubes. Ann Entomol Soc Am, 52:173-175.
39	沙漠蝗 *Schistocerca gregaria* 东亚飞蝗 *Locusta migratoria*	纤维素 15 g, 蔗糖 5 g, 糊精 5 g, 蛋白胨 2 g, 抗坏血酸 0.1 g, 氯化胆碱 0.5 g, 麦胚油 1 ml, 无维生素干酪素 6 g, 胆固醇 0.2 g, 混合盐 1.5 g, 卵蛋白 2 g, β-胡萝卜素 0.25 g, 维生素混合液 10 ml	Dadd R H. 1960a. The nutritional requirements of locusts I. Development of synthetic diets and lipid requirements. J Insect Physiol, 4: 319-347.
40	苹果浅褐卷蛾 *Epiphyas postvittana*	大豆蛋白 25 g, 蔗糖 25 g, 琼脂 5 g, 韦氏盐 5 g, 半胱氨酸 0.25 g, 对羟基苯甲酸甲酯 2.2 g, 苹果汁 55 ml, 水 400 ml, 苹果种子粉 25 g, 胡桃粉 12 g, 酵母 5 g, 甘氨酸 0.5 g, 胆固醇 0.25 g, 维生素混合液 7 ml, 苹果干 25 g	Dunwoody J E, Hooper J H S. 1967. An artificial medium for rearing *Epiphyas posgzittana*. J Econ Etomol, 60: 1753-1754.
41	盐泽灯蛾 *Estigmene acrea*	麦胚 3 g, 蔗糖 3.5 g, 胆固醇 0.5 g, 肌醇 0.4 g, 维生素混合物 0.033 g, 对羟基苯甲酸甲酯 0.1, 40%甲醛 05 g, 水 85 ml, 无维生素干酪素 3.5 g, 韦氏盐 1 g, 氯化胆碱 0.1 g, 抗坏血酸 0.4 g, 亚麻油 0.25 g, 20%乙酸 2.1 ml, 琼脂 2.5 g	Earle N W, MacFarlane J. 1968. A unisexual strain of the salt-marsh caterpillar *Estigmene acrea*. Ann Entomol Soc Am, 61: 949-953.

续表

序号	昆虫	人工饲料	参考文献
42	松梢斑螟 *Dioryctria abietella*	无维生素干酪素 17.5 g, 韦氏盐 5 g, 葡萄糖 5.3 g, 棉子糖 5.3 g, 氯化胆碱 0.5 g, 对羟基苯甲酸甲酯 0.75 g, 维生素混合液 5 ml, 水 420 ml, 麦胚 20 g, 果糖 5.30 g, 蔗糖 6.4 g, 水苏糖 05 g, 抗坏血酸 2 g, 琼脂 8 g, 37%甲醛 0.25 ml, 4 mol/L KOH 2.5 ml	Fatzinger C W. 1970a. Rearing successive generations of *Dioryctria abietella* [Lepidoptera: Pyralidae(Phycitinae)] on artificial media. Ann Entomol Soc Am, 63: 809-814.
43	黄粉虫 *Tenebrio molitor*	无维生素干酪素 20 g, 胆固醇 1 g, 水 10 ml, 葡萄糖 80 g, McCollum-Davis 185 号混合盐 2 g	Fraenkel G, Blewett M, Coles M. 1950. The nutrition of the mealworm, *Tenebrio molitor* L.(Tenebrionidae, Coleoptera). Physiol Zool, 23: 92-108.
44	果园秋尺蠖 *Operophtera brumata*	可溶性干酪素 21.9 g, 麦胚 1.5 g, 韦氏盐 3.6 g, 抗坏血酸 1.5 g, 蔗糖 12.6 g, 纤维素 7.2 g, 氯化胆碱 0.3 g, 对羟基苯甲酸甲酯 0.4 g, 琼脂 9 g, 赤霉素 0.1 g, 水 310 ml, 金霉素 0.8 g, 维生素混合液 3 ml	Feeny P P. 1968. Effect of oak leaf tannins on larval growth of the winter moth *Operophtera brumata*. J Insect Physiol, 14:805-817.
45	波纹小蠹 *Scolytus multistriatus*	水解的纤维素 80 g, 蔗糖 8 g, 韦氏盐 3 g, 山梨酸 0.5 g, 氯化胆碱 0.5 g, 维生素混合液 20 ml, 琼脂 8 g, 胆固醇 0.4 g, 卵蛋白 10 g, 对羟基苯甲酸甲酯 0.3 g, 肌醇 0.4 g, 水 200 ml	Galford J R. 1972. Some basic nutritional requirements of smaller European elm bark beetle larvae. J Econ Entomol, 65: 681-684.
46	黄瓜十一星叶甲 *Diabrotica undecimpunctata*	麦胚 54 g, 蔗糖 48 g, 干酪素 63 g, 纤维素 9 g, 韦氏盐 18 g, 范氏维生素加强混合物 18 g, 胆固醇 0.125 g	Gussm P L, Kryan J L. 1973. Maintenance of the southern corn rootworm on a dry diet. J Econ Entomol, 66: 352-353.
47	烟芽夜蛾 *Heliothis virescens*	大豆粉 196 g, 琼脂 15 g, 韦氏盐 9 g, 对羟基苯甲酸甲酯 2.7 g, 金霉素 4.6 g, 15%氯化胆碱 12.5 ml, 25%乙酸 20 ml, 蔗糖 30 g, 玉米芯粗粉 15 g, 抗坏血酸 7.2 g, 山梨酸 1.6 g, 维生素混合液 6 ml, 10%甲醛 7.5 ml, 4 mol/L KOH 9 ml, 麦胚油或玉米油 20 ml, 水 3000 ml	Guerra A A, Bhuiya A D. 1977. Nutrition of the tabacco budworm: an economical larzal diet for rearing. J Econ Entomol, 70: 568-570.
48	日本弧丽金龟(日本金龟子) *Popillia japonica*	蛋白质 1.5~2.5 g, 胆固醇 0.4~0.6 g, 氯化胆碱 0.7~0.12 g, 维生素混合液 1.75~2.25 ml, 亚油酸 0.5~0.1 g, 亚麻酸 0.7~0.12 g, 韦氏盐 0.25~0.30 g, 三叶草粉 10 g	Goonewardene H F, Zepp D B, McGuire J U Jr. 1974. Evaluation of artificial diets for 3rd stage larvae of Japanese beetles. Ann Entomol Soc Am, 67: 413-415.
49	栎红天牛 *Enaphalodes rufulus*	琼脂 40 g, 维生素加强混合液 15 g, 韦氏盐 5 g, 核黄素 0.25 g, 山梨酸 1.5 g, 氯霉素 0.75 g, 水 1100 ml, 蔗糖 20 g, 酵母 25 g, 麦胚 100 g, 叶酸 0.15 g, 对羟基苯甲酸甲酯 1.5 g, 纤维素 375 g	Galford J R. 1974. Some physiological effects of temperature on artificially reared red oak borers. J Econ Entomol, 67:709-710.

续表

序号	昆虫	人工饲料	参考文献
50	毛跗地种蝇 *Delia florilega*	大豆粉 200 g，啤酒酵母 100 g，炼乳 60 g，玉米油 10 g，甲酸 1 g，全麦粉 200 g，切碎的马铃薯 100 g，蜂蜜 40 g，胆固醇 2 g，水 325 ml	Harris C R, Svec H J, Begg J A.1966. Mass rearing of root maggots under controlled environmental conditionals:seed corn maggot, *Hylemya cilicrura*; been seed fly *H. liturata*, *Euxesta notata* and *Chaetopsis* sp. J Econ Entomol, 59: 407-410.
51	巴氏白蛉 *Phlebotomus papatasii*	豚鼠粪 1 g，干土 2 g，细菌的水悬浮液适量	Hafez M, Zein-el-Dine K. 1964. Culturing *Phlebotomus papatasii* (Scopali) in the laboratory. Bull Entomol Res, 54: 657-659.
52	美洲大蠊 *Periplaneta americana*	轧过的燕麦 9 g，小麦粉 9 g，酵母粉 1 g，鱼粉 1 g	Haskins K P F. 1962. A new system for rearing the American cockroach. Entomolegist London, 95: 27-29.
53	烟草天蛾 *Manduca sexta*	麦胚 50 g，干酪素 35 g，韦氏盐 10 g，胆固醇 1 g，对羟基苯甲酸甲酯 1 g，金霉素 0.1 g，维生素混合液 5 ml，蔗糖 30 g，啤酒酵母 15 g，抗坏血酸 4 g，山梨醇 1.5 g，硫酸链霉素 0.2 g，琼脂 2 g，水 850 ml	Hoffman J D, Lawson F R, Yamamoto R. 1966. Tabacco hornworms. *In*: Smith C N. Insect Colonization and Mass Production. New York and London: Academic Press: 479-486.
54	马铃薯甲虫 *Leptinotarsa decemlineata*	无维生素干酪素 4 g，纤维素 4 g，玉米油 0.5 g，氯化胆碱 0.5 g，胆固醇 0.5 g，维生素混合物 23.262 g，水 100 ml，葡萄糖 4 g，琼脂 3 g，抗坏血酸 0.1 g，玉蜀黍盐 0.5 g，4 mol/L KOH 0.15 g，取食刺激物 0.988%	Hsiao T H. 1972. Chemical feeding requirements of oligophagous insects. *In*: Rodriguez J G. Insect and Mite Nutrition. Amsterdam: North-Holland Publishing Company: 225-240.
55	紫苜蓿叶象 *Hypera postica*	无维生素干酪素 3 g，蔗糖 5 g，韦氏盐 1 g，胆固醇 0.15 g，抗坏血酸 0.40 g，琼脂 3 g，经丙酮抽提苜蓿粉 10 g，苯菌灵 0.50 g，硫酸链霉素 0.50 g，卵蛋白水解物 1 g，酵母浸出膏 1 g，氯化胆碱 0.10 g，玉米油 0.50 g，4 mol/L KOH 0.30 g，麦胚粉 10 g，山梨酸 0.15 g，对羟基苯甲酸甲酯 0.10 g，水 100 ml	Hsiao T H, Hsiao C. 1974c. Feeding requirements and artificial diets for the alfalfa weevil. Entomol Exp Appl, 17: 83-91.
56	赤拟谷盗 *Tribolium castaneum*	灭菌玉米淀粉 76 g，混合盐 2 g，维生素混合物 1 g，无维生素干酪素 20 g，胆固醇 1 g	Hogan G R. 1972. Development of *Tribolium castaneum* (Coleoptera: Tenebrionidae) in media supplemented with pyrimidines and purines. Ann Entomol Soc Am, 65: 631-636.

续表

序号	昆虫	人工饲料	参考文献
57	杂拟谷盗 *Tribolium confusum*	干酪素 20 g，蔗糖 79 g，胆固醇 1 g	Huot L, Bernard R, Lemonde A. 1957. Aspects quantitatifs des besoins en mineraux des larves de *Tribolium confusum* Duval. I. Pourcentage optimum d'uu melauge salin. Can J Zool, 35:513-518.
58	米扁虫 *Ahasverus advena*	轧过的燕麦 9 g，小麦粉 9 g，酵母粉 1 g	Hill S T. 1964. Axenic culture of the foreign grain beetle, *Ahasverus advena* (Waltl) (Coleoptera:Silvanidae) and the role of fungi in its nutrition. Bull Entomol Res, 55: 681-690.
59	二化螟 *Chilo suppressalis*	琼脂 0.7 g，葡萄糖 1.5 g，胆固醇 0.2 g，水稻的水提物 0.5~1 g，纤维素 1 g，干酪素 2 g，混合盐 0.2 g，啤酒酵母 1 g，水 42 ml	Ishii S. 1971. Nutritional studies of the rice stem borer, *Chilo suppressalis* Walker. Bull Natl Inst Agric Sci Jpn Ser C, 25: 1-45.
60	中欧山松大小蠹 *Dendroctonus ponderosae*	树皮韧皮部 400 g，苯甲酸钠 2.5 g，无菌水 2047 ml，啤酒酵母 50 g，山梨酸 1.25 g，2 mol/L HCl 17 ml	Jones R G, Brindley W A. 1970. Test of eight rearing media for the mountain pine beetle, *Dendroctonus ponderosae* (Coleoptera: Scolytidae), from lodgepole pine. Ann Entomol Soc Am, 63: 313-316.
61	白腹皮蠹 *Dermestes maculatus*	干酪素 44.1 g，玉米淀粉 25.4 g，果糖 17.8 g，酵母浸出膏 1 g，混合盐 2.6 g，水 9.1 g	Katz M, Budowski P, Bondi A. 1971. The effect of phytosterols on the growth and sterol composition of *Dermestes maculates*. J Insect Physiol, 17: 1295-1303.
62	八字白眉天蛾 *Celerio lineata*	预先混合成分 230 g，金霉素 2 g，四环素 2 g，胆固醇 2 g，36%甲醛 2 ml，水 1680 ml，琼脂 38 g，对羟基苯甲酸甲酯 3 g，卡那霉素 0.28 g，亚麻油 2 ml，20% 乙酸，20 ml 维生素混合液 60 ml	Keeley L L. 1970. Diapause metabolism and rearing methods for the whitelined sphinx, *Celerio lineata* (Lepidoptera:Sphingidae). Ann Entomol Soc Am, 63: 905-907.
63	墨西哥豆瓢虫 *Epilachna carivestis*	琼脂 3 g，无维生素干酪素 5 g，干酪素水解物 1 g，氯化胆碱 0.5 g，胆固醇乙酸酯 0.5 g，金霉素 0.04 g，玉米油 1 ml，水 100 ml，纤维素 3 g，韦氏盐 1 g，抗坏血酸 0.1 g，肌醇 0.10 g，对羟基苯甲酸甲酯 0.4 g，范氏维生素加强混合物 2 g，10%甲醛 1 ml，蔗糖 0.1 g	Kogan M. 1971. Feeding and nutrition of insects associated with soybeans. I. Growth and development of the Mexican bean beetle, *Epilachna carivestis*, on artificial media. Ann Entomol Soc Am, 64:1044-1050.
64	锯角盗 *Oryzaephilus surinamensis*	干酪素 50 g，胆固醇 1 g，维生素混合物 902 g，1 ppm① 葡萄糖 50 g，McCollum-Davis185 号混合盐 2 g	Kolya A K, Pant. N C. 1961. Effect of qualitative and quantitative vitam in deficiencies in larval development of *Oryzaephilus surinamensis* L. Indian J Entomol, 23: 285-292.

① 1 ppm=1×10^{-6}。

续表

序号	昆虫	人工饲料	参考文献
65	红带卷蛾 *Argyrotaenia velutinana*	苜蓿叶和茎的干粉 160 g，山梨酸 3 g，蔗糖 10 g，对羟基苯甲酸甲酯 3 g，水 200 ml	Karpel M A, Hatmann L E. 1968. Medium and techniques for mass rearing the red banded leaf roller. J Econ Entomol, 61: 1452-1454.
66	血黑蝗 *Melanoplus sanguinipes* 迁徙蚱蜢 *Melanoplus bivittatus*	干酪素 5 g，甘氨酸 0.15 g，纤维素 4 g，玉米油 1 g，韦氏盐 0.7 g，抗坏血酸 0.5 g，干莴苣粉 12 g，L-胱氨酸 0.1 g，蔗糖 8 g，啤酒酵母 1.5 g，胆固醇 0.3 g，氯化胆碱 0.1 g，琼脂 4 g，水 125 ml	Kreasky J B. 1962. A growth factor in romaine lettuce for the grasshoppers *Melanoplus sanguinipes* (F.) and *M. bivittatus* (Say). J Insect Physiol, 8: 493-504.
67	粒肤地虎 *Feltia subterranea*	浸过的菜豆 1200 g，琼脂 30 g，对羟基苯甲酸甲酯 9 g，金霉素 0.3～0.9 g，啤酒酵母 120 g，抗坏血酸 12 g，山梨酸 3 g，水 2200 ml	Lee B L, Bass M H. 1969. Rearing technique for the granulate cutworm and some effects of temperature on its life cycle. Ann Entomol Soc Am, 62: 1216-1217.
68	眼疾黑秆蝇 *Hippelates pusio*	可溶性的牛血粉 10 g，啤酒酵母 5 g，蜂蜜 40 g，水 400 ml，蛋白粉 15 g，苯甲酸钠 3 g，粉状明胶适量	Legner E F, Bay E C. 1965. Culture of *Hippelates pusio* (Diptera:Chloropidae) in the West India for natural enemy exploration and some notes on behaviour and distribution. Ann Entomol Soc Am, 58:436-440.
69	波林尺蠖 *Alsophila pometaria*	无维生素干酪素 98 g，韦氏盐 28 g，山梨酸钾 3.36 g，全麦胚 1400 g，麦胚油 7.5 g，藻朊酸钠 14 g，范氏维生素加强混合液 40 g，葡萄糖 98 g，胆固醇 8.40 g，氯化胆碱 2.8 g，纤维素 840 g，琼脂 70 g，抗坏血酸钾 14 g，水 2100 ml	Lyon R L, Brown S J. 1970. Contact toxicity of insecticides applied to fall cankerworm reared on artificial diet. J Econ Entomol, 63: 1970-1971.
70	舞毒蛾 *Porthetria dispar*	无维生素干酪素 35 g，韦氏盐 10 g，蔗糖 12 g，麦胚 60 g，对羟基苯甲酸甲酯 1.5 g，金霉素 0.3 g，4 mol/L KOH 5 ml，55%亚麻酸 4.3 ml，水 860 ml，果糖 23 g，氯化胆碱 1 g，琼脂 25 g，抗坏血酸 4 g，38%甲醛 0.5 ml，维生素混合液 10 ml	Leonard D E, Doane C C. 1966. An artificial diet for the gypsy moth, *Porthetria dispar* (Lepidoptera: Lymantriidae). Ann Entomol Soc Am, 59:462-464.
71	小地老虎 *Agrotis ipsilon*	全麦胚 24 g，蔗糖 28 g，韦氏盐 8 g，无维生素干酪素 28 g，琼脂 20 g，山梨酸 1.6 g，对羟基苯甲酸甲酯 1.6 g，10% KOH 16 ml，95%乙醇 15 ml，维生素混合液 26.4 ml，水 650 ml	Mangat B S. 1970. Rearing the black cutworm in the laboratory. J Econ Entomol, 63: 1325-1326.

续表

序号	昆虫	人工饲料	参考文献
72	美洲散白蚁 *Reticulitermes flavipes* 台湾乳白蚁（家白蚁）*Coptotermes formosanus*	纤维素 346 g，对羟基苯甲酸甲酯 0.1 g，β-谷固醇 0.6 g，水 65.87 ml	Mauldin J K, Rich N M. 1975. Rearing two subterranean termites, *Reticulitermes flavipes* and *Coptotermes formosanus*, on artificial diet. Ann Entomol Soc Am, 68: 454-456.
73	赤茎黑蝗 *Melanoplus femurrubrum*	纤维素 8 g，无维生素干酪素 5 g，玉米油 1 g，抗坏血酸 0.5 g，甘氨酸 0.15 g，L-胱氨酸 0.1 g，蔗糖 8 g，啤酒酵母 1.5 g，韦氏盐 0.7 g，胆固醇 0.3 g，氯化胆碱 0.1 g	Mulkern G B, Toczek D R. 1970. Bioassay of plant extracts for growth-promoting substances for *Melanoplus femurrubrum* (Orthoptera:Acrididae). Ann Entomol Soc Am, 63:272-284.
74	高粱芒蝇 *Atherigona soccata*	面包酵母蔗糖水	Meksongsee B, Kongkanjana A, Sangkasuwan U, *et al.* 1978. Longevity and oviposition of sorghum shoot fly adults on different diets. Ann Entomol Soc Am, 71: 852-853.
75	红铃虫 *Pectinophora gassypiella*	琼脂 90 g，蔗糖 126 g，韦氏盐 36 g，干酪素 126 g，麦胚 108 g，纤维素 18 g，15%对羟基苯甲酸甲酯 36 ml，10%氯化胆碱 36 ml，4 mol/L KOH 18 ml，10%甲醛 13 ml，维生素混合液 6 ml，水 3100 ml	Martin D F. 1966. Pink bollworms. *In*: Smith C N. Insect Colonization and Mass Production. New York and London: Academic Press: 355-366.
76	梨豹蠹蛾 *Zeuzera pyrina*	全脂大豆粉 36 g，啤酒酵母 24 g，20%乙酸 30 ml，琼脂 24 g，蔗糖 48 g，对羟基苯甲酸甲酯 1.5 g，水 570 ml	Moore I, Navon A. 1966. The rearing and some bionomics of the leopard moth, *Zeuzera pyrina* L., on an artificial medium. Entomophaga, 11: 285-296.
77	干果斑螟 *Cadra cautella*	酵母 80 g，玉米淀粉 80 g，甘油 50 ml，蜂蜜 50 ml，α-生育酚的乙酸盐 0.6%（重量比），玉米油 5%（重量比）	Miller G J, Blankenship J W. 1973. Influence of dietary lipids upon lipids in larvae and adults of the dried-fruit moth. J Insect Physiol, 19: 65-74.
78	云杉色卷蛾 *Choristoneura fumiferana*	无维生素干酪素 3.5 g，麦胚 3 g，韦氏盐 1 g，对羟基苯甲酸甲酯 0.15 g，氯化胆碱 0.1 g，维生素混合液 1 ml，4 mol/L KOH 0.5 ml 蔗糖 3.5 g，纤维素 0.5 g，抗坏血酸 0.4 g，金霉素 0.3 g，4%营养琼脂 62 ml，37%甲醛 0.5 ml，水 22 ml	McMorran A. 1965. A synthetic diet for the spruce budworm, *Choristoneura fumiferana* (Clem.). Can Entomol, 97: 58-62.
79	蓝凤蝶淡漠亚种（橘春凤蝶）*Papilio protenor*	琼脂 6 g，柑橘叶粉 40 g，葡萄糖 2 g，啤酒酵母 16 g，韦氏盐 0.6 g，氯化胆碱 0.4 g，山梨酸钠 0.3 g，水 200 ml，纤维素 10 g，蔗糖 4 g，叶绿酸铜钠盐 0.1 g，大豆蛋白 1 g，胆固醇 0.8 g，抗坏血酸钠 0.6 g，40%甲醛 4 ml	Nagasawa S, Nakayama I. 1969.Rearing of *Papilio protenor* demetrius Cramer on artificial diets with a special reference to the nutritional roles of yeast, soybean protein, cholesterol and choline chloride. Kontyu, 37: 327-337.

续表

序号	昆虫	人工饲料	参考文献
80	苜蓿切叶蜂 *Megachile rotundata*	混合花粉 75 g，纤维素 25 g，蔗糖溶液适量	Nelson E V, Roberts R B, Stephen W P. 1972. Rearing larvae of the leafcutter bee *Megachile rotundata* on artificial diets. J Apic Res, 11: 153-156.
81	瓦角天牛 *Tilehorned prionus*	琼脂 50 g，麦胚 60 g，无维生素干酪素 70 g，抗坏血酸 8 g，对羟基苯甲酸甲酯 4 g，范氏维生素加强混合物 20 g，水 1500 ml，纤维素 307 g，蔗糖 70 g，韦氏盐 20 g，氯化胆碱 2 g，山梨酸 4 g，10%甲醛 16 ml	Payne J A, Lowman H, Pate R R. 1975. Artificial diet for rearing the Tilehorned *prionus*. Ann Entomol Soc Am, 68: 680-682.
82	棉铃虫 *Helicoverpa armigera*	琼脂 3 g，苜蓿粉 100 g，多种维生素糖浆 0.5 ml，水 300 ml，防腐剂母液 5 ml，乙酸 5 ml，38%甲醛 4 滴	Patel R C, Patel J K, Patel P B, *et al*. 1968. Mass breeding of *Heliothis armigera* (Hbn.). Indian J Entomol, 30: 272-280.
83	翠纹金刚钻 *Earias fabia*	无维生素干酪素 2.5 g，果糖 0.8 g，U.S.P. XIII2 号盐 1 g，麦胚 5 g，抗坏血酸 0.5 g，对羟基苯甲酸甲酯 0.3 g，维生素混合液 5 ml，蔗糖 1 g，胆固醇 0.3 g，氯化胆碱 0.1 g，琼脂 2 g，亚麻油 0.1 g，38%甲醛 0.5 ml，水 100 ml	Pant J C, Anand M. 1972. An artificial diet for the spotted bollworm, *Earias fabia* Stoll. *In*: Singh P. Artificial Diets for Insects, Mites and Spiders. New York, Washington, London: IFI/Plenum: 325.
84	谷斑皮蠹 *Trogoderma granarium*	无维生素干酪素 50 g，胆固醇 1 g，水 10 ml，葡萄糖 50 g，McCollum-Davis185 号混合盐 2 g	Pant N C. 1956. Nutritional studies on *Trogoderma granarium* Everts. Basic food and vitamin requirements. Indian J Entomol, 18: 259-266.
85	稻蛀茎夜蛾 *Sesamia inferens*	稻茎粉 10 g，干酪素 7 g，啤酒酵母 6 g，范式维生素加强混合物 4 g，韦氏盐 2 g，亚麻油 0.6 ml，琼脂 5 g，蔗糖 7 g，抗坏血酸 2 g，胆固醇 0.6 g，对羟基苯甲酸甲酯 0.2 g，水 170 ml	Qureshi Z A, Anwar M, Asnraf M, *et al*. 1972. Rearing, biology and sterilization of the pink rice borer, *Sesamia inferens* Walker. *In*: Singh P. Artificial Diets for Insects, Mites and Spiders. New York, Washington, London: IFI/Plenum: 348.
86	甜菜泉蝇 *Pegomya betae*	10%蔗糖液奶粉动物胶水解产物	Rottger U. 1979. Rearing the sugar beet miner *Pegomya betae*. Entomol Exp Appl, 25: 109-112.
87	欧松梢小卷蛾 *Rhyacionia buoliana*	干酪素 28 g，蔗糖 21 g，韦氏盐 2 g，纤维素 12 g，维生素加强混合物 8 g，琼脂 16 g，36.7%甲醛 1.1 ml，水 600 ml，麦胚 24 g，抗坏血酸 2.8 g，山梨酸 0.83 g，22.5%KOH 4 ml，15%对羟基苯甲酯 8 ml	Ross R H Jr, Monroe R E, Butcher J W. 1971. Studies on pine shoot moth, *Rhyacionia buoliana* (Lepidoptera: Olethreutidae). Can Entomol, 103: 1449-1454.
88	洋槐木蠹蛾 *Prinoxystus robiniae*	木屑 290 g，琼脂 20 g，水 1000 ml	Rivas A M, Buchanan W D. 1958. A new technique for rearing carpenterworms. J Econ Entomol, 51: 406-407.

续表

序号	昆虫	人工饲料	参考文献
89	雪松果蝇 *Drosophila busckii*	麦麸 25 g，啤酒酵母 1 g，水 75 ml	Singh P. 1976a. Artificial diet for rearing *Drosophila busckii*(Diptera: Drosophilidae). In: Singh P. Artificial Diets for Insects, Mites, and Spiders. New York, Washington, London: IFI/Plenum: 174.
90	胡萝卜茎蝇 *Psila rosae*	蔗糖 4 g，酶水解酵母 1 g，水 1.5 g	Stadler E. 1971. An improved mass-rearing method of the carrot rust fly, *Psila rosae* (Diptera:Psilidae). Can Entomol, 103: 1033-1038.
91	澳洲瓢虫 *Rodolia cardinalis*	琼脂 1.3 g，蜂王浆 4.5 g，被捕食的昆虫干粉 2 g，蔗糖 16 g，酵母 0.5 g，水 100 ml	Smirnoff W A. 1958. An artificial diet for rearing coccinellid beetles. Can Entomol, 90:563-565.
92	印度谷螟 *Plodia interpunctella*	混合饲料粉 620 g，白玉米粉 1665 g，麦胚 160 g，甘油 1000 g，燕麦片 255 g，全麦粉 1480 g，啤酒酵母 325 g，蜂蜜 900 g	Silhacek D L, Miller G L. 1972. Growth and development of the Indian meal mouth, *Plodia interpunctella* (Lepidoptera: Phycitidae), under laboratory mass-rearing conditions. Ann Entomol Soc Am, 65: 1084-1087.
93	玉米根萤叶甲 *Diabrotica virgifera virgifera*	无维生素干酪素 126 g，蔗糖 96 g，全麦胚 108 g，范氏维生素加强混合物 36 g，抗坏血酸 13 g，硫酸卡那霉素 0.5 g，4 mol/L KOH 18 ml，水 2880 ml，韦氏盐 36 g，对羟基苯甲酸甲酯 5.49 g，纤维素 18 g，琼脂 70 g，金霉素 0.5 g，麦胚油 79 g，10%甲醛 13 ml	Singh Zand Howe W L. 1971. Feeding, longevity, and fecundity of the adult western corn root worm fed artificial diets. J Econ Entomol, 64: 1136-1137.
94	西部灰地虎 *Agrotis orthogonia*	蔗糖 25 g，抗坏血酸 12.5 g，啤酒 370 g	Sutter G R, Miller E, Calkins C O. 1972. Rearing the pale western cutworm on artificial diet. J Econ Entomol, 65: 1470-1471.
95	黑葡萄耳象 *Otiorhynchus sulcatus*	斑豆 60 g，抗坏血酸 2 g，山梨酸 0.4 g，水 425 ml，啤酒酵母 20 g，对羟基苯甲酸甲酯 0.9 g，琼脂 15 g	Shanks C H Jr, Finnigan B F. 1973. An artificial diet for *Otiorhynchus sulcatus* larvae. Ann Entomol Soc Am, 66: 1164-1166.
96	草地螟 *Loxostege sticticalis*	琼脂 3 g，麦麸 40 g，无机盐 2.5 g，抗坏血酸 0.15 g，维生素 D 1 g，水 100 ml，干酪素 4 g，蔗糖 80 g，干芦苇 2 g，胆固醇 0.3 g，啤酒酵母 1.6 g	Shumakov E M, Edelman N M, Borisova A E. 1967. Propagation of phytophagans insect in artificial media. In: House H. L, Singh P, Batsch W. Artificial Diets for Insects: A Compilation of References with Abstracts. Inform. Bull. No. 7, Research Institute, Canada Department of Agriculture, Ontario: 86-87.

续表

序号	昆虫	人工饲料	参考文献
97	粉纹夜蛾 Trichoplusia ni	浸过的菜豆 100 g, 抗坏血酸 1 g, 啤酒酵母 10 g, 对羟基苯甲酸甲酯 1 g, 琼脂 4 g, 水 200 ml	Shorey H H. 1963. A simple artificial rearing medium for the cabbage looper. J Econ Entomol, 56: 536-537.
98	甜菜夜蛾 Spodoptera exigua	浸过的斑豆 2133 g, 抗坏血酸 32 g, 山梨酸 10 4%, 甲醛 20 ml, 啤酒酵母 320 g, 对羟基苯甲酸甲酯 20 g, 琼脂 128 g, 水 6400 ml	Shorey H H, Hale R L. 1965. Mass rearing of the larvae of nine noctuid species on a simple artificial medium. J Econ Entomol, 58: 522-524.
99	褐带长卷蛾 Homona coffearia	鲜茶叶 200 g, 啤酒酵母 15 g, 琼脂粉 3 g, 苯甲酸钠 0.3 g, 水 125 ml, 对羟基苯甲酸甲酯 0.5 g, 38%甲醛 0.5 ml	Sivapalan P, Vitarana S I, Gnanapragasam N C. 1977. Diets for rearing the tea tortrix, Homona coffearia (Lepidoptera: Tortricidae) in vitro. Ent Exp Appl, 21: 51-56.
100	美核桃小卷蛾 Gretchena bolliana	浸过的斑豆 250 g, 麦胚 42 g, 维生素混合物 4.5 g, 对羟基苯甲酸甲酯 2 g, 琼脂 13 g, 酵母 32 g, 抗坏血酸 3.5 g, 山梨酸 1.5 g, 盐酸四环素 0.55 g, 水 640 ml	Schroeder W J. 1970. Rearing of the pecan bud moth on artificial diet. J Econ Entomol, 63: 650-651.
101	桃透翅蛾 Sanninoidea exitiosa	无维生素干酪素 25 g, 葡萄糖 15 g, 氯化胆碱 1 g, 维生素加强混合物 5 g, 麦胚 15 g, U.S.P. 2 号盐 5 g, 琼脂 40 g, 胆固醇 1 g, 甘氨酸 0.3125 g, 纤维素 7.5 g, 对羟基苯甲酸甲酯 4 g, 水 650 ml, 半胱氨酸 0.156 g, 抗坏血酸 2 g, 山梨酸 2 g	Smith H R, Richardson E G, Yonce C E, et al. 1969. A method of rearing the peach tree borer on artificial diet. J Econ Entomol, 62: 961-962.
102	虻 Texas tabanidae	柠檬酸钠处理的全牛血, 10%蔗糖溶液	Thompson P H, Krauter P C. 1978. Rearing of Texas Tabanidae (Diptera) I. Collection, feeding, and maintenance of coastal marsh species. Proc Entomol SocWash, 80: 616-625.
103	苜蓿银纹夜蛾 Heliothis viriplaca 芹菜夜蛾 Celery loopers	琼脂 36 g, 麦胚 195 g, 抗坏血酸 12 g, 金霉素 0.3 g, 37%甲醛 9 ml, 水 2400 ml, 苜蓿叶粉 150 g, 啤酒酵母 105 g, 对羟基苯甲酸甲酯 12 g, 维生素丸 1 粒	Treat T L, Halfhill J E. 1973. Rearing alfalfa loopers and celery loopers on an artificial diet. J Econ Entomol, 66: 569-570.
104	胡椒花象 Anthonomus eugenii	琼脂 23.7 g, 蔗糖 33.2 g, 麦胚 28.5 g, 纤维素 4.8 g, 对羟基苯甲酸甲酯 1.5 g, 金霉素 0.13 g, 4mol/L KOH 4.8 ml, 维生素混合液 3.2 ml, 干酪素 33.2 g, 苜蓿粉 14.2 g, 韦氏盐 9.5 g, 抗坏血酸 4 g, 山梨酸 1 g, 10%氯化胆碱 9.5 ml, 10%甲醛 4 ml, 水 825 ml	Toba H H, Kishaba A N, Pangaldan R, et al. 1969. Laboratory rearing of pepper weevils on artificial diets. J Econ Entomol, 62:257-258.

续表

序号	昆虫	人工饲料	参考文献
105	梨小食心虫 *Grapholitha molesta*	自来水 75 ml，苜蓿叶粉 5 g，加维生素的苹果汁 10 g，啤酒酵母 6 g，酶水解的大豆蛋白 0.5 g，琼脂 3 g，婴儿奶糕 10 g，干酪素 0.5 g，红过的花生果粉 2 g，酵母浸出膏 2 g，维生素混合物 0.5 g，韦氏盐 0.5 g，对羟基苯甲酸甲酯 0.15 g，抗坏血酸 0.5 g，山梨酸钾 0.1 g	Tzanakakis M E, Phillips J H H. 1969. Artificial diets for larvae of the oriental fruit moth. J Econ Entomol, 62: 879-882.
106	棉铃象 *Anthonomus grandis*	麦胚 3 g，蔗糖 3.5 g，琼脂 2.5 g，氯化胆碱 0.1 g，抗坏血酸 0.4 g，水 85 ml，无维生素干酪素 3.5 g，韦氏盐 1 g，胆固醇 0.5 g，肌醇 0.4 g，维生素混合液 1 ml	Vanderzant E S. 1967a. Wheat-germ diets for insects: rearing the boll weevil and the salt-marsh caterpillar. Ann Entomol Soc Am, 60: 1062-1066.
107	麦茎蜂 *Cephus pygmaeus*	琼脂 3 g，对羟基苯甲酸甲酯 0.3 g，绿色食用色素 1.5 ml，蔗糖 1 g，山梨酸 0.3 g，水 100 ml	Villacorta A, Bell R A, Callenbach J A. 1971. An artificial plant stem as an oviposition site for the wheat stem saw fly. J Econ Entomol, 64: 752-753.
108	甘蓝地种蝇 *Delia radicum*	蔗糖 3 g，啤酒酵母浸出膏 2 g，水 5 ml	Vereecke A, Hertveldt L. 1971. Laboratory rearing of the cabbage maggot. J Econ Entomol, 64: 670-673.
109	早熟禾草螟 *Fissicrambus mutabilis*	麦胚 3.2 g，蔗糖 3 g，韦氏盐 1.1 g，琼脂 3 g，无维生素干酪素 3.8 g，纤维素 1 g，抗坏血酸 0.4 g，维生素混合液 1.1 ml，15%对羟基苯甲酸甲酯 1.5 ml，禾草提取液 10 ml，玉米油 1 ml，水 90 ml	Ward A G, Pass B C. 1969. Rearing sod webworms on artificial diets. J Econ Entomol, 62: 510-511.
110	干果粉斑螟 *Ephestia cautella*	干酪素 48 g，胆固醇 1 g，麦胚油 1 g，McCollum-Davis 185 号，混合盐 2 g	Waites R E, Gothilf S. 1969. Nutrition of the almond moth. I. Analysis and improvements of the experimental diet. J Econ Entomol, 62: 301-305.
111	小蔗杆草螟 *Diatraea saccharalis*	玉米纤维 20 g，胡萝卜粉 10 g，琼脂 2 g，酶水解的干酪素 2 g，对羟基苯甲酸甲酯 0.5 g，水 1250 ml，啤酒酵母 10 g，苯甲酸钠 0.3 g，抗坏血酸 0.5 g	Walker D W, Alemany A, Quintana V, *et al*. 1966. Improved xenic diets for rearing the sugarcane borer in Puerto Rico. J Econ Entomol, 59: 1-4.
112	蔷薇斜条卷叶蛾 *Phytophagous lepidoptera*	捣碎的胶冷杉叶 100 g，8%琼脂 50 g，自溶酵母 1.5 g，10%丙酸钠 1.5 g	Wellington E F. 1949. Artificial media for rearing some *Phytophagous lepidoptera*. Nature London, 163: 574.
113	刺槐黄带蜂天牛 *Megacyllene robiniae*	琼脂 12.5 g，刺槐木屑 50 g，蔗糖 17.5 g，韦氏盐 5 g，氯化胆碱 0.5 g，山梨酸 1 g，水 375 ml，纤维素 50 g，麦胚 15 g，无维生素干酪素 17.5 g，抗坏血酸 2 g，对羟基苯甲酸甲酯 1 g，维生素混合液 5 ml	Wollerman E H, Adams C, Heaton G C. 1969. Continuous laboratory culture of the locust borer, *Megacyllene robiniae*. Ann Entomol Soc Am, 62: 647-649.

续表

序号	昆虫	人工饲料	参考文献
114	菜粉蝶 Pieris rapae	琼脂 90 g，油菜叶粉 50 g，麦胚 175 g，纤维素 25 g，山梨酸钾 4 g，金霉素 10 g，干酪素 126 g，蔗糖 135 g，韦氏盐 36 g，范氏维生素加强混合物 36 g，没食子酸（Tenox）0.8 g，40%KOH 9 ml，40%甲醛 30 ml，15%对羟基苯甲酸甲酯 36 ml，亚麻油 26 ml，水 3000 ml	Wilkinson J D, Morrison R K, Peters P K. 1972. Effect of Calco Oil Red N-1700 dye incorporated into a semiartificial diet of the imported cabbageworm, corn earworm and cabbage looper. J Econ Entomol, 5:264-268.
115	象甲 Coleoptera curculionidae	麦胚 25 g，对羟基苯甲酸甲酯 1 g，琼脂 6.4 g，酵母 16 g，10%甲醛 4 ml，抗坏血酸 1.63 g，山梨酸 0.5 g，斑豆 52.5 g，水 320 ml	Yonce C E, Grntry C R, Pate R R. 1971. Aritificial diets for rearing larvae of the plum curculio. J Econ Entomol, 64: 1111-1112.
116	白松脂木蠹象 Pissodes strobi	松树皮 20 g，蔗糖 12 g，淀粉 6 g，干酪素 2.4 g，麦胚 30 g，葡萄糖 12 g，韦氏盐 3.6 g，胆固醇 0.48 g，琼脂粉 25 g，水 790 ml，维生素混合液 20 ml，55%亚油酸 0.48 g，防腐剂溶液 15 ml，10%KOH 10 ml	Zerillo R T, Odell T M. 1973. White pine weevil; a rearing procedure and artificial medium. J Econ Entomol, 66: 593-594.

　　用人工饲料饲养昆虫有很多优点。人工饲料不仅可以使昆虫发育整齐，生理一致，而且在很多情况下是解决季节性饲料短缺的主要途径。由于大多数自然食料在冬季缺乏，只有依靠人工饲料才能在冬季大量繁殖昆虫，使有关研究继续下去（武丹和王洪平，2008）。人工饲料饲养昆虫也可以直接用于昆虫营养生理研究或用于昆虫生物学研究、害虫防治研究等（王延年，1984）。此外，人工饲料还是资源昆虫繁育、生产的重要条件，可以打破寄主限制，降低昆虫饲养成本，有效控制商品昆虫生长发育的整齐度等（吕飞等，2007）。

　　但是昆虫人工饲料的应用也存在一些问题，包括人工饲料的营养平衡、标准化、人工饲料对昆虫发育整齐度和活力影响等（方杰等，2003）。例如，连续用人工饲料饲养时，昆虫种群会出现衰退；大量饲养天敌进行田间释放时，天敌生存能力和竞争能力会不及自然种群等。这些问题的产生有时与饲养方法和饲养环境不良有关（例如，种群起始样本太小，饲养器具太小，繁殖方法不当，温湿度不适等），但多数是由饲料的营养组成或营养不平衡造成的。此外，已制备的饲料由于储藏不妥或储藏时间过长，也会造成某些有效成分的损失和变化。所以，使用同一个有效配方，在不同实验室，甚至在同一实验室也会产生不同的饲养效果。随着昆虫营养研究水平的不断提高及饲养技术的发展，人工饲料的研制将更加完善，这些问题将会逐步得到解决。

　　多年来，我国许多科研机构和大专院校的相关研究人员相继在昆虫人工饲料，人工饲料加工技术、加工机械，昆虫饲养技术，天敌昆虫的大规模饲养繁殖等实用化技术和相关理论领域做了大量工作。例如，中国农业科学院植物保护研究所、中国农业科学院棉花研究所、原中国农业科学院生物防治研究所、中山大学、武汉大学，河北、山东、辽宁、湖北、广东、云南等省农业科学院，北京市农林科学院等，在昆虫人工饲料配方的筛选方面开展了广泛的研究，取得了较大进展，许多实验室都成功研制了各具特色的昆虫人工饲料配方。例如，宋彦英等(1999)研制出一种以代号为JSMD的物质完全取代琼脂成功获得无琼脂玉米螟(*Ostrinia furnacalis*)人工饲料，既简化了步骤，又降低了成本，还提高了蛹重及成虫产卵量。莫美华和庞雄飞(1999)也曾在前人的基础上对小菜蛾(*Plutella xylostella*)的人工饲料配方进行了改进，提高了小菜蛾的化蛹率。

我国对天敌昆虫的应用研究比较早，从20世纪50年代开始就对利用赤眼蜂防治玉米螟、甘蔗螟虫(*Argyroploce schistaceana*)、松毛虫(*Dendrolimus* spp.)、棉铃虫(*Helicoverpa armigera*)、地老虎(*Agrotis* spp.)等害虫进行了一系列的研究。科研工作者对大规模饲养天敌昆虫的饲料配方和技术也开展了广泛的研究，到70年代中期，我国大量饲养寄生和捕食性昆虫应用于生物防治工作取得了较大进展。当时主要依靠饲养中间寄主来繁殖天敌昆虫，如饲养米蛾(*Corcyra cephalonica*)繁殖草蛉；饲养蓖麻蚕(*Samia cynthiaa ricina* Donovan)繁殖赤眼蜂等(王延年，1990)。随着人工饲料的发展，70年代后期至80年代初，中国农业科学院棉花研究所的科研人员研制了草蛉人工饲料和可以喷制人工卵的制卵机用于大量繁殖草蛉(刘刚等，1979，1980；方昌源等，1982)。中山大学和广东省农业科学院研究选用蓖麻蚕卵，以及山东省农业科学院首次研究利用柞蚕(*Antheraea pernyi* Gnerin-Méneville)剖腹卵来大量繁殖赤眼蜂均获成功(蒲蛰龙，1976；王承纶等，1998)。从70年代以来，我国对赤眼蜂的扩繁技术和赤眼蜂工厂化大规模生产做了大量研究，在建立机械化生产线、利用柞蚕卵(大卵)和米蛾卵(小卵)大规模繁殖赤眼蜂方面都取得了显著成就。90年代以来，我国对赤眼蜂的扩繁技术研究有了更进一步发展，目前已成功研制出人工卵半机械化生产线，用于大量繁殖赤眼蜂(戴开甲等，1995；吴钜文等，1995；王承纶等，1998，1999；王素琴，2001)，该技术已应用于田间防治试验(冯建国等，1997)。近年来，我国利用人工卵繁殖平腹小蜂(*Anastatus japonicus* Ashmead)防治荔枝蝽蟓(*Tessaratoma papillosa* Drury)，并成功实现了商品化生产，此项技术为荔枝害虫的生物防治发挥了重要作用(刘志诚等，1995；李敦松等，2002)。总之，我国科研工作者在应用昆虫人工饲料和大规模饲养生产昆虫方面做了大量工作。随着昆虫营养学研究的深入及饲养技术的发展，应用人工饲料饲养昆虫所产生的问题将逐步得到解决，用人工饲料饲养的各种标准化和高质量的昆虫将促进昆虫学有关研究的迅速发展。

第二节 昆虫人工饲料的营养要素

研制的昆虫人工饲料必须满足昆虫生长发育和繁殖的基本营养要求，一般昆虫人工饲料应包括以下主要基本营养要素。

一、碳水化合物

碳水化合物是昆虫能量的主要来源，是昆虫生长发育的基本营养要素之一，也是昆虫人工饲料中重要成分之一。Chu和Meng(1958)发现室内饲养3种棉盲蝽，碳水化合物是必不可少的。碳水化合物除了营养作用之外，也是昆虫重要的取食刺激物质（王延年等，1984）。Thompson（1999）详细论述了昆虫营养与昆虫食物之间的关系，他指出许多天敌昆虫需要碳水化合物去完成成虫阶段的发育，当人工饲料中蛋白质或氨基酸不足时，葡萄糖将增加天敌幼虫的成活率。植食性昆虫一般有较强的蔗糖酶活性，能使蔗糖分解。Zeng和Cohen（2000a）研究也发现与捕食性昆虫相比，植食性昆虫的淀粉酶活性较高，适合在植物上取食，消化碳水化合物食物。张丽莉等（2007）研究不同饲料对龟纹瓢虫（*Propylea japonica*）生长和繁殖的影响，发现蔗糖能显著提高雌虫的体重，在一定程度上也能缩短产卵前期，同时还能显著提高成虫的产卵量。另外，人工饲料中的糖类与植食性昆虫的成活率有关，如豆荚草盲蝽（*Lygus hesperus* Knight）在含10%蔗糖的饲料中成活率大大高于对照的成活率（Butler，1968）。Vanderzant（1965）用已知成分的人工饲料饲养棉铃象［*Anthonomus grandis*（Boheman）］结果表明，人工饲料中必须含有碳水化合物，棉铃象才能正常发育。

二、蛋白质和氨基酸

蛋白质和氨基酸是构成昆虫虫体的主要物质，是昆虫生长发育的物质基础。对寄生性昆虫来说，蛋白质和氨基酸尤为重要。它们在生长和发育的各个阶段，需要人工饲料中蛋白质的含量相对较高，而碳水化合物和脂肪的需求量相对较低。研究结果表明，寄生性昆虫常常在蛋白质含量较高的人工饲料中生长发育良好，当蛋白质的含量达到6%时，有些寄生性昆虫幼虫甚至能在缺少碳水化合物或脂肪的饲料中生长，完成幼虫阶段发育（Thompson，1976，1999）。

因为氨基酸是合成蛋白质的基础，所以昆虫对蛋白质的需求其实就是对氨基酸的需求。昆虫所需的氨基酸分为两大类：一类为必需氨基酸，这类氨基酸昆虫不能自身合成，需要由饲料来提供。必需氨基酸通常有精氨酸、赖氨酸、亮氨酸、异亮氨酸、色氨酸、组氨酸、苯丙氨酸、甲硫氨酸、苏氨酸、缬氨酸等10种，在昆虫人工饲料中不可缺少，但不同昆虫中也存在种间差异（牟吉元等，2001）。Vanderzant（1957）饲养棉红铃虫（*Pectinophora gossypiella*）结果表明，人工饲料中必须含有氨基酸，棉红铃虫才能正常生长。用已知成分的人工饲料饲养棉铃象的研究结果也表明，人工饲料中必须含有氨基酸，棉铃象才能正常发育和产卵（Vanderzant，1963，1965）。另一类为非必需氨基酸，昆虫自身能合成此类氨基酸。该类氨基酸不是昆虫人工饲料中必需的营养成分，但添加该类氨基酸可提高人工饲料的营养和促进昆虫生长发育。

人工饲料中最常用的蛋白质补充成分是麦胚、大豆、酵母粉和酪蛋白。麦胚含有昆虫需要的18种常见氨基酸、糖类、脂肪酸、多种矿物质和B族维生素（李文谷等，1991），还含有刺激某些昆虫取食的物质（Chippendale and Mann，1972）。但麦胚中各种氨基酸的含量并不平衡，特别是昆虫所必需的赖氨酸、色氨酸、蛋氨酸及脂类的含量均偏低（吴坤君，1985）。豆类和酵母粉也是昆虫人工饲料中常用的蛋白质补充原料，大豆和酵母粉含有多种昆虫必需的营养成分。大豆不但富含蛋白质，而且含有丰富的亚油酸。该类不饱和脂肪酸是昆虫人工饲料中不可缺少的一种成分。有些昆虫人工饲料中常以酪蛋白作为氨基酸或蛋白质来源，但酪蛋白对某些昆虫并不一定合适，因为它缺乏昆虫正常发育所必需的某些氨基酸。

不同的昆虫对蛋白质的需求是不一样的，每一种昆虫都有一个最适合它们生长的蛋白质浓度，当超过这个浓度时昆虫的生长、发育或繁殖就会受到抑制。配制昆虫人工饲料时，一定要注意各种营养的平衡及各种营养成分之间的比率。吴坤君和李明辉（1993）研究结果表明，用酵母粉作为饲料附加蛋白质原料，在一定范围内（7%~10%）能大幅度增加棉铃虫雌蛹的蛋白质含量，提高成虫的繁殖力，但饲料蛋白质浓度超过这个范围时，反而导致成虫繁殖力下降。食料植物中碳水化合物和蛋白质的浓度及两者的比率对棉铃虫的生长、发育和繁殖都有一定的影响。

三、脂类和固醇类

昆虫的生长、发育和繁殖离不开脂类和固醇类营养成分。昆虫活动所需要的能量也是以糖原和脂肪的形式储存的，因此脂类和固醇类是昆虫人工饲料中重要营养成分之一。构成虫体脂类物质的主要成分是脂肪酸。昆虫所需要的脂肪酸分为两类：一类是饱和脂肪酸，该类脂肪酸在昆虫体内可以由其他物质合成；另一类是不饱和脂肪酸，这类脂肪酸是许多昆虫必需的营养成分，不能由昆虫自身合成，必须从食物中获得（王延年等，1984）。Vanderzant 和 Richardson（1964）饲养棉铃象结果表明，人工饲料中必须含有脂类营养物质，棉铃象才能正常生长发育。

人工饲料中常用的不饱和脂肪酸营养成分来自于植物油，如玉米油和大豆油，这两类植物油都含有亚油酸和一定的亚麻酸，大多数昆虫都需要亚油酸或亚麻酸，缺少这类不饱和脂肪酸，蛹发育不良，成虫的羽化和展翅都受到影响。张丽莉等（2007）研究发现，人工饲料中添加 0.3% 的橄榄油能显著提高龟纹瓢虫幼虫的成活率。不同的昆虫对不饱和脂肪酸的需求不同，在人工饲料中加入不饱和脂肪酸的比例也有差异，有些昆虫如双翅目、膜翅目和蚜虫人工饲料中就不需要不饱和脂肪酸类物质（忻介六和苏德明，1979）。

胆固醇又称甾醇，同样在昆虫体内不能合成，昆虫必须从食物中获得，以维持正常的生长发育。李广宏等（1998）在研究甜菜夜蛾人工饲料时发现，胆固醇和氯化胆碱对甜菜夜蛾卵的形成及卵的正常发育起重要作用，在饲料中加入一定数量的胆固醇及氯化胆碱是必需的。在没有加入胆固醇和氯化胆碱的人工饲料中连续饲养 3 代后，甜菜夜蛾的卵孵化率大幅度下降，第 4 代仅为 4.2%，若添加胆固醇和氯化胆碱，第 4 代卵的孵化率可以提高到 79.7%。莫美华和庞雄飞（1999）也在利用人工饲料饲养小菜蛾的研究中发现含有胆固醇的饲料配方为优选配方。

四、维生素

维生素是昆虫人工饲料中十分重要，但需求量很少的营养成分。维生素分为水溶性和脂溶性两大类。水溶性维生素一般从食物中摄取。昆虫人工饲料中常用的这类维生素一般为 B 族维生素、维生素 C、肌醇和胆碱等。例如，维生素 C 是棉铃虫人工饲料中不可缺少的维生素，缺少维生素 C，棉铃虫幼虫的生长发育会受到影响。另外，在蝗虫及家蚕的饲料中加入维生素 C 后，幼虫生长良好，还有促进取食的作用。Vanderzant（1959）研究发现，6 种维生素 B 是棉铃象幼虫必需的营养物质。王延年等（1984）指出，饲料中缺乏硫胺素、核黄素、泛酸和烟酸等，将会引起幼虫大量死亡，他们也认为人工饲料中缺乏叶酸和生物素会影响幼虫和蛹的发育。另一类脂溶性维生素如维生素 E 主要是对昆虫正常发育和繁殖有促进作用，对雌虫产卵量有显著影响。研究表明，鳞翅目、双翅目和直翅目的一类昆虫需要这类维生素(忻介六和苏德明，1979；王延年等，1984)。除以上提到的维生素外，抗坏血酸也是很多植食性昆虫必需的微量营养成分。例如，人工饲料中缺乏抗坏血酸会导致直翅目昆虫中的飞蝗、鞘翅目中的棉铃象及鳞翅目中的棉铃虫发育异常、生长延迟、体重减轻和产卵减少等（忻介六和苏德明，1979；Vanderzant，1959)。李咏军等(2007)研究了不同配方的人工饲料对烟青虫(*Helicoverpa assulta* Guenée)生长发育的影响后，成功筛选出了一种适合饲养烟青虫，以豆粉、酵母粉、玉米粉为主加上蔗糖、复合维生素、番茄酱和琼脂的人工饲料配方。

五、无机盐

无机盐也是昆虫人工饲料中不可缺少的营养成分之一，昆虫的组织和血液中都含有许多无机盐。这类物质在昆虫的生理、生化代谢，组织构成和昆虫生长发育过程中具有重要作用。Vanderzant(1965)用已知成分的人工饲料饲养棉铃象，研究结果表明，人工饲料中必须含有无机盐，棉铃象才能正常发育。不同种类的昆虫对无机盐的种类和比例要求不同。研究表明，当人工饲料中缺乏无机盐 P、K、Mg 时，3～4 d 后桃蚜(*Myzus persicae*)将死亡。对杂拟谷盗(*Tribolium confusum*)而言，无机盐 Mg、Ca、Na 和 K 最重要，当缺乏 Mg 和 K 时幼虫的死亡率上升，Ca 是蛹羽化为成虫必需的无机盐。对家蚕(*Bombyx mori* Linnaeus)而言，在缺乏无机盐(K、Mg、Fe、Ca、Mn、P、Zn)的人工饲料中，幼虫不能正常生长发育(忻介六和苏德明，1979)。

昆虫的人工化学饲料中必须含有少量的无机盐混合物。但含有植物性物质的昆虫人工复合饲料往往不需要另外添加无机盐，一般认为植物材料中已含有此类物质。但是也有人认为寄主植物中 Na^+ 含量不足，可能是某些昆虫生长的一个限制因素，吴坤君等(1990)也指出，饲料中含 0.1%～0.2%的 NaCl 对幼虫的生长发育有促进作用。

六、天然营养物质

可供昆虫人工饲料添加的天然营养物质很多。筛选人工饲料天然营养物质的原则是，该物质具有昆虫所需的全部或大部分营养成分，来源经济可靠，加工方便。常见的昆虫人工饲料天然营养添加物有酵母、豆类、植物叶粉、麦胚，以及来自动物的组织，如肝脏等。

酵母是昆虫人工饲料中用得最多的天然营养添加物质。酵母所含的营养物质较为丰富，其中蛋白质和核酸的含量在 50%左右，糖类 37%～40%，脂类 2%～3%，水溶性维生素可达 0.5%(王延年等，1984)。昆虫人工饲料中常用的是啤酒酵母或面包酵母，这两种添加物营养成分基本相同。吴坤君和李明辉(1993)研究发现，酵母粉含量在 7%～10%，能大幅度增加棉铃虫雌蛹的蛋白质含量，提高成虫的繁殖力。同时，还发现棉铃虫人工饲料中酵母粉含量由 26%减少到 6%时，幼虫历期延长近一倍，存活率也降低(吴坤君，1985)。卢文华(1986)利用正交试验设计，对斜纹夜蛾[*Spodoptera litura*(Fabricius)]人工饲料进行了研究，结果表明，饲料中干酵母的含量是影响斜纹夜蛾生长发育的主要因素。林进添和刘秀琼(1996)通过甘蔗条螟(*Proceras venosatus* Walker)人工饲料的研究，认为面包酵母是影响甘蔗条螟生长发育的首要营养因素。除此之外，研究也发现，人工饲料中酵母粉蛋白质的含量增高对甜菜夜蛾(*Spodoptera exigua*)幼虫的能源物质增长有促进作用(曹玲等，2007)。中国农业科学院植物保护研究所筛选出了一种以豆粉、酵母粉、玉米粉为主加上蔗糖、复合维生素、番茄酱和琼脂的昆虫人工复合饲料配方。该饲料适合大规模饲养烟青虫(李咏军等，2007)。

豆类含有丰富的蛋白质(一般为 40%以上)和脂肪酸，还有昆虫所需的维生素和固醇类等。美国农业部南大区农作物害虫管理实验室筛选了一种适合大量饲养烟芽夜蛾(*Heliothis virescens*)的配方，该昆虫人工复合饲料配方以玉米、大豆和小麦胚芽为主要原料再加上复合维生素、糖、无机盐和琼脂。该人工饲料已成功应用于大规模饲养烟芽夜蛾(King et al.，1985)。但豆类中普遍含有蛋白酶抑制因子，能抑制蛋白酶的生物活性，从而对昆虫的正常生长发育产生不利影响(Cohen et al.，2005)，通常用高压锅等设备来高温处理使蛋白酶抑制因子失去活性后再使用。

另外一种常见的天然营养物质存在于多种植物中，到目前为止还不能单独提取或分离，必须把天然的植物叶粉或其提取液添加到人工饲料中，称为"叶因子"。在 Beck 等(1949)用添加含有玉米叶的饲料饲养欧洲玉米螟(*Ostrinia nubilalis*)获得成功后，棉红铃虫等数十种重要的昆虫也以含有"叶因子"的昆虫人工饲料被成功饲养(王延年，1990)。现在我国科研工作者在玉米螟、二化螟(*Chilo suppressalis*)、三化螟(*Tryporyza incertulas* Walker)、茶小卷蛾[*Adoxophyes orana*(Fischer von Röslerstamm)]、棉铃虫、斜纹夜蛾等昆虫中都已证明了在人工饲料中添加"叶因子"的重要性(毕富春，1983；尚稚珍和王银淑，1984；忻介六和邱益三，1986；卢文华，1986；陈其津等，2000)。

还有一些来自动物组织的营养物质如猪肝和牛肝也是昆虫人工饲料天然营养重要添加物质，如以猪肝为主的人工饲料已成功应用于饲养捕食性昆虫天敌，大量应用于瓢虫和草蛉捕食性昆虫的饲养(Sighinolfi et al.，2008；Liu and Zeng，2014；张屾等，2015)。另外，以猪肝为主的人工饲料也大量应用于双翅目中的一些吸血昆虫的饲养。除此之外，EI Arnaouty 等(2006)发现在捕食性昆虫草蛉的人工饲料中加入 1.2%的一种螟蛾科成虫腹部的天然辅助物质后，草蛉从幼虫至成虫的成活率大大提高。

第三节 昆虫人工饲料研制关键技术

近年来，昆虫人工饲料和有关昆虫饲养的研究发展很快，昆虫人工饲料研制的关键技术及发展方向主要集中在以下方面。

一、根据昆虫生理生化特性来研制人工饲料

Grenier 和 Clercq(2003)指出：生化和生理因素决定了研制一种昆虫人工饲料的成功与否。Applebaum(1985)详细叙述了昆虫消化生理和生化基础及其与昆虫饲料的关系，有很好的参考价值。Cohen 和 Patana(1984)从食物的利用率入手，比较了美洲棉铃虫

(Helicoverpa zea)消化利用昆虫人工饲料和青豆的差异，并由此对昆虫人工饲料进行了改进。Cohen(1989)研究了捕食性天敌昆虫消化蛋白质的生化效率，从而为进一步改进该天敌昆虫的人工饲料打下了基础。Cohen 和 Smith(1998)成功研制了红通草蛉(Chrysoperla rufilabris Burmeister)人工饲料配方，该配方是在研究捕食性昆虫消化生理和捕食性昆虫自然寄主生化的基础上发展而来的。Sighinolfi 等(2008)研究了一种以猪肝为主要成分用于饲养异色瓢虫[Harmonia axyridis(Pallas)]的人工饲料，他们对该异色瓢虫生长发育生物指标和氨基酸含量生化指标进行了综合分析，评价了该异色瓢虫人工饲料的质量。

Thompson(1999)详细讨论了昆虫饲料与饲养对象生理和生化上的关系，他指出，近年来在化学生态领域，昆虫与植物之间相互作用关系的研究将有助于昆虫人工饲料的研发。Cohen(1998)研究了捕食性天敌昆虫口外消化的生理现象，并将这一生理现象应用到研究捕食性天敌昆虫的人工饲料中。Zeng 和 Cohen(2000a，2000b，2000c)研究比较了两种天敌昆虫，狡小花蝽[Orius insidiosus(Say)]和斑足大眼长蝽[Geocoris punctipes(Say)]，以及两种豆荚草盲蝽(Lygus Hesperus Knight)和美国牧草盲蝽[L. lineolaris(Palisot de Beauvois)]消化酶的活性，并研究了两种捕食性蝽和两种杂食性盲蝽的淀粉酶和蛋白酶活性与不同来源食物相互作用的关系，提出了昆虫"酶生化底物指数"及"淀粉酶与蛋白酶活性比参数"的概念。这些有关昆虫生理生化，以及昆虫与食物之间相互作用关系的基础研究对昆虫人工饲料研制具有指导意义，提出的相关指数和参数将有助于昆虫人工饲料的评价和改进。

二、研究昆虫营养需求及营养平衡来优化人工饲料

通过测定昆虫对不同营养成分的消化率、吸收率、利用率等参数，深入分析昆虫人工饲料的适合性，或以成熟的人工饲料为基础，采用营养缺陷型化学人工饲料研究不同营养成分对昆虫的营养效应，可以优化昆虫人工饲料。Thompson(1999)详细叙述了捕食性和寄生性天敌的生长发育与各种食物营养的关系及天敌昆虫怎样有效地利用食物中的营养，同时，他也详细讨论了发展营养学在昆虫天敌饲养中的应用，以及天敌昆虫生长发育对不同营养的要求和饲养天敌昆虫的方法。龚佩瑜和李秀珍(1992)研究了人工饲料中含氮量对棉铃虫发育的影响，并测定了棉铃虫幼虫对氮的利用率，认为含氮量在2.31%～2.89%对棉铃虫幼虫发育最适宜。Brodbeck 等(1999)用不同饲料饲养假桃病毒叶蝉(Homalodisca coagulata)，测定了寄主植物、昆虫本身及其排泄物的各成分含量(主要测蛋白质、脂类、无机盐)，以及对不同寄主的同化率(虫体本身重量/吸收量)，研究结果表明，同化率越低其历期越长。Cohen(1989)以豌豆蚜(Acyrthosiphon pisum)饲养大眼长蝽(Geocoris puntipes)，通过测定未被捕食的豌豆蚜氨基酸成分、大眼长蝽体内的氨基酸成分及其食入豌豆蚜前后氨基酸的差异，进而推断出大眼长蝽进食的某些蛋白质不能在体内消化(Cohen，1989)。

通过研究昆虫营养平衡来优化人工饲料。昆虫需要一些必需的营养来满足自身的生长和发育，但不同昆虫对这些营养物质需求的最适比例不同。昆虫饲料中一种或多种营养成分过低或者过高都不利于昆虫的生长发育。营养平衡需求是人工饲料研究的重点之一。House(1966)采用营养缺陷型化学饲料研究不同营养成分对昆虫的营养效应，他们通

过改变野蝇[*Agria affini*(Fall)]基本饲料中的氨基酸、无机盐的比例，得出饲料中氨基酸、无机盐及其他营养成分(脂类、糖类、维生素)所占的最佳比例为 1.125%、0.75%、1.5%。Thompson(1975)用含氨基酸分别为 1%、3%、6%的人工饲料饲养具瘤爱姬蜂(*Exeristes roborator*)，发现氨基酸在此 3 个水平上对具瘤爱姬蜂的幼虫存活率影响不显著，但是，他也注意到氨基酸含量为 6%时，食物中的碳水化合物不是必需的，但在其余两个水平(1%和 3%)时，碳水化合物是必需的。Dindo 等(2006)也研究了人工饲料对古毒蛾追寄蝇[*Exorista larvarum*(L.)]的影响，他发现营养不平衡的昆虫人工饲料可以减少该寄生性天敌昆虫的产卵量。

吴坤君和李明辉(1992)以成熟的人工饲料为基础，研究了饲料中不同含糖量对棉铃虫生长、发育和繁殖的影响，研究表明，人工饲料含糖 12.5%时，具有最佳的营养效应。吴坤君和李明辉(1993)也根据棉铃虫幼虫发育过程主要取食对象的变化，研究了棉铃虫幼虫的人工饲料含糖量和蛋白质含量最佳的比例：糖与蛋白质的比例在 1.0∶2.0 时，比较适宜棉铃虫种群生长。含糖量低于 10%将导致蛹的脂肪含量下降、成虫寿命缩短和产卵量显著减少。饲料含糖量超过 28%会使幼虫取食速率降低、代谢负担加重、发育历期延长和成虫繁殖力下降。当饲料中碳水化合物和蛋白质的比率在 1.5~2.6 时，比较合适棉铃虫种群生长。胡增娟等(2002)以线性规划法为主要手段，以豆粕粉为主要蛋白源，测定了饲料中粗蛋白含量与家蚕消化吸收、食料利用率、肠液蛋白酶活性、茧质、蚕体生长及丝腺生长等生理性状的关系，结果发现随着饲料中蛋白质含量的增加，饲料的利用效率提高，但超过一定限度，蚕的摄食性和消化吸收机能就被抑制，导致生长发育不良。从研究的各项指标综合考虑，人工饲料中粗蛋白含量以 25%左右为宜，豆粕粉的适宜添加量为 30%~35%。

三、利用分子生物技术来筛选、优化昆虫人工饲料

利用分子生物技术来筛选、优化昆虫人工饲料的发展方向如下。

1)通过基因组测序及转录组分析，来研究人工饲料对天敌昆虫生长和生殖基因的影响。该方法可以从分子水平提供某昆虫重要基因对一种人工饲料的反应。例如，Du 和 Zeng (2016)研究了人工饲料对异色瓢虫重要生殖器官卵巢生长、发育的影响，该研究有助于筛选、优化对该瓢虫生殖有利的昆虫人工饲料。

2)通过基因组测序及转录组分析，来了解含不同营养因子的人工饲料对昆虫基因表达模式的影响。检测不同营养因子影响基因的表达模式差异，从而确定不同营养因子对昆虫营养和生理生化的影响，为昆虫人工饲料研制提供一种应用营养基因组学信息来筛选的新方法。该方法可以从分子水平提供某昆虫的关键营养需求等相关信息。Zou 等 (2013b) 对取食人工饲料的天敌昆虫蠋蝽转录组进行测序、分析，研究了食物变化引起的基因表达差异对蠋蝽生理学的影响，这些信息可以用来加快蠋蝽人工饲料的筛选。

3)利用分子生物技术来克隆昆虫生长和生殖的有关基因，在表达这类基因的基础上，获得昆虫生长和产卵促进因子，并利用昆虫生长和产卵促进因子来优化昆虫人工饲料、促进天敌昆虫的生长和生殖。中国农业科学院植物保护研究所生物防治实验室利用生物技术成功研制出大眼长蝽的生长和产卵促进因子。大眼长蝽喂食添加了该生长和产卵促

进因子的人工饲料后，其产卵前期与对照相比缩短了 2.8 d，同时其产卵量与对照相比提高了 30.5%。

四、研究规模化饲养天敌昆虫的人工饲料及设备

近年来，无公害、生态农业已经成为世界农业的发展趋势。用天敌昆虫已经可以防治 130 多种害虫(张广学，1997)。昆虫人工饲料研究的又一趋势是研究发展用人工饲料大规模饲养天敌昆虫的技术，在此基础上大规模商品化饲养天敌昆虫。目前，已经可以利用人工饲料大规模饲养一些天敌昆虫，并取得了可观的社会效益和经济效益。但是，同研制植食性昆虫人工饲料相比，研制捕食性昆虫特别是寄生性昆虫人工饲料有较大难度。现阶段能用人工饲料来大规模饲养并应用于害虫防治的天敌昆虫还不太多。Zapata 等(2005)研制了一种以肉为主的昆虫人工饲料，来饲养捕食性蝽类天敌——塔马尼猎盲蝽(*Dicyphus tamaninii*)。美国农业部和密西西比州立大学的科研人员成功研制了草蛉人工饲料配方及大规模饲养的技术和设备(Nordlund，1993；Cohen and Smith，1998；Woolfork *et al.*，2007)。Haramboure 等(2016)进行了用人工饲料饲养新热带区的外通草蛉(*Chrysoperla externa*)的研究，结果表明，研究的两种人工饲料非常适合规模化饲养外通草蛉。

我国也研制成功多种大规模饲养天敌昆虫的技术和设备，如利用人工卵半机械化生产线大量繁殖赤眼蜂(吴钜文等，1995；王素琴，2001)和工厂化生产来大规模繁殖平腹小蜂防治荔枝蝽蟓(刘志诚等，1995；李敦松等，2002)。近年来，中国农业科学院植物保护研究所等单位也相继研究成功了多种天敌昆虫人工饲料(曾凡荣和陈红印，2009；Liu *et al.*，2013；Zou *et al.*，2013a；张礼生等，2014；Liu and Zeng，2014)。总之，在强调生物防治、农业生态平衡和利用天敌昆虫防治害虫的新形势下，人工饲料和大规模饲养天敌昆虫的技术有着广阔的应用前景。

第四节 昆虫人工饲料研制注意事项

昆虫人工饲料的研制，除以上介绍的关键技术，其他任何失误都将导致人工饲料研制失败或饲养昆虫效果不好。研制人工饲料要考虑的主要注意事项包括：①防止昆虫人工饲料污染；②满足昆虫营养成分比例平衡需求；③合适的物理性状及加工剂型；④满足昆虫取食刺激物质要求；⑤注意控制人工饲料的质量；⑥人工饲料研制常见问题与改进措施。不同类别昆虫人工饲料的研制还有其独特的技术要求，本书其他章节将以一些重要昆虫为例，分别介绍多种昆虫人工饲料研制的独特技术要求。下面介绍昆虫人工饲料研制时需要注意的事项。

一、防止昆虫人工饲料污染

昆虫人工饲料要满足防腐灭菌的要求，否则，饲料再好，没有经过防腐处理，也会很快变质，从而导致人工饲养昆虫失败。Sikorowski 和 Lawrence(1994)曾指出，微生物污染是影响人工饲养昆虫的重要问题之一。微生物可使饲料变质，引起饲养昆虫数量和

质量的下降。最常见的问题是人工饲料污染导致幼虫的死亡率上升及昆虫的发育时间滞后。常见的微生物污染源有细菌、酵母菌和各种霉菌等。昆虫人工饲料暴露在空气中容易受到微生物污染，配制昆虫人工饲料时可以利用以下技术来防止微生物污染。①无菌操作。在无微生物污染源的条件下操作，如在超净工作台里配制人工饲料。②防腐灭菌。常见的防腐灭菌方法是，高压灭菌致死微生物和在饲料中添加防腐剂。下面将分别介绍超净工作台下无菌操作和防腐灭菌技术。

1. 无菌操作

防止昆虫人工饲料污染，预防尤其重要，配制昆虫人工饲料最好在无菌条件下操作，如使用超净工作台。超净工作台就是利用空气通过由特制的微孔泡沫塑料片层组成的空气滤清器，形成连续不断的无尘无菌的超净空气层流所生成的实验环境。它除去了绝大多数尘埃、真菌和细菌孢子等，可以防止微生物污染饲料。超净工作台一定要在开机 10 min 以上，形成连续不断的无尘无菌的超净空气层后开始使用，这样能防止饲料污染。超净工作台应常检查、拆洗和更换，以阻拦大颗粒尘埃、泡沫塑料的污染。工作台正面的金属网罩内的超级滤清器如使用年久，则必须更换，以防止尘粒堵塞，风速减小，不能保证无菌操作。超净工作台的进风罩不能对着敞开的门或窗，以免影响滤清器的使用寿命。超净工作台应常用 70%乙醇消毒，或配合紫外线灭菌灯（每次开启 15 min 以上）等消毒灭菌。

另外，与昆虫人工饲料接触的物品必须采取严格的消毒措施：如放在人工饲料表面上的昆虫卵必须用甲醛或超市出售的消毒液（含次氯酸钠）消毒；养虫塑料盒、毛笔、纸张、镊子等养虫用具，都要经过严格消毒后才能够使用；养虫室内外要保持清洁，防止病菌污染；用 1%～2%漂白粉液浸洗养虫用具或紫外灯照射养虫房，能获得较好的消毒效果（温小昭等，2007）。

2. 防腐灭菌

昆虫人工饲料的防腐灭菌可以考虑采用以下高压灭菌和添加防腐剂相结合的方法，这些方法简便易行，效果也好。

（1）高压灭菌

高压灭菌是利用高压锅等设备对配制昆虫人工饲料或配制饲料时所用的物品进行灭菌。选定高压灭菌参数时要考虑以下原则：①能有效杀灭微生物；②饲料灭菌时，要减少其营养成分的破坏和损失。昆虫人工饲料常用的高压灭菌工作压力是 0.11 MPa，温度是 121℃，时间 20 min。确定不同人工饲料或同一饲料在不同容器中的最佳压力和时间都要经过昆虫饲养试验结果来选定。高压灭菌时一定要注意：①高压灭菌能破坏维生素和抗生素，因此，这些物质应在高压灭菌后，当饲料温度较低时加入（一般低于 60℃）；②液体饲料在容器中高压灭菌时，容器必须要留出一定空间（一般为容器体积的 2/3），以保证安全和灭菌效果。

（2）添加防腐剂

防腐剂的主要作用是干扰或破坏微生物细胞内各种酶系的活性，从而减少微生物产生的毒素和降低微生物的繁殖能力。常用的防腐剂有：对羟基苯甲酸甲酯、山梨酸、甲醛、苯甲酸钠、丙酸、丙酸钠、泥铂金,以及金霉素、卡那霉素、土霉素等。其中对羟基苯甲酸甲酯、山梨酸、甲醛和金霉素的使用比较广泛。当一种防腐剂不能完全抑制饲料里的微生物时,往往要添加多种防腐剂。朱金娥和金振玉(1999)进行了家蚕人工饲料防腐剂研究,他们发现用山梨酸与丙酸按一定比例复合添加防腐效果明显,家蚕生长良好。如果饲养昆虫的周期长,每隔一定的周期就要更换防腐剂或选用长效的防腐剂,以防昆虫人工饲料中防腐剂作用失效。崔为正等(1999)进行了家蚕人工饲料防腐剂和抗生素的筛选研究,他们筛选出由山梨酸、BCM及强力霉素组成的复合型防腐抗菌剂,不仅明显提高了人工饲料的防腐能力,而且对家蚕的败血症和僵病的治疗效果均达到90%以上,具有防腐和防病的双重作用。

确定昆虫人工饲料最佳防腐剂的种类及使用浓度需经过试验得到。一般要考虑以下原则:①能对常见的微生物污染有较强的广谱抑制效果;②不影响昆虫的正常生长发育。很多防腐剂都带有毒性,而且毒性的大小随着浓度的增加而加大,如在家蚕饲料中添加DF防腐剂时,对家蚕的摄食和生长发育会有不良影响(崔为正等,1999)。防腐剂不仅在不同浓度毒性不一,而且同一浓度对不同的昆虫毒性也不一样。山梨酸是一种普遍的防腐剂,很多昆虫人工饲料中都会应用,但在三化螟的饲料中达到0.1%的浓度时,对幼虫表现出一定的毒害作用(尚稚珍和王银淑,1984;王延年等,1984)。王叶元等(2005)研究了山梨酸、苯甲酸、丙酸、山梨酸和丙酸共4种防腐剂对低龄家蚕幼虫生长发育的影响,他们发现低龄家蚕幼虫人工饲料的防腐剂以添加0.25%~0.3%的山梨酸为宜。

二、满足昆虫营养成分比例平衡需求

所有的昆虫都需要以上介绍的必需营养成分来满足自身的生长、发育和繁殖,但不同的昆虫对不同营养成分的搭配比例要求不尽相同,昆虫人工饲料中一种或多种营养成分过低或者过高都不利于昆虫的生长发育。如果人工饲料中营养物质搭配比例适合昆虫代谢的需要,昆虫生长、发育正常,繁殖力强。这种满足昆虫正常生长发育和繁殖需求不同营养之间的比例为昆虫营养平衡需求。用营养平衡失调的人工饲料饲养昆虫时,昆虫会出现生长缓慢、发育不良和繁殖力下降等现象。例如,李广宏等(1998)在对甜菜夜蛾的人工饲料研究中发现,人工饲料中蛋白质含量过高,会增加甜菜夜蛾的代谢负担。

满足昆虫营养平衡需求应注意按照昆虫生长发育、繁殖不同阶段的营养和生化代谢需要来配制人工饲料,如昆虫在正常发育时都需要维生素C,昆虫翅的发育都需要不饱和脂肪酸。Dindo 等(2006)指出满足寄生天敌昆虫营养平衡需求最常用的方法是参照饲养对象寄主的营养成分和比例来确定人工饲料的成分和比例。Beck等(1949)参照寄主植物的主要营养成分比例,成功研究出玉米螟人工饲料,他们根据玉米植株不同生长期糖和蛋白质含量的变化,针对玉米螟的取食习性,筛选出玉米螟在不同龄期幼虫的人工饲料配方。随着现代植物化学和现代微量分析技术的发展和普及,参照寄主植物和动物的营养成分比例来设计昆虫人工饲料营养配方的技术将会得到广泛的应用。

三、合适的物理性状及加工剂型

人工饲料必须具备能适应所饲养昆虫口器和习性的物理性状,如硬度、浓度、均匀性、含水量等，这些性状及加工剂型对昆虫的生长和发育十分重要。不同昆虫在自然条件下的取食对象也不尽相同，有些昆虫的取食对象是固体，有的是液体，对于大多数咀嚼式口器昆虫，如棉铃虫、瓢虫等，取食对象是固体；对于刺吸式口器的昆虫，如蝉、蚜虫等种类，取食对象是液体。此外，昆虫人工饲料的均匀性一定要好，一般可以通过胶体磨和混匀器来实现饲料的均匀一致。但使用这些设备时要注意其温度，如果设备的温度太高会破坏人工饲料的营养成分。饲料的物理性状方面可用很多物质调节，如加入纤维素，能增加饲料的粗糙度；加入琼脂作为一种凝固剂，一般情况下饲料中琼脂的含量在3%左右，如果添加植物组织，可适当地减少琼脂的用量(王延年等，1984)。

一般昆虫人工饲料的加工剂型需要模拟在自然条件下取食对象的状态。例如，捕食性螨为刺吸式口器，对饲料的剂型要求严格，人工饲料必须具备良好的硬度和保水性才能较好地适应其取食特性以满足其生长发育的营养需要(Scriber and Slansky，1981；刘丰姣和曾凡荣，2013)。张士昶等(2008)用液体人工饲料连续饲养两代南方小花蝽若虫和成虫，发现液体人工饲料可以很好地满足南方小花蝽的若虫生长和成虫生殖的营养需求。但是取食人工饲料时，南方小花蝽的成虫获得率较低，主要原因是低龄若虫易被液体人工饲料粘住引起死亡。Cohen(1985)、Iriarte 和 Castañé(2001)、Castañé 等(2002)、Arijs 和 de Clercq(2004)制备的以牛肉和牛肝为主要成分的昆虫人工饲料为半固体状；Adams(2000)和 Firlej 等(2006)制备的以猪肉和猪肝为主要成分的人工饲料为半固体状；Rojas 等(2000)用鸡肝和鸡蛋制成的人工饲料也为半固体状，这些半固体状昆虫人工饲料分装在由石蜡膜制成的袋子中，饲喂时拉伸，供捕食性昆虫取食，避免了虫子与饲料的直接接触，同时也在一定程度上阻碍了细菌或真菌的感染。谭晓玲等(2010)则利用微胶囊包装技术对东亚小花蝽的人工饲料进行剂型加工，制成了外固内液的人工饲料，较适于刺吸式口器的捕食性天敌昆虫取食。据报道，微胶囊人工饲料对东亚小花蝽的繁殖行为和能力具有一定的影响，但是其便于存储和运输，适于批量生产，可提高饲料的稳定性，并可控制营养成分的释放。

四、满足昆虫取食刺激物质要求

取食刺激物质是指那些能引导昆虫摄食和诱发昆虫取食行为的化学物质。该物质能满足饲养对象取食刺激的需要，以及增强天敌取食行为。取食刺激物质大致分为下列3类。

(1)兼具营养功能的取食刺激物质

兼具营养功能的取食刺激物质有蔗糖等。人们已对家蚕中糖类对取食刺激的机制进行过详细研究，昆虫的取食反应常因与若干氨基酸或与蔗糖等其他物质的结合而加强。李恺等(2007)在研究不同人工饲料对龟纹瓢虫取食效应和虫体成分的影响中指出，添加蔗糖的饲料影响龟纹瓢虫的取食量要显著高于未添加蔗糖的饲料，表明蔗糖对于龟纹瓢虫的取食具有促进作用。另外，脂类和蛋白质等也能刺激取食，如麦胚含有昆虫需要的氨基酸、脂肪酸等多种营养物质，还含有刺激某些昆虫取食的物质(Chippendale and Mann，1972)。此外，油酸与亚油酸的混合物对金针虫能获得最大的刺激取食效果；β-谷固醇对家蚕及磷脂对蝗虫均是取食刺激物质(忻介六和邱益三，1986)。

(2) 天然取食刺激物质

这类物质虽然无明显的营养价值，有的甚至有毒，但有刺激取食的作用。这类物质主要作为昆虫取食的"信号"。例如，黑芥子硫苷酸钾及其分解物烯丙异硫氢酸对大菜粉蝶(*Pieris brassicae*)幼虫、甘蓝种蝇(*Hylemya brassicae*)、甘蓝蚜(*Brevicoryne brassicae*)有吸引力；芥子油糖对小菜蛾幼虫和其他鳞翅目昆虫及某种蚜虫也有刺激取食的功能(忻介六和邱益三，1986)。

(3) 工业生产的有机化合物

鸟嘌呤单磷酸酯对家蝇(*Musca domestica*)、乙酸联三苯对某些昆虫、萜烯对美国白蜡小蠹(*Leperesinus fraxini*)、乙醇对白蜡树材小蠹(*Xyleborus fraxini*)均有取食刺激作用(忻介六和邱益三，1986)。崔为正等(2000)也指出，焦性没食子酸同样具有刺激昆虫取食的明显作用。

五、注意控制人工饲料的质量

昆虫人工饲料配制完成后，要进行质量评价。Grenier 和 Clercq(2005)强调在人工饲料上饲养天敌昆虫时一定要注意质量控制，他们也指出许多生物指标如生活周期、繁殖力、捕食率和寄生率都可以作为人工饲料饲养天敌的质量指标。昆虫人工饲料质量评价方法有以下几类：①根据被饲养昆虫的生物指标来评价，如用饲养在自然寄主饲料上的种群作对照，观测昆虫人工饲料对饲养对象发育期、体重、幼虫/蛹/成虫异常率、性比、产卵量、产卵前期、产卵期、成活率等的影响；②根据被饲养昆虫的生化指标，如检测蛋白质、脂肪、糖类、激素等指标来观测人工饲料对饲养对象的影响；③观察昆虫人工饲料对饲养对象种群遗传的影响，如观察对饲养对象下一代的功能性指标(如活动/飞翔能力、捕食/寄生率及其他活力等)的影响。

六、人工饲料研制常见问题及改进措施

昆虫人工饲料研制常见问题有：人工饲料不能很好地满足昆虫生长的营养需求，主要存在若虫发育历期长、成虫产卵前期长、产卵量低、存活率低、连续多代饲养后种群退化；人工饲料中添加物成本较高；饲养效果的评价标准不完善等。因此昆虫人工饲料研制应着重完善昆虫的人工饲料配方，满足昆虫生长和繁殖的营养需求；应用细胞株系扩繁或基因工程菌株等技术来降低人工饲料添加物的成本；同时完善人工饲料饲养效果评价的方法和标准。通过以上措施来改进昆虫人工饲料研制中常见的问题。

(撰稿人：曾凡荣　杜文晓)

参 考 文 献

毕富春. 1983. 粘虫的简易人工饲料及防腐剂对其生长发育的影响. 昆虫知识, 30(6): 260-263.
曹玲, 刘怀, 张彬, 等. 2007. 不同蛋白质含量的人工饲料对甜菜夜蛾能源物质的影响. 西南师范大学学报(自然科学版), 32(1): 102-106.

陈其津, 李文宏, 庞义. 2000. 饲养五种夜蛾科昆虫的一种人工饲料. 昆虫知识, 37(6): 325-327.
崔为正, 牟志美, 王彦文. 2000. 小蚕人工饲料中若干物质添加效果的研究. 江苏蚕业, 2000(1): 11-13.
崔为正, 王彦文, 张国基, 等. 1999. 家蚕人工饲料防腐剂和抗菌素的筛选研究. 山东农业大学学报, 30(3): 219-225.
戴开甲, 马志健, 曹爱华, 等. 1995. 赤眼蜂人工寄主卵研究新进展. 全国生物防治学术讨论会论文摘要集: 61.
方昌源, 刘刚, 胡发新, 等. 1982. STQL-1 型双套管气流式喷卵机研制报告. 中国农业科学院棉花研究所科学研究年报: 134-138.
方杰, 朱麟, 杨振德, 等. 2003. 昆虫人工饲料配方研究概况及问题探讨. 四川林业科技, 24(4): 18-26.
冯建国, 陶训, 张安盛, 等. 1997. 利用人工卵繁殖的螟黄赤眼蜂防治棉铃虫研究. 中国生物防治, 13: 6-8.
龚佩瑜, 李秀珍. 1992. 饲料含氮量对棉铃虫发育和繁殖的影响. 昆虫学报, 35(1): 40-46.
胡增娟, 崔为正, 牟志美. 2002. 线性规划人工饲料中粗蛋白含量对家蚕若干生理性状的影响. 蚕业科学, 28(3): 224-228.
李敦松, 余胜权, 刘建峰, 等. 2002. 荔枝绿色食品生产中的植保技术. 广东农业科学, (2): 41-42.
李广宏, 陈其津, 庞义. 1998. 甜菜夜蛾人工饲料的研究. 中山大学学报(自然科学版), 37(4): 1-5.
李恺, 张天澍, 张丽莉, 等. 2007. 不同人工饲料对龟纹瓢虫取食效应和虫体成分的影响. 华东师范大学学报(自然科学版), (6): 97-105.
李文谷, 郦一平, 何永刚. 1991. 一种适用于多种棉花鳞翅目害虫的麦胚饲料. 昆虫学研究集刊, 10: 35-40.
李咏军, 吴孔明, 罗术东. 2007. 烟青虫人工大量饲养技术的研究. 核农学报, 21(1): 75-78.
林进添, 刘秀琼. 1996. 条螟半纯人工饲料的研究. 仲恺农业技术学院学报, 9(1): 50-57.
刘丰姣, 曾凡荣. 2013. 捕食性螨类人工饲养研究进展. 中国生物防治学报, 29(2): 294-300.
刘刚, 曾凡荣, 方昌源. 1979. 饲养草蛉幼虫的人工卵制卵机的研制. 中国农业科学院棉花研究所科学研究年报: 175-177.
刘刚, 曾凡荣, 方昌源. 1980. 饲养草蛉幼虫的人工卵制卵机的研制续报. 中国农业科学院棉花研究所科学研究年报: 332-341.
刘志诚, 刘建峰, 杨五烘, 等. 1995. 机械化生产人工寄主卵大量繁殖赤眼蜂、平腹小蜂及多种捕食性天敌研究新进展. 全国生物防治学术讨论会论文摘要集: 60.
卢文华. 1986. 斜纹夜蛾半合成人工饲料的研究. 华南农业大学学报, 7(2): 33-42.
吕飞, 刘玉升, 张秀波, 等. 2007. 鳞翅目昆虫人工饲料的研究现状. 华东昆虫学报, 16(2): 149-155.
莫美华, 庞虹, 庞雄飞. 2007. 小菜蛾半合成人工饲料配方的优化. 中山大学学报(自然科学版), 46(6): 45-86.
莫美华, 庞雄飞. 1999. 利用半合成人工饲料饲养小菜蛾的研究. 华南农业大学学报, 20(2): 13-17.
牟吉元, 徐洪富, 荣秀兰. 2001. 普通昆虫学. 北京: 中国农业出版社: 188.
蒲蛰龙. 1976. 我国害虫生物防治概况. 昆虫学报, 19: 247-252.
尚稚珍, 王银淑. 1984. 二化螟人工饲料实用化的研究. 昆虫知识, 21(1): 8-12.
宋彦英, 周大荣, 何康来. 1999. 亚洲玉米螟无琼脂半人工饲料的研究与应用. 植物保护学报, 26(4): 324-328.
谭晓玲, 李修炼, 王甦, 等. 2010. 东亚小花蝽人工饲料微胶囊工艺应用研究. 昆虫学报, 53(8): 891-900.
王承纶, 毛刚, 高颖, 等. 1999. 赤眼蜂寄生卵识别精选机. 中国生物防治, 15(3): 139-140.
王承伦, 张荆, 霍绍荣, 等. 1998. 赤眼蜂的研究、繁殖与应用//包建中, 古德祥. 中国生物防治. 太原:

山西科学技术出版社: 67-123.

王素琴. 2001. 利用人工卵繁育赤眼蜂的研究进展. 植保技术与推广, (21): 40-41.

王延年. 1990. 昆虫人工饲料的发展、应用和前途. 昆虫知识, 27(5): 310-312.

王延年, 郑忠庆, 周永生, 等. 1984. 昆虫人工饲料手册. 上海: 上海科学技术出版社: 297.

王叶元, 霍永康, 刘时椿. 2005. 家蚕人工饲料防腐剂的效果试验. 广东蚕业, 39(02): 31-35.

温小昭, 邓钧华, 吴海昌. 2007. 实验昆虫人工饲养技术与管理. 生物学通报, 42(7): 58.

吴钜文, 王素琴, 官云秀. 1995. 利用人造卵繁殖螟黄赤眼蜂防治棉田棉铃虫的效果. 全国生物防治学术讨论会论文摘要集: 63.

吴坤君. 1985. 棉铃虫的紫云英-麦胚人工饲料. 昆虫学报, 28(1): 22-29.

吴坤君, 龚佩瑜, 李秀珍. 1990. 烟青虫人工饲料的研究. 昆虫学报, 33(3): 301-308.

吴坤君, 李明辉. 1992. 棉铃虫营养生态学的研究: 食物中糖含量的影响. 昆虫学报, 35(1): 47-52.

吴坤君, 李明辉. 1993. 棉铃虫营养生态学研究: 取食不同蛋白质含量饲料时的种群生命表. 昆虫学报, 36(1): 21-28.

武丹, 王洪平. 2008. 利用马铃薯块茎饲养马铃薯瓢虫的初步研究. 河南农业科学, 04: 76-77.

忻介六, 邱益三. 1986. 昆虫、螨类和蜘蛛的人工饲养(续篇). 北京: 科学出版社: 211.

忻介六, 苏德明. 1979. 昆虫、螨类和蜘蛛的人工饲养. 北京: 科学出版社: 211.

杨兆芬, 曹长华, 石丽金, 等. 2001. 半人工饲料对细纹豆芫菁成虫的正效应. 福建师范大学学报(自然科学版), 17(1): 84-86.

应霞玲, 曾玲, 庞雄飞. 1999. 红纹凤蝶半合成人工饲料研究. 华南农业大学学报, 20(4): 24-27.

曾爱平, 季香云, 蒋杰贤, 等. 2005. 甜菜夜蛾人工饲料优化配方筛选. 湖南农业大学学报(自然科学版), 31(6): 656-659.

曾凡荣, 陈红印. 2009. 天敌昆虫饲养系统工程. 北京: 中国农业科学技术出版社: 287.

张广学. 1997. 适合农业可持续发展的农业害虫自然控制策略. 世界科技研究与发展, 19(6): 36-39.

张克斌, 谭六谦. 1989. 昆虫生理. 西安: 陕西科学技术出版社: 55-62.

张礼生, 陈红印, 李保平. 2014. 天敌昆虫扩繁与应用. 北京: 中国农业科学技术出版社: 438.

张丽莉, 李恺, 张天澍, 等. 2007. 人工饲料对龟纹瓢虫生长和繁殖的影响. 昆虫知识, 44(6): 178-678.

张屾, 毛建军, 曾凡荣. 2015. 非昆虫源人工饲料对异色瓢虫生物学特性的影响. 中国生物防治学报, 31: 35-40.

张士昶, 周兴苗, 潘悦, 等. 2008 南方小花蝽液体人工饲料的饲养效果评价. 昆虫学报, 51(9): 997-1001.

朱金娥, 金振玉. 1999. 家蚕人工饲料防腐剂的研究. 粮食与饲料工业, (1): 38-39.

Adams T S. 2000. Effect of diet and mating status on ovarian development in a predaceous stink bug *Perillus bioculatus*(Hemiptera: Pentatomidae). Ann Entomol Soc Am, 93: 529-535.

Akey D H, Beck S D. 1970. Continuous rearing of the pea aphid, *Acyrthosiphon pisum*, on a holidic diet. Ann Entomol Soc Am, 64: 353-356.

Applebaum S W. 1985. Biochemistry of digestion. In: Kerkut G A, Gilbert L I. Comprehensive Insect Physiology Biochemistry and Pharmacology. Oxford: Pergamon Press: 279-311.

Arijs Y, de Clercq P. 2004. Liver-based artificial diets for the production of *Orius laevigatus*. BioControl, 49: 505-516.

Beck S D, Lilly J H, Stauffer J F. 1949. Nutrition of the European corn borer, *Pyrausta nubilalis*(Hbn). I. Development of a satisfactory purified diet for larval growth. Ann Entomol Soc Am, 42: 483-496.

Brodbeck B V, Peter C A, Russell F M. 1999. Effects of total dietary nitrogen and nitrogen form on the development of xylophagous leafhoppers. Arch Insect Biochem, 42: 37-50.

Butler G D. 1968. Sugar for the survival of *Lygus hesperus* on alfalfa. J Econ Entomol, 61: 854-855.

Castañé C, Iriarte J, Lucas E. 2002. Comparison of prey consumption by *Dicyphus tamaninii* reared conventionally, and on a meat-based diet. BioControl, 47: 657-666.

Chippendale G M, Mann R A. 1972. Feeding behaviour of Angoumois grain moth Larvae. J Insect Physiol, 18: 87-94.

Chu H F, Meng H L. 1958. Studies on three species of cotton plant-bugs *Adelphocous taeniophorus* Reuter, *A. Lineolatus* (Goeze), and *Lygus Lucorum* Moyer-Dur (Hemiptera, Miridae). Acta Entomol, 8(2): 117-118.

Cohen A C. 1985. Simple method for rearing the insect predator *Geocoris punctipes* (Heteroptera: Lygaeidae) on a meat diet. J Econ Entomol, 78: 1173-1175.

Cohen A C. 1989. Ingestion efficiency and protein consumption by a heteropteran predator. Ann Entomol Soc Am, 82(4): 495-499.

Cohen A C. 1998. Solid-to-liquid feeding: the inside(s) story of Extra-Oral digestion in predaceous arthropoda. Am Entomol, 44: 103-115.

Cohen A C. 2000. New oligidic production diet for *Lygus hesperus* knight and *L. lineolaris* (Palisot de Beauvois). J Entomol Sci, 35(3): 301-309.

Cohen A C. 2001. Formalizing insect rearing and artificial diet technology. AE, 47(4): 198-205.

Cohen A C, Patana R. 1984. Efficiency of food utilization by *Heliothis zea* (Lepidoptera: Noctuidae) fed artifical diets or green beans. Canadian Entomologist, 116: 139-146.

Cohen A C, Smith L K. 1998. A new concept in artificial diets for *Chrysoperla rufliabris*: the efficacy of solid diets. Biological Control, 13: 49-54.

Cohen, A C, Zeng F, Crittenden P. 2005. Adverse effects of raw soybean extract on survival and growth of *Lygus hesperus*. J Entomol Sci, 40: 390-400.

Dindo M L, Grenier S, Sighinolfi L, *et al*. 2006. Biological and biochemical differences between *in vitro*-and *in vivo*-reared *Exorista larvarum*. Entomol Exp Appl, 120: 167-174.

Du W, Zeng F. 2016. Identification of development-related genes in adult ovaries of *Harmonia axyridis* (Pallas) lady beetles using a time series analysis by RNA-seq. Scientific Reports, 6: In press.

Du W X, Zeng F R.2016.Identification of development-related genes in the ovaries of adult *Harmonia axyridis*(Pallas)lady beetles using a time-series analysis by RNA-seq identification of development-related genes in adult *Harmonia axyridis*(Pallas)ovaries using a time series analysis by RNA-seq. Impressed Scientific Reports.In press.

EI Arnaouty S A, Galal H, Beyssat V, *et al*. 2006. Influence of artificial diet supplements on developmental features of *Chrysoperla carnea* Stephens. Egypt J Biol Pest Co, 16: 29-32.

Firlej A, Chouinard G, Coderre D. 2006. A meridic diet for the rearing of *Hyaliodes vitripennis* (Hemiptera: Miridae), a predator of mites in apple orchards. Biocontrol Sci Techn, 16: 743-751.

Grenier S, de Clercq P. 2003. Comparison of artificially vs. naturally reared natural enemies and their potential for use in biological control. *In*: van Lenteren J C. Quality of Artificially Reared Biocontrol Agents. Wallingford: CABI Publishing, Cambridge: Cambridge University Press: 115-131.

Grenier S, de Clercq P. 2005. Biocontrol and artificial diets for rearing natural enemies. *In*: Pimentel D. Encyclopedia of Pest Management. Oxford: Taylor & Francis: 1-3.

Haramboure M, Mirande L, Schneider M I. 2016. Improvement of the mass rearing of larvae of the neotropical lacewing Chrysoperla externa through the incorporation of a new semiliquid artificial diet. BioControl, 61: 69-78.

House H L. 1966. Effects of varying the ratio between the amino acids and other nutrients in conjunction with a salt mixture on the fly *Agria affinis*(Fall.). J Insect Physiol, 12: 299-310.

Iriarte J, Castañé C. 2001. Artificial rearing of *Dicyphus tamaninii*(Heteroptera: Miridae)on a meat-based diet. BioControl, 22: 98-102.

King E G, Hartley G G, Martin D F, et al. 1985. Large-scale rearing of a sterile backcross of the tobacco budworm(Lepidoptera: Noctuidae). J Econ Entomol, 78: 1166-1172.

Liu F, Liu C, Zeng F. 2013. Effects of an artificial diet on development, reproduction and digestive physiology of *Chrysopa septempunctata*. BioControl, 58: 789-795.

Liu F, Zeng F. 2014. The influence of nutritional history on the functional response of Geocoris pallidipennis to its prey, *Myzus persicae*. Bulletin of Entomological Research, 104: 702-706.

Nordlund D A. 1993. Improvements in the production system for green lacewings: a hot melt glue system for preparation of larval rearing units. J En Sci, 28: 338-342.

Rojas M G, Morales-Ramos J A, King E G. 2000. Two meridic diets for *Perillus bioculatus* (Heteroptera: Pentatomidae), a predator of *Leptinotarsa decemlineata* (Coleoptera: Chrysomelidae). Biological Control, 17: 92-99.

Scriber J M, Slansky Jr F. 1981. The nutritional ecology of immature insects. Annu Rev Entomol, 26: 183-211.

Sighinolfi L G, Febvay M L, Dindo M, et al. 2008. Biological and biochemical characteristics for quality control of *Harmonia axyridis*(Pallas)(Coleoptera, Coccinellidae)reared on a liver-based diet. Arch Insect Biochem Physiol, 68: 26-39.

Sikorowski P P, Lawrence A M. 1994. Microbial contamination and insect rearing. Annu Rev Entomol, 40(4): 240-253.

Sing P, Moore R F. 1985. Handbook of Insect Rearing. New York, Tokyo: Elsevier Science Ltd: 522.

Thompson S N. 1975. Defined meridic and holidic diets and aseptic feeding procedures for artificially rearing the ectoparasitoid, *Exeristes roborator*(Fabricius). Annu Rev Entomol, 68: 220-226.

Thompson S N. 1976. Effects of dietary amino acid level and nutritional balance on larval survival and development of the parasite *Exeristes roborator*. Annu Rev Entomol, 69: 835-838.

Thompson S N. 1999. Nutrition and culture of entomophagous insects. Annu Rev Entomol, 44: 561-592.

Vanderzant E S. 1957. Growth and reproduction of the pink bollworm on an amino acid medium. J Econ Entom, 50: 219-221.

Vanderzant E S. 1959. lnositol: An indispensable dietary requirement for the boll weevil. J Econ Entom, 52: 1018-1019.

Vanderzant E S. 1963. Nutrition of the adult boll weevil: Oviposition on the defined diets and amino acid requirements. J Ins Physiol, 9: 683-691.

Vanderzant E S. 1965. Aseptic rearing of the boll weevil on defined diets: Amino acid, carbohydrate and mineral requirements. J Ins Physiol, 11: 659-670.

Vanderzant E S, Richardson C D. 1964. Nutrition of the adult boll weevil: lipid requirements. J Ins Physiol, 10: 267-272.

Woolfork S W, Smith D B, Martin R A, et al. 2007. Multiple orfice distribution system for placing green lacewing eggs into Verticel®larval rearing units. J Econ Entom, 100: 283-290.

Zapata R, Specty O, Grenier S, *et al.* 2005. Carcass analysis to improve a meat-based diet for the artificial rearing of the predatory mirid bug *Dicyphus tamaninii*. Arch Insect Biochem Physiol, 60: 84-92.

Zeng F, Cohen A C. 2000a. Comparison of alpha-amylase and protease activities of a zoophytophagous and two phytozoophagous heteroptera. Comp Biochem Physiol, 126A: 101-106.

Zeng F, Cohen A C. 2000b. Partial characterization of alpha-amylase in the salivary glands of *Lygus hesperus* and *L. lineolaris*. Comp Biochem Physiol, 126B: 9-16.

Zeng F, Cohen A C. 2000c. Demonstration of amylase from zoophytophagous Anthocorid *Orius insidiosus*. Arch Insect Biochem Physiol, 44: 136-139.

Zou D Y, Coudron T A, Zhang L S, *et al.* 2013b. Nutrigenomics in *Arma chinensis*(Hemiptera: Pentatomidae: Asopinae): transcriptomes analysis of *Arma chinensis* fed on artificial diet and Chinese oak silk moth pupae. PLoS ONE, 8: e60881.

Zou D Y, Wu H, Coudron T A, *et al.* 2013. A meridic diet for continuous rearing of *Arma chinensis*(Hemiptera: Pentatomidae: Asopinae). Biol Control, 67: 491-497.

第九章 规模化扩繁天敌昆虫质量控制

第一节 概 述

一、天敌昆虫产品质量控制的重要性

随着人们对食品安全、环境安全、有机农业、生物多样性的关注，生物防治越来越受到世界各国的重视。更多的天敌昆虫应用于防治虫害，对高品质的天敌昆虫需求也不断扩大。目前在世界范围内有 100 多种商业化的天敌昆虫应用于害虫生物防治，天敌昆虫不仅普遍应用于温室中，而且应用于防治大田作物害虫(Anon, 2000; Gurr and Wratten, 2000; van Lenteren, 2000)。天敌昆虫对植物不会产生药害，释放天敌较喷施农药更为省时和安全，防治效果一般具有持久性，天敌昆虫也不会产生农产品农药残毒问题而威胁消费者的身体健康，所以受到广大消费者的欢迎。但长期以来，天敌昆虫饲养质量控制没有受到应有的重视，一些公司缺乏诸多因素对天敌昆虫性能影响的了解，天敌的生产缺乏恰当的质量控制程序，生产出的天敌昆虫产品质量低，导致生物防治效果差或生物防治的失败(van Lenteren, 2003)。由于天敌质量的好坏直接关系到释放该天敌是否能成功，因此天敌昆虫产品质量控制十分重要。

天敌昆虫产品质量控制与行业管理的规范化紧密相关。大规模地饲养寄生性或捕食性天敌通常是在特定的环境下，通过"非天然的"寄主和寄主植物或人工饲料进行饲养，天敌昆虫的饲养不仅要考虑天敌生理学方面的问题还要考虑饲养对其行为学和生态学的影响。大规模饲养常导致天敌性能降低，天敌昆虫大量饲养的数量和田间表现性能之间的冲突也影响了天敌产品的应用效率。天敌产品在大田实际应用时，一般难以检测它是否能够有效地控制目标害虫(van Lenteren and Manzaroli, 1999)。天敌昆虫产品的质量缺乏稳定性，销售的天敌质量差或对天敌产品应用缺乏足够的指导等是导致生物防治失败的重要因素，也会对整个害虫综合治理工作的进展产生负面影响。因此健全和完善天敌昆虫饲养的质量控制管理非常重要(徐学农和王恩东，2008)。

天敌昆虫饲养质量控制不仅强调天敌数量更注重天敌的质量，如天敌昆虫的田间表现。一种天敌昆虫生产的质量标准与控制方法是生产该天敌商品质量控制的核心。忻介六(1982)总结生物防治一些问题时指出，生物防治工作中有常见的 3 种失误。①天敌种类品系及生态型问题：错误地从它地引种，而不考虑种类、品系及生态型问题，从而导致失败，美国初期使用赤眼蜂失败就是一例；②"品质"问题：用人工饲料大量饲养的天敌昆虫与田间的天敌昆虫在品质上会发生变化，不加以检验，不管品质如何，任意加以释放，必将导致田间生物防治工作的失败；③释放技术问题：如不注意释放的时间及方法也是一个大问题。上述 3 个问题都很重要，而关键在于品质。他也强调从 1972 年起欧美各国科学家均在进行天敌昆虫品质控制方面的研究，发表了大量的文章。如何进行

"品质管理"已成为当前生物防治工作的研究重点之一。天敌昆虫品质的好坏直接影响到田间释放的成功与失败,也关系到该天敌商品化的走向和人们对释放该天敌控制害虫的信心,因此,加强天敌昆虫饲养质量控制研究,制定和规范天敌昆虫饲养质量标准,对于保证生物防治措施的可信度、进一步促进生物防治的应用和发展绿色农业具有重大意义。

二、天敌昆虫扩繁质量控制研究进展

美国最早开展害虫天敌的大规模生产,但也是在第二次世界大战后才开始的(DeBach,1964;van Lenteren and Woets,1988),最初的大量饲养工作涉及了3种天敌,即捕食叶螨的智利小植绥螨(*Phytoseiulus persimilis*)、寄生粉虱的丽蚜小蜂(*Encarsia formosa*)、寄生鳞翅目卵的赤眼蜂(*Trichogramma* sp.),每周生产量不超过数千头。关于生物防治商业化方面的早期出版物没有涉及天敌质量控制方面的主题(Hussey and Bravenboer,1971)。到20世纪80年代中期,生物防治中天敌质量控制方面的问题才得到了更多的关注(van Lenteren,1986a,1986b)。正是在这样的背景下,国际生物防治组织(The International Organization for Biological Control,IOBC)全球工作组在荷兰的瓦赫宁根举办了第五次研讨会"关于节肢动物大量饲养的质量控制",给天敌生产者和有关科学家提供了一个讨论天敌质量控制的平台(Bigler,1991)。随后,由欧洲共同体(European Community,EC)资助,于1992~1997年相继召开了一系列有关天敌质量控制的研讨会(Nicoli *et al*.,1993;van Lenteren *et al*.,1993;van Lenteren,1994,1996,1998)。在这些会议上制定出了超过20种天敌的质量控制标准,这些天敌包括捕食性螨类、小花蝽类、寄生蜂类及草蛉等,这些质量控制标准已被欧洲天敌生产商接受和采用(van Lenteren,1998;van Lenteren and Tommashi,1999)。

国际生物防治生产商协会(the International Biocontrol Manufacturers Association,IBMA)于2000年9月在荷兰召开第一次会议,欧洲及加拿大和美国重要的天敌生产商的代表均参会。2001年在北美再次召开会议,制定出了超过30种天敌的质量控制标准(van Lenteren,1996,1998,2003;van Lenteren and Tommasini,1999),这些标准已被欧洲和北美等多家大规模天敌生产公司所接受和采用,天敌生产公司会根据生产规模和天敌生产的种类、数量来具体运用1~20种检测方法进行天敌产品的质量检验。30多个天敌品种质量控制和检测方法的指导标准现在已被用于天敌生产中的生产控制、过程控制和产品控制。这些指导标准设计原则上尽可能统一,因为只有统一的标准形式才能够被更多的生产者、经销商、害虫治理专家和最终使用者采用。天敌生产者应注重天敌生产过程的质量控制和质量监督,而使用者一定要掌握产品质量检测方面的知识,如产品包装中的天敌羽化率和存活率等方面的检测。以色列 Bio-Bee 公司根据国际标准组织〔International Organization for Standardization(ISO)9001〕和IOBC的国际标准,大量生产天敌(van Lenteren *et al*.,2003)。另外,应把天敌质量控制检测标准、天敌及其靶标害虫的说明书送给植物保护机构。这些是生物防治公司生存和发展的必要前提。

目前,许多科学家在天敌质量控制方面做了大量工作。例如,Leppla 和 Ashley(1990)提出了天敌昆虫质量标准包括数量、性比、生殖力、寿命、成虫大小、飞翔能力及田间控制效果等指标。Sighinolfi 等(2008)在天敌质量控制研究中运用饲养对象昆虫从 1 龄到羽化的生物学和氨基酸含量生化综合指标，该综合指标较好地评价了人工饲料对该昆虫天敌质量的影响。Dindo 等(2006)也在天敌质量控制研究中比较了人工饲料对一种寄生天敌昆虫的影响，他们发现营养不平衡的人工饲料可以减少该寄生性天敌昆虫的产卵量。EI Arnaouty 等(2006)也发现在捕食性昆虫草蛉的人工饲料中加入 1.2%的一种螟蛾科成虫腹部的天然辅助物质后可以提高天敌质量，草蛉从幼虫至成虫的成活率提高。Grenier 和 Clercq(2005)强调在人工饲料上饲养天敌昆虫时一定要注意天敌的质量控制，他们也指出许多生物学指标如生活周期、繁殖力、捕食率和寄生率都可以用于饲养天敌的质量控制。Cohen(2000)也研究了长期使用昆虫人工饲料饲养对捕食性天敌昆虫的影响。

苏联在 20 世纪 80 年代对赤眼蜂的质量控制做了大量工作，在第一次有关天敌质量控制国际研讨会中就有关于赤眼蜂和卵寄生性天敌俄语论文资料。第二次和第三次天敌质量控制专题研讨会上分别有 3 篇和 2 篇由苏联研究人员撰写的关于赤眼蜂和卵寄生性天敌的论文(Wajnberg and Vinson, 1991)。第四次天敌质量控制专题研讨会上升到 5 篇论文(Wajnberg, 1995)。这些论文中涵盖了大量有关天敌质量控制标准方面的内容。

在澳大利亚，天敌生产者在松突圆蚧寄生蜂黄蚜小蜂(*Aphytis acalcaratus*)生产上应用了质量控制标准(运用了 IOBC/EC 制定质量控制标准的要点)，但没有天敌质量控制相关的出版物发表。澳大利亚应用的天敌质量控制标准处于发展之中(van Lenteren, 2003)。在新西兰，IOBC/EC 制定质量控制标准的要点应用于 5 种天敌的质量控制上，而且更加注重天敌生产控制阶段的质量检查标准的关键要点，同样也没有见到质量控制的出版物(van Lenteren, 2003)。在日本，IOBC/EC 制定质量控制标准的要点应用于多种从欧洲引进或本国生产的天敌的质量控制上，但日本也未见到质量控制标准的出版物(van Lenteren, 2003)。

南非昆虫饲养协会出于生防物的销售或其他目的，为商品化的昆虫积极制定了一些质量控制标准，具体的情况和进程在两年一次的昆虫饲养讨论会上汇报(Conlong, 1995)。非洲几个其他国家，如贝宁、肯尼亚、尼日利亚、苏丹和赞比亚，都在开始应用天敌质量控制(Conlong, 1995; Conlong and Mugoya, 1996)。在拉丁美洲，古巴有一篇关于寄生蝇(Aleman *et al.*, 1998)和一篇关于捕食螨(Ramos *et al.*, 1998)的质量控制方面的文章发表。在巴西，Bueno(2000)编辑出版的一本书，列举了一些关于微生物、捕食螨及捕食性和寄生性天敌昆虫的质量控制方面的例子。

我国在应用天敌生物防治重要害虫方面做了大量工作，但天敌质量控制方面还有许多工作要做。我国在第一次天敌昆虫饲养质量控制方面的国际研讨会上有 2 篇关于赤眼蜂和卵寄生天敌的中文论文(Voegele, 1982)。第二次和第三次昆虫饲养质量控制国际研讨会上升到分别为 10 篇和 5 篇关于赤眼蜂和卵寄生天敌质量控制的中文论文(Voegele *et al.*, 1988; Wajnberg and Vinson, 1991)，但论述的天敌质量控制标准还不够详细和具体。现在我国的科学工作者已经开始重视天敌昆虫饲养的质量控制方面的研究。陈红印等(2000)制定了以米蛾(*Corcyra cephalonica*)卵为寄主繁殖玉米螟赤眼蜂(*Trichogramma ostriniae*)的质量控制技术。孙毅和万方浩(2000)详细制定了七星瓢虫(*Coccinella septempunctata*)规模化饲养的质量控制。总之，对天敌质量控制的不断关注、研究和发展一定会有利于我国天敌昆虫的质量控制及其产品的商品化。徐学农和王恩东(2007，2008)分析了国外昆虫天敌商品化现状及国外昆虫天敌商品化生产技术及应用，其中重点阐述了天敌的生产和质量控制，这对我国天敌的质量控制和产业化进程将有一定的借鉴作用。我国现阶段在天敌昆虫的商品化生产方面还有许多问题要解决，但研究制定天敌昆虫质量控制标准是我国天敌昆虫商品化的重中之重，没有天敌质量控制标准，会影响天敌的生产、应用和人们对生物防治的信心，而且在商标注册上也存在问题，因此天敌质量控制是天敌昆虫商品化生产前必须要做的工作。

第二节 天敌昆虫产品质量控制

一、天敌昆虫产品质量控制的目标

天敌昆虫产品质量控制的目标是大量饲养能够保持种群质量的天敌昆虫，并使该天敌达到释放标准，最终目标是让天敌使用者满意。质量控制的目的就是检验应用的天敌是否能保持质量标准，这就需要对天敌产品有一定数量的描述特征和田间表现评价(Bigler，1989)。天敌大量释放的目的是防治害虫，天敌质量控制就是控制释放天敌能保持恰当的质量，而达到防治害虫的目的，要让大量饲养的天敌完全保持它田间原有的种群质量是不现实的。Leppla 和 Fisher(1989)曾指出天敌生产商应按照一定的规则、基础标准执行质量控制标准生产天敌。

天敌的质量控制能反映在某种水平下天敌产品在应用中是否成功。质量控制包括生产控制、过程控制、产品控制和应用控制几个方面。生产控制主要是指对生产条件的控制，如温度、湿度和光照等。过程控制主要是指对植物、替代饲料及人工饲料等质量的控制，这些控制是由生产目标决定的，如卵的孵化率、幼虫和蛹的重量、化蛹率等。产品控制是指对终产品的具体指标及天敌产品的性状控制，包括包装数量、性比(对于寄生性天敌来说，雌性比例高是良好产品的保证)、生殖力、飞行力、搜索力、存活力等。应用控制包括储藏条件(温度、湿度、光照等)、最大可储藏时间，天敌生产批号等(徐学农和王恩东，2008)。

作为一种商品，天敌产品质量要经得起商检部门的经常性检验。天敌的纯度、数量，以及天敌的活性等是最基本的检查指标。天敌在生产包装运输及机械化释放应用(van Lenteren and Tommasini，2003；Rull et al.，2012)等过程中，都会出现产品质量下降的问题。只有满足质量标准的产品才是合格的产品。目前，已有国际标准化组织(ISO 9002)进行有关天敌产品的认证，如以色列 Bio-Bee 天敌公司的天敌产品，在 2002 年首次获得国际标准化组织的认证，成为世界上第一个获得此认证的公司(徐学农和王恩东，2007)。

二、天敌昆虫产品质量控制系统管理

天敌昆虫产品质量控制是决定天敌产品成功应用的关键。天敌昆虫产品质量好，防治目标害虫的效率就高，反之效率就低。保持天敌产品的质量，提高产品质量和生产效率，纠正明显的问题等都是天敌昆虫产品质量控制系统管理的工作内容。天敌昆虫高质

量标准必须具备的基本特征是：①具有高生殖力，能够在经济受害水平标准内控制害虫种群的增长；②具有较强的生态适应能力，能够在特定的环境条件下生存、繁殖，进而有效地扩散与搜寻目标害虫；③具有专一的寄生或较高的捕食能力(Leppla and Fisher，1989；Dichel，1992)。要达到这样的标准和特征，最好的方法就是执行天敌产品的全程质量控制。天敌的全程质量控制由一系列必要的要素组成，在管理组织上由 8 个大部分组成(Leppla，2003)，包括组织管理、方法的发展、材料、生产、应用、工作人员的培训、质量控制和调查研究。各个要素都有其内在的基本功能，相互依存并通过调查研究来综合反馈到组织管理部门。管理者的角色是制定策略、计划生产、提供经营管理和行使设计控制。天敌的生产部分是整个质量控制系统中要优先考虑的问题。设计一个质量控制系统的框架将帮助管理者避免犯一般不必发生的错误，如材料储存是否充足或饲养工作人员的健康和安全是否能够保证等。天敌的质量控制是商业化天敌生产的重中之重，也是生物防治能否成功的关键所在。天敌的全程质量控制管理可以保证天敌产品的质量和减少不必要的损失。在天敌产品使用期和使用后都要进行检测和评估，并保证使用后达到对害虫控制的预期效果。一般天敌昆虫产品质量控制管理的主要流程示意如图 9-1 所示。

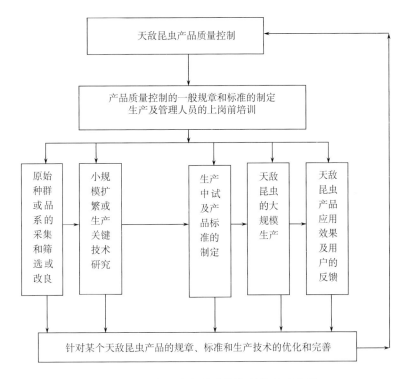

图 9-1 天敌昆虫产品质量控制管理示意图

全程天敌昆虫产品质量控制系统以饲养的天敌能够有效地控制目标害虫种群为目标(Leppla and Fisher，1989；Leppla，2003，2009)。这就需要准确地识别和有效地收集、处理、保存、饲养和收获充足数量的天敌。天敌质量控制系统描述了整个饲养标准操作程序(standard operating procedure，SOP)，参与一线操作的工作人员应该明确标准操作程序的步骤。

生产控制与天敌生产的工作人员、材料、设备、进度、环境、标准操作程序等有关。大多数天敌生产的失败是生产控制的缺乏、生产工作人员犯的错误、材料的改变或环境控制出现问题。首先应聚焦标准操作程序是否有问题，其次是饲养材料是否异常，此外检查虫态和饲养环境是否异常。

过程控制是对工作人员在生产线上关键生产过程要素的评估(Feigenbaum, 1983)。在饲养系统中，过程控制是天敌昆虫从开始到最后虫态过程的控制，当饲养结果不可预测、有害过程发生或有意改变输入时，过程控制显得尤为重要。生产部分作出任何必要的调整，过程控制都要作出相应的变化。天敌昆虫产品的控制也包括天敌昆虫产品对害虫应用中的表现评估和使用者的评价，通过反馈，天敌生产者可以提供更好的天敌昆虫产品，达到更佳的田间效果，使天敌使用者满意。

天敌昆虫产品质量控制系统中的质量保证，强调的是天敌昆虫产品的应用效果、消费者的效果反馈。管理者负责整个系统的设计、管理和运行。工作人员直接向管理者汇报。研究和材料部分强化方法的改进是通过实验和优化饲养设施及设备、精炼材料和方法来实现的。生产部分强调的是天敌大量饲养和控制生产输入和程序的标准化操作。质量控制部分通过监督饲养程序和产品质量保证供应产品的规格和标准。应用部分是评估供应链上产品的质量以确保消费者满意。管理者接到来自生产、质量控制和应用部分的反馈，决策是否调节整个系统(Leppla, 2009)。

为了保证天敌昆虫产品的质量控制，对于天敌生产者和供应商的全部天敌质量控制各元素的计划和频次见图9-2。要使生产成本降低而且获得更高质量的天敌产品，还有更多的工作要做，如长期存储、运输和释放方法的革新，天敌经过运输和分销商的处置，到达目的地在释放之前怎样保持产品质量不退化等。提高天敌质量的同时降低生产成本或研发更简单的生物防治方法，使天敌昆虫产品在经济上更有吸引力。

三、天敌昆虫产品生产、使用过程中的质量控制研究

在使用天敌作为害虫综合防治中的主要技术以前，要做大量的实验室和田间的研究，包括在害虫高峰期时天敌的应用效果(Glenister and Hoffman, 1998；van Lenteren and Tommasini, 1999；Rendon et al., 2006)、生物防治关键技术的改进及客观的防效评估等(图9-3)。只有通过研究确认效果好的天敌才有发展和应用前景。另外，通过可行性研究，决定天敌的价格和市场前景。

研究者应该经常与天敌生产者、销售人员及消费者密切合作，提高天敌产品的质量和实际应用效果。天敌生产者常常缺乏的是天敌饲养、包装、储存、运输、应用和评估方面的改进，而研究者恰恰能够帮助和指导天敌的质量控制，另外，研究者成果在天敌生产者那里具体实施，确保他们的新发现能够得到正确的评估及应用。研究者把评估产品质量结果传达给天敌产品的提供者，以便发现问题后改进生产和销售。产品控制评估被消费者接受，使消费者知晓可能出现的问题、鉴定方法和造成的原因(Webb *et al.*, 1981；Steward *et al.*, 1996；Thomson and Hoffmann, 2002)，如饲养寄主和食料的改变(Rodriguez *et al.*, 2002；Lopez *et al.*, 2009)。研究者和天敌产品供应者应联合建立一套

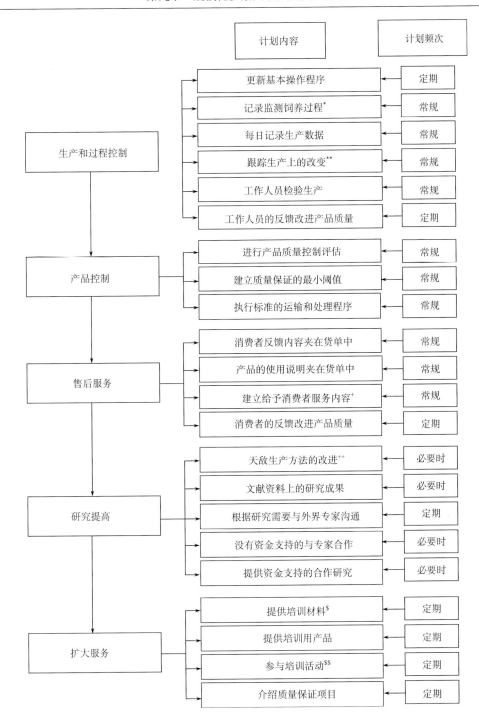

图 9-2 天敌生产者和供应商的质量保证计划或安排(参照 Leppla，2013)

*饲养过程包括材料、环境、设备和程序；**包括质量控制的图表，基本统计，或简明图表的跟踪。+消费者服务内容包括问题与解决方案；++天敌生产人员按要求改进生产方法。$材料包括产品描述，应用程序和信息；$$培训活动包括产品展示，田间展示，示范，培训课等

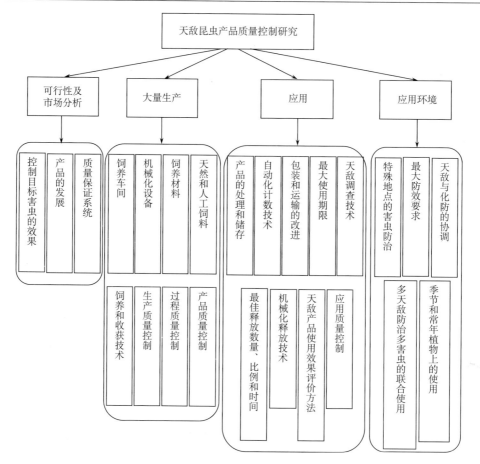

图 9-3　天敌昆虫产品使用中的质量控制研究(参照 Leppla，2013)

确保质量控制的方案，注明天敌的详细分类、抽样方法、重复次数、所用材料、程序、数据分析和必要的报告。只有建立好天敌产品的标准评价方案，才能更好地指导和培训天敌供应者和消费者。

四、天敌昆虫产品质量控制常用设备

在检测天敌昆虫产品的品质时，质量控制常见的系统、设备如下：能够调节温度、湿度及光照的人工气候箱；测量天敌重量的天平及微量天平；观察天敌细微结构的生物显微镜及体视显微镜；分析天敌行为的分析系统；检测及鉴定天敌品系及遗传变异的相关分子鉴定和基因检测技术；检测天敌体内营养成分变化的生物化学检测技术；模拟自然环境的环境模拟系统；测定视觉反应的视网膜电图仪；测定飞翔力的飞翔能力测定仪；测定翅振动的翅振动分析仪；测定天敌昆虫活动力的二氧化碳分析仪；测定阴影刺激反应的阴影刺激反应仪；还有根据质量控制的实验目的，自制简单检测实验装置或开发相应的专用仪器，如田间可视化仪器，通过对数据图像的分析，迅速得到天敌的数量和品种的鉴别等。随着科学的发展及对天敌质量控制更高的要求，科研仪器也将会不断地得到改进和更新。

五、天敌昆虫产品质量的检测

(一) 天敌昆虫产品说明

天敌昆虫产品出厂时,天敌昆虫产品生产者应对分销商和最终使用者用简洁、易懂的文字在产品说明书中标明:天敌的常用名称、品系出处、科学名称、环境条件、生物学、寄主、数量、包装日期、释放说明、生产商名、储存与运输中的注意事项、与杀虫剂的兼容性和相关的知识产权方面的内容。产品外包装更应简化和规范,其中包括:天敌的科学名称、目标害虫、单位包装(瓶、卡、小袋等)的天敌个数、使用有效期、追踪产品质量的生产批号、最佳的储存条件和释放方法等。通过产品说明书和外包装中的相关信息和说明,为产品分销商、质量检测机构和最终使用者提供相应的指南,该说明书也可作为产品分销商和最终使用者的培训材料。

(二) 天敌昆虫产品质量控制检测内容和指标

天敌昆虫产品质量控制检测包括:天敌出厂时的产品检测,天敌到达运输目的地前后的产品检测,分销商处的天敌短期、长期储存的检测及天敌应用时的产品检测。检测内容包括:①包装上的信息,如数量、死亡率、品种等;②性比和最短寿命的检测;③繁殖率和飞行能力的检测(Glenister et al., 2003)。生产商应对其产品进行定期或不定期的检测,来确保生产出的产品符合质量控制标准。生产者高频率质量控制检测包括每天、每周或每批次的质量检测。还有一些频率不高的检测实验,如每年、每季节或饲养过程发生改变时进行的质量检测。而对于消费者来说,由于检测方法复杂烦琐,进行产品的相应检验有一定难度,因此应该由独立于生产者之外的、能够代表最终使用者利益的中间机构(如科学研究院所等非营利性机构)制定相应的天敌昆虫产品质量控制标准,并进行天敌昆虫产品的相关检测。

天敌昆虫产品质量控制主要检测指标一般包括生物学指标、生物化学指标、行为指标和遗传指标。不同的天敌昆虫,其质量控制检测指标侧重不同,具体检测指标的制定及改进主要由天敌生产者来承担。天敌产品在出厂,运输前后,短期、长期储存前后及应用时的检测指标都应包括:繁殖率、生长发育速度、存活率、捕食(寄生)率、性比和数量等,通过生命表结构可以获得以上信息(Carey et al., 2012)。天敌产品的最终使用者,应把使用结果回馈给生产商,以便生产者进行相应的改进和完善。

在人工条件下,生产的寄生性或捕食性天敌的使用质量控制标准参数主要有:形态学参数,如产品(如幼虫/蛹/成虫)的大小或重量及畸形率(翅/腹部变形);繁殖和发育参数,如卵、幼虫、蛹的发育时间,卵、幼虫、蛹、成虫的存活率,性比及微生物共生对性比的影响,产卵/生殖、产卵前/后期的持续时间和寿命;生物化学参数,如蛋白质、脂类、碳水化合物、激素等;行为参数,如捕食或寄生效率,运动行为和寻找寄主/猎物的能力;遗传参数,如遗传变异性和纯合率(Grenier and de Clercq, 2003)。许多指标参数之间有一定的联系,如成虫的体重、寿命、生殖能力、飞行能力和寻找寄主的能力(Kazmer and Luck, 1995),质量控制程序可通过容易检测的指标(如大小)预测其他复杂或耗时的指标参数(如生殖能力或田间表现),这样能够简化检测程序和节约成本。Sighinolfi 等(2008)用天敌昆虫虫体大小等生物指标和氨基酸的含量指标相结合,较好地评价了昆虫人工饲料对该天敌质量的影响。在寄生性天敌中,虫体大小可能与繁殖能力、寿命、寻找寄主能力和飞行能力有关(Kazmer and Luck,1995)。但 Bigler(1994)强调,寄生性天敌在非天然的或人工寄主上饲养时,雌虫的大小对于预测其田间表现不是一个可靠的参数。

天敌昆虫大量饲养时,还要注意对病原微生物污染的检测。这些病原微生物的侵染,可能影响天敌的田间表现,有的直接侵染天敌本身,使天敌死亡;有的感染寄主或猎物(包括人工饲料),使饲养的天敌质量差或因感染严重而无法继续正常生产天敌昆虫产品。

(三)天敌昆虫产品质量控制检测方法

对天敌昆虫产品的相关检测方法,在检测内容上包括形态学检测,如饲养的天敌个体的畸形率等;生物学检测,如对天敌昆虫各个发育期的检测,类似生命表的方法(Portilla et al.,2013);生态学检测,如对寄生率或捕食率的检测;生物化学检测,如对早期蛹质量生物化学的检测;行为学检测,如对寄生、捕食和飞行等行为的检测;分子生物学检测,如对天敌品种的鉴别和大量饲养中遗传变异的检测。将来还有可能把飞行检测实验和田间表现实验等加到质量控制标准中。

在检测形式上包括:产品的抽样调查,注意样品的数量和大小,确保统计结果能够代表整个种群;小规模实验,要注意小规模实验的准确性和代表性;重复循环实验,要经过不断重复的实验来证实和改进天敌质量控制指南的制定。

另外,研究天敌昆虫的室内检测与田间表现的相关性,利用室内的检测实验来预测田间的表现,当实验室检测、飞行实验检测和田间表现之间有很好的相关性时,通过实验室检测实验就能预知天敌的飞行能力或田间表现,从而简化天敌质量控制的检测方法。对天敌昆虫产品进行质量控制检测时,要注意检测方法、时间及不同检测方法的频率,使各个检测方法相互协调(Bolckmans,2003)。

(四)天敌昆虫产品质量控制实例

20 世纪 90 年代,欧洲共同体(EC)资助的 5 个关于天敌质量控制的专题讨论会相继召开,后来在国际生物防治生产商协会(IBMA)和天然生物防治协会(ANBP)的参与下,制定了 30 个天敌产品质量控制指南,这些指南被多数天敌生产商所采纳,并应用于商业化生产。目前,正在使用的大规模天敌昆虫饲养质量控制标准包括:包装中的天敌数量;羽(孵)化百分数;雌虫百分率;繁殖数;最短寿命(以天表示);寄生率;捕食率;成虫大小或蛹的大小(可以间接揭示寿命、生育力和寄生/捕食能力)。除此之外,还有飞行能力和田间表现两项标准将要增加,飞行能力是指成虫短距离或长距离飞行的能力;田间表现是指在田间环境条件下成虫对作物寄主/猎物的定位,寄生/捕食的能力。以上天敌昆虫饲养质量控制标准通常的实验条件为:温度 22~25℃;相对湿度 75%;光暗比为 16:8(van Lenteren et al.,2003)。下面将参照 van Lenteren 等(2003)和 IOBC 天敌质量控制标准(网址 www.AMRQC.org)来说明天敌质量控制指南中普通草蛉[(*Chrysoperla carnea*

(Stephens)]和松毛虫赤眼蜂(*Trichogramma dendrolimi* Matsumura)的主要检测条件和检测标准。

1. 普通草蛉 *Chrysoperla carnea* (Stephens)（Neuropera:Chrysopidae）

（1）检测条件

温度 25±1℃；相对湿度 70%±5%；光暗比 16∶8。

（2）检测草蛉卵质量

卵孵化率(5 d 内卵孵化数)，卵样本数为 200 粒，初孵化的幼虫数(≥65%)，为防止孵化的幼虫互相残杀，卵一定要分开放置。

（3）检测草蛉幼虫质量

幼虫在 4 d 内要发育到 2 龄幼虫，使用蚜虫为猎物，幼虫捕食效率/搜寻能力：2 龄幼虫 4 d 内要捕食 25 头马铃薯长管蚜或 50 头桃蚜，该检测幼虫样本数为 10，每年检测一次。当饲养系统变更时重复此项检测。

（4）实验方法

为检测捕食者质量和捕食能力，准备琼脂叶片，使用带盖并能密封的培养皿(直径 13.5 cm，高 2 cm)，盖打孔并粘尼龙网以便换气，培养皿底部浇注 5 mm 厚 1.5%的琼脂，恰在琼脂凝固之前，在其上放一叶片，然后用毛笔转移 30 头已开始生殖的成蚜到叶片上，盖上培养皿盖，平放，24 h 后移走成蚜留下幼蚜并计数(≥100)，黄瓜上的棉蚜(*Aphis gossypii*)、草莓上的马铃薯长管蚜(*Macrosiphum euphorbiae*)和甜椒上的桃蚜(*Myzus persicae*) 3 种蚜虫都可以用于此捕食实验。

2. 松毛虫赤眼蜂 *Trichogramma dendrolimi* Matsumura（Hymenoptera: Trichogrammatidae）

（1）检测条件

温度 23±2℃；相对湿度 75%±10%；光暗比 16∶8；饲养寄主：麦蛾[*Sitotroga cerealella*(Olivier)]卵。

（2）成蜂质量控制标准

性比：雌蜂比例≥50%，10 个释放容器内估算有 100 个成虫，或大包装中有 5×100 个成虫，此项检测每季进行一次，或当产品批次经过特殊处理(如储藏)时每批次检测一次。生育力和寿命：每个雌蜂每 7 d 产的后代数≥75 个，50%的雌蜂应该至少活 7 d，雌蜂样本数为 30 个，每月一次或每批次检测一次；对天然寄主的寄生：每雌蜂每 4 h 寄生天然寄主数≥10 个。

（3）实验方法

生育力和寿命：30 个(虫龄 24 h)雌蜂放入玻璃管内，至少 200 个寄主卵(卵龄<24 h)用水粘在一小的纸板上，一小滴蜂蜜和一滴水直接滴在玻璃管的内壁上，用紫外线照射过的麦蛾卵(卵龄<24 h)从第 1 天提供到第 7 天移走，新鲜的麦蛾卵在第 1、3 和 5 天提供，7 d 后记录活蜂数。在不早于第 10 天时，计数卵卡上寄生的黑卵数。每雌蜂 7 d 内最小生育力是 75 粒卵，7 d 后的死亡率<50%，至少一个月检测一次，或者当产品储藏、长期运输等特殊处理时，要每批次检测一次；对天然寄主寄生实验：30 个雌蜂(虫龄 24 h)

放入玻璃管内，大约 40 个新鲜的天然寄主卵［苹果蠹蛾（*Cydia pomonella*）或茶小卷蛾（*Adoxophyes orana*）卵］，卵龄<24 h，放入玻璃管内 4 h，一小滴蜂蜜和一滴水也直接滴在玻璃管的内壁上，把卵和雌蜂分开后（未被寄生的寄主卵 3 d 内孵化），计数被寄生的黑卵数。每雌蜂每 4 h 寄生的黑卵平均数≥10 粒。这个实验是寄生蜂对天然寄主卵的接受性和适应性的直接验证，这样的检测实验应该根据饲养系统的情况（如用替代寄主卵饲养赤眼蜂的代数）一年检测 2～4 次。

第三节 保持天敌昆虫产品质量及种群复壮的方法

一、影响天敌昆虫产品质量问题及应对措施

1. 天敌昆虫扩繁中存在的问题分析

如果大规模扩繁的条件与释放地的环境条件差别很大，那么在人为的条件下大规模饲养的天敌其田间表现会出现问题，需要不断地改进扩繁的条件（Peterson et al.，2009）。例如，如果大规模饲养设施与田间环境在温度上有差异，天敌与其寄主害虫必定会出现同步问题，而且以非目标害虫或寄主植物饲养的天敌，其质量或重要的化学信息都会出现问题。大规模饲养天敌昆虫经济上的障碍之一，就是很难以低成本大量生产出高质量的天敌。而且在人工饲料上大量饲养天敌的有效技术还不够完善，现在只有少数天敌能够在人工饲料上饲养，这种天敌的田间应用表现也不如在寄主害虫上饲养的天敌好。尽管在人工饲料上大规模生产天敌可以降低成本，但天敌应用效力降低的风险也不能低估。另外，大规模饲养中缺乏阻止基因变异的技术，这样会有失去天敌应用效果的可能（Boller，1972；Mackauer，1976；Boller and Chambers，1977）。

捕食性天敌的自相残杀和寄生性天敌的过寄生现象都会导致饲养成本的提高。在非天然条件下（非天然的寄主或猎物或人工介质）饲养的捕食性或寄生性天敌，可能改变天敌对天然寄主或寄主-植物的化学信息反应，从而导致天敌效果降低。

饲养可能被病原微生物污染。病原微生物的污染可能导致天敌死亡率增加、繁殖率降低、发育期延长、虫体变小等，引起天敌质量的大波动或对天敌正常生理造成影响。常见的污染物是真菌，以下依次是细菌、病毒、原生动物和线虫。从田间采集用于实验室起始种群的昆虫是主要的微生物污染源，第 2 种污染源来源于昆虫饲料。昆虫种群感病很快，但病原微生物从天敌饲养种群中去除很困难（Bartlett，1984a）。

天敌产品的收获、包装、储藏和运输的条件对天敌产品质量也有巨大的影响。收获和包装过程中的机械损伤；储藏和运输过程中，不适宜的环境条件，如温度、湿度、CO_2 浓度、包装中天敌个体的密度和有效的食物，都可能导致天敌的亚致死状态，降低存活个体的质量（Bolckmans，2007）。

2. 天敌昆虫扩繁中行为变化管理

大规模饲养中天敌行为的改变是很普遍的，为了更好地防治害虫，天敌的行为改变应该予以纠正，使其在淹没式或季节性释放中发挥重要的作用。天敌的取食行为是防治害虫的关键，它受天敌的生理因素和内在遗传因素的影响。例如，天敌的生理状况影响它的取食行为，天敌在饥饿状态下，增加了捕食量而减少了对寄主的选择。

我们的目的是利用天敌昆虫防治害虫，为了发挥天敌的防治效率，天敌要能够找到并有效地攻击目标寄主，并停留在寄主区域直到大量的寄主被寄生或攻击。因此天敌行为变化的管理要做到：①天敌遗传品系质量的管理，我们挑选的天敌品系要能够保证与田间目标害虫相匹配，在特别的气候条件下能够很好地作用于作物上的目标害虫。放弃那些在特定条件下对寄主表现好而在田间条件下表现差的天敌。②天敌表现型质量的管理，昆虫饲养环境引起的天敌行为反应改变可以通过一定的方法来矫正。我们要知道天敌具有学习的特性，在释放前给天敌提供恰当水平的锻炼可以改正缺陷。也就是说，在释放前，给予天敌必要的刺激，通过一定的学习帮助天敌提高反应能力，减少逃逸反应增加对目标区域害虫的捕食或寄生。③天敌营养生理性状质量管理，处于良好营养生理状态下的捕食性天敌其捕食率较高（Liu and Zeng, 2014）；另外，处于良好营养生理状态下的寄生性天敌对寄主害虫的刺激产生良好的反应，由此可以提高其搜索力和寄生率。

3. 室内天敌昆虫扩繁和田间表现

天敌的实验室饲养条件要求尽可能地接近天敌的自然条件（King and Morrison, 1984；Bigler, 1989）。天敌在释放之前，要有对田间寄主熟悉和学习的过程。另外，要充分认识和理解天敌大量饲养和田间应用表现需求方面的冲突特征，如天敌大量饲养中有价值的特征为多食性，在害虫密度高时具有更高的寄生率或捕食率，受到直接或间接干扰时，天敌没有强壮的迁移能力和迁移行为；与之相反的天敌田间表现重要的特征为单食性或寡食性，在害虫密度低时，具有更高的寄生率或捕食率，受到直接或间接干扰时，天敌才具有很强的迁移能力和迁移行为（van Lenteren, 2003）。

二、影响天敌昆虫产品质量的遗传因素

天敌昆虫产品质量不达标的影响因素很多，下面主要分析影响天敌昆虫产品质量的遗传因素。天敌昆虫产品质量控制过程中，有两种常用的检测方法：①检测使用的生防天敌昆虫是否达到预定目标的功能表现，如果目标功能不够理想，追溯原因和改进饲养方法；②在饲养开始之前，对预测可能出现的问题进行检测，如果饲养方法导致不好的结果，改进饲养方法（van Lenteren, 2003）。第1种检测方法的缺点是某些天敌实验室种群的遗传性可能已经改变，但由于改变的原因不明而无法改正。第2种检测方法的缺点是需要列举好多可能出现的导致遗传性改变的因素，但它的好处是能够提前预测并及时改正。Bartlett（1984a）曾阐述，许多专家为防止可能的遗传衰退，建议采用弥补的检测方法，但是衰退的原因需要详细的遗传学研究，而且很难定义和检测遗传衰退的特征，他作出结论：任何生物从一个环境到另一个环境中，遗传性状的改变随时都可能发生，这是一种自然现象，天敌种群的遗传性状也是如此。这个遗传性状改变过程可以作为进化过程进行详尽的研究，包括选择、遗传改变、有效种群数量、迁徙、基因变异和驯化等。Bartlett（1984b, 1985）也讨论了在天敌驯化过程中，基因发生了什么变化，什么因素可能引起及怎样预测这些变化。

天然种群的特征表现通常很丰富（Prakash, 1973），而且能够在饲养的种群中保留大部分的特征（Yamazaki, 1972），但是实验室和田间环境的不同导致表现特征的不同。天敌开始饲养时，来自田间的"开放种群"基因迁移活跃、环境多样，但引入实验室成为

"封闭种群"后，所有未来基因的变异都受到起始种群基因变化的限制（Bartlett，1984b，1985）。起始种群的大小直接影响基因库中基因的变化。尽管还没有大量饲养时起始种群大小的具体规定，但建议天敌起始种群个体数最小应该是1000头（Bartlett，1985）。然而，进行商业饲养的天敌起始种群的数量很小，有时甚至不超过20头（van Lenteren and Woets，1988）。田间环境条件的特征与实验室是不同的，实验室的特点迫使基因变异，选择产生新的基因系统（Lopez-Fanjul and Hill，1973）。为防止实验室种群的基因变异，经常采用的一个方法是有规律地从田间引入野生个体。但是，如果保持实验室的饲养条件不变，引入的野生种群会屈从于相同的基因选择过程。此外，如果在实验室和田间种群的基因变异已经发生，则可能导致基因隔离（Oliver，1972）。实验室种群的不相容性和实验室与田间条件的差异存在着正相关（Jaenson，1978；Jansson，1978），而且随着时间的延长，实验室与田间两种种群可能已经发生了隔离，这时把田间野生个体引入就无用。如果要引入田间天敌野生基因，那么就不要拖延。另外，对从田间引入的天敌进行大量饲养时，可能带入其他的寄生物、捕食者或病源进入饲养种群（Bartlett，1984b），这些都要加以注意。

另一个影响实验室饲养种群的遗传因素是，相对于野生大种群来说，实验室种群更易发生近亲交配和产生更加纯合的后代。基因纯合的个体经常暴露有害的特性。近亲交配的程度与起始饲养种群的大小有直接关系，由于实验室内人工的选择导致种群变小，近亲繁殖率增加，经常很快地影响实验室种群的基因组成（Bartlett，1984b）。因此天敌昆虫饲养中要防止近亲繁殖和保持基因的多样性。防止近亲繁殖常见的方法（Joslyn，1984）如下。①前种群方法：起始种群建立时，在整个种群所有品种范围内，选择和挖掘基因库中有代表性并能够最大限度适应实验室条件的起始天敌昆虫。②后种群方法：a.实验室环境条件变量的改变，尽管实验室环境条件变化的概念是简单的，但付诸实现是有难度的，我们考虑运用可以改变温湿度及光照的天敌饲养设备，或选择天敌不同的饲料或寄主，或提供可用来扩散的空间等。b.基因注入，注入野生天敌昆虫，对基因库进行有规律的复壮。Joslyn（1984）指出，要保持种群基因丰富的异质性，饲养种群的大小不应该低于起始种群的天敌数量，饲养种群越大越好，他建议饲养种群的大小应该不少于500个个体。

三、保持天敌昆虫产品质量的方法

不同天敌昆虫产品的质量控制标准有所不同，但检验天敌昆虫产品质量标准均需要考虑以下因素。

1）释放天敌个体必须具有能够从释放点找到目标的能力，如寄主或猎物。
2）天敌具有成功地与目标结合的能力，如天敌的成功寄生或捕食。
3）天敌具有能够在田间存活和继续找到寄主或猎物的能力。
4）如果释放的目的是在田间建立永久性种群（季节性接种释放），那么天敌还要具有繁殖后代，并能在不良环境季节生存从而在田间建立自己种群的能力（Nunney，2003）。

若想使天敌产品质量保持高标准，做到饲养效率高和田间表现好，还要注意以下几个方面。

1）起始种群品系的选择与建立，要选择具有代表性，避免遗传基因来源单一的起始种群品系，同时该起始物种需要一定的规模或密度。

2）留意起始种群原来的天然生存环境，这对以后的大量饲养、天敌释放点的防治效果及其异地输出等的成功与否都有借鉴作用。

3）饲养种群的保持。天敌种群要规范饲养，进行相应的生产控制和过程控制，无论是天然饲料、替代饲料还是人工饲料，都要满足天敌昆虫的营养需求，避免营养不良对天敌昆虫质量的影响(Rickers et al.，2006；Liu et al.，2013；Liu and Zeng，2014)。

4）天敌生产者在天敌昆虫产品的收获和天敌产品的包装，如包装填充材料、温湿度要求、营养供应(氧气、饲料、蜂蜜等)等方面都要制定和执行相应的标准，以确保天敌的储存、运输等过程中的质量要求。

5）天敌释放前，应该有天敌对释放的环境条件或田间寄主进行熟悉和学习的训练过程，让其适应释放点的环境条件。

6）释放时遵守天敌释放应用的质量控制要求，如考虑天敌的靶标害虫、释放时机、释放量等相关要求。

四、天敌昆虫种群复壮

在天敌虫种引进早期，由于选择和内交等，饲养种群的遗传多样性很低，随后由于突变和重组有所回升，但远低于自然种群的水平(Bartlett，1984b)。而且这种近亲繁殖下的变异性与自然种群的也不一致，导致饲养种群适应野外环境的能力降低。同时长期人工饲养引起昆虫飞翔能力下降、交尾时间发生改变、雌虫的吸引性与交尾次数增加等(Economopoulos and Zervas，1982；Proverbs，1982)。要保持天敌的质量就必须进行天敌的种群复壮，天敌种群复壮的方法主要有以下几种。

1）引进新的天敌种群。

2）以野外大纱笼作为半自然条件饲养、复壮。

3）将引进野生种群与室内种群进行杂交。

4）将两个饲养品系杂交，可不同程度地改善其遗传结构，提高释放虫的品质(Wood，1983)。

5）多个不同饲养环境下的锻炼和复壮，包括适应寄主或猎物及释放地环境条件等。

6）低剂量辐射(mGy级)刺激天敌昆虫，使其活力增强，雌性比例增加，寄生、捕食能力增强(王恩东和徐学农，2006)。

7）增强、优化人工饲料营养配比(Ramos et al.，2011；Riddick and Wu，2012；Liu and Zeng，2014)或添加昆虫生长和产卵促进因子来促进天敌昆虫种群的繁殖和增长。

8）培殖孤雌生殖品系。膜翅目天敌昆虫都有培殖成产雌孤雌生殖的可能，如通过微生物或其他基因手段来培殖产雌孤雌生殖(Stouthamer et al.，1990，1993；Stouthamer，1997，2003)，这样，由于只饲养雌虫，饲养成本降低，另外，由于不需要两性交配，容易建立种群，从而达到好的防治效果。

(撰稿人：曾凡荣　王恩东)

参 考 文 献

陈红印, 王树英, 陈长风. 2000. 以米蛾卵为寄主繁殖玉米螟赤眼蜂的质量控制技术. 昆虫天敌, 22(4): 145-150.

孙毅, 万方浩. 2000. 七星瓢虫规模化饲养的质量控制. 中国生物防治, 16(1): 8-11.

王恩东, 徐学农. 2006. 核技术在生物防治上的应用. 科技创新与绿色植保. 北京: 中国农业科学技术出版社: 501-506.

忻介六. 1982. 天敌昆虫的品质管理问题. 昆虫天敌, 4(3): 56-60.

徐学农, 王恩东. 2007. 国外昆虫天敌商品化现状及分析. 中国生物防治, 23(4): 373-382.

徐学农, 王恩东. 2008. 国外昆虫天敌商品化生产技术及应用. 中国生物防治, 24(1): 75-79.

Aleman J, Plana L, Vidal M, et al. 1998. Criterios para el control de la calidad en la cria masiva de *Lixophaga diatraeae*. *In*: Hassan S A. Proceedings of the 5th International Symposium on Trichogramma and Other Egg Parasitoids, 4-7 March 1998, Cali, Colombia. Darmstadt: Biologische Bundesanstalt für Land-und Forstwirtschaft: 97-104.

Anon. 2000. 2001 Directory of least-toxic pest control products. IPM Pratitioner, 22: 1-38.

ANSI/ASQC. 1987. Quality Systems Terminology. American National Standards Institue/American Society for Quality Control, ANSI/ASQC A3-1987. Milwaukee, Wisconsin: 10.

Bartlett A C. 1984a. Establishment and maintenance of insect colonies through genetic control. *In*: King E G, Leppla N C. Advances and Challenges in Insect Rearing. US Department of Agriculture, Agricultural Research Service, Southern Region, New Orleans, Louisiana: 1.

Bartlett A C. 1984b. Genetic change during insect-domestication. *In*: King E G, Leppla N C. Advances and Challenges in Insect Rearing. US Department of Agriculture, Agricultural Research Service, Southern Region, New Orleans, Louisiana: 2-8.

Bartlett A C. 1985. Guidelines for genetic diversity in laboratory colony establishment and maintenance. *In*: Singh P, Moore R F. Handbook of Insect Rearing, Vol. 1. Amsterdam, The Netherlands: Elsevier: 7-17.

Bigler F. 1989. Quality assessment and control in entomophagous insects used for biological control. Journal of Applied Entomology, 108: 390-400.

Bigler F. 1994. Qquality control in *Trichogramma* production. *In*: Wajnberg E, Hassan S A. Biological Control with Egg Parasitoids. Wallingford: CAB International: 93-111.

Bigler, F. 1991. Quality Control of Mass Reared Arthropods. Proceedings 5th Workshop IOBC Global Working Group, Wageningen, The Netherlands, Swiss Federal Research Station for Agronomy, Zurich: 205.

Bolckmans K J F. 2003. State of affairs and future directions of product quality assurance in Europe. *In*: van Lenteren J C. Quality control and production of biological control agents, theory and testing procedures. Cambridge, MA: CABI Publishing: 215-224.

Bolckmans K J F. 2007. Reliability, quality and cost: the basic challenges of commercial natural enemy production. *In*: van Lenteren J C, de Clercq P, Johnson M W. International Organization for Biological Control of Noxious Animals and Plants (IOBC). Proceedings of 11th meeting of the Working Group Arthropod Mass Rearing and Quality Control, Montreal, Canada. Bulletin IOBC Global No. 3: 8-11.

Boller E F. 1972. Behavioral aspects of mass-rearing of insects. Entomophaga, 17: 9-25.

Boller E F, Chambers D L. 1977. Quality aspects of mass-reared insects. *In*: Ridgway R L, Vinson S B. Biological Control by Augmentation of Natural Enemies. New York: Plenum: 219-236.

Bueno V H P. 2000. Controle biologico de pragas: producao massal e controle de qualidae. Lavras, Brazil: Editora UFLA: 215. (in Portuguese).

Carey J R, Papadopoulos N T, Papanastasious S, *et al*. 2012. Estimating changes in mean population age using the death distributions of live-captured medflies. Ecol Entomol, 37: 359-369.

Cohen A C. 2000. Feeding Fitness and quality of domesticated and feral predators: effects of long-term rearing on artificial diet. Biological Control, 17: 50-54.

Conlong D E. 1995. Small colony initiation, maintenance and quality control in insect rearing. *In*: Proceedings 4th National Insect Rearing Workshop, Grahamstown, South Africa, 3 July 1995: 39.

Conlong D E, Mugoya C F. 1996. Rearing beneficial insects for biological control purposes in resource poor areas of Africa. Entomophaga, 41: 505-512.

DeBach P. 1964. Biological Control of Insect Pests and Weeds. London: Chapman and Hall: 884.

Dichel M. 1992. Quality control of mass rearing arthropods nutritional effects on performance of predator mites. Journal of Applied Entomology, 108(5): 462-475.

Dindo M L, Grenier S, Sighinolfi L, *et al*. 2006. Biological and biochemical differences between *in vitro*- and *in vivo*-reared *Exorista larvarum*. Entomologia Experimentalis et Applicata, 120: 167-174.

Economopoulos A P, Zervas G A. 1982. The quality problem of olive flies produced for SIT experiments. Proc. lnt. Symp. on SIT and the Use of Radiation in Genetic Insect Control, IAEA. STI/PUB/592: 357-368.

EI Arnaouty S A, Galal H, Beyssat V, *et al*. 2006. Influence of artificial diet supplements on developmental features of *Chrysoperla carnea* Stephens. Egyptian Journal of Biological Pest Control, 16: 29-32.

Feigenbaum A V. 1983. Total Quality Control. 3rd edn. New York: McGraw-Hill Publishers: 851.

Glenister C S, Hale A, Luczynski A. 2003. Quality assurance in North America: merging customer and producer. *In*: van Lenteren J C. Quality Control and Production of Biological Control Agents, Theory and Testing Procedures. Cambridge, MA: CABI Publishing: 205-214.

Glenister C S, Hoffman M P. 1998. Mass-reared natural enemies: scientific, technological, and informational needs and considerations. *In*: Ridgway R L, Hoffman M P, Inscoe M N, *et al*. Mass-Reared Natural Enemies: Application, Regulation and Needs. Lanham, MD: Proceedings Thomas Say Publications in Entomology, Entomological Society America: 242-267.

Grenier S, de Clercq P. 2003. Comparison of artificially vs. naturally reared natural enemies and their potential for use in biological control. *In*: van Lenteren J C. Quality Control and Production of Biological Control Agents, Theory and Testing Procedures. Cambridge, MA: CABI Publishing: 115-131.

Grenier S, de Clercq P. 2005. Biocontrol and artificial diets for rearing natural enemies. *In*: Pimentel D. Encyclopedia of Pest Management. Oxford: Taylor & Francis: 1-3.

Gurr G, Wratten S. 2000. Measures of Success in Biological Control. Dordrecht: Kluwer Academic Publishers: 448.

Hussey N W, Bravenboer L. 1971. Control of pests in glasshouse culture by the introduction of natural enemies. *In*: Huffaker C B. Biological Control. New York: Plenum: 195-216.

Jaenson T G T. 1978. Mating behaviour of *Glossina pallides* Austen (Diptera, Glossinidae): genetic differences in copulation time between allopatric populations. Entomologia Experimentalis et Applicata, 24: 100-108.

Jansson A. 1978. Viability of progeny in experimental crosses between geographically isolated populations of *Arctocorisa carinata* (Sahlberg, C.) (Heteroptera, Corixidae). Annales Zoologici Fennici, 15: 77-83.

Joslyn D J. 1984. Maintenance of genetic variability in reared insects. *In*: King E G, Leppla N C. Advances and Challenges in Insect Rearing. Southern Region, New Orleans, Louisiana: US Department of Agriculture, Agricultural Research Service: 20-29.

Kazmer D J, Luck R F. 1995. Field tests of the size-fitness hypothesis in the egg parasitoid *Trichogramma pretiosum*. Ecology, 76: 412-425.

King E G, Morrison R K. 1984. Some systems for production of eight entomophagous arthropods. *In*: King E G, Leppla N C. Advances and Challenges in Insect Rearing. Southern Region, New Orleans, Louisiana: US Department of Agriculture, Agricultural Research Service: 206-222.

Leppla N C. 1989. Laboratory colonization of fruit flies. *In*: Robinson A S, Hooper G. World Crop Pests 3B, Fruit Flies, Their Biology, Natural Enemies and Control. Amsterdam: Elsevier Publishers: 91-103.

Leppla N C. 2003. Aspects of total quality control for the production of natural enemies. *In*: van Lenteren J C. Quality control and production of biological control agents, theory and testing procedures. Cambridge, MA: CABI Publishing: 19-24.

Leppla N C. 2009. The basics of quality control for insect rearing. *In*: Schneider J C. Principles and Procedures for Rearing High Quality Insects. Mississippi State: Mississippi State University: 289-306.

Leppla N C. 2013. Concepts and Methods of Quality Assurance for Mass-Reared Parasitoids and Predators. *In*: Morales-Ramos J A, Rojas M G, Shapiro-Ilan D I. Mass Production of Beneficial Organisms. New York: Academic Press: 277-317.

Leppla N C, Ashley T R. 1990. Quality controls in insect mass production: a review and model. Bulletin of Entomology Society of America, 35: 201-217.

Leppla N C, Fisher W R. 1989. Total quality control in the insect mass production for insect pest management. Journal of Applied Entomolog, 108: 452-461.

Liu F, Liu C, Zeng F. 2013. Effects of an artificial diet on development, reproduction and digestive physiology of *Chrysopa septempunctata*. BioControl, 58: 789-795.

Liu F, Zeng F. 2014. The influence of nutritional history on the functional response of *Geocoris pallidipennis* to its prey, *Myzus persicae*. Bulletin of Entomological Research, 104: 702-706.

Lopez O P, Henaut Y, Cancino J, *et al*. 2009. Is host size an indicator of quality in the mass-reared parasitoid *Diachasmimorpha longicaudata* (Hymenoptera: Braconidae)? Fla Entomol, 92: 441-449.

Lopez-Fanjul C, Hill W G. 1973. Genetic differences between populations of *Drosophila melanogaster* for quantitative traits. II. Wild and laboratory populations. Genetical Research, 22: 60-78.

Mackauer M. 1976. Genetic problems in the production of biological control agents. Annual Review of Entomology, 21: 369-385.

Morales Ramos J A, Rojas M G, Kay S, *et al*. 2012. Impact of adult weight, density, and age on reproduction of *Tenebrio molitor* (Coleoptera: Tenebrionidae). Journal of Entomological Science, 47: 208-220.

Morales Ramos J A, Rojas M G, Shapiro Ilan D I, *et al*. 2011. Self-selection of two diet components by *Tennebrio molitor* (Coleoptera: Tenebrionidae) larvae and its impact on fitness. Environmental Entomology, 40(50): 1285-1294.

Nicoli G, Benuzzi M, Leppla N C. 1993. Proceedings 7th Global IOBC Workshop Quality Control of Mass Reared Arthropods, 13-16 September 1993, Rimini, Italy, 240.

Nunney L. 2003. Managing captive populations for release: a population-genetic perspective. *In*: van Lenteren J C. Quality Control and Production of Biological Control Agents, Theory and Testing Procedures. Cambridge, MA: CABI Publishing: 73-87.

Oliver C G. 1972. Genetic and phenotypic differentiation and geographic distance in four species of Lepidoptera. Evolution, 26: 221-241.

Peter R K D, Davis R S, Higley L G, et al. 2009. Mortality risk in insects. Environ Entomol, 38: 2-10.

Peterson C B, Mitseva A, Mihovska A D, et al. 2009. The phenomenological experience of dementia and user interface development. In 2009 2nd International Symposium on Applied Sciences in Biomedical and Communication Technologies (ISABEL 2009): 1-5.

Portilla M, Ramos-Morales J, Rojas M G, et al. 2013. Life tables as tools of evaluation and quality control for arthropod mass production. *In*: Morales-Ramos J A, Rojas M G, Shapiro-Ilan D I. Mass Production of Beneficial Organisms. New York: Academic Press: 241-275.

Prakash S. 1973. Patterns of gene variation in central and marginal populations of *Drosophila robusta*. Genetics, 75: 347-369.

Proverbs M D. 1982. Sterile insect technique in codling moth control. IAEA2SM2255/ 8 , Vienna: 85-100.

Ramos M, Aleman J, Rodriguez H, et al. 1998. Estimacion de parametros para el control de calidad en crias de *Phytoseiulus persimilis* (Banks) (Acari: Phytoseiidae) empleando como presa a *Panonychus citri* McGregor (Acari: Tetranychidae). *In*: Hassan S A. Proceedings of the 5th International Symposium on Trichogramma and Other Egg Parasitoids, 4-7 March 1998, Cali, Colombia. Biologische Bundesanstalt für Land-und Forstwirtschaft, Darmstadt: 109-118.

Rendon P, Sivinski J, Holler T, et al. 2006. The effects of sterile males and two braconid Parasitoids *Fopius arisanus* (Sonan) and *Diachasmimorpha krausii* (Fullaway) (Hymenoptera), on caged populations of Mediterranean fruit flies, *Ceratitis capitata* (Wied.) (Diptera: Tephritidae) at various sites in Guatemala. Biological Control, 36: 224-2006.

Rickers S, Langel R, Scheu, S. 2006. Dietary routing of nutrients from prey to offspring in a generalist predator: effects of prey quality. Functional Ecology, 20: 124-131.

Riddick E W, Wu Z. 2012. Mother-offspring relations: prey quality and maternal size affect egg size of an acariphagous lady beetle in culture. Psyche. volume 2012, article ID 764350, 7p.

Rodriguez L E, Gomez T V, Barcenas O N M, et al. 2002. Effect of different factors on the culture of *Callosobruchus maculatus* (Coleoptera: Bruchidae) for the production of *Catolaccus* spp. (Hymenoptera: Pteromalidae). Acta Zool Mex Nueva, 86: 87-101.

Rull J, Birke A, Ortega R, et al. 2012. Quantity and safety vs. Quality and performance: conflicting interests during mass rearing and transport affect the efficiency of sterile insect technique programs. Entomol Exp Appl, 142: 78-86.

Sighinolfi L G, Febvay M L, Dindo M, et al. 2008. Biological and biochemical characteristics for quality control of *Harmonia axyridis* (Pallas) (Coleoptera, Coccinellidae) reared on a liver-based diet. Arch Insect Biochem Physiol, 68: 26-39.

Steward B V, Kintz J L, Horner T A. 1996. Evaluation of biological control agent shipments from three United States suppliers. Horttechnology, 6: 233-237.

Stouthamer R. 1997. *Wolbachia*-induced parthenogenesis. *In*: O'Neill S L, Hoffmann A A, Werren J H. Influential Passengers: Inherited Microorganisms and Arthropod Reproduction. New York: Oxford University Press: 102-124.

Stouthamer R. 2003. The use of unisexual wasps in biological control. *In*: van Lenteren J C. Quality control and production of biological control agents, theory and testing procedures. Cambridge, MA: CABI Publishing: 93-113.

Stouthamer R, Breeuwer J A J, Luck R F, et al. 1993. Molecular identification of microorganisms associated with parthenogenesis. Nature, 361: 66-68.

Stouthamer R, Pinto J D, Platner G R, et al. 1990. Taxonomic status of thelytokous forms of *Trichogramma* (Hymenoptera: Trichogrammatidae). Annals of the Entomological Society of America, 83: 475-481.

Thomson L J, Hoffmann A A. 2002. Laboratory fecundity as predictor of field success in *Trichogramma carverae* (Hymenoptera: Trichogrammatidae). J Econ Entomol, 95: 912-917.

van Lenteren J C. 1986a. Evaluation, mass production, quality control and release of entomophagous insects. *In*: Franz J M. Biological Plant and Health Protection. Stuttgart, Germany: Fischer: 31-56.

van Lenteren J C. 1986b. Parasitoids in the greenhouse: successes with seasonal inoculative release systems. *In*: Waage J K, Greathead D J. Insect Parasitoids. London: Academic Press: 341-374.

van Lenteren J C. 1994. Quality control guidelines for 21 natural enemies. Sting: Newsletter on Biological Control in Greenhouse. Wageningen, 14: 3-24.

van Lenteren J C. 1996. Designing and implementing quality control of beneficial insects: towards more reliable biological pest control. *In*: Proceedings Quality Control Meeting, 13-18 February 1996, Antibes, France: 22.

van Lenteren J C. 1998. Quality control guidelines. Sting: Newsletter on Biological Control in Greenhouse. Wageningen, 18: 32.

van Lenteren J C. 2000. A greenhouse without pesticides: fact or fantasy? Crop Protection, 19: 375-384.

van Lenteren J C. 2003. Need for quality control of mass-produced biological control agents. *In*: van Lenteren J C. Quality control and production of biological control agents, theory and testing procedures. Cambridge, MA: CABI Publishing: 1-18.

van Lenteren J C, Bigler F, Waddington C. 1993. Quality control guidelines for natural enemies. *In*: Nicoli G, Benuzzi M, Leppa N C. Proceedings 7th Global IOBC Workshop Quality Control of Mass Reared Arthropods, 13-16 September 1993, Rimini, Italy: 222-230.

van Lenteren J C, Hale A, Klapwijk J N, et al. 2003. Guidelines for quality control of commercially produced natural enemies. *In*: van Lenteren J C. Quality control and production of biological control agents, theory and testing procedures. Cambridge, MA: CABI Publishing: 265-303.

van Lenteren J C, Manzaroli G. 1999. Evaluation and use of predators and parasitoids for biological control of pests in greenhouses. *In*: Albajes R, Gullino M L, van Lenteren J C, et al. Integrated Pest and Disease Management in Greenhouse Crops. Dordrecht, The Netherlands: Kluwer Academic Publishers: 183-201.

van Lenteren J C, Tommasini M G. 1999. Mass production, storage, shipment and quality control of natural enemies. *In*: Albajes R, Gullino M L, van Lenteren J C, et al. Integrated Pest and Disease Management in Greenhouse Crops. Dordrecht, The Netherlands: Kluwer Academic Publishers: 276-294.

van Lenteren J C, Tommasini M G. 2003. Mass production, storage, shipment and release of natural enemies. *In*: van Lenteren J C. Quality Control and Production of Biological Control Agents, Theory and Testing Procedures. Cambridge, MA: CABI Publishing: 181-189.

van Lenteren J C, Woets J. 1988. Biological and integrated control in greenhouses. Annual Review of Entomology, 33: 239-269.

Voegele J. 1982. Proceedings of the 1st International Symposium on Trichogramma, 20-23 April 1982, Antibes, France. Les Colloques de l'INRA 9, Paris: 307.

Voegele J, Waage, J, van Lenteren J C. 1988. Proceedings of the 2nd International Symposium on

Trichogramma and Other Egg Parasites, 10-15 November 1986, Guangzhou, China. Les Colloques de l'INRA 43, Paris: 664.

Wajnberg E. 1995. Proceedings of the 4th International Symposium on Trichogramma and Other Egg Parasitoids, 4-7 October 1994, Cairo Egypt. Les Colloques de l'INRA 73, Paris: 226．

Wajnberg E, Vinson S B. 1991. Proceedings of the 3rd International Symposium on Trichogramma and Other Egg Parasitoids, 23-27 September 1990, San Antonio, USA. Les Colloques de l'INRA 56, Paris: 246.

Webb J C, Agee H R, Leppla N C, et al. 1981. Monitoring insect quality. Transactions of the ASAE, 24: 476-479.

Wood R J. 1983. Genetics applied to pest control. Folia Biologica(praha): 188-300.

Yamazaki T. 1972. Detection of single gene effect by inbreeding. Nature, 240: 53-54.

第三篇 天敌昆虫、捕食螨扩繁、生产、应用的实践

第十章 瓢虫生物学特性及扩繁技术

第一节 概　　述

瓢虫属鞘翅目瓢虫科（Coccinellidae）昆虫，瓢虫根据食性分为植食性、菌食性和捕食性三大类。捕食性瓢虫是重要的天敌昆虫，约占瓢虫总数的80%，其中异色瓢虫、七星瓢虫等是主要的捕食性天敌（Tedders and Schaefer，1994；Koch et al.，2003；吴春娟，2011）。对蚜虫、粉虱及鳞翅目害虫的卵和低龄幼虫有较强的捕食能力，在害虫生物防治研究与应用中受到广泛关注。

1888年美国引进澳洲瓢虫成功控制了吹绵蚧的为害，被认为是成功范例。随后生物防治及相关的昆虫学研究逐步兴起。1891～1892年从大洋洲引进孟氏隐唇瓢虫（Cryptolaemus montrouzieri）来防治加利福尼亚的柑橘粉蚧。1928年引进圭亚那的特立尼达红瓢虫到斐济。我国引进的小黑瓢虫（Delphastus catalinae）、孟氏隐唇瓢虫在防控粉虱、介壳虫及其他有害昆虫方面都发挥显著效果。

我国瓢虫种类多，数量大，其中异色瓢虫具有抗逆能力强，捕食量大，捕食种类广的特点（关晓庆，2011），是瓢虫中的优势种群。目前，利用异色瓢虫来防治棉田害虫的研究较多（雒珺瑜等，2014）。我国在保护利用七星瓢虫控制蚜虫危害方面取得了一定成就，特别是在人工繁殖方面得到推广应用，取得了显著效果。长期以来，人们对瓢虫的捕食行为、生理生化特征、人工饲养及饲料方面进行了大量研究。低温暴露过程中脂肪储存对异色瓢虫成虫存活有重要的影响，但冷伤害是影响存活的基本因素（赵静等，2010）。昆虫的脂肪含量与个体呈正相关，脂肪的积累有利于昆虫的越冬。瓢虫的成虫越冬，通过增加能量储存来提高耐饥力（赵静等，2010）。然而，生物体的外在形态也是影响生物与环境相互作用的重要因素（Chown and Gaston，2010）。种内和种间形态功能性状是影响物种地理分布的重要基础（匡先矩等，2015）。贝格曼法则指出动物的体型随着海拔的升高而增大（Shelomi，2012；匡先矩等，2015）。王进忠等（2000）对七星瓢虫成虫觅食行为的观察发现，七星瓢虫的捕食过程包括：搜寻、捕捉、嚼食、梳理、静止、展翅和排泄。林志伟等（1999）通过异色瓢虫对大豆蚜、玉米蚜的捕食作用比较，得出异色瓢虫对大豆蚜的捕食作用优于对玉米蚜的。梁伟霞等（2014）研究出瓢虫人工饲料可以延长小黑瓢虫寿命，但经常出现不产卵现象。目前尚未找到适合瓢虫工厂化生产的人工饲料，因此影响了该天敌在生防中的应用。

人们越来越普遍认识到使用农药带来的负面影响，环境保护、食品安全性意识增强，为了降低农药的使用量，利用天敌昆虫防治害虫综合治理已成为重要的手段（陈学新，2010）。因此，天敌昆虫的商品化生产受到广泛的关注并已发展成为一个新型的产业（Lenteren et al.，1997）。目前，世界上有180种以上的天敌被商品化生产和销售（董杰等，2012）。李浩等（2015）对红环瓢虫的保护和林间应用技术进行了研究。有文献报道，植花蜜可以缩短某些天敌的产卵前期,提高捕食能力(Marie et al., 2013;汪庚伟等, 2014)。针对异色瓢虫的深入研究发现,除了生防天敌的作用,其化学防御中分泌的生物碱具有杀菌活性(Christian et al., 2012),可能发展成为一种新的抗生素,成为瓢虫利用的新方向,未来瓢虫可能会像家蚕一样成为重要的生物反应器,因此提高天敌昆虫瓢虫的人工扩繁效率、实现大规模工厂化生产势在必行。有益瓢虫是全世界重要的天敌资源,具有种类多、分布广等特点。目前存在的困难是异色瓢虫的现有各种人工饲料对生殖都有不利影响,导致产卵前期延长,产卵率和孵化率低(张妽等, 2015)。卵黄蛋白为卵巢成熟所必需,与昆虫繁殖关系密切。瓢虫卵黄蛋白的合成时间和合成量是反映生殖能力的重要因素,因此,沈志成等(1989)建议利用卵黄蛋白生理指标评估人工饲料对生殖的影响。

第二节 瓢虫的生物学特性

一、形态特征

瓢虫是鞘翅目瓢虫科甲虫的通称,属全变态昆虫,一生分卵、幼虫、蛹、成虫4个时期(图10-1)。

图10-1 瓢虫不同发育阶段的形态
A.卵;B.幼虫;C.蛹;D.成虫

卵:瓢虫的卵多为椭圆形或纺锤形,一般长0.6~1.5 mm,宽0.2~1.0 mm。初产橙黄色或黄色,渐变为橙黄色,将孵化时呈灰黑色。直竖紧密排列在一起,呈块状,卵块大小从几粒至近百粒不等，但黑缘红瓢虫(*Chilocorus rubidus*)每次只产 1 粒卵。

幼虫：共 4 个龄期；初孵幼虫虫体短小，后端略尖，呈三角形，后期伸长，体黑色，蜕皮前变为灰黑色；通常会经过 3 次蜕皮发育至 4 龄，化蛹前体型肥大。幼虫各体节通常有骨化突起，腹部末端形成一个足突，帮助幼虫蜕皮或化蛹前的固定。

蛹：瓢虫大多数为裸蛹，体较圆钝，翅膀短小，已经接近于成虫形态，胸部背面圆形突出，初呈淡黄色，渐变为橘黄色，而小黑瓢虫的蛹从白色逐渐加深变成黑色。老熟幼虫化蛹前尾部固定在化蛹介质上，经一次蜕皮后化蛹。

成虫：体呈卵圆形半球状拱起，前翅为鞘翅，后翅膜质，不飞翔时鞘翅平置于胸、腹部背面，盖往后翅。鞘翅颜色和斑纹多种多样，大都是赤、黄、黑等色，并生有黑、赤、黄、白等颜色斑点。瓢虫腹部大多平坦并覆盖短细毛。

二、基本分类特征

瓢虫是一类常见的捕食性天敌，广泛分布，具有适应性强、食性广泛、取食量大、繁殖力强等特点，对蚜虫、粉虱、介壳虫、螨及鳞翅目害虫的卵有很强的控制作用，目前，作为一种优势性天敌，在世界生防研究及应用中受到广泛关注(Koch，2003)。1758 年，林奈在《自然系统》中记录瓢虫属(*Coccinella*)的 36 个种，之后 Crotech 整理成 22 个种。1876 年《鞘翅目昆虫名录》中瓢虫科已有 105 属 1443 个种。1971 年 Sasaji 统计瓢虫科有 490 属 4200 种。瓢虫的种类繁多，任何时候我们都能在花丛中发现不同种类的瓢虫，全世界约有 500 属 5000 种，中国已记录约有 725 种，其中大部分为肉食性，少量为植食性昆虫。庞雄飞和毛金龙(1979)建立了我国瓢虫 8 个亚科的分类系统和猎物范围(表 10-1)。

表 10-1　瓢虫科的分类和食物(庞雄飞和毛金龙，1979)

瓢虫种类	猎物
小艳瓢虫亚科 Sticholotinae	蚜虫、棉蚜、棉蚧、介壳虫、粉虱
小毛瓢虫亚科 Scymninae	蚜虫、棉蚜、棉蚧、介壳虫、粉虱、叶螨
隐胫瓢虫亚科 Aspidimerinae	蚜虫、棉蚜、棉蚧
盔唇瓢虫亚科 Chilocorinae	棉蚜、棉蚧
红瓢虫亚科 Coccidulinae	棉蚜、棉蚧
瓢虫亚科 Coccinellinae	真菌、蚜虫、介壳虫、粉虱、叶螨
食植瓢虫亚科 Epilachninae	植物
四节瓢虫亚科 Lithophilinae	棉蚧、粉蚧

三、生活史和生活习性

自然条件下，瓢虫在我国每年发生 2~8 代，均以成虫越冬，有聚集越冬习性。常飞往向阳背风处的石缝、墙角、屋檐下等隐蔽的地方群集越冬(梅象信等，2008)。聚集行为可以降低异色瓢虫成虫越冬时新陈代谢速率，减少能量消耗，提高存活率，这对其越冬有重要的意义(赵静等，2014)。成虫 11 月大量取食，越冬时间从 11 月开始至第 2 年温度升高到 10℃左右后开蛰活动，越冬时不食不动。梅象信等(2008)研究发现，其 3 月初在砖缝和花草上活动，3 月中旬在花木上活动，4 月中、下旬在农田和果园内活动，9～10 月在蚜虫多的植物上活动。成虫羽化后，取食一段时间后即进行交尾，一生可多次交尾，交尾后 7 d 左右开始产卵。成虫有较强的飞翔能力。晴天高温时易于爬动，在强烈的阳光下四处活动。

梅象信等(2008)研究了异色瓢虫在室内条件下饲养，其各虫态平均历期：卵 2～3.5 d，幼虫期 8.3～9.9 d，蛹期 2.8～3.6 d，卵至成虫羽化需要 13.5～16.6 d。

幼虫习性：幼虫初孵时趴在卵壳处不动，约半天后开始爬行觅食，随着虫龄的增加，取食量渐增，尤其至 4 龄时食量暴增。当食料不足时，在卵壳处取食未孵化的卵粒或互相残杀。蜕皮或化蛹前后不食不动，尾部黏着在化蛹介质上完成蜕皮(王延鹏等，2007)。

蛹的习性：末龄幼虫体型缩短，分泌胶质物黏附在枝叶上，最后蜕皮成蛹，蛹成熟后破蛹壳而出。

成虫习性：瓢虫属于两性生殖。成虫有趋光性，一般白天活动，夜晚很少活动。例如，温度和光照影响异色瓢虫的繁殖活动,在短光周期或温度低于12℃时不产卵(Ongagna et al.，1993)。

四、滞育

滞育是指昆虫在温度和光周期变化等外界因子的诱导下，通过体内生理编码过程控制发育停滞状态。成虫滞育的主要特征是生殖系统受到影响(许永玉，2001)。滞育时间多在冬季，多为成虫，在滞育期间雌虫卵巢发育基本停止，而雄虫睾丸从蛹期开始发育，所以在滞育期仍然保持活力。七星瓢虫和异色瓢虫滞育后脂肪体的体积比滞育前的体积要大(Okuda and Hodek，1994)。滞育会延长瓢虫的产卵前期，光周期是诱导滞育的主要因子，在温度特定的条件下，我们可以通过长光照来阻止滞育。有些研究表明，温度也会间接影响滞育，即高温促进长光照，导致夏滞育的发生，如本州岛种群的七星瓢虫在温度高于 21.5℃时会发生夏滞育(Ohashi et al.，2003)。瓢虫的滞育也会影响瓢虫的生理生化，如异色瓢虫滞育期间咽侧体明显偏小(Sakurai et al.，1992)，卵黄原蛋白的合成代谢在整个滞育期一直受到抑制，二星瓢虫雌虫体内的脂肪体随滞育的进行逐渐降解(Hodek，1996)。目前，关于昆虫滞育机制的研究取得了很大进展(赵章武和黄永平，1996；徐卫华，2008)。其中滞育基因的研究是必不可少的，滞育期和滞育后生物学特性的观察也很重要。

第三节　瓢虫的行为与化学生态学

一、捕食行为

不同种类的瓢虫捕食种类有差异,瓢虫亚科和刻眼瓢虫亚科大部分种类以蚜虫为食，小毛瓢虫亚科和小艳瓢虫亚科以捕食蚜虫、介壳虫、粉虱、叶螨为主。食螨瓢虫族专食叶螨。四节瓢虫亚科和红瓢虫亚科取食棉蚜和绵蚜。深入研究瓢虫的捕食行为，不仅可以有效提高害虫的控制效果，还可以通过观察捕食行为，进一步为人工饲料的研究提供参考。

瓢虫白天捕食活动频繁，夜晚一般静止休息。如图10-2所示，一般的，食蚜瓢虫在捕食时先咬住蚜虫，然后吸吮其体内汁液不停的抽吸回吐数次，最后连壳一同吞掉（刘艳，2008）。夏莹莹等（2014）通过研究双七瓢虫（*Coccinula quatuordecimpustulata*）对蚜虫的捕食作用，发现3龄幼虫、4龄幼虫和成虫对大豆蚜的捕食量最大。类似的，七星瓢虫1龄和2龄幼虫的日食蚜量较小，3龄和4龄幼虫食蚜量剧增（程英等，2006）。七星瓢虫越冬代成虫每日捕食甘蓝蚜18.6头，而捕食棉蚜72.3头，反映了七星瓢虫对不同猎物的嗜食程度（马野萍等，1999）；越冬后第一代的整个幼虫期对矛卫豆蚜的捕食量平均达410头（王春良等，2002）。王进忠等(2000)通过对七星瓢虫成虫觅食行为的观察发现，七星瓢虫捕食过程包括7部分：搜寻、捕捉、嚼食、梳理、静止、展翅和排泄。王俊和李松岗(2001)用人工生命表方法模拟七星瓢虫捕食行为的进化，证明猎物是使七星瓢虫捕食行为模式发生转换的一个开关。

图10-2 瓢虫的捕食行为

A. 幼虫捕食行为；B. 成虫捕食行为

二、自残行为

自残现象是某一种生物杀死并吃掉同种个体的过程。自残现象在节肢动物中十分常见(Elgar and Crespi, 1992)。在自然界中，捕食性瓢虫主要取食蚜虫和介壳虫，但在自身种群密度过高或者食物量不足时也会发生自残现象(Hodek, 1996)。这种现象常发生在食蚜瓢虫种类中(Yasuda and Shinya, 1997)。自残由遗传和环境条件共同决定(Ueno, 2003)。

无论食物充足与否，异色瓢虫幼虫与幼虫、幼虫与卵、幼虫与蛹之间都会发生自残现象(Majerus, 1994)，其中幼虫对卵的自残随着龄期的增长而加剧，但在食物不足、自身密度过大时自残现象更为严重。Osawa(1989)将异色瓢虫卵的自残分为两部分：姊妹个体自残，即同一批卵先孵化的个体取食未孵化的卵；非姊妹个体自残，即一批卵孵化的幼虫取食其他批次未孵化的卵。两类自残被取食的卵分别占25%和36%，姊妹个体自残发生于整个产卵期，而非姊妹个体自残更集中在产卵后期和靠近猎物的区域，这可能是由于产卵后期瓢虫对猎物的相对密度变大，在猎物聚集区瓢虫的搜索效应更强。自残对于大规模人工饲养是十分不利的。异色瓢虫1龄及4龄幼虫因自残导致的死亡率最高，避免自残现象是十分困难的，目前，一般通过隔离、降低饲养密度、保证充足食物等措施减少自残（Osawa，1993）。自残会对各龄期幼虫的生长发育产生重要影响，并且会持续影响成虫产卵量及卵孵化率（Yasuda and Ohnuma，1999）。

除自残外，异色瓢虫也会蚕食异种瓢虫的卵或幼虫，且幼虫对同胞卵或幼虫具有识别能力，通过正确识别同种个体来减少同胞自残而增强对非同胞个体的取食（Michaud，2003），增强种间竞争力。

三、集团内捕食作用

随着对瓢虫捕食行为的深入研究，发现同一营养级的不同捕食者之间也存在捕食关系，即集团内捕食作用（Rosenheim et al.，1993，1995；Snyder and Ives，2001），是指在同营养级别的物种间既存在竞争关系又存在捕食或寄生关系。集团内捕食作用是一种更为复杂的种间关系，广泛存在于各种生态系统中。由于该种现象的普遍存在，且对瓢虫种群的动态及对害虫生物防治效果产生影响，瓢虫集团内捕食近年来得到了广泛的研究。通过认识集团内的捕食作用可以使我们更加深入了解群落中的种间关系、群落结构及生态功能。集团内捕食发生严重时，会导致处于弱势的天敌种群快速衰退、控害作用明显减弱（Rosenheim et al.，1995）。因此，可以通过研究瓢虫集团内捕食作用，来揭示瓢虫种间互作关系及其对天敌昆虫合理保护的重要意义。

不同种类瓢虫之间集团内捕食作用分为单向性集团内捕食和双向性集团内捕食（Ware and Majerus，2008；Sato et al.，2009a，2009b；Meisner et al.，2011）。Sato等（2009a，2009b）在室内观察了18例异色瓢虫与七星瓢虫之间的集团内捕食事件，发现均为异色瓢虫捕食七星瓢虫；类似的，异色瓢虫与二星瓢虫共存时，高龄的异色瓢虫能捕食1龄二星瓢虫，而高龄二星瓢虫不捕食1龄异色瓢虫。Ware和Majerus（2008）研究发现，除灰眼斑瓢虫外，其他的英国或日本本土瓢虫的集团内捕食作用均弱于异色瓢虫。Félix和 Soares（2004）发现，异色瓢虫和十一星瓢虫之间也存在捕食关系，但异色瓢虫明显处于优势地位。

影响集团内捕食作用的因素有很多，有参与者自身的也有捕食者本身的。其中参与者自身的因素包括：猎物的存在与否、密度及其生活史（Yasuda and Kimura，2001），集团内捕食者的饥饿程度（Hemptinne et al.，2000）、参与者的丰富度等。环境因素包括：温度、阳光、植物的形态特征及周围的状况等。Gardiner等（2011）研究发现，大豆田周边景观多样性与捕食者种群丰富度呈正相关，农田周边的栖境类型是真正影响瓢虫卵被捕食强度的关键因素。瓢虫通过释放有毒物质或趋避性的化学物质来抵御其他瓢虫或天敌的捕食。有些瓢虫卵的表面存在碳氢化合物等（Ware，2008；Ware et al.，2008）或者生物碱、吡嗪和喹啉等（Alhmedi et al.，2010；Thomas et al.，2013）物质，能起到自我保护的作用。二星瓢虫和七星瓢虫等幼虫期受到攻击时，会流出黄色液体进行防御（Majerus and Kearns，1989）。集团内的捕食作用也会受到植物表面绒毛或蜡质层的影响，如植物表皮毛可以降低蚜瘿蚊卵和十二星瓢虫集团内捕食效应(Ingels and de Clercq，1998)。

体型大小也会影响集团内捕食者和被捕食者之间的捕食强度，体型大小与捕食量呈负相关(Huey and Pianka，1981；Sengonca and Frings，1985；Lucas et al.，1998)。瓢虫的卵相对于成虫更容易被捕食(Sato and Dixon，2004；Cottrell，2007)。在瓢虫幼虫的捕食间也存在体型大的捕食体型小的个体(Majerus，1994)，如异色瓢虫的幼虫总是被个体较大的灰眼斑瓢虫幼虫捕食(Ware et al.，2008)。但也有一些特殊的例子，个体大的种类在集团内捕食中处于劣势地位(Snyder et al.，2004)。

集团内捕食作用与空间复杂性呈负相关关系。Janssen 等(2007)研究发现，多样性高的农田降低了昆虫被捕食的可能性，为昆虫提供了有利的庇护场所。集团内捕食作用会影响天敌生物种群的动态发生，会对生物防治产生削弱作用(杨帆等，2014)。在美国、欧洲等地引入异色瓢虫来对农田害虫进行生物防治(Janssen et al.，2007)，虽然在农作物的害虫防治中起到了重要的作用，但是异色瓢虫也捕食本地其他有益昆虫。因此，在外来物种释放之前，我们不仅要考虑对害虫的防治效果，还要考虑外来物种与当地物种之间的相互作用关系，其中集团内捕食作用就是一个重要方面。我们可以通过研究集团内捕食作用的关系，促进多种天敌的协同作用，从而使害虫防治达到更好的效果。

四、化学生态学

昆虫化学生态学主要研究昆虫种内、种间及与其他生物之间的化学信息联系、作用规律，以及昆虫对各种化学因素的适应性等，是昆虫的神经生理和感觉生理、生物化学及生态学的交叉学科(杨振德等，2003)。瓢虫化学生态的研究目前主要集中在植物—猎物—瓢虫、瓢虫之间互作的化学信息素及其作用等方面，瓢虫依赖这些信息素完成寄主定位、猎物搜寻、交配、自卫等行为。对信号物质介导的行为反应机制的深入研究有助于信息化合物在害虫综合治理中的应用。

触角是瓢虫主要的嗅觉器官，是感受化学信息及化学生态行为的基础。Chi 等(2009)应用扫描电镜技术研究了异色瓢虫的触角形态和感器，比较了不同斑型的触角感器的类型及数量，并预测了各种感器的功能，为异色瓢虫嗅觉识别和化学生态研究奠定了基础。Zhu 等(1999)测定了十二斑瓢虫对豌豆蚜、寄主植物及异性个体挥发物的触角电位，初步鉴定出几种引起触角反应的化合物，并在田间试验了几种对其有强烈吸引作用的物质，为植物挥发物、蚜虫信息素和瓢虫性信息素在瓢虫生防中的应用开辟了新的思路和方法。

许多植物能特异性合成和释放挥发性气味物质，对植食性昆虫及其天敌产生重要影响。例如，十字花科特有的芥子苷对害虫有引诱或趋避作用，同时也影响取食害虫的瓢虫，其生物学指标与寄主植物化学气味组成紧密相关。用蚕豆、油菜、白芥(芥子苷含量由低到高)饲喂桃蚜，再以桃蚜饲喂二星瓢虫，结果表明，油菜、白芥能促进蚜虫生殖，也促进瓢虫发育和体重增加，但油菜比白芥更利于瓢虫的产卵；综合生长发育和生殖指标评价猎物适合度表明，芥子苷含量最高的白芥并不适宜作为二星瓢虫的寄主植物(Francis et al.，2001)。该研究有助于更好地理解三级营养关系，同时表明将瓢虫用于生防时，除瓢虫和其食物的特性外，还需要综合考虑寄主植物和猎物的适合度等因素。

近年来，随着害虫综合治理策略在害虫防治中的推广和发展，基于昆虫化学通信的引诱剂、驱避剂受到广泛关注，其中研究较深入的有蚜虫报警信息素反-β-法尼烯（E-β-farnesene，EβF）趋避蚜虫、吸引天敌的防治策略，即"推拉"策略。Verheggen 等（2007）运用触角电位、四臂嗅觉仪及生物测定等方法研究了 EβF 和异色瓢虫越冬群集信息素——石竹烯（caryophyllene）在异色瓢虫行为中的作用：二者均引起雌雄触角电位的活跃；行为学试验表明，蚜虫释放的 EβF 对异色瓢虫雌雄个体均有吸引作用，而异色瓢虫雌虫分泌的石竹烯仅吸引雄性个体，但田间状态下能引起雌雄的聚集。进一步的田间试验表明，田间释放 EβF 没有引起菜蚜种群聚集分布这一空间分布型的变化，但会阻止一定区域内高密度菜蚜种群的出现；瓢虫在数量和空间上均表现出了对菜蚜的追随效应，但在田块中央的 EβF 释放位置瓢虫出现的频率较高。不过 EβF 也可能产生其他影响。室内实验研究了 EβF 对桃蚜、黑毛蚁、异色瓢虫互作行为的影响，结果表明，EβF 显著提高了黑毛蚁对异色瓢虫的攻击性，降低了异色瓢虫对其照看的桃蚜的捕食量（刘英杰，2013）。昆虫信息素对害虫及天敌行为影响的研究支持了"推拉"治理蚜虫策略的有效性及可行性，为其实践应用提供了指导，有助于提高瓢虫在生物防治中的应用效果。

信息素是瓢虫种内化学通信的重要媒介，介导交配、群集、自卫等诸多重要的生物学习性和行为。许多瓢虫，如异色瓢虫、多异瓢虫等的信息素在种间交流中具备双重角色，兼有防御通信、田间聚集和滞育群集的作用（Verheggen *et al.*，2007；Wheeler and Cardé，2013）。除了化学信息素，瓢虫的一些挥发性碳氢化合物也涉及种内及种间的化学交流。例如，十四星瓢虫（*Calvia quatuordecimguttata*）卵的表面经己烷漂洗后，更易被异色瓢虫捕食，表明卵表面存在一些成分起到化学防御的作用，趋避异色瓢虫的捕食；GC-MS 分析表明，趋避成分可能与卵表面一系列丰富多样的碳氢化合物、烯烃或卵上一块红斑中的酸类物质有关（Ware and Majerus，2008）。Pattanayak 等（2014）利用顶空固相微萃取技术，调查了 5 种瓢虫挥发性烃类在雌雄个体之间的组成差异。瓢虫挥发性烃类以支链饱和烃或不饱和烃为主，多数瓢虫雌雄虫间化合物种类相似，但含量、比例不同，即挥发烃类在性别上的差异主要在于量的不同，雌雄特有物质极少。这些研究有助于指导人们开发更加高效、特异的引诱剂，并更好地理解瓢虫的化学生态行为，相关的信息素及化学物质具有开发成天敌引诱剂的潜力。在捕食性瓢虫的生物防治应用中，天敌释放后的扩散逃逸是影响生防效果的重要因素。化学生态学的研究有助于揭示寄主植物—害虫—瓢虫互作及信息交流的机制，利用植物或害虫的挥发性物质对天敌的吸引解决人工释放天敌后的逃逸问题。

第四节　瓢虫的营养与生殖

一、营养与消化的生理生化研究概况

昆虫营养摄取与代谢是决定生长发育和生殖状况的关键因素，也影响着天敌昆虫的品质。瓢虫营养生理生化的研究涉及两个方面：一是猎物或饲料中营养物质组成、含量及对捕食者的适合度；二是瓢虫的营养需求及消化生理生化特性。

早在20世纪70年代，日本研究人员借助一种化学规定饲料及雄蜂蛹饲料，开展了一系列对异色瓢虫生长发育至关重要的营养因子的研究，指出了钾离子的重要性及雄蜂蛹水溶解物对生殖的促进作用(Matsuka and Takahashi, 1977; Niijima et al., 1977; Niijima and Takahashi, 1980)。天敌瓢虫的猎物包括蚜虫、粉虱、蚧虫、螨，以及某些害虫的卵、幼虫和蛹，其中蚜虫的营养成分研究较为深入。为更好地理解瓢虫营养需求，开发更合适的人工饲料，研究人员已经报道了多种重要蚜虫的氨基酸等营养成分的含量。陈志辉和傅贻玲(1981)测定了七星瓢虫喜食的桃蚜、萝卜蚜、高粱蚜的氨基酸含量，然而后续试验表明向饲料中添加含量相对蚜虫较少的几种氨基酸并未促进七星瓢虫的营养和生殖水平(傅贻玲和陈志辉，1982)；类似的，张屾(2014)通过测定比较一种异色瓢虫人工饲料和豌豆蚜的氨基酸含量，采用相对含量的计算方式，向饲料中添加3种限制性氨基酸，但也未见明显效果。这表明单纯地补充氨基酸似乎不能提高异色瓢虫人工饲料的饲喂效果，瓢虫人工饲料效果不佳并非氨基酸欠缺所致，也有可能是因为我们只能添加饲料欠缺的氨基酸而不能去除比天然猎物多余的氨基酸，导致氨基酸营养不平衡或营养过剩的毒害。另外，Specty等(2003)对比了豌豆蚜和粉螨卵的生化组成，并对取食两种食物的异色瓢虫进行了生化分析，发现异色瓢虫具有很强的营养可塑性，取食营养差异较大的食物后虫体蛋白、脂类等物质的组成趋向一致。对食物需求的弹性表明，许多瓢虫具有取食多种猎物、饲料的潜能和控制多种害虫的能力，在生物防治中具有很高的应用价值，同时瓢虫的营养可塑性告诉我们，开发不依赖猎物的人工饲料是可行的。

瓢虫虫体营养生化指标的研究也在人工饲料开发中受到较多关注，其营养组分的变化为提高人工饲喂效果提供了重要参考。Sighinolfi等(2008, 2013)检测了异色瓢虫幼虫、成虫取食人工饲料后体内氨基酸、脂肪酸的变化，以及饲料中添加不饱和脂肪酸对饲喂效果的影响。李恺等(2007)运用食物近似消化率(AD)、食物利用率(ECI)及虫体蛋白、脂肪酸含量等指标评估了人工饲料对龟纹瓢虫营养生理上的影响。进一步研究发现，人工饲料中脂肪组成的改变影响瓢虫对脂类的利用和体内脂肪的积累。饲料中添加豆油和玉米油时，龟纹瓢虫对食物的利用和转化提高；添加橄榄油时，瓢虫对人工饲料的消化、吸收、利用和产卵量提高(张丽莉，2007)。杜文梅等(2014)研究了越冬代异色瓢虫经低温冷藏后体内营养物质的变化，发现随着冷藏时间的增加，总糖和脂肪含量呈下降趋势，总蛋白含量提高，含水量略有下降，为瓢虫滞育生理及储存生物学的研究提供了借鉴。近年来，随着分子生物学的快速发展，组学技术与传统生化研究技术相结合，开始运用到瓢虫营养生理的研究中，如Allen(2015)测定了取食不同食物的六斑瓢虫的转录组，鉴定了与食物及杂食性相关的差异表达基因。

除了猎物，植物源营养如叶片、花粉作为营养补充来源也会对瓢虫营养状况产生影响。Pilorget等(2010)测算了5种甾醇类物质含量不同的玉米花粉与十二斑瓢虫适合度的相关性，结果表明，不同甾醇种类与多种适合度指标有不同的相关性，然而花粉中添加甾醇对十二斑瓢虫性状无影响。说明甾醇仅是众多营养限制因素中的一种，单独添加甾醇不能显著改善其寄主瓢虫的营养状况。

昆虫的营养摄取离不开消化系统，尤其对于食量较大、专性肉食的捕食性瓢虫来说，发达的消化系统是其成为优秀天敌昆虫的因素之一。昆虫消化涉及多种代谢糖类、蛋白及脂类物质的消化酶，如海藻糖酶、淀粉酶、糖苷酶、丝氨酸蛋白酶、半胱氨酸蛋白酶、脂肪酶等。消化酶的组成和活性对昆虫营养摄取起着决定性作用。

海藻糖是昆虫血糖的主要形式，因此海藻糖酶是昆虫能量代谢至关重要的一类酶，同时也与昆虫蜕皮、滞育及繁殖等重要生理过程密切相关（唐斌等，2012；秦加敏等，2015）。Ogawa 和 Ariyoshi（1981）纯化和鉴定了异色瓢虫体内海藻糖酶的理化性质。秦资等（2010）使用 RACE 技术克隆了异色瓢虫海藻糖酶基因的全长，并与赤拟谷盗同源基因进行了比对分析。不同食性的昆虫消化酶活性不同，对于肉食性的天敌瓢虫，蛋白酶和脂肪酶尤为重要。一般的，鞘翅目昆虫主要的中肠蛋白酶为半胱氨酸蛋白酶类（Murdock et al., 1987），同属鞘翅目的瓢虫一般也是如此。Walker 等（1998）鉴定出二星瓢虫幼虫和成虫的中肠蛋白酶以半胱氨酸蛋白酶活性为主，兼有少量金属蛋白酶，而对其他蛋白酶抑制剂不敏感，同时发现食物或猎物中的半胱氨酸蛋白酶抑制剂对其有显著影响。Mi 和 Yong（2002）研究发现，异色瓢虫成虫中肠消化液中含有诸多种类的水解蛋白酶，如半胱氨酸蛋白酶、金属蛋白酶、天冬氨酸蛋白酶、丝氨酸蛋白酶等，其中与鞘翅目其他昆虫类似，半胱氨酸蛋白酶是异色瓢虫主要的蛋白酶，在其中肠蛋白酶中占绝对多数。张天澍等（2007）综合研究了龟纹瓢虫成虫羽化后中肠淀粉酶、类胰蛋白酶和脂肪酶活性的动态变化，以及人工饲料添加蔗糖、植物油对消化酶活性的影响，从生物学、生理学及行为学等多个角度做了饲料评价，为天敌昆虫的营养需求及饲料改进提供了借鉴。一般认为，动物体内消化酶活性的高低直接反映了对营养物质消化吸收的能力，并与摄入的营养物质类型与含量有关，昆虫中肠消化酶活性的变化反映了生长发育的需要及营养状况，能够为人工饲料配方的优化提供理论依据。

肠道共生菌在动物营养互补与消化代谢中扮演重要角色，能为宿主合成必需营养物质或降解毒素。随着哺乳动物中共生菌与宿主互作机制的揭示，昆虫共生菌对昆虫营养互补的作用逐渐受到学者的关注和研究。昆虫上的共生菌研究主要集中在蚜虫、飞虱等刺吸类害虫上，而对于瓢虫目前报道多限于肠道共生菌的分离鉴定，而对昆虫—共生菌互利共生机制的研究较少。孟祥杰等（2008）从六斑异瓢虫成虫肠道内分离鉴定出 5 个不同菌株，其菌群种类能部分解释该虫独特的食性和栖息环境，同时共生菌的鉴定为研制六斑异瓢虫人工饲料、提高其抗逆性和成活率提供了数据支持。赵秀芝等（2011）对龟纹瓢虫不同虫态的共生菌进行了研究，从卵、幼虫、蛹及雌成虫的肠道内分离得到 15 个不同菌株，且发现不同虫态的共生菌种类明显不同，这表明不同时期的瓢虫对营养及食物的需求可能有差异，共生菌的种类及不同虫态间的差异为进一步改进龟纹瓢虫的人工饲料提供了科学参考。对七星瓢虫体内类胡萝卜素成分的分析表明，其主要的组分属于真菌色素而非植物源色素，因此推测七星瓢虫所需的类胡萝卜素主要来源于自身肠道共生菌或是猎物体内共生菌的合成，而非来自于猎物或猎物取食的寄主植物（Britton et al., 1977）。这从侧面证明了共生菌对瓢虫营养的重要作用，也提示我们研发人工饲料时应注意补充微生物源的营养因子。另外一种思路是，我们可以考虑解决共生菌的体外培养发酵问题，实现工厂化生产共生菌或共生菌产物，用于人工饲料添加剂。还有一些蚜虫共生菌可能对捕食者产生不利影响，如豌豆蚜体内的兼性共生菌会使其捕食者——毛斑长足瓢虫的存活率下降（Costopoulos et al., 2014）。这表明共生菌会通过三级营养关系对捕食性瓢虫产生潜在的不利影响，在瓢虫人工饲养中建立猎物初始种群时应注意无菌化处理，在饲养过程中避免猎物对该类共生菌的感染。

二、生殖生理研究概况

昆虫生殖发育包括性腺发育、配子发生等过程，其中卵子发生是决定生殖能力的关键因素之一。根据对异色瓢虫、龟纹瓢虫、小黑瓢虫的生殖系统结构解剖及发育过程的研究（张天澍等，2009；刘其全，2010；陈洁等，2015），一般将瓢虫卵巢发育分为未分化期、生长发育初期、卵黄沉积期和成熟待产期4个等级，将卵子发生分为卵母细胞分化期、卵母细胞营养生长期和卵形成期3个阶段。生殖系统生物学的研究为瓢虫生殖发育分级提供了参考，也为人工饲料效果评价提供了一类指标。卵黄原蛋白（vitellogenin，Vg）是卵黄蛋白（vitellin）的前体，Vg发生（合成、分泌及沉积），是卵子发生的关键步骤之一。Zhai等（1984）和陈洁（2008）分别研究了七星瓢虫和异色瓢虫Vg的性质及Vg发生的过程。卵黄原蛋白通常在卵黄发生期由脂肪体合成，分泌到血淋巴中，在发育的卵母细胞中沉积，构成卵子的主要成分。

营养、激素和微生物等因素可以直接影响生殖发育，也是人工饲料改良的重要方向。目前多数的人工饲料会导致瓢虫繁殖力下降，这可能是因为饲料营养不适合，使瓢虫生殖发育停滞。也有一些研究表明，某些刺激因子，如保幼激素的缺乏可能是人工饲料饲喂效果不佳的原因。陈志辉等（1980）在研究七星瓢虫取食人工饲料时指出，取食量下降导致了瓢虫体内物质积累不足或内分泌系统紊乱，进而导致人工饲料对生殖发育的不利影响。沈志成等（1992）研究发现，以雄蜂蛹为饲料的异色瓢虫Vg发生和卵黄沉积滞后，保幼激素类似物处理能改善这一现象，并推测雄蜂蛹粉基本能够满足两种瓢虫生殖的营养需要，但会导致其内分泌紊乱而使瓢虫处于类似生殖滞育的状态。人工饲料饲喂的七星瓢虫体内Vg含量极少，而添加保幼激素类似物能诱导Vg合成；进一步研究证明JH能提高雌虫体内Vg的mRNA转录水平（Zhai et al.，1984，1986）。陈洁（2008）研究了不同温度和不同食料对异色瓢虫生殖发育发生的影响，饲喂以猪肝蜂蜜为主的人工饲料导致卵巢重量显著下降，无法沉积足够的Vg，表明此人工饲料不能满足异色瓢虫产卵的营养需求。孙毅和刘建峰（2001）利用人工卵赤眼蜂蛹规模化饲养七星瓢虫，不能满足成虫产卵前期的营养需求，导致生殖力下降，并提出添加取食刺激剂或产卵前补充猎物的改良方案。共生微生物对瓢虫生殖的影响主要见于立克次体的雄性致死现象。昆虫生殖相关的共生菌主要导致生殖不亲和和孤雌生殖，对昆虫的生殖隔离或进化产生作用。Majerus T M和Majerus M E（2010）首次在龟纹瓢虫中检测到一种专性致死雄性的立克次体，感染该立克次体的种群后代性比明显偏向雌性，雌虫仅产生雌性后代。这一雄性致死现象遵循母系遗传，在垂直和水平方向均可遗传，且抗生素处理能使感染个体及后代恢复正常。

生殖发育是昆虫极为重要的一项生命活动，同时也需要消耗大量的营养与能量。生殖发育与生长发育是相互博弈、相互制约的，昆虫进入生殖状态后，寿命缩短，对逆境胁迫抵抗力下降，即生殖代价（cost of reproduction）（Bell and Koufopanou，1986）。Perry和Rowe（2008）研究了饥饿胁迫下二星瓢虫交配和产卵对雌虫寿命的影响，发现交配次数或取食精子对寿命无影响，推测生殖代价可能是产卵引起的。张岫等（2015）利用生殖代价解释了人工饲料饲喂的异色瓢虫寿命延长、产卵减少的现象。尽管人工饲料营养胁迫情况下的生殖抑制通常对人工扩繁是不利的，但为瓢虫的长时间冷藏储运提供了新的思路。瓢虫营养与生殖生理生化的研究加深了对天敌的食性及营养代谢本质的认识，据此构建饲料评价的科学模型，能为改良人工饲料提供科学的依据和方向。

第五节　瓢虫人工扩繁的关键技术

一、人工饲养的食物

目前，天敌瓢虫人工饲养中用到的食物大致可分为天然猎物和人工饲料两类。食料的选择主要有两个标准：第一是适合瓢虫的生长发育和繁殖；第二是制备成本低廉，操作简便，节省人力财力。

（一）天然猎物

天然猎物主要通过寄主植物—猎物—瓢虫的三级营养关系生产扩繁瓢虫。猎物的选择取决于寄主植物是否易得及猎物本身饲养的方便程度，应用较多的寄主植物包括豆科、十字花科、禾本科、茄科等类别的植物，常用的猎物有豌豆蚜、大豆蚜、麦蚜、烟蚜、粉蚧虫等。马野萍和魏娟（1999）结合新疆地区实际，提出蜀葵—棉蚜的方案用以扩繁七星瓢虫，释放到棉田控制棉蚜为害。1996年小黑瓢虫从英国引种后，傅建炜等（1999）借助福州地区的猎物高氏瘤粉虱进行饲养繁殖，成功地在室内实现其定殖。Brandt 等（2014）以6种蚜虫单独或两两组合，饲喂九斑瓢虫（*Coccinella novemnotata*），发现其最适猎物为豌豆蚜和禾谷缢管蚜。Mojib（2012）测定了桃蚜和蔷薇长管蚜对多异瓢虫（*Hippodamia variegata*）生物学指标的影响，结果表明，两种猎物均能使其完成生活史，可作为多异瓢虫的适宜猎物。王红托等（2012）报道了在河南省济源白云实业有限公司建立的基于甜菜夜蛾低龄幼虫的大量生产异色瓢虫的技术流程，可以大量稳定地生产各虫态的异色瓢虫个体，实现了异色瓢虫的工厂化生产。

天然猎物无疑是最适合瓢虫生长发育的食物，较适于早期研究、尚未开发出替代饲料的瓢虫的扩繁定殖或用于人工饲料的补充，然而该方法成本较高，受寄主植物条件约束，饲喂操作复杂，难以实现规模化生产，势必会被人工饲料替代。

（二）人工饲料

人工饲料与自然猎物相比，具有两个优点：一是能摆脱对寄主植物和猎物的依赖，有利于控制瓢虫的发育整齐度；二是节省成本，饲喂方便，便于工厂化生产和操作。人工饲料需满足以下条件（党国瑞，2013）：①天敌喜欢取食；②能使天敌较好地完成生长发育并繁殖后代；③饲料本身容易获得，成本低廉，管理方便。瓢虫人工饲养始于20世纪30年代，早期以冷冻蚜虫或蜜蜂产品为食料，到70年代开始研制以雄蜂幼虫为主成分的替代饲料和含有猪肝、酵母粉等的人工饲料。目前，根据人工饲料营养源成分的不同，可将其分为昆虫源人工饲料和非昆虫源人工饲料两类。

1. 昆虫源人工饲料

昆虫源营养成分与瓢虫的自然食物一样均来源于昆虫，营养类别和含量与之更接近，故在瓢虫的人工饲料中应用较多，但存在的问题是成本较高，材料不易获得。瓢虫的昆虫源人工饲料以意蜂雄蜂蛹、地中海粉螟卵、蝇蛆粉、黄粉虫和赤眼蜂蛹等为主。

1970年，Okada首先开发了蜜蜂雄蜂幼虫作为异色瓢虫的替代饲料，随后研究人员将其改进为更适于取食的雄蜂干粉，同时借助该饲料及一种化学规定饲料开展了一系列瓢虫营养需求的研究(Okada and Matsuka, 1973; Matsuka and Okada, 1975)。在我国雄蜂幼虫或蛹被广泛应用到瓢虫人工饲料的研制中。韩瑞兴等(1979)最早试验了以雄蜂、蜂蜜、酵母、猪肝等为主成分的多种人工饲料对异色瓢虫的饲养效果，指出雄蜂幼虫或蛹是瓢虫人工饲料的合适原料。王良衍(1986)报道了用雄蜂幼虫成功饲养异色瓢虫幼虫和成虫，幼虫成育率为70%，成虫产卵率达80%，单头产卵约500粒。高文呈和袁秀菊(1988)用雄蜂幼虫加蜂蜜(5:1)饲养异色瓢虫成虫80 d，产卵率达84.9%，平均产卵量为520.4粒，饲养幼虫的成育率为66%。罗宏伟(2005)以雄蜂蛹、鸡蛋和蜂花粉配制成饲料饲喂重要的食粉虱瓢虫——小黑瓢虫，虽然不能使其完成世代，但提出了冬季粉虱数量较少时以该人工饲料补充饲养的人工繁殖小黑瓢虫的技术方案。目前，人工饲料所用的雄蜂幼虫或蛹一般需要制备成冷冻干粉以便于储运，实际应用中也需要与养蜂业保持联系才能保证稳定的原料供应，因此为大规模生产带来了不便，难以用于瓢虫的工厂化扩繁(张礼生等，2014)。

在欧洲，研究人员较早建立了成熟的地中海粉螟饲养体系，因此以粉螟卵为替代饲料的瓢虫饲养技术研究较多。法国学者以地中海粉螟卵为饲料，实现了异色瓢虫室内的多代培养，并且筛选培育出异色瓢虫不飞(flightless)的品系用以防治温室蚜虫(Tourniaire et al., 2000; Kuroda and Miura, 2003)。Maes等(2014)以粉螟卵为饲料，以合成聚酯棉(synthetic polyester wadding)为产卵介质，开发出一种可行的孟氏隐唇瓢虫人工饲养系统。国内研究较成熟的是米蛾卵生产系统，早在1977年中国农林科学院植保室就用大量生产的米蛾卵饲养天敌草蛉获得成功，但郭建英和万方浩(2001)报道，龟纹瓢虫和异色瓢虫取食米蛾卵不能完成一个世代，米蛾卵并不适于作为瓢虫的人工饲料。

中国的赤眼蜂大规模繁殖技术一直走在世界的前列，随着人工卵赤眼蜂和柞蚕卵机械化繁蜂技术的进步，赤眼蜂蛹作为异色瓢虫替代饲料受到广泛关注。曹爱华和张良武(1994)用人工卵赤眼蜂蛹饲养六斑月瓢虫(*Menochilus sexmaculatus*)和龟纹瓢虫获得成功。孙毅和刘建峰(2001)以人工卵赤眼蜂蛹饲喂七星瓢虫幼虫，成虫期改喂蚜虫可达到与终生取食自然猎物相同的生殖力。郭建英和万方浩(2001)用柞蚕卵赤眼蜂蛹和米蛾卵饲养了异色瓢虫，结果证明与桃蚜对照相比，赤眼蜂蛹能使其完成一个生命周期，对羽化和性比无显著影响，但发育历期显著延长，体重显著减轻。张帆等(2005)比较了3种常见的瓢虫替代饲料——新鲜雄蜂蛹、人工卵赤眼蜂蛹、柞蚕卵赤眼蜂蛹对异色瓢虫幼虫发育和成虫生殖力的影响，结果证明人工卵赤眼蜂蛹、自然卵赤眼蜂蛹和雄蜂蛹均可作为异色瓢虫幼虫期的替代饲料，相比较而言人工卵赤眼蜂蛹效果最好，与饲喂豆蚜的对照差异不显著，但成虫饲喂效果均不理想。

近年来随着黄粉虫和蝇蛆饲养技术的推广和进步，其生产成本下降，来源广泛，且虫体营养丰富，逐渐成为一种合适的瓢虫人工饲料添加物。李连枝（2011）以白菜汁25份、研磨成浆状的烤香肠8份、研磨成浆状的黄粉虫8份、氨基酸0.5份、蜂蜜4份配成人工饲料，在异色瓢虫的人工饲养上取得较好效果。王利娜（2008）研究了不同加工方式的蝇蛆幼虫或黄粉虫蛹作为龟纹瓢虫饲料的适合度，并通过正交试验筛选出优化的饲料配方，得出结论：含10%的脱脂处理的蝇蛆幼虫粉的人工饲料能得到最高的(86%)成虫获得率。

2. 非昆虫源人工饲料

瓢虫的非昆虫源人工饲料的成分以猪肝和酵母为主。1966年Atallah和Newsom首次以肝脏提取物、酪蛋白、大豆水解物、小麦胚芽等配成饲料，成功饲养了斑大鞘瓢虫（*Coleomegilla maculata*），开启了对不含昆虫成分的瓢虫人工饲料的研究。Racioppi等（1981）向毛斑长足瓢虫（*Hippodamia convergens*）的半合成人工饲料中添加了肝脏提取物。Sighinolfi等（2008）对异色瓢虫幼虫、成虫分别饲喂一种基于猪肝的人工饲料，发现幼虫期取食该人工饲料会导致幼虫发育历期延长、羽化率下降、成虫体重减轻，成虫期取食该人工饲料则会极大地影响成虫的生殖能力；同时还测定了某些生化特性，发现取食人工饲料的异色瓢虫体内氨基酸和脂肪酸的含量低于对照组，为饲料改进提供了依据。在我国，1977年中国科学院动物研究所昆虫生理研究室以蜂蜜和猪肝配制异色瓢虫的人工饲料，发现该饲料会使幼虫期延长，成虫体重降低（王小艺和沈佐锐，2002）。高文呈和袁秀菊（1988）报道了以猪肝-蔗糖为基础的人工饲料，异色瓢虫成虫取食该人工饲料80 d内雌虫平均产卵量343.8粒。黄保宏等（2005）以草鱼肉、鲜猪肝和夜蛾幼虫粉为主要配方饲喂了一种食蚧瓢虫——黑缘红瓢虫（*Chilocorus rubidus* Hope），其存活率较高，但平均单头雌虫产卵量较低。黄金水等（2007）以鲜猪肝、酵母粉、抗坏血酸和蜂蜜（100：10：1：20）配成的人工饲料基本满足食蚧瓢虫——红点唇瓢虫的生长所需，但单雌产卵仅为21.8粒/头。在添加剂方面，向猪肝饲料中添加保幼激素类似物和橄榄油能提高七星瓢虫的产卵率和成虫体重，缩短产卵前期，同时还能刺激取食，提高对食物的取食量和转化率，但并不能提高产卵量，从生殖生理的角度分析其原因，一是在于取食量小，不能大量提供生殖发育所需的物质基础，二是取食刺激的缺乏影响了内分泌器官的活动（陈志辉等，1980，1984；龚和等，1985）。上述针对瓢虫人工饲料的研究结论不尽相同，但总体看来生殖力下降、孵化率低、连代饲养退化等问题仍未得到解决。

此外，非昆虫源人工饲料还包括一些化学规定饲料。化学规定饲料是一类化学组成明确、不含昆虫源成分、用于营养基础研究的饲料，因其成分明确，不受生物因子干扰，从理论角度更适于瓢虫饲料的研究和改进，但天敌作为肉食性昆虫，其营养需求和取食因子比植食性昆虫更加复杂，因此关于瓢虫全化学人工饲料的研究受到限制，相关报道较少。1977年Niijima等用18种氨基酸、蔗糖、胆固醇、10种维生素和6种无机盐配制了化学规定饲料，该饲料不能使异色瓢虫完成幼虫期的发育或使成虫产卵，但借助该饲料探究了无机盐及一些水溶性物质对瓢虫的重要作用。龚和等（1985）参照上述配方配制了化学合成饲料，未能成功饲养七星瓢虫。

(三)人工饲料的剂型

人工饲料的剂型,即物理性状,对饲喂效果有显著影响。剂型的设计需要考虑天敌的捕食行为、习性及化学通信等因素。瓢虫对猎物的捕食涉及寄主植物—猎物—瓢虫三级营养关系的行为及信息互作,人工饲料需要尽量模拟和满足瓢虫捕食过程中的嗅觉、味觉及视觉等偏好(张礼生等,2014)。为适应瓢虫的咀嚼式口器,便于其取食,应将人工饲料设计成固体形态或以合适的方式包裹。添加赋形物可使人工饲料具备一定的物理性状,以便昆虫更好地取食(娄国强和吕文彦,2006)。在人工饲料中通过调节赋形物如凝固剂琼脂、填充剂纤维素的种类和含量,可以获得较满意的饲料质地(梁伟霞,2013)。韩瑞兴等(1979)通过试验指出对于以雄蜂蛹为主的饲料,粉剂具有饲喂方便、易于保存的特点,是异色瓢虫人工饲料的理想剂型。党国瑞(2013)制作了粉状、凝胶、糊状3种物理形态的大草蛉成虫人工饲料,对比表明,凝胶饲料易失水或受污染霉变,糊状饲料容易将取食者黏死,且表面易干结变质,不便于取食,而粉状饲料最适合成虫的咀嚼式口器,且利于长期保存,但需要额外补充水分,且其制作工艺较复杂,易造成营养损失,增加制作成本。Sighinolfi等(2008)将流体状人工饲料制成直径0.3~0.5 cm的液滴,置于一种图案纸(bristol paper)上,在室温条件下自然风干18~24 h后,储存于4℃备用。张屾(2014)考虑到咀嚼式口器及简化制作流程、节约成本等因素,将半流体状的异色瓢虫人工饲料使用石蜡膜封装。目前,以雄蜂蛹、赤眼蜂蛹、蝇蛆、黄粉虫等为主成分的人工饲料多将原料制成冷冻干粉,混成粉状饲料,而以猪肝为主的人工饲料考虑以下方式实现剂型改进:①制成微胶囊剂或人工蜡卵;②以石蜡膜包裹;③饲料中添加琼脂等凝固剂。

二、瓢虫人工扩繁的其他技术

随着瓢虫在生物防治中的应用日益增多,工厂化生产和实践利用的技术体系也在不断完善和提高,除了人工饲料的改良,还包括其他的相关技术,如合适的环境参数、饲养介质、科学的储运及释放技术等。合理的饲养技术体系有助于进一步简化操作,节约成本,提高人工扩繁的效率。

(一)饲养方法

温度和湿度是瓢虫生长和繁殖的基本条件,根据异色瓢虫、龟纹瓢虫等的研究,瓢虫最适温度一般在25℃左右,相对湿度在70%~80%时较有利于产卵和孵化。当然实际生产中,还需要根据具体瓢虫种类及其特性,并且同时考虑具体环境的温度、通风、日照的波动情况,寻找最佳的环境参数。

由于瓢虫具有强烈的自残习性,人工饲养中选择合适的隔离介质及饲养密度非常重要。Dimetry和Mansour(1976)以玻璃瓶加盖棉布饲养二星瓢虫,发现其产卵明显偏好寄主植物的叶片,其次是玻璃侧壁和棉布,且蚜虫的存在能吸引瓢虫产卵。滕树兵和徐志强(2004)及侯峥嵘等(2015)比较了蚕豆叶片、甘蓝叶片、小油菜叶片、棉花叶片和折叠纸片作为人工扩繁异色瓢虫产卵介质的适合性,发现异色瓢虫更倾向于在蚕豆叶、甘蓝叶和纸片上产卵，蚕豆叶片或甘蓝叶片可作为保种饲养时的介质，但商品化生产时使用纸片，既便于制成卵卡，又节约成本。王甡等（2008）探究了饲养装置颜色对异色瓢虫生长和繁殖的影响，发现红色容器不利于幼虫生长和成虫产卵。这可能是由于瓢虫对红光不敏感，因此生产中应避免使用红色装置饲养瓢虫。张帆等（2008）试验了不同饲养器具和隔离物饲养异色瓢虫，提出饲养策略：低龄幼虫以密闭保湿为主，高龄幼虫注意透气性，以折叠纸扇隔离、以每盒（16 cm×12 cm×6 cm）30 头的密度饲养效果最好。王良衍等（1983）对异色瓢虫的研究表明，在 550 cm^3 的玻璃瓶容器中以 5：2 的雌雄比产卵效率最高；在相同雌雄比下，成虫种群随着饲养密度的增加每头雌虫平均产卵量逐渐下降，但总产卵量和产卵进度提高。因此实际应用中，饲养密度的选择不能只考虑平均产卵率，而应综合瓢虫利用率和产卵总量的平衡。

（二）储存和运输

瓢虫人工饲养需要一定的周期，生防需求不可避免地会与人工扩繁存在时间差，而且很多时候商品化的天敌产品需要经过一定时间的市场流通才能应用到大田中去，因此开发合适的储存和运输方式对天敌瓢虫的工厂化生产是必不可少的。自然条件下滞育或休眠状态下的昆虫一般具有较强的抗逆性，且能长时间保持在某一发育阶段，这符合我们对储运的要求。当然实际应用中，还需考虑储运虫态的经济性及释放后的高效性。

瓢虫一般以成虫形态越冬，因此人工扩繁或生防利用中多考虑以成虫作为长时间低温储存的虫态。马春森等（1997）研究结果显示，异色瓢虫在 0～4℃下最适合越冬，6 个月后存活率仍达 80%。滕树兵和徐志强（2005）试验发现，异色瓢虫的卵和成虫两种虫态适合人工扩繁中用于储存和运输，卵经常温和低温诱导可延缓 20 d 孵化，而成虫经滞育诱导后可 10℃冷藏 3 个月。刘震（2009）对异色瓢虫最适冷藏条件进行了研究，结果显示卵的最适冷藏温度为 10℃（存活约 15 d），幼虫最适冷藏条件为 3 龄、5～8℃，20 d 后存活率达 80%，成虫 10℃冷藏能保存一个月左右。潘悦等（2012）研究发现，6℃条件下加蜂蜜水有利于越冬代异色瓢虫成虫的存活，冷藏 60 d 存活率仍为 90%，冷藏 105 d 存活率超过 60%。张屾（2014）用人工饲料饲喂异色瓢虫成虫，虽然导致生殖能力下降，但其寿命显著延长，可将该饲料作为低温储存期间补充营养的食物。上述异色瓢虫低温储存相关的研究得出的结论有所差别，一方面可能是由于试虫状态，如越冬代、人工饲养代的不同，另一方面可能是因为补充营养的差异。但总的看来，低温加人工饲料补充营养对于瓢虫的长时间储存和运输有利，能最大限度地保证天敌的品质。除了异色瓢虫，王林霞等（2004）研究了十一星瓢虫越冬存活状况，发现在室外冬季低温（平均气温–14～–1℃）或室内 5℃对其越冬有利，补充花粉和蜂蜜粉可显著降低死亡率。刘其全（2010）测定了小黑瓢虫幼虫和成虫耐受饥饿的能力，研究了其 4 个虫态最适的冷藏条件。此外，随着瓢虫滞育研究的不断深入，与滞育相关的发育调控和储藏研究日渐增多，这给我们利用滞育调控瓢虫生长发育、调节人工饲养进度、延长产品货架期提供了新的途径（张礼生等，2014）。

(三) 释放

瓢虫在生物防治中的释放技术主要涉及释放时间、释放虫量、释放虫态及释放方法等问题。释放时间及虫量可参考过往经验，根据农田害虫发生规律和虫口密度确定，也可根据瓢虫和害虫比例适时确定释放指标（高福宏等，2012）。不同害虫种类，防治阈值及最佳控害比相差很大，需要根据具体情况决定释放时机。例如，马菲等（2005）建议果园中蚜虫的防治以益害比 1∶80 为宜，而张立功和李鑫（1997）认为释放指标不超过 1∶150 即可。高福宏等（2012）根据瓢虫在蔬菜田的生防应用认为 1∶100 是较经济的阈值。

释放虫态的选择需要综合考虑防治效果、释放效率及储运成本等因素。卵卡是许多天敌昆虫的释放形式，也是产量最高、最易获得的虫态，但对于瓢虫，卵卡的形式容易遭到种内或种间的大量自残，且易受大雨、干旱等恶劣天气的侵袭。选择幼虫期释放，能在节约人工饲养成本的基础上尽量提高防治效果，但幼虫对农药较敏感，在长期储运的情况下容易自残损失，因此应用时需结合释放地的具体情况。一般的老熟幼虫和成虫的抗逆性较强，捕食量也较大，适合长时间储存和释放，但成虫获得成本较高，且移动能力太强，影响防治效率（高福宏等，2012）。Osawa（2000）也指出，田间异色瓢虫种群受节律时刻、猎物数量和种类等综合因素的影响，存在频繁的迁入迁出，扩散性较强。为减少释放后的逃逸，国内通常采用的措施是剪掉部分后翅、冷水短时猛浸或饥饿 1～2 d 后在无风晴朗的日落后释放（高福宏等，2012）。法国研究人员则筛选培育出不飞（flightless）的异色瓢虫品系，较好地解决了这一问题。此外，对瓢虫化学生态学的研究为释放定殖提供了辅助方法，一些天敌引诱剂如蚜虫报警信息素的开发利用可能帮助提高瓢虫释放后的定殖率（Tourniaire et al., 2000）。

释放方法需要视释放虫态、运输距离及释放地具体情况而定。近距离的释放相对简单，马野萍和魏娟（1999）结合新疆当地棉田情况，提出了一种瓢虫释放方法：以 2 龄幼虫混于碎草中，堆放在有蚜棉株基部地面上，2 d 控蚜效果可达 69%。而真正商品化的瓢虫需要开发安全、方便的释放装置以便于大规模长距离的释放。北京市农林科学院研制的卵卡，将粘有卵粒的纸卡卷折、打孔，直接挂在树枝基部，既防雨又保护了卵粒。阮长春等的一项专利发明了一种异色瓢虫成虫释放装置，使用高密度纸板，方形盒子四周封闭，侧面开口用薄纸封盖，盒子内部的柱形槽子放置沾有蜂蜜水的脱脂棉，采用此装置储运及释放瓢虫可避免运输中的挤压，柱形槽为瓢虫补充营养，开口设计便于释放（张礼生等，2014）。

三、关键问题与对策

一直以来，瓢虫人工饲养存在一个突出的难题，即人工饲料难以维持其正常的生殖发育，这是限制瓢虫工厂化生产的关键问题。针对这一问题，研究人员从天然猎物和人工饲料营养成分比对入手，开展了诸多相关研究，但已报道的关于补充和平衡饲料中营养因子的试验均未见显著效果（陈志辉等，1984；Pilorget et al., 2010；张妠，2014）。另外，也有学者从缺乏取食刺激因子或瓢虫捕食行为等方面分析人工饲料存在的问题（陈志辉等，1980，1984；龚和等，1985）。综合看来，今后瓢虫人工饲料可能需要从以下几个方向改进：①全面平衡各种营养因子而非单一元素，完善营养结构；②寻找能刺激瓢虫取食的物质，提高瓢虫对人工饲料的取食量；③添加生长发育调控因子。近年来，组学技术、转基因技术等逐渐应用到瓢虫的基础研究当中（Kuwayama *et al.*, 2006, 2014; Allen, 2015）。瓢虫生理生化与分子生物学的研究有助于提高我们对于瓢虫营养本质和生殖机制的认知水平，为人工饲料改良提供借鉴，为人工扩繁技术的进步开辟新的空间。

鉴于目前人工饲料不能满足瓢虫大量繁殖的需求，作者结合已有研究提出了猎物与人工饲料交替饲喂瓢虫的生产技术（图10-3）及瓢虫人工扩繁研究的技术路线（图10-4）。2001年，孙毅和刘建峰利用赤眼蜂蛹饲养七星瓢虫时就指出，幼虫期饲喂赤眼蜂蛹，成虫产卵前期改喂蚜虫，可达到与终生取食自然猎物的个体相同的生殖力水平。2008年，Sighinolfi等在异色瓢虫幼虫期饲喂一种人工饲料，成虫期改喂粉螨卵，其10 d累计产卵303粒，约为终生取食粉螨卵的瓢虫的56%。张屾（2014）以一种非昆虫源人工饲料饲喂异色瓢虫幼虫，羽化后改喂豌豆蚜，其成虫10 d累计产卵量为352粒，达到终生取食豌

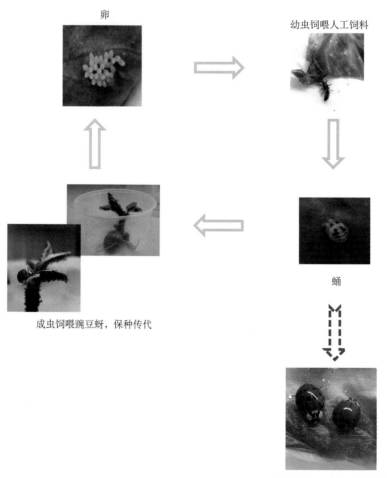

图10-3 猎物与人工饲料交替饲喂异色瓢虫的生产技术

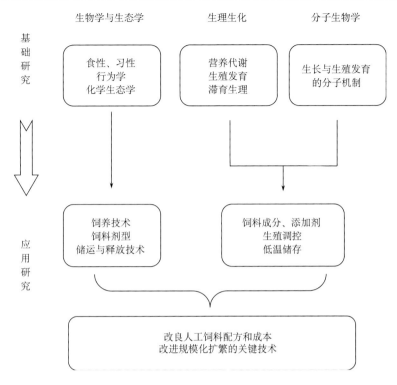

图 10-4 瓢虫人工扩繁研究的技术路线

豆蚜的对照组的 80%，产卵情况有较大提升，与此同时，该人工饲料饲喂的幼虫累计存活率达到 82.2%，因此可以满足人工繁殖异色瓢虫的要求，可作为异色瓢虫大规模人工饲养中幼虫饲养的阶段性食物。

（撰稿人：张 屾　张婷婷　张国财　曾凡荣）

参 考 文 献

曹爱华, 张良武. 1994. 用赤眼蜂蛹饲养捕食性瓢虫初步试验. 昆虫天敌, 16(1): 1-5.
陈洁. 2008. 异色瓢虫对温度的适应性及其卵黄发生的初步研究. 保定: 河北农业大学硕士学位论文.
陈洁, 秦秋菊, 何运转. 2010. 温度对龟纹瓢虫实验种群生长发育的影响. 河北农业大学学报, 32(6): 69-72.
陈洁, 吴春娟, 张青文, 等. 2015. 异色瓢虫卵巢发育及卵子发生过程观察. 植物保护学报, 02.
陈学新. 2010. 21 世纪我国害虫生物防治研究的进展、问题与展望. 昆虫知识, 47(4): 615-625.
陈志辉, 陈娥英, 严福顺. 1980. 食料对于七星瓢虫取食和生殖的影响. 昆虫学报, (2): 141-148.
陈志辉, 傅贻玲. 1981. 几种蚜虫中的氨基酸. 昆虫学报, (3): 338-339.
陈志辉, 钦俊德, 范学民, 等. 1984. 人工饲料中添加脂类和昆虫保幼激素类似物对七星瓢虫取食和生殖的影响. 昆虫学报, 27(2): 136-146.
程英, 李忠英, 李凤良. 2006. 七星瓢虫的研究进展. 贵州农业科学, 34(5): 117-119.
党国瑞. 2013. 含不同昆虫成分的人工饲料对大草蛉成虫生存和繁殖的影响. 北京: 中国农业科学院硕

士学位论文.

董杰, 张令军, 郭喜红, 等. 2012. 北京市天敌昆虫产业的发展现状与对策. 环境昆虫学报, 34(3): 377-381.

杜文梅, 张俊杰, 孙光芝, 等. 2014. 低温冷藏对越冬代异色瓢虫生理生化指标的影响. 吉林农业大学学报, (5): 536-539.

傅建炜, 黄建, 姚向荣, 等. 1999. 小黑瓢虫形态特征及生物学特性观察. 生物安全学报, 01: 85-89.

傅贻玲, 陈志辉. 1982. 人工饲料某些成分对七星瓢虫产卵的影响. 昆虫学报, (03): 335-338.

高福宏, 潘悦, 孔宁川, 等. 2012. 异色瓢虫释放技术概况. 湖北农业科学, 51(11): 2172-2173.

高文呈, 袁秀菊. 1988. 异色瓢虫的人工饲养及防治日本松干蚧的初步研究. 纪念澳洲瓢虫输引成功100周年——全国瓢虫学术讨论会论文集: 181-182.

龚和, 翟启慧, 魏定义, 等. 1985. 七星瓢虫的卵黄发生: 卵黄原蛋白的发生和取食代词料的影响. 昆虫学报, 23(3): 252-256.

关晓庆. 2011. 异色瓢虫对枸杞蚜虫的捕食功能反应及选择. 湖北农业科学, 50(12): 2442-2445.

郭建英, 万方浩. 2001. 三种饲料对异色瓢虫和龟纹瓢虫的饲喂效果. 中国生物防治, 17(3): 116-120.

韩瑞兴, 蒋玉才, 徐丽华. 1979. 异色瓢虫人工繁殖技术研究初报. 辽宁林业科技, (6): 33-39.

侯峥嵘, 郭喜红, 王璐, 等. 2015. 人工繁育异色瓢虫产卵介质的筛选试验. 湖北农业科学, 54(12): 2904-2906.

黄保宏, 邹运鼎, 毕守东, 等. 2005. 黑缘红瓢虫成虫人工饲料研究. 中国农业大学学报, 10(3): 4-9.

黄金水, 郭瑞鸣, 汤陈生, 等. 2007. 松突圆蚧天敌红点唇瓢虫人工饲料的初步研究. 生物安全学报, 16(3): 177-180.

贾震. 2012. 双七瓢虫生物学特性及控制大豆蚜作用研究. 沈阳: 沈阳师范大学硕士学位论文.

匡先矩, 戈峰, 薛芳森. 2015. 昆虫体型及性体型二型性的地理变异, 昆虫学报, 58: 351-360.

李浩, 朱东丽, 朱改俊, 等. 2015. 红环瓢虫的保护与林间应用技术. 农业开发与装备: 12.

李恺, 张天澍, 张丽莉, 等. 2007. 不同人工饲料对龟纹瓢虫取食效应和虫体成分的影响. 华东师范大学学报(自然科学版), (06): 97-105.

李连枝. 2011. 异色瓢虫工厂化繁育技术研究. 山西林业科技, 40(1): 28-30.

梁伟霞. 2013. 小黑瓢虫成虫人工饲料的研究. 福州: 福建农林大学硕士学位论文.

梁伟霞, 王竹红, 黄建. 2014. 替代饲料与自然猎物交替饲喂对小黑瓢虫产卵的影响. 中国生物防治学报, 30(5): 600-605.

林志伟, 王丽艳, 孙强, 等. 1999. 异色瓢虫对两种蚜虫捕食作用的初步研究. 黑龙江八一农垦大学学报, 11(1): 26-28.

刘其全. 2010. 小黑瓢虫生殖生物学、人工扩繁及人工饲料的研究. 福州: 福建农林大学博士学位论文.

刘艳. 2008. 团聚丽瓢虫生物学特性及其捕食作用的研究. 雅安: 四川农业大学硕士学位论文: 5.

刘英杰. 2013. 反-β-法尼烯对菜蚜、瓢虫和蚂蚁三者关系的影响. 泰安: 山东农业大学硕士学位论文.

刘震. 2009. 人工扩繁代异色瓢虫最适冷藏条件研究. 泰安: 山东农业大学硕士学位论文.

娄国强, 吕文彦. 2006. 昆虫研究技术. 成都: 西南交通大学出版社.

罗宏伟. 2005. 小黑瓢虫人工繁殖技术的研究. 福州: 福建农林大学博士学位论文.

雒珺瑜, 崔金杰, 王春义, 等. 2014. 棉田释放异色瓢虫对棉蚜自然种群的控制效果. 中国棉花, 41(7): 8-10.

马春森, 何余容, 张国红, 等. 1997. 温湿度对越冬异色瓢虫(*Harmonia axyridis*)存活的影响. 生态学报, 17(1): 23-85.

马菲, 杨瑞生, 高德三, 等. 2005. 果园蚜虫的发生及应用异色瓢虫控蚜. 辽宁农业科学, (02): 37-39.

马野萍, 孙洪波, 王瑞霞, 等. 1999. 七星瓢虫生物学特性及人工饲养的初步研究. 新疆农业大学学报, (4): 331-335.
梅象信, 宋宏伟, 卢绍辉, 等. 2008. 异色瓢虫生物学特性初探. 河南林业科技, 12(4): 14-22.
孟祥杰, 刘玉升, 崔俊, 等. 2008. 六斑异瓢虫成虫肠道细菌分离及鉴定研究. 中国微生态学杂志, 2: 120-121.
潘悦, 常寿荣, 张晓龙, 等. 2012. 不同冷藏条件对越冬代异色瓢虫成虫存活率的影响. 湖南农业科学, (9): 77-78.
庞雄飞, 毛金龙. 1979. 中国经济昆虫志, 第十四册, 瓢虫科(二). 北京: 科学出版社: 170.
秦加敏, 罗术东, 和绍禹, 等. 2015. 昆虫海藻糖与海藻糖酶的特性及功能研究. 环境昆虫学报, (1): 163-169.
秦资, 张帆, 唐斌. 2010. 异色瓢虫海藻糖酶基因的克隆. 公共植保与绿色防控: 862.
申智慧, 杨洪, 袁瑞, 等. 2011. 异色瓢虫的交配及配后的保护行为研究. 山地农业生物学报, 30(1): 27-31.
沈志成, 胡萃, 龚和. 1992. 取食雄蜂蛹粉对龟纹瓢虫和异色瓢虫卵黄发生的影响. 昆虫学报, (3): 273-278.
孙毅, 刘建峰. 2001. 利用人工卵赤眼蜂蛹规模化饲养七星瓢虫的可行性研究. 植物保护学报, 28(2): 139-145.
唐斌, 魏苹, 陈洁, 等. 2012. 昆虫海藻糖酶的基因特性及功能研究进展. 昆虫学报, 55(11): 1315-1321.
滕树兵, 徐志强. 2004. 四种材料作为异色瓢虫产卵载体的适合性比较. 应用昆虫学报, 41(5): 455-458.
滕树兵, 徐志强. 2005. 人工扩繁代异色瓢虫卵和成虫最适冷藏条件的探讨. 应用昆虫学报, 42(2): 180-183.
汪庚伟, 田俊策, 朱平阳, 等. 2014. 蜜源食物对节肢动物天敌寿命、繁殖力和控害能力的影响. 昆虫学报, 57(8): 979-990.
王春良, 靳力, 李秋波. 2002. 越冬代七星瓢虫产卵规律及其卵短期贮存试验. 宁夏农林科技, (1): 34-35.
王红托, 张伟东, 陈新中, 等. 2012. 异色瓢虫规模化生产技术及瓢虫工厂的建立. 应用昆虫学报, 49(6): 1726-1731.
王进忠, 王熠, 孙淑玲. 2000. 七星瓢虫成虫觅食行为的观察. 昆虫知识, 37(4): 195-196.
王俊, 李松岗. 2001. 采用人工生命方法模拟七星瓢虫捕食行为进化. 生态学, 20(1): 65-69.
王利娜. 2008. 龟纹瓢虫幼虫人工饲料的研究. 北京: 中国农业科学院硕士学位论文.
王良衍. 1986. 异色瓢虫的人工饲养及野外释放和利用. 昆虫学报, (1): 104.
王良衍, 魏爱芬, 陈飞虎. 1983. 异色瓢虫人工饲养的研究: 不同饲养密度对瓢虫成育率和产卵量的影响. 浙江林业科技, (3): 30-32.
王林霞, 田长彦, 张慧. 2004. 温度和营养食物对十一星瓢虫越冬的影响. 中国生物防治, 20(2): 135-137.
王甦, 刘爽, 张帆, 等. 2008. 环境颜色对异色瓢虫生长发育及繁殖能力的影响. 昆虫学报, 51(12): 1320-1326.
王小艺, 沈佐锐. 2002. 异色瓢虫的应用研究概况. 昆虫知识, 25: 5.
王延鹏, 吕飞, 王振鹏. 2007. 异色瓢虫开发利用研究进展. 华东昆虫学报, 16(4): 310-314.
邬梦静, 徐青叶, 刘雅, 等. 2016. 异色瓢虫低温胁迫下过冷却点变化及抗寒基因表达分析. 中国农业科学, 49(4): 677-685.
吴春娟, 陈洁, 范凡, 等. 2011. 异色瓢虫显现变种复眼的形态、显微结构及其光暗条件下的适应性变化.

昆虫学报, 54(11): 1274-1280.

夏莹莹, 李学军, 郑国, 等. 2014. 双七瓢虫对蚜虫捕食作用. 应用昆虫学报, 51(2): 400-405.

徐卫华. 2008. 昆虫滞育研究进展. 昆虫知识, 45(2): 512-517.

许永玉. 2001. 中华通草蛉的滞育机制和应用研究. 杭州: 浙江大学博士学位论文.

杨帆, 王倩, 陆宴辉, 等. 2014. 瓢虫的集团内捕食作用. 中国生物防治学报, 30(2): 253-259.

杨振德, 朱麟, 赵博光. 2003. 昆虫化学生态学与植物保护. 南京林业大学学报(自然科学版), 5: 93-98.

张帆, 杨洪, 关玲, 等. 2008. 饲养方式对异色瓢虫幼虫生存的影响. 环境昆虫学报, 30(1): 64-66.

张帆, 杨洪, 张君明, 等. 2005. 三种代饲料对异色瓢虫饲养效果评价. 农业生物灾害预防与控制研究: 977-978.

张礼生. 2009. 滞育和休眠在昆虫饲养中的应用 // 曾凡荣, 陈红印. 天敌昆虫饲养系统工程. 北京: 中国农业科学技术出版社: 54-89.

张礼生, 陈红印, 李保平. 2014. 天敌昆虫扩繁与应用. 北京: 中国农业科学技术出版社.

张立功, 李鑫. 1997. 果园蚜虫的发生与瓢虫的助迁利用. 山西果树, (1): 29-30.

张丽莉. 2007. 不同脂肪源饲料对龟纹瓢虫(*Propylaea japonica*)生长、繁殖和捕食效应的影响. 上海: 华东师范大学硕士学位论文.

张姗. 2014. 非昆虫源人工饲料对异色瓢虫生物学、生化特性及捕食行为影响的研究. 北京: 中国农业科学院硕士学位论文.

张姗, 毛建军, 曾凡荣. 2015. 非昆虫源人工饲料对异色瓢虫生物学特性的影响. 中国生物防治学报, 31(1): 35-40.

张天澍, 李恺, 张丽莉, 等. 2007. 人工饲料对龟纹瓢虫消化酶活性的影响. 复旦学报(自然科学版), 46(6): 941-946.

张天澍, 李恺, 张丽莉, 等. 2009. 龟纹瓢虫(*Propylea japonica*(Thunberg))卵子发生的组织学研究. 西北农林科技大学学报(自然科学版), (03): 175-180.

赵静, 崔宁宁, 张帆, 等. 2010. 异色瓢虫成虫体型及体内脂肪含量对其耐寒能力的影响. 昆虫学报, 53(11): 1213-1219.

赵静, 李晓莉, 徐永玉, 等. 2014. 异色瓢虫越冬聚集行为对其能量代谢的影响. 环境昆虫学报, 36(6): 879-883.

赵秀芝, 刘玉升, 张帆. 2011. 龟纹瓢虫四虫态肠道细菌分离及鉴定. 中国微生态学杂志, 6: 500-504.

赵章武, 黄永平. 1996. 昆虫滞育关联蛋白的研究进展. 昆虫学报, 33(3): 187-189.

Alhmedi A, Haubruge E, Francis F. 2010. Intraguild interactions and aphid predators: biological efficiency of *Harmonia axyridis* and *Episyrphus balteatus*. Journal of Applied Entomology, 134: 34-44.

Allen M L. 2015. Characterization of adult transcriptomes from the omnivorous lady beetle *Coleomegilla maculata* fed pollen or insect egg diet. Journal of Genomics, 3: 20-28.

Atallah Y H, Newsom L D. 1966. Ecological and nutritional studies on *Coleomegilla maculata* (DeGeer)(Coleoptera-Coccinellidae). I. Development of an artificial diet and a laboratory rearing technique. Journal of Economic Entomology, 59(5): 1173-1179.

Bell G, Koufopanou V. 1986. The cost of reproduction. Oxford Surveys in Evolutionary Biology, 3: 83-131.

Brandt D M, Johnson P J, Losey J E, et al. 2014. Development and survivorship of a predatory lady beetle, *Coccinella novemnotata*, on various aphid diets. Biocontrol, 60(2): 221-229.

Britton G, Goodwin T W, Harriman G E, et al. 1977. Carotenoids of the ladybird beetle, *Coccinella septempunctata*. Insect Biochemistry, 7(4): 337-345.

Brown P M J, Thomas C E, Lombaert E, et al. 2011. The global spread of *Harmonia axyridis* (Coleoptera:

Coccinellidae), distribution, dispersal and routes of invasion. BioControl, 56: 623-641.

Chi D F, Wang G L, Liu J W, et al. 2009. Antennal morphology and sensilla of Asian multicolored ladybird beetles, *Harmonia axyridis* Pallas (Coleoptera: Coccinellidae). Entomological News, 120(2): 137-152.

Chown S L, Gaston K J. 2010. Body size variation in insects: a macroecological perspective. Biological Reviews, 85: 139-169.

Christian R R, Che J N, Wiesner J, et al. 2012. Harmonine, a defence compound from the harlequin ladybird, inhibits mycobacterial growth and demonstrates multi-stage antimalarial activity. Biology Letters, 8(2): 308-311.

Costopoulos K, Kovacs J L, Kamins A, et al. 2014. Aphid facultative symbionts reduce survival of the predatory lady beetle *Hippodamia convergens*. BMC Ecology, 14(1): 80-91.

Cottrell T E. 2007. Predation by adult and larval lady beetles (Coleoptera: Coccinellidae) on initial contact with lady beetles eggs. Environmental Entomology, 36: 390-401.

Dimetry N Z, Mansour M H. 1976. The choice of oviposition sites by the lady bird beetle *Adalia bipunctata*. Cellular & Molecular Life Sciences, 32(2): 181-182.

Elgar M A, Crespi B J. 1992. Cannibalism: Ecology and Evolution among Diverse Taxa. Oxford: Oxford University Press: 1-12.

Félix S, Soares A O. 2004. Intraguild predation between the aphidophagous ladybird beetles *Harmonia axyridis* and *Coccinella undecimpunctata* (coleoptera: Coccinellidae): the role of bodyweight. European Journal of Entomology, 101: 237-242.

Francis F, Haubruge E, Hastir P C. 2001. Effect of aphid host plant on development and reproduction of the third trophic level, the predator *Adalia bipunctata* (Coleoptera: Coccinellidae). Environmental Entomology, 30(5): 947-952.

Gardiner M M, O'Neal M E, Landis D A. 2011. Intraguild predation and native lady beetle decline. PLoS ONE, 6: e2357. 6.

Hemptinne J L, Lognay G, Gauthier C, et al. 2000. Chemoecology. New York: Springer: 123-128.

Hodek I. 1996. Dormancy. *In*: Hodek I, Honek A. Ecology of Coccinellidae. Boston, Dordrecht: Kluwer Academic Publishers: 239-318.

Huey R B, Pianka E R. 1981. Ecological consequences of foraging mode. Ecology, 62: 991-999.

Ingels B, de Clercq P. 2011. Effect of size, extraguild prey and habitat complexity on intraguild interactions: a case study with the invasive ladybird *Harmonia axyridis* and the hoverfly *Episyrphus balteatus*. BioControl, 56: 871-882.

Janssen A, Sabelis M W, Magalhães S, et al. 2007. Habitat structure affects intraguild predation. Ecology, 88: 2713-2719.

Koch R L. 2003. The multicolored Asian lady beetle, *Harmonia axyridis*: a review of its biology, uses biological control, and non-target impacts. Journal of Insect Science, 3(32): 32.

Koch R L, Hutchison W D, Venette R C, et al. 2003. Susceptibility of immature monarch butterfly, *Danaus plexippus* (Lepidoptera: Nymphalidae: Danainae), to predation by *Harmonia axyridis* (Coleoptera: Coccinellidae). Biological Control, 28(2): 265-270.

Kuroda T, Miura K. 2003. Comparison of the effectiveness of two methods for releasing *Harmonia axyridis* (Pallas) (Coleoptera: Coccinellidae) against *Aphis gossypii* Glover (Homoptera: Aphididae) on cucumbers in a greenhouse. Applied Entomology and Zoology, 38(2): 271-274.

Kuwayama H, Gotoh H, Konishi Y, et al. 2014. Establishment of transgenic lines for jumpstarter method using a composite transposon vector in the ladybird beetle, *Harmonia axyridis*. PloS ONE, 9(6): e100084.

Kuwayama H, Yaginuma T, Yamashita O, *et al*. 2006. Germ-line transformation and RNAi of the ladybird beetle, *Harmonia axyridis*. Insect Molecular Biology, 15(4): 507-512.

Lenteren J C V, Roskam M M, Timmer R. 1997. Commercial mass production and pricing of organisms for biological control of pests in Europe. Biological Control, 10(2): 143-149.

Lucas E, Coderre D, Brodeur J. 1998. Intraguild predation among aphid predators: characterization and influence of extraguild prey density. Ecology, 79: 1084-1092.

Maes S, Antoons T, Grégoire J C, *et al*. 2014. A semi-artificial rearing system for the specialist predatory ladybird *Cryptolaemus montrouzieri*. Biocontrol, 59(5): 557-564.

Majerus M E. 1994. Ladybirds. London: Harper Collins: 320.

Majerus M E, Kearns P. 1989. Ladybirds (Naturalists' Handbooks 10). Slough: Richmond Publishing.

Majerus T M, Majerus M E. 2010. Discovery and identification of a male-killing agent in the Japanese ladybird *Propylea japonica* (Coleoptera: Coccinellidae). Bmc Evolutionary Biology, 10(2): 1-10.

Marie J, Solène C, Bruno J. 2013. Effect of extrafloral nectar provisioning on the performance of the adult parasitoid *Diaeretiella rapae*. Biological Control, 65: 271-277.

Matsuka M, Okada I. 1975. Nutritional studies of an aphidophagous coccinellid, *Harmonia axyridis* I: Examination of artificial diets for the larval growth with special reference to drone honeybee powder. Bulletin of the Faculty of Agriculture Tamagawa University.

Matsuka M, Takahashi S. 1977. Nutritional studies of an aphidophagous coceinellid *Harmonia axyridis* II. Significance of minerals for larval growth. Applied Entomology & Zoology, 12: 325-329.

Meisner M, Harmon J P, Ives A R. 2011. Response of coccinellid larvae to conspecific and heterospecific larval tracks: a mechanism that reduces cannibalism and intraguild predation. Environmental Entomology, 40: 103-110.

Mi S K, Yong C P. 2002. Gut luminal digestive proteinases of adult lady beetle, *Harmonia axyridis* (Coccinellidae: Coleoptera), fed an artificial diet. Journal of Asia-Pacific Entomology, 5(2): 167-173.

Michaud J P. 2003. A comparative study of larval cannibalism in three species of ladybird. Ecological Entomology, 28(1): 92-101.

Mojib Z. 2012. Effects of feeding from different hosts on biological parameters of the lady beetle *Hippodamia variegata* (Goeze) in the laboratory conditions. International Journal of Agriculture and Crop Sciences, 4(12): 755-759.

Murdock L L, Brookhart G, Dunn P E, *et al*. 1987. Cysteine digestive proteinases in Coleoptera. Comparative Biochemistry & Physiology B Comparative Biochemistry, 87(4): 783-787.

Niijima K, Nishimura R, Matsuka M. 1977. Nutritional studies of an aphidophagous coccinellid, *Harmonia axyridis*. III. Rearing of larvae using a chemically defined diet and fractions of drone honeybee powder. Bulletin of the Faculty of Agriculture Tamagawa University, 17(1): 45-51.

Niijima K, Takahashi H. 1980. Nutritional studies of an aphidophagous coccinellid, *Harmonia axyridis*. IV. Effects on reproduction of a chemically defined diet and some fractions extracted from drone honeybee brood. Bulletin of the Faculty of Agriculture Tamagawa University: 47-55.

Ogawa M, Ariyoshi U. 1981. The purification and properties of trehalase from lady beetle, *Harmonia axyridis*. Insect Biochemistry, 11(4): 397-400.

Ohashi K, Kawauchi S, Sakuratani Y. 2003. Geographic and annual variation of summer-diapause expression in the Ladybird beetle, *Coccinella septempunctata* (Coleoptera: Coccinellidae), in Japan. Appl Entomol Zool, 38(2): 187-196.

Okada I. 1970. A new method of artificial rearing of coccinellids, *Harmonia axyridis* Pallas. Heredity (Tokyo), 24(11): 32-35.

Okada I, Matsuka M. 1973. Artificial rearing of *Harmonia axyridis* on pulverized drone honey bee brood. Environmental Entomology, 2(2): 301-302.

Okuda T, Hodek I. 1994. Diapause and photoperiodic response in *Coccinella septempunctata* brucki Mulsant in Hokkaido, Japan. Appl Entomol Zool, 29(4): 549-554.

Ongagna P, Giuge L, Iperti G, et al. 1993. Life cycle of *Harmonia axyridis* in its area of introduction: south-eastern France. Entomophaga, 38(1): 125-128.

Osawa N. 1989. Sibling and non-sibling cannibalism by larvae of a lady beetle *Harmonia axyridis* Pallas (Coleoptera: Coccinellidae) in the field. Researches on Population Ecology, 31(1): 153-160.

Osawa N. 1993. Population field studies of the aphidophagous ladybird beetle *Harmonia axyridis* (Coleoptera: Coccinellidae): life tables and key factor analysis. Research on Population Ecology, 35: 335-348.

Osawa N. 2000. Population field studies on the aphidophagous ladybird beetle *Harmonia axyridis* (Coleoptera: Coccinellidae): resource tracking and population characteristics. Population Ecology, 42(2): 115-127.

Pattanayak R, Mishra G, Omkar, et al. 2014. Does the volatile hydrocarbon profile differ between the sexes: a case study on five aphidophagous ladybirds. Archives of Insect Biochemistry & Physiology, 87(3): 105-125.

Perry J C, Rowe L. 2008. Neither mating rate nor spermatophore feeding influences longevity in a ladybird beetle. Ethology, 114(5): 504-511.

Pilorget L, Buckner J, Lundgren J G. 2010. Sterol limitation in a pollen-fed omnivorous lady beetle (Coleoptera: Coccinellidae). Journal of Insect Physiology, 56(1): 81-87.

Racioppi J V, Burton R L, Eikenbary R. 1981. The effects of various oligidic synthetic diets on the growth of *Hippodamia convergens*. Entomologia Experimentalis et Applicata, 30(1): 68-72.

Rosenheim J A, Kaya H K, Ehler L E, et al. 1995. Intraguild predation among biological-control agents: theory and evidence. Biological Control, 5: 303-335.

Rosenheim J A, Wilhoit L R, Armer C A. 1993. Influence of intraguild predation among generalist insect predators on the suppression of an herbivore population. Oecologia, 96: 439-449.

Sakurai H, Kawai T, Takeda S. 1992. Physiological changes related to diapause of the ladybeetle, *Haemonia axyridis* (Coleoptera: Coccinellidae). Appl Entomol Zool, 27: 479-487.

Sasaji H. 1971. The Fauna of Japonica Coccinellidae (Insecta: Co-leoptera). Tokyo: Academic Press of Japan, Keigaku Publishing: 340.

Sato S, Dixon A F G. 2004. Effect of intraguild predation on the survival and development of three species of aphidophagous ladybirds: consequences for invasive species. Agricultural and Forest Entomology, 6: 21-24.

Sato S, Shinya K, Yasuda H, et al. 2009a. Effects of intra and interspecific interactions on the survival of two predatory ladybirds (Coleoptera: Coccinellidae) in relation to prey abundance. Applied Entomology and Zoology, 44: 215-221.

Sato S, Yasuda H, Evans E W, et al. 2009b. Vulnerability of larvae of two species of aphidophagous ladybirds, *Adalia bipunctata* and *Harmonia axyridis*, to cannibalism and intraguild predation. Entomological Science, 12: 111-115.

Sengonca C, Frings B. 1985. Interference and competitive behavior of the aphid predators, *Chrysoperla carnea* and *Coccinella septempunctata* in the laboratory. Entomophaga, 30: 245-251.

Shelomi M. 2012. Where are we now? Bergmann's rule sensu lato in insects. The American Naturalist, 180: 511-519.

Sighinolfi L, Febvay G, Dindo M L, et al. 2013. Biochemical content in fatty acids and biological parameters of *Harmonia axyridis* reared on artificial diet. Bulletin of Insectology, 66(2): 283-290.

Sighinolfi L, Gérard F, Dindo M L, et al. 2008. Biological and biochemical characteristics for quality control of *Harmonia axyridis* (Pallas) (Coleoptera: Coccinellidae) reared on a liver-based diet. Archives of Insect Biochemistry & Physiology, 68(1): 26-39.

Snyder W E, Clevenger G M, Eigenbrode S D. 2004. Intraguild predation and successful invasion by introduced ladybird species. Oecologia, 140: 559-565.

Snyder W E, Ives A R. 2001. Generalist predators disrupt biological control by a specialist parasitoid. Ecology, 82: 705-716.

Specty O, Febvay G, Grenier S, et al. 2003. Nutritional plasticity of the predatory ladybeetle *Harmonia axyridis* (Coleoptera: Coccinellidae): comparison between natural and substitution prey. Archives of Insect Biochemistry & Physiology, 52(2): 81-91.

Tedders W L, Schaefer P W. 1994. Release and establishment of *Harmonia axyridis* (Coleoptera: Coccinellidae) in the south-eastern United States. Entomological News, 105(4): 228-243.

Thomas A P, Trotman J, Wheatley A, et al. 2013. Predation of native coccinellids by the invasive alien *Harmonia axyridis* (Coleoptera: Coccinellidae): detection in Britain by PCR-based gut analysis. Insect Conservation and Diversity, 6: 20-27.

Tourniaire R, Ferran A, Giuge L, et al. 2000. A natural flightless mutation in the ladybird, *Harmonia axyridis*. Entomologia Experimentalis et Applicata, 96(1): 33-38.

Ueno H. 2003. Genetic variation in larval period and pupal mass in anaphidophagous ladybird beetle (*Harmonia axyridis*) reared indifferent environments. Entomologia Experimentaliset Applicata, 106(3): 211-218.

Verheggen F J, Fagel Q, Heuskin S, et al. 2007. Electrophysiological and behavioral responses of the multicolored Asian lady beetle, *Harmonia axyridis* pallas, to sesquiterpene semiochemicals. Journal of Chemical Ecology, 33(11): 2148-2155.

Wagner J D, Glover M D, Moseley J B, et al. 1999. Heritability and fitness consequences of cannibalism in *Harmonia axyridis*. Evolutionary Ecology Research, 1(3): 375-388.

Walker A J, Ford L, Majerus M E, et al. 1998. Characterisation of the mid-gut digestive proteinase activity of the two-spot ladybird (*Adalia bipunctata*) and its sensitivity to proteinase inhibitors. Insect Biochemistry & Molecular Biology, 28(3): 173-180.

Ware R L, Majerus M E. 2008. Intraguild predation of immature stages of British and Japanese coccinellids by the invasive ladybird *Harmonia axyridis*. BioControl, 53: 169-188.

Ware R L, Ramon-Portugal F, Magro A, et al. 2008. Chemical protection of *Calvia quatuordecimguttata* eggs against intraguild predation by the invasive ladybird *Harmonia axyridis*. BioControl, 53: 189-200.

Wheeler C A, Cardé R T. 2013. Defensive allomones function as aggregation pheromones in diapausing ladybird beetles, *Hippodamia convergens*. Journal of Chemical Ecology, 39(6): 723-732.

Yasuda H, Kimura T. 2001. Interspecific interactions in a tri-trophic arthropod system: effects of a spider on the survival of larvae of three predatory ladybirds in relation to aphids. Entomol Exper Appl, 98: 17-25.

Yasuda H, Ohnuma N. 1999. Effect of cannibalism and predation on the larval performance of two ladybird beetles. Entomologia Experimentalis et Applicata, 93(1): 63-67.

Yasuda H, Shinya K. 1997. Cannibalism and interspecific predation in two predatory ladybirds in relation to prey abundance in the field. Entomophaga, 42: 153-163.

Zhai Q H, Postlethwait J H, Bodley J W. 1984. Vitellogenin synthesis in the lady beetle *Coccinella septempunctata*. Insect Biochemistry, 14(3): 299-305.

Zhai Q H, Zhang J Z, Yuan, *et al*. 1986. Expression of vitellogenin gene in *Coccinella Septempunctata*: *In vitro* translation of mRNA. Chinese Journal of Biochemistry & Molecular Biology, 6: 39-45.

Zhu J, Cossé A A, Obrycki J J, *et al*. 1999. Olfactory reactions of the twelve-spotted lady beetle, *Coleomegilla maculata* and the green lacewing, *Chrysoperla carnea* to semiochemicals released from their prey and host plant: Electroantennogram and behavioral responses. Journal of Chemical Ecology, 25(5): 1163-1177.

第十一章 蠋蝽生物学特性、扩繁及应用技术

第一节 概 述

蠋蝽 *Arma chinensis*（Fallou，1881），又名蠋敌，异名为 *Arma discors*（Jakovlev，1902）、*Auriga peipingensis*（Yang，1933），属半翅目，蝽总科，蝽科，益蝽亚科，蠋蝽属。蠋蝽嗜食榆紫叶甲（*Ambrostoma quadriimopressum*）及松毛虫（*Dendrolimus* spp.）等鞘翅目和鳞翅目害虫。蠋蝽除了可以捕食棉铃虫外，还可以捕食三点盲蝽（*Adelphocoris fasciaticollis*）和绿盲蝽（*Apolygus lucorum*）（图 11-1A，B，C，Zou *et al.*，2012）。此外，蠋蝽还可以取食马铃薯甲虫（*Leptinotarsa decemlineata*）（图 11-1D）和美国白蛾（*Hyphantria cunea*）。但是室内很难长期饲养这些害虫，因此需要找到一种简便易得，且相对经济的猎物。柞蚕蛹在市场上很容易买到，而且经过国内多位学者的试验证明，其是室内大量繁殖蠋蝽的一种好猎物（徐崇华等，1984；高长启等，1993；高卓，2010；宋丽文等，2010； Zou *et al.*，2012）。

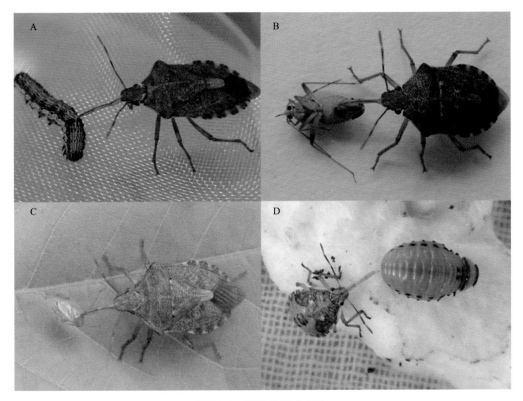

图 11-1 蠋蝽的捕食行为

A. 成虫捕食棉铃虫；B. 成虫捕食三点盲蝽；C. 成虫捕食绿盲蝽（Zou *et al.*，2012）；D. 若虫捕食马铃薯甲虫

蠋蝽是一种杂食性昆虫，除了以害虫为食，也会刺吸植物的汁液。宋丽文等（2010）研究了不同宿主植物（或栖息植物）和饲养密度对蠋蝽生长发育和生殖力的影响，结果表明，当饲喂柞蚕蛹但使用不同宿主植物时，用榆树叶饲养的蠋蝽若虫存活率最高，达82.09%，大豆叶饲养的为61.34%，山杨叶饲养的相对较低，为34.60%；而无宿主植物的对照存活率最低，仅为16.38%。不同饲养密度对蠋蝽若虫存活率影响较大，密度过大时，其存活率降至53.33%，发生自相残杀的概率高。

为了在害虫发生初期人工大量释放蠋蝽，吉林省林业科学院自20世纪70年代开始就对蠋蝽的人工大量繁殖技术进行了研究并取得了较好的效果。目前在中国，人工室内大量繁殖蠋蝽主要以鲜活柞蚕蛹为猎物（徐崇华等，1984；高长启等，1993；高卓，2010；宋丽文等，2010；Zou et al.，2012）。但是柞蚕蛹个体较大，在未被取食尽之前就已经死亡并腐烂，不仅造成蠋蝽食物的大量浪费，而且取食腐烂的柞蚕蛹会造成一部分蠋蝽死亡。此外，由于蠋蝽不愿取食腐烂的柞蚕蛹，在饥饿胁迫下，群体饲养的蠋蝽会发生种内自残的现象，这就大大增加了种群饲养的费用，延长了倍增时间。因此研制蠋蝽人工饲料，并将其进行小剂量包装，可以大大减少食物的浪费。

蠋蝽是一种很好的天敌昆虫，可以控制40多种农林业害虫。尤其可以控制棉铃虫，且Bt棉大量种植后的几年内盲椿象上升为主要害虫，而蠋蝽还可以控制盲椿象。因此可以联合应用释放蠋蝽和Bt棉的种植来共同控制棉铃虫，以延缓棉铃虫对杀虫蛋白产生抗性。此外，蠋蝽还可以控制重大外来入侵害虫——马铃薯甲虫。但是直接用害虫饲养蠋蝽生产成本高昂，尤其是食物费用的过高，限制了它作为一种天敌商品在农林业害虫生物防治中的应用。因此研究蠋蝽的人工饲料，并用营养基因组学的方法改良饲料，以大大降低生产成本，将为蠋蝽的大量应用奠定很好的基础。我们研究出了蠋蝽无昆虫成分的人工饲料，并对取食柞蚕蛹和人工饲料的蠋蝽转录组进行了高通量测序（Zou et al.，2013a，2013b），除了为蠋蝽的研究提供了丰富的基因组信息外，差异表达基因在生理学中的角色还为人工饲料的改良奠定了很好的基础。

我们用无昆虫成分的人工饲料连续饲喂蠋蝽6代，通过测试发现，取食人工饲料的蠋蝽卵和成虫的体重及体长、产卵量及卵孵化率都与取食柞蚕蛹的蠋蝽存在显著差异。从2龄若虫到成虫的发育历期、产卵前期显著地延长。自残比例较高。若虫体重、体长、成虫寿命、2龄到成虫的存活率及可育率随代数的增加有所改善，但是性比（♂：♀）有所下降。这些变化可能表明蠋蝽对人工饲料有了一定的适应。

通过对取食人工饲料和柞蚕蛹的蠋蝽转录组进行测序、分析发现，在13 872个差异表达基因（FDR≤0.001，$|\log_2 Ratio|\geqslant 1$）中，10 261个基因在取食人工饲料的蠋蝽中发生了上调。此外，在取食人工饲料的蠋蝽中，许多与营养相关的基因在许多代谢通路中发生了富集，这表明饲料中的一些营养成分很可能在某种程度上表现过剩。由食物变化引起的基因表达的变化可能与观察到的取食不同食物的蠋蝽的生理学差异有关，如热激蛋白90（很可能导致产卵量下降）、精液蛋白（很可能导致卵孵化率下降）、保幼激素酯酶（很可能导致若虫发育历期延长）、SOD（很可能导致成虫寿命增加）、触角酯酶CXE19和气味结合蛋白15（很可能导致自残现象增加）。

目前，一些半翅目捕食性天敌昆虫的无昆虫成分的人工饲料的研究已经取得很大进展。Cohen 和 Urias(1986)曾经应用牛肝、牛肉等成功饲养蝽科捕食性种类斑腹刺益蝽(*Podisus maculiventris*)和箭刺益蝽(*Podisus sagittta*)(de Clercq and Degheele, 1992)。de Clercq 等(1998)用以肉类为主的人工饲料饲喂斑腹刺益蝽,但是效果次于黄粉甲蛹饲养效果。Coudron 等(2002)研究发现,用无昆虫成分的动物源人工饲料连续饲养斑腹刺益蝽 11 代后,室内种群的发育历期、产卵前期、产卵量和若虫存活率得到了改善。我国在捕食性蝽人工饲料的研究上仍旧落后,有待于加快该方面的研究步伐。我国捕食性蝽类资源丰富,因此加强捕食性蝽人工饲料的研究,对以后生物防治步伐的加快能起到很好的促进作用。

营养基因组学研究在天敌昆虫中展开,Yocum 等(2006)所做的鉴定取食人工饲料和天然寄主的二点益蝽的差异表达基因的营养基因组学研究是令人欢欣鼓舞的。在这个研究中所用的两种方法都不容易解释营养变化而导致的新陈代谢通路的变化。通过这种方法,基本的生物化学对营养的重要性能够被确定下来。明显地,当观察和测量昆虫性能变化时,基因组技术有潜力来为研究者生成一个新的生物标记网络。

第二节　蠋蝽生物学和生态学概述

蠋蝽分布于我国北京、甘肃、贵州、河北、黑龙江、湖北、湖南、江苏、江西、吉林、辽宁、内蒙古、山西、山东、陕西、四川、新疆、云南、浙江,以及蒙古国和朝鲜半岛(Rider and Zheng, 2002)。蠋蝽经常活动于榆树及杨树混交林或棉田等地,是农林业中一种重要的捕食性天敌昆虫。其可以捕食鳞翅目、鞘翅目、膜翅目及半翅目等多个目的害虫(高长启等,1993;柴希民等,2000;梁振普等,2006;闫家河等,2006a,2006b;陈静等,2007;高卓,2010;Zou et al., 2012)。其中以叶甲科和刺蛾科的幼虫最为喜食(高长启等,1993)。在棉田,由于 Bt 棉的种植,棉铃虫(*Helicoverpa armigera*)的种群被有效地抑制,但是 Lu 等(2010)发现,盲蝽由次要害虫上升为主要害虫。因此应用本地天敌昆虫来防治重大外来入侵害虫是一种切实有效的好方法。由此可见,蠋蝽是农林业生物防治中一种非常值得关注的天敌昆虫。

一、蠋蝽形态特征

成虫:体色斑驳,盾形,体较宽短,臭腺沟缘有黑斑,腹基无突起,抱器略呈三角形(郑乐怡,1981)。体黄褐色或暗褐色,不具光泽,长 10～15 mm;头部侧叶长于中叶,但在其前方不会合;前胸背板侧角伸出不远(柴希民等,2000)。雌虫体长 11.5～14.5 mm,体宽 5～7.5 mm;雄虫体长 10～13 mm,体宽 5～6 mm,体黄褐色或黑褐色,腹面淡黄色,密布深色细刻点。触角 5 节,第三、四节为黑色或部分黑色。头的中叶与侧叶末端平齐,喙第一节粗壮,只在基部被小颊包围,一般不紧贴于头部腹面,可活动;第二节长度几乎等于第三、四节的总长,前胸背板侧缘前端色淡,不呈黑带状,侧角略短,不尖锐,也不上翘。雄虫抱器为三角形(高卓,2010)。成虫见图 11-2G,H。

卵:圆筒状,鼓形,高 1～1.2 mm,宽 0.8～0.9 mm。侧面中央稍鼓起。上部 1/3 处及卵盖上有长短不等的深色突起,组成网状斑纹。卵盖周围有 11～17 根白色纤毛。初产卵粒为乳白色,渐变半黄色,直至枯红色(高卓,2010)。见图 11-2A(Zou et al., 2012)。

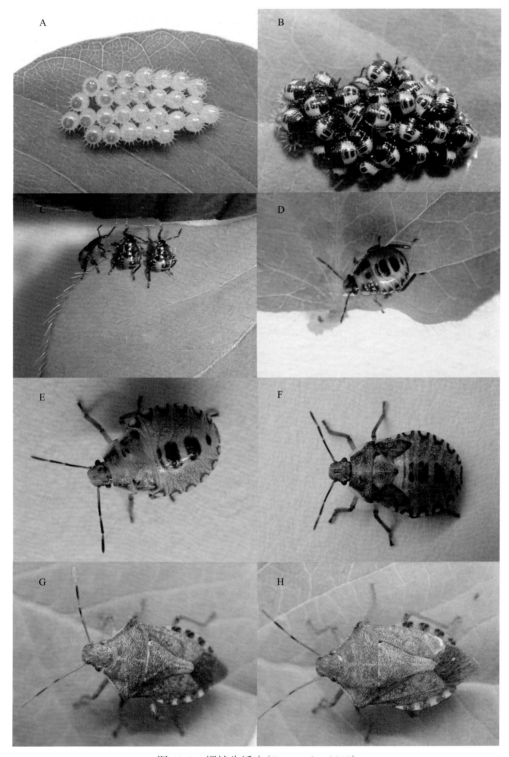

图 11-2　蠋蝽生活史(Zou et al., 2012)

A. 卵块；B. 1龄若虫；C. 2龄若虫；D. 3龄若虫；E. 4龄若虫；F. 5龄若虫；G. 雄成虫；H. 雌成虫

若虫：初孵若虫为半黄色，复眼赤红色，孵化约 10 min 后头部、前胸背板和足的颜色由白变黑，腹部背面黄色，中央有 4 个大小不等的黑斑，侧接缘的节缝具赭色斑点，4 龄后可明显看到 1 对黑色翅芽。若虫共计 5 龄，其各龄平均体长为 1.6 mm、2.9 mm、4.2 mm、5.9 mm、9.6 mm；体宽为 1.0 mm、1.2 mm、2.3 mm、2.7 mm、4.6 mm（高卓，2010）。见图 11-2B，C，D，E，F(Zou et al.，2012)。

二、蠋蝽生活史

蠋蝽若虫共计 5 龄，在北京，每年发生 2~3 代（徐崇华等，1981）。在沧州每年发生 2 代，以第二代成虫越冬，翌年 4 月中旬开始出蛰，4 月底交尾，5 月上旬开始产卵，中旬出现第一代若虫，6 月中旬出现第一代成虫，7 月上旬第一代成虫交尾产卵，7 月中旬出现第二代若虫，7 月底出现第二代成虫（姜秀华等，2003）。蠋蝽在新疆每年发生 2~3 代，翌年 4 月中旬出蛰，10 月上旬开始越冬（王爱静，1992）。在甘肃兰州，上官斌（2009）通过林内定点观察发现，蠋蝽每年发生 2 代，以成虫在枯枝落叶下、向阳的土块下及树皮、墙缝等处越冬。每年 4 月上旬越冬成虫开始在刺柏上活动，5 月上旬开始交尾产卵，产卵盛期为 5 月下旬。5 月下旬第一代若虫孵出，孵化可持续到 6 月下旬，5 月下旬到 6 月上旬为孵化盛期。第一代成虫始发期为 6 月下旬。7 月上旬第二代卵孵化。第二代若虫发生期是 8 月上旬至 9 月中旬。第二代成虫始发期为 9 月中旬。第二代成虫持续到 10 月上旬开始进入越冬场所。而在浙江，每年可发生 3 代（柴希民等，2000）。在黑龙江每年发生 2 代，该蝽以成虫于树叶、枯草下、石缝或树皮裂缝中越冬。越冬成虫在翌年 5 月初苏醒开始活动，5 月底开始产卵。若虫 6 月中旬孵出。7 月初第一代成虫开始羽化，7 月末开始产卵。第二代若虫在 8 月初开始孵出，成虫 8 月底开始羽化。10 月初至翌年 4 月成虫处于越冬状态（表 11-1，高卓，2010）。蠋蝽世代重叠现象非常明显。路红等（1999）研究发现，经室内观察，成虫多次交尾，交尾时间最长 195 min，最短的 10~20 min。成虫产卵多数产在叶片上，几十粒或十几粒为一个卵块。高卓（2010）认为蠋蝽取食时是

表 11-1　蠋蝽生活史(哈尔滨，2008~2009 年)(高卓，2010)

世代	月						
	11~翌年 4	5	6	7	8	9	10
越冬代	(+) (+) (+) + + + + + + + +						
第一代		• • • •	— — — —	+ + + + + + + + + (+) (+) (+)			
第二代				• • •	— — — —	+ + + + (+) (+) (+)	

注：(+)，越冬代成虫；+，成虫；•，卵；—，1~5 龄若虫

进行口外消化，可以取食比自己体型宽大的猎物。雌性个体间产卵差异较大，平均 409 粒/雌左右。

第三节 饲养条件、大量繁殖的关键技术或生产工艺

一、蠋蝽人工繁殖技术

(一) 工艺环节概述

蠋蝽的人工繁殖技术大体上可分为以下 5 个步骤(图 11-3)。

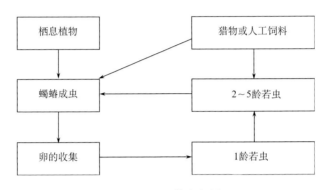

图 11-3 工艺流程图

第一，栖息植物(或寄主植物)的获得。尽管蠋蝽取食多种害虫，但是其也有刺吸植物汁液的特性，目前没有报道其传毒的文献记载。高卓等(2009)认为对植物的刺吸不会对植物造成危害。与大豆田和棉田等相比，蠋蝽更喜欢活跃于榆杨混交林。因此理论上讲，榆树枝或杨树枝作为其栖息植物最好，但是室内栽培榆树和杨树很难长期存活，而且占用空间很大。而大豆苗室内种植成活率高，占用空间少，周期短，成本低，因此使用大豆苗作为其栖息植物是较合适的。栖息植物除了可以供其刺吸，还可以为其提供休憩场所，更重要的是在群体饲养时可以提供躲避空间，大大减少自残的比率。

第二，蠋蝽成虫的饲养。将羽化的成虫按 1∶1 雌雄配对，放入笼中，笼子底部放入鲜活大豆苗，同时饲喂猎物[如柞蚕（*Antheraea pernyi*）蛹]或人工饲料，并定期更换食物。柞蚕蛹变软或变色后就已经腐烂，要立即更换；而人工饲料要每天更换一次。养虫笼上可放蒸馏水浸湿的脱脂棉供其取水，每天加水一次。如果对成虫进行单杯饲养，每个大纸杯中可放一对成虫，用双面胶将指形管粘于杯底，将管内注水后放入大豆苗，每 2~3 d 加一次水即可保证豆苗的存活。

第三，蠋蝽卵的收集。蠋蝽喜欢将卵产在较隐蔽的地方，如叶背面。收集卵时可将带卵的叶片区域剪下，放于带有润湿滤纸的培养皿中，每天喷一次蒸馏水保湿，喷湿即可，水不可过多，更不能将卵浸泡，培养皿盖子半盖即可。如果卵产于笼子上，收卵时要尽量轻，尽量不要将卵块弄散。卵初产时淡乳白色，随后卵发育成熟变为金黄色。群体饲养时，卵最好每天收集一次，避免时间过长而造成成虫取食卵。

第四，1龄若虫的饲养。初孵1龄若虫与其他龄期若虫及成虫不同，1龄若虫孵化后聚在一起，不分散，只取食水就可发育到2龄，因此只提供给1龄若虫充足的水即可。将脱脂棉用蒸馏水泡湿放于小容器内（如塑料杯、小塑料盒等），将初孵的1龄若虫团放于湿脱脂棉上，若虫绝不可泡在水中。小容器可用纱网罩住，用皮筋绑定，以防逃逸。

第五，2~5龄若虫的饲养。1龄若虫大多3 d后即蜕皮变成2龄，2龄若虫开始分散取食。2~5龄若虫都可以捕食猎物。对于易动的猎物虫态，如鳞翅目幼虫，为了减少其对低龄若虫可能造成的伤害及易于被取食，可将猎物用热水烫后使之成为不易动的状态提供给蠋蝽若虫取食，但是猎物不可烫时间过久，60~70℃热水烫30~60 s即可。对于不易动的虫态，如蛹期，可直接提供给若虫取食。养虫笼上可放蒸馏水浸湿的脱脂棉供其取水，每天加水一次。为了便于更换食物，可将猎物或人工饲料放于养虫笼或单杯饲养的纸杯的纱网上。要根据饲养的蠋蝽数量计算食物的施放量，避免因食物不足而造成个体间自残。若虫期可不提供栖息植物。

（二）猎物与栖息植物

蠋蝽嗜食榆紫叶甲（*Ambrostoma quadriimopressum*）及松毛虫（*Dendrolimus* spp.）等鞘翅目和鳞翅目害虫。但是室内很难长期饲养这两种害虫，因此需要找到一种简便易得，且相对经济的猎物。柞蚕蛹是室内大量繁殖蠋蝽的一种好猎物（徐崇华等，1984；高长启等，1993；高卓，2010；宋丽文等，2010；Zou *et al*.，2012）。高长启等（1993）通过饲喂蠋蝽4种昆虫来筛选蠋蝽的较优猎物，其中从成虫获得率上看，饲喂柞蚕蛹的最高，为67%；其次为黄粉虫（*Tenebrio molitor*），为38%；再次为柞蚕低龄幼虫和黏虫（*Mythimna separata*），分别为5%和3.3%。从产卵量上看，饲喂柞蚕蛹的最高，平均为299.1粒/雌；其次为黄粉虫，为155.3粒/雌；再次为柞蚕低龄幼虫和黏虫，分别为54粒/雌和36粒/雌。高卓（2010）研究发现，取食柞蚕蛹的蠋蝽产卵量为300~500粒，平均为409.45粒/雌。卵的孵化率达90%以上。不同温度对蠋蝽的繁殖、发育影响显著，在20℃时，若虫发育历期约为42.3 d，而在30℃时仅需29 d。20℃时成虫寿命为43 d，而在30℃时成虫寿命仅有28.4 d。

在食物充足的条件下，蠋蝽也会刺吸植物的汁液，因此在室内大量繁殖蠋蝽时最好提供栖息植物供其栖息及刺吸。以往栖息植物往往选择水培新鲜杨树枝叶，但是需每周更换1~2次，否则蠋蝽若虫死亡率显著上升。但是更换工作量较大而且对若虫造成一定的损失，增加了饲养费用（高长启等，1993）。高长启等（1993）通过喷施蔗糖水（5%及10%）、蜂蜜水（5%及10%）及杨树鲜叶水浸液等方法对栖息植物进行了改良。结果表明，喷雾5%蔗糖水和杨树鲜叶水浸液都可以起到和使用水培杨树枝叶一样好的效果，这3种处理的若虫存活率分别为68%、73%和73%。

宋丽文等（2010）通过研究不同宿主植物（或栖息植物）和饲养密度对蠋蝽生长发育和生殖力的影响，来对室内大量繁殖蠋蝽的工艺进行了改良。结果表明，当饲喂柞蚕蛹但使用不同宿主植物时，用榆树饲养的蠋蝽若虫存活率最高，达82.09%，大豆饲养的为61.34%，山杨饲养的相对较低，为34.60%；而无宿主植物的对照存活率最低，仅为16.38%；对于若虫发育历期，3种宿主植物对若虫发育历期的影响无显著差异，但是无宿主植物的对照的若虫发育历期延长；对于产卵量，宿主植物为榆树时蠋蝽产卵量最大，平均每雌产卵量可达 330.89 粒，以大豆为宿主植物时产卵量略少，为 255.71 粒，山杨作为宿主植物时其产卵量仅为榆树条件下的 68.11%，空白对照的产卵量最少，仅为榆树条件下饲养的 29.21%；对于产卵前期，用榆树和山杨作为宿主植物时，蠋蝽成虫产卵前期无明显差别，相差不足 1 d，而在对照和大豆条件下饲养的蠋蝽，其产卵前期显著长于前两者；对于产卵期，榆树饲养的蠋蝽产卵期最长，可达 17.97 d，而用山杨和大豆饲养时，蠋蝽的产卵期分别比前者短 3.49 d 和 6.88 d，对照最低，仅为 5.89 d；对于次代卵的发育历期，榆树饲养的孵化时间较短，为 5.10 d，而大豆和山杨饲养的孵化时间稍长于前者，对照则历时 7.48 d 且孵化率仅为 50%。当以柞蚕蛹为猎物以榆树枝叶为宿主植物时，不同饲养密度对蠋蝽若虫存活率影响较大，每罩 4 头、10 头、20 头、30 头饲养时，其存活率差别不大，都能达到 85% 以上，饲养密度为每罩 40 头时，其存活率降至 53.33%，而达到每罩 50 头时，其存活率仅为 44.67%；不同饲养密度对蠋蝽若虫各龄发育历期的影响无规律；不同饲养密度对蠋蝽的产卵前期、产卵期和产卵量都有不同程度的影响，密度过高或过低都明显降低其生殖力，饲养密度为每罩 4 头和 50 头时，其产卵前期最长为 12.09 d 和 13.60 d，其他各密度差别不大。而产卵期则相反，密度过高或过低时其产卵期都不足 8 d，密度适合时其产卵期均超过 11 d。产卵量的趋势与产卵期相同，依旧是低密度每罩 4 头和高密度每罩 50 头较少，只有 100 粒左右，其他密度下均在 200 粒左右。尽管榆树是较易获得的植物，但榆树属于木本植物，生长周期很长，在室内容易落叶枯萎，栽植成本较高。而大豆幼苗培养蠋蝽虽然存活率和生殖力略低于榆树，但大豆苗生长周期较短，易于室内栽培且可随时更换，成本较低。因此，宋丽文等（2010）认为在大量饲养蠋蝽时可选用大豆苗作为宿主植物。而在室内大量扩繁蠋蝽的过程中，为了获得较多的蠋蝽，饲养密度控制在每头蠋蝽占有 26.17 cm^2 左右的面积较为适合。

(三) 人工饲料

应用生物防治方法来控制害虫的一个最主要的任务就是释放大量的高质量的昆虫天敌。而生物防治大范围应用的一个限制因子就是天敌昆虫的费用问题，它要远远超过化学防治的费用。采用传统的方法大量繁殖天敌昆虫经济成本高而且浪费时间，因此一个理想的人工饲料可以大大地减少生产天敌昆虫的费用。为了在害虫发生初期人工大量释放蠋蝽，吉林省林业科学院自 20 世纪 70 年代开始就对蠋蝽的人工大量繁殖技术进行了研究并取得了较好的效果。目前在中国，人工室内大量繁殖蠋蝽主要以鲜活柞蚕蛹为猎物(徐崇华等，1984；高长启等，1993；高卓，2010；宋丽文等，2010；Zou et al.，2012)。但是柞蚕蛹个体较大，在未被取食尽之前就已经死亡并腐烂，不仅造成蠋蝽食物的大量浪费，而且取食腐烂的柞蚕蛹会造成一部分蠋蝽死亡。此外，由于蠋蝽不愿取食腐烂的柞蚕蛹，在饥饿胁迫下，群体饲养的蠋蝽会发生种内自残的现象，这就大大增加了种群饲养的费用，延长了倍增时间。因此研制蠋蝽人工饲料，并将其进行小剂量包装，可以大大减少食物的浪费。高长启等（1993）曾用以柞蚕蛹为主成分的半合成人工饲料（表 11-2）饲喂蠋蝽，具体如下。

表 11-2 人工半合成饲料配方

组别	饲料成分
1	蛹液 100 ml、蔗糖 10%、山梨酸 200 mg/100 ml、苯硫脲 100 mg/100 ml
2	蛹液 100 ml、蔗糖 5%、山梨酸 200 mg/100 ml、苯硫脲 100 mg/100 ml
3	蛹液 100 ml、蔗糖 10%、山梨酸 100 mg/100 ml、苯硫脲 100 mg/100 ml
4	蛹液 100 ml、蔗糖 10%、尼泊金 100 mg/100 ml、苯硫脲 100 mg/100 ml

柞蚕蛹液的制备：柞蚕蛹经 60℃水浴 6 min，以防血淋巴黑化，之后用组织捣碎机充分捣碎，离心 2 min 除去渣子备用。

饲料卡模具的制作：选 0.5 cm 厚、15 cm 长、10 cm 宽的铜板，均匀排列钻 24 个半球形小坑，小坑底部钻一直径约为 0.02 cm 的小洞，铜板背面镶一铁盒长 14.5 cm、宽 9.5 cm、高 3 cm，并在一边做一抽气咀与水泵连接。

饲料卡的制作：将无毒塑料薄膜平铺在模具上，打开水龙头使水泵通水抽气，用电热风吹塑即可制成半球形饲料卡底片，然后将人工半合成饲料滴入凹坑内，再用一张塑料薄膜覆盖上，用电熨斗熨和即可。

饲喂方法：将制好的饲料卡均匀地放在饲养笼上，每天换食一次。

结果表明，以人工饲料第 3 组饲喂的蠋蝽效果较好，成虫获得率达 83.3%，比取食柞蚕蛹的成虫获得率 70%还要高，但是若虫发育历期比饲喂柞蚕蛹的延长了 9 d，性比（♀∶♂）由饲喂柞蚕蛹的 0.9∶1 变为 0.85∶1，雄性所占比例增加。但其解决了饲料腐败和柞蚕蛹利用率低的问题。

二、保存越冬及冷藏

蠋蝽的人工饲养，首先要采集到足够的种蝽。高卓（2010）对于种蝽的采集和保存进行了较为详细的研究。种蝽的采集可在春秋两季进行，即在秋季蠋蝽成虫进入越冬场所之后，或在春季越冬代蠋蝽离开越冬场所之前，实践中一般选择在秋季的 11 月大雪封地之前和春季的 4 月初田间雪化以后。采集地点一般选在蠋蝽发生地的落叶层下，以鱼鳞坑或者树根的落叶层下为主。采集到的蠋蝽成虫，暂时放于保湿捕虫盒中，带回室内后放于含有 10～15 cm 厚湿沙的养虫盒内。先将蠋蝽虫体平放，然后将其上覆盖树叶，于 4～6℃冰箱低温保藏 4～5 个月，其成活率仍可达 90%左右。也可将采回的蠋蝽成虫放在室外土坑中保藏。保藏方法为：在室外向阳避光处挖一深度为 20～30 cm 土坑，坑的大小可根据储藏的蠋蝽数量而定。在挖好的土坑内先填 15～20 cm 潮湿的细沙，将蠋蝽放于其上，再覆盖些落叶，然后将坑面用纱网罩好以防止其他生物的侵害。用此种方法保存的蠋蝽 3～5 个月后其存活率也可达 90%左右。保存后使其复苏时，先将越冬的蠋蝽取出在 15℃下慢慢复苏。1～2 d 后再将其放于养虫室内。养虫室的温度控制在 23～28℃较好，相对湿度控制在 70%较宜。

作为一种天敌商品，蠋蝽的长期保存，即延长其货架期，是一个急需解决而又非常重要的问题。快速冷驯化可以提高某些昆虫的耐寒性。为了研究不同冷驯化诱导温度对蠋蝽抗寒性的影响,以期为以后延长蠋蝽货架期奠定稳固的技术基础。李兴鹏等(2012)以室内人工饲养的第 3 代蠋蝽成虫为对象,利用热电偶、液相色谱分析等技术,测定了经 15℃、10℃、4℃冷驯化 4 h 和梯度降温(依次在 15℃、10℃、4℃各驯化 4 h)冷驯化后,蠋蝽成虫过冷却点、虫体含水率及小分子碳水化合物、甘油和氨基酸含量,以及其在不同暴露温度(0℃、-5℃、-10℃)下的耐寒性。结果表明,处理后暴露在-10℃时,梯度处理组和 4℃冷驯化处理组的蠋蝽成虫存活率为 58.3%,其他处理组及对照(室温饲养)的存活率显著降低,平均为 8.9%;梯度处理组与 4℃冷驯化处理组成虫过冷却点平均为-15.6℃,比其他处理平均降低 1.3℃;各处理组虫体含水率无显著差异,平均为 61.8%;与其他各组相比,梯度处理组和 4℃冷驯化组成虫的葡萄糖、山梨醇和甘油含量分别增加 2.82 倍、2.65 倍和 3.49 倍,丙氨酸和谷氨酸含量分别增加 51.3%和 80.2%,海藻糖、甘露糖和脯氨酸含量分别下降 68.4%、52.2%和 30.2%,而果糖含量各组间无显著差异。快速冷驯化对蠋蝽成虫具有临界诱导温度值,梯度降温驯化不能在快速冷驯化的基础上提高蠋蝽成虫的抗寒性。

第四节 包装技术、释放与控害效果

一、产品包装及释放

关于蠋蝽的产品包装,目前尚未有相关的报道。据作者观点,为了节省空间及费用,每个包装容器内当然是多一些蠋蝽较好,但是由于蠋蝽有自残的习性,因此具体每个蠋蝽占多大空间还需做进一步的研究。并且根据运输路途及时间的长短,需适当调整包装容器内蠋蝽的数量。释放前,对蠋蝽进行一定程度的饥饿胁迫可以加强蠋蝽对害虫的搜索能力及控害能力。但饥饿胁迫程度越强,蠋蝽的自残现象就越严重,因此可以在包装容器内放入一些栖息植物,如大豆苗,除了提供一定程度的阻隔空间外,蠋蝽对植物的刺吸可以减少个体间的自残现象。由于蠋蝽属于活体生物,因此在包装运输过程中还要注意包装容器的空气流通问题。流通、清新的空气可以延长运输时间并减少蠋蝽的自残现象。

尽管蠋蝽 2 龄若虫就可以取食害虫,但是 2 龄若虫个体很小且生存能力较弱,因此释放时最好选择 3~5 龄若虫及成虫。相对于 4 龄、5 龄若虫,3 龄若虫发育到成虫时间最长,生存能力较 2 龄时变强,因此 3 龄若虫是释放的最好虫态。成虫能飞,在食物或环境不适时会飞走。因此在小范围定点释放时选择 3~5 龄若虫较佳。但是如果释放地点为大面积森林、果园或农场,成虫也是释放的合适虫态。尽管蠋蝽可以控制很多种农林害虫,但是较小的害虫或害螨,如蚜虫、粉虱、叶螨等,蠋蝽并不喜食。因此可以结合瓢虫、草蛉、寄生蜂等天敌昆虫,与蠋蝽协同释放。为避免蠋蝽取食瓢虫、草蛉,可根据害虫发生期的不同而释放不同的天敌昆虫,或根据害虫发生地点的不同进行不同天敌昆虫的定点释放。高卓(2010)认为,应用蠋蝽防治农林害虫的关键技术环节,首先是要掌握好蠋蝽释放日期与猎物在田间发生期的一致性,然后根据拟释放的不同虫态、不同龄期的蠋蝽对猎物不同龄期及虫态的捕食量,以及两者在田间持续遭遇历期和拟达到的防治效果来计算放蟳比例和数量,这样才能达到经济有效的控害效果。此外,还要根据蠋蝽的生物学、生态学来调控蠋蝽的生态环境,这样才能使蠋蝽在释放地定殖并达到可持续控害的目的。

此外,为了计算蠋蝽释放时间,以期和害虫发生期吻合,掌握蠋蝽的发育历期、发育起点温度和有效积温就显得尤为重要。徐崇华等(1984)研究表明,18℃时,蠋蝽卵期为 18.63 ± 0.77 d,若虫期为 57.38 ± 1.60 d。22℃时,卵期为 11.37 ± 0.85 d,若虫期为 31.0 ± 2.35 d。26℃时,卵期为 7.69 ± 1.17 d,若虫期为 26.11 ± 1.74 d。30℃时,卵期为 5.05 ± 0.22 d,若虫期为 18.38 ± 0.96 d。卵期发育起点温度为 14.3℃,有效积温为 82.7℃·d;若虫发育起点温度为 12.7℃,则有效积温为 322.4℃·d。但陈跃均等(2001)研究表明,卵期发育起点温度为 16.71℃,有效积温为 70.43℃·d。这与徐崇华等的结果不同,原因很可能主要是猎物种群不同。陈跃均等(2001)是用鳞翅目和鞘翅目的 5 种猎物交替饲喂蠋蝽,而徐崇华等(1984)则是用单一猎物——柞蚕蛹饲喂蠋蝽。取食猎物不同,发育历期会相应地发生变化。

二、控害效果

早在 20 世纪 70 年代开始,吉林省林科所(现吉林省林业科学研究院)就开始将室内人工大量饲养的蠋蝽老龄若虫以 1∶18 的比例进行野外释放,用以防治榆紫叶甲幼虫,13 d 捕食率可达 61.9%,并可以在林间定殖,有效地控制了榆紫叶甲的危害(高长启等,1993)。此后,江苏、安徽、内蒙古、河北、北京等地的林业科研单位,对侧柏毒蛾(*Parocneria furva*)、松毛虫、杨毒蛾(*Stilpnotia candida*)、杨扇舟蛾(*Clostera anachoreta*)和黄刺蛾(*Cnidocampa flavescens*)等害虫做了试验,都取得了良好防效(徐崇华等,1984)。为了解蠋蝽对害虫的捕食能力,徐崇华等(1981)在室内对 3 种林业害虫进行了捕食量测定。其结果详见表 11-3。蠋蝽捕食害虫的数量随着龄期的增长而增加,老龄若虫和成虫的捕食量最大。同龄期蠋蝽对害虫的捕食量因害虫龄期不同而不同,害虫虫龄小,被捕食的量就大。1 头 2 龄蠋蝽平均 1 d 可取食杨扇舟蛾卵 15 粒,3 龄若虫可取食 18~19 粒,4 龄若虫可取食 20~30 粒。此外,徐崇华等(1981)还进行了野外释放试验,在罩笼捕食侧柏毒蛾试验中,用 1.3 m×1.3 m×2.0 m 的铁纱笼罩住一株侧柏幼树,放入 120 头 2~3 龄侧柏毒蛾幼虫,同时放入室内繁殖的初孵蠋蝽若虫 26 头,另设一对照。以后隔 6~7 d 调查蠋蝽和侧柏毒蛾的数量,直到侧柏毒蛾羽化为止。试验结果显示,20 d 内侧柏毒蛾的数量比对照笼明显下降,蠋蝽的校正捕食效果达 88.0%。在笼罩捕食油松毛虫试验中,用同样大小的罩笼罩在一株油松幼树上,幼树上挂松毛虫卵卡 3 块,卵共 550 粒。放入 2~3 龄蠋蝽若虫 5~10 头,至蠋蝽蜕皮为成虫,松毛虫发育到 2 龄时检查蠋蝽和松毛虫的数量。结果显示,在释放蠋蝽的笼内,松毛虫数量比对照笼明显减少,释放 10 头的,其校正捕食效果为 94.59%,释放 5 头的校正捕食效果为 37.01%。在单株释放捕食杨扇舟蛾试验中,在 1~2 年生杨树枝条从上先清除树上各种昆虫,然后挂上即将孵化的杨扇舟蛾卵块,每株释放 3~4 龄蠋蝽若虫 10~20 头,记录试验株和对照株的被害程度。结果显示,在Ⅰ区,A 组(释放 20 头蠋蝽)杨扇舟蛾剩余 1.87%,树木被害率 23.0%;B 组(释放 10 头蠋蝽)杨扇舟蛾剩余 0.62%,树木被害率 47.0%;C 组(对照)杨扇舟蛾剩余 1.33%,

树木被害率78.0%。在Ⅱ区,A组(释放20头蠋蝽)杨扇舟蛾剩余3.06%,树木被害率5.0%；B组(释放10头蠋蝽)杨扇舟蛾剩余3.76%,树木被害率5.0%；C组(对照)杨扇舟蛾剩余11.54%,树木被害率55.0%。由此可见,释放蠋蝽的树木被害率都比对照轻,因此,释放蠋蝽能有效地减少害虫对树木的危害。

表11-3 蠋蝽捕食森林害虫的数量(徐崇华等,1981)

害虫		蠋蝽若虫				蠋蝽成虫
		2龄	3龄	4龄	5龄	
油松毛虫 Dendrolimus tabulaeformis	1龄	4.6(6)	4.2(6)	6.8(13)	14.0(19)	15.8(18)
	2龄	1.3(2)	2.4(6)	2.3(5)	2.3(6)	2.1(6)
	3龄	1.0(1)	1.3(3)	1.9(3)	1.2(3)	1.5(4)
杨扇舟蛾 Clostera anachoreta	1龄	2.5(6)	5.5(10)	5.6(9)	6.0(10)	8.7(10)
	2龄	1.6(3)	2.2(4)	3.0(6)	2.6(9)	5.5(9)
	3龄	—	1.5(3)	1.8(3)	2.1(5)	4.2(10)
	4龄	—	1.2(2)	1.7(2)	1.6(2)	2.3(4)
	5龄	—	—	—	1.3(2)	1.1(2)
柳毒蛾 Stilpnotia salicis	1龄	5.6(11)	7.7(18)	10.4(21)	6.7(10)	—
	2龄	2.2(4)	3.2(9)	5.1(13)	13.1(21)	—
	3龄	1.0(1)	1.2(2)	1.8(4)	2.9(5)	2.3(5)
	4龄	1.0(1)	1.1(3)	1.6(3)	2.6(4)	1.7(3)
	5龄	—	1.0(1)	1.3(2)	1.3(3)	1.4(3)

注：括号内为最大捕食量

榆兰叶甲(*Pyrrhalta aenescens*)是林业上,尤其是城市园林绿化树木上的一种重要害虫,由于其发生分散、迁飞性强、繁殖速度快,因此施用化学农药势必造成大面积污染并杀伤天敌昆虫,造成生态环境的破坏。因此,作为榆兰叶甲的一种重要天敌,蠋蝽引起了学者的关注。刘海清和高作安(1992)对蠋蝽的捕食量进行了室内研究,结果显示,蠋蝽若虫自孵化之日起至老熟止,平均捕食时间为18 d左右。整个若虫期平均每头蠋蝽捕食20.7头榆兰叶甲的幼虫或蛹,平均每天每头蠋蝽若虫捕食1.15头榆兰叶甲。而对于蠋蝽成虫,平均捕食天数为25.5 d。在整个成虫期,平均每头蠋蝽成虫捕食89.2头榆兰叶甲。平均每天每头蠋蝽成虫捕食3.5头榆兰叶甲。1头蠋蝽一生可捕食110头榆兰叶甲。姜秀华等(2003)对罩养在网内的单头蠋蝽成虫的捕食量进行了研究,结果显示,蠋蝽成虫日均捕食榆兰叶甲卵11.8粒,老熟幼虫3.7头,蛹4.7头,成虫2.3头。因此,应用蠋蝽防治榆兰叶甲可以起到很好的防效。

郑志英等(1992)对蠋蝽平均日捕食量及林间释放防治几种林业害虫进行了调查。在蠋蝽平均日捕食量试验中,供试蠋蝽均由室内人工饲养繁殖,作为饲料用的活虫及卵,均从林地现采现用。每笼放4头成蠋和1种林业害虫,10个重复。然后将套笼转移到新鲜枝叶上，使活虫能正常取食和生存。每天定时观察取食量，并分别补充活虫或卵。结果显示，蠋蝽对榆紫叶甲幼虫、黄刺蛾低龄幼虫、黄刺蛾老龄幼虫、杨红叶甲（*Melasoma populi*）成虫、杨毒蛾老龄幼虫、杨扇舟蛾老龄幼虫和榆紫叶甲成虫的平均日捕食量分别为 0.82 头、0.72 头、0.52 头、0.51 头、0.34 头、0.31 头和 0.17 头。对榆紫叶甲幼虫（0.82 头/d）和黄刺蛾低龄幼虫（0.72 头/d）取食最多；但蠋蝽不喜食身体多毛的杨扇舟蛾老龄幼虫（0.31 头/d）、杨毒蛾老龄幼虫（0.34 头/d）及榆紫叶甲成虫（0.17 头/d）。3 龄蠋蝽若虫对杨扇舟蛾卵有较高取食量（10.8 粒/d）。在林间防治几种林业害虫的调查中，试验用 3 龄以上蠋蝽共 3.5 万头，防治试验分别在 5 年生榆树纯林和 8 年生杨树纯林进行。每一防治对象设 3 块 20 m×20 m 的放蝽试验区，另设 1 块 20 m×20 m 的不放蝽对照区，小区间隔 10 m。试验前分别调查试验区和对照区害虫密度，按 1∶5 的益害比将蠋蝽均匀地释放到树上。放蝽后 15 d 调查虫口减退率。结果显示，放蝽治虫 15 d 后，蠋蝽对榆紫叶甲幼虫、黄刺蛾低龄幼虫和杨扇舟蛾幼虫的防治效果分别达 69.2%、65.4%和 41.6%，但对榆紫叶甲成虫的防治效果仅为 39.9%，此结果与室内蠋蝽对害虫的日捕食量研究结果相一致。

1998 年在新疆北疆首次发现双斑长跗萤叶甲（*Monolepta hieroglyphica*）危害棉花且种群数量迅速增长。2001 年在农七师发现双斑长跗萤叶甲开始点片危害棉花，至 2004 年危害面积达 20 万～30 万亩，占全师棉花种植面积的 1/4。2002 年双斑长跗萤叶甲扩散到农八师，至 2005 年危害面积达 28 万亩，现已成为新疆棉田的主要害虫之一（王少山等，2004；张建华等，2005）。陈静等（2007）首次在新疆棉田发现蠋蝽可捕食双斑长跗萤叶甲，因此针对蠋蝽对双斑长跗萤叶甲成虫的捕食功能进行了研究。结果表明，蠋蝽对双斑长跗萤叶甲成虫的捕食功能符合 Holling II 模型，捕食量随猎物密度的增加而增大。当猎物密度达到一定程度时，捕食量增加缓慢，蠋蝽成虫一昼夜可捕食双斑长跗萤叶甲成虫 20.4 头，捕食 1 头双斑长跗萤叶甲成虫需要 2.94 min。随着蠋蝽数量的增加，个体间易相互干扰，使捕食率明显降低。在猎物密度固定的情况下，随着蠋蝽若虫密度的增加，个体间相互干扰增加，捕食率下降。这说明在评价蠋蝽对双斑长跗萤叶甲成虫的控制作用时，不能光从蠋蝽的数量和独自的捕食量来衡量，还必须考虑蠋蝽的密度和猎物密度。尽管室内环境和田间环境差异很大，但该结果为以后田间释放蠋蝽防治双斑长跗萤叶甲奠定了很好的基础。

甜菜夜蛾（*Spodoptera exigua*）是一种世界性分布的、以危害蔬菜为主的顽固性害虫。对多地蔬菜造成了很大的经济损失。高卓（2010）对蠋蝽室内的捕食量进行了研究，结果表明，蠋蝽成虫及 4 龄、5 龄若虫对甜菜夜蛾 1 龄、2 龄幼虫的捕食量最高，平均每日可达 2.1 头和 2 头，而对 5 龄幼虫捕食量最低，只有 0.37 头和 0.25 头。蠋蝽 2～3 龄若虫对甜菜夜蛾 1～2 龄及 5 龄幼虫的每日平均捕食量分别为 1.9 头和 0.12 头。而在田间甜菜罩网试验中，蠋蝽成虫和 4～5 龄若虫对 1～2 龄甜菜夜蛾日平均捕食量最大，分别为 1.9 和 1.1 头，而对 5 龄幼虫的捕食量只有 0.16 头和 0.13 头。蠋蝽 2～3 龄若虫对 1～2 龄及 5 龄甜菜夜蛾幼虫捕食量分别为 0.8 头和 0.05 头。室内捕食量几乎为田间捕食量的 2 倍，原因很可能是田间干扰因素很多且环境复杂。随后，高卓（2010）按蝽蛾比为 1∶15 的比例在甜菜地释放室内饲养的第三代 2 龄蠋蝽若虫进行田间防效试验，结果表明，13 d 后蠋蝽对甜菜夜蛾幼虫的防效达 63.88%。30 d 后虫口减退率达 38.52%。

为了比较化学防治与生物防治的效果，上官斌（2009）在兰州垒洼山林场将化学防治和利用蠋蝽控制侧柏毒蛾进行了对比。在化学防治侧柏毒蛾试验中，2006 年 4 月下旬在面积为 630 m² 刺柏林中，对 600 株侧柏毒蛾发生严重的刺柏使用 40%氧乐果 1000 倍液喷雾防治，效果明显。杀虫率达到 91%，次年该区侧柏毒蛾发生株率仅为 6%，有虫株虫口密度仅为 4～8 头/株。全年不需要进行防治。在应用蠋蝽防治侧柏毒蛾试验中，试验地选为与化学防治在同一地块上，面积为 90 m² 的 84 株侧柏毒蛾发生严重但同时有蠋蝽发生的刺柏，2006 年 7 月以前侧柏毒蛾危害明显，到 8 月中旬观察到与化学防治区相比，树木生长效果几乎完全相同。8 月中旬侧柏毒蛾和蠋蝽都很难观察到，说明害虫被控制后天敌数量也自然下降。次年蠋蝽发生株率仅有 4%，有虫株虫口密度仅为 1～2 头/株。全年侧柏毒蛾发生很轻，不需要进行防治。通过对比分析，上官斌（2009）认为化学防治效果明显迅速，但是同时会杀伤多种天敌昆虫，不利于生态的良性发展，也会污染环境，因此，只有在侧柏毒蛾发生严重时，为控制灾情，在 4 月上旬以前进行 1 次化学防治，既可快速控制侧柏毒蛾，又可减轻对蠋蝽的危害。但蠋蝽控制侧柏毒蛾存在滞后性。然而，从可持续发展角度出发，蠋蝽有很大的优势，可有效控制侧柏毒蛾为害，经济环保，值得推广。

（撰稿人：王孟卿　邹德玉　郭　义　刘晨曦　张礼生　陈红印）

参 考 文 献

柴希民, 何志华, 蒋平, 等. 2000. 浙江省马尾松毛虫天敌研究. 浙江林业科技, 20(4): 1-56, 61.
陈静, 张建萍, 张建, 等. 2007. 蠋敌对双斑长跗萤叶甲成虫的捕食功能研究. 昆虫天敌, 29(4): 149-154.
陈跃均, 乐国富, 粟安全. 2001. 蠋敌卵的有效积温研究初报. 四川林业科技, 22(3): 29-32.
高长启, 王志明, 于恩裕. 1993. 蠋蝽人工饲养技术的研究. 吉林林业科技, 2: 16-18.
高卓. 2010. 蠋蝽（$Arma\ chinensis$ Fallou）生物学特性及其控制技术研究. 哈尔滨: 黑龙江大学硕士学位论文.
高卓, 张李香, 王贵强. 2009. 保护利用蠋蝽防治甜菜害虫. 中国糖料, 1: 70-72.
郭建英, 万方浩, 吴岷. 2002. 利用桃蚜和人工卵赤眼蜂蛹连代饲养东亚小花蝽的比较研究. 中国生物防治, 18(2): 58-61.
胡月. 2010. 烟盲蝽营养需求与人工饲料改进研究. 北京: 中国农业科学院硕士学位论文.
姜秀华, 王金红, 李振刚. 2003. 蠋敌生物学特性及其捕食量的试验研究. 河北林业科技, 3: 7-8.
李丽英, 郭明昉, 吴宏和, 等. 1988. 叉角厉蝽的人工饲料. 生物防治通报, 1: 45.
李兴鹏, 宋丽文, 张宏浩, 等. 2012. 蠋蝽抗寒性对快速冷驯化的响应及其生理机制. 应用生态学报, 23(3): 791-797.
梁振普, 张小霞, 宋安东, 等. 2006. 杨扇舟蛾的生物学特性及其防治方法. 昆虫知识, 43(2): 147-152.
刘海清, 高作安. 1992. 蠋敌及其利用价值. 天津农林科技, 2: 14-16.
刘文静. 2011. 人工繁殖动物性饲料和高温冲击对东亚小花蝽质量的影响评价. 泰安: 山东农业大学硕

士学位论文.

路红, 徐伟, 陈日翌, 等. 1999. 蠋敌生物学的初步研究. 吉林农业大学学报, 21(1): 33-34.

上官斌. 2009. 蠋敌研究初报. 甘肃林业科技, 34(4): 27-30.

宋丽文, 陶万强, 关玲, 等. 2010. 不同宿主植物和饲养密度对蠋蝽生长发育和生殖力的影响. 林业科学, 46(3): 105-110.

谭晓玲. 2010. 东亚小花蝽人工饲料微胶囊应用研究. 杨凌: 西北农林科技大学硕士学位论文.

王爱静. 1992. 应重视保护利用——蠋敌. 新疆林业, 1: 25.

王少山, 贺福德, 冯志超, 等. 2004. 警惕"新害虫"对新疆棉花的为害. 中国棉花, 31(6): 34-35.

王志明, 皮忠庆, 胡玉山, 等. 1994. 泛希姬蝽生物学及人工饲养. 林业科技通讯, 3: 18-19.

徐崇华, 严静君, 姚德富. 1984. 温度与蠋蝽 (*Arma chinensis* Fallou) 发育的关系. 林业科学, 20(1): 96-99.

徐崇华, 姚德富, 李英梅, 等. 1981. 捕食性天敌——蠋敌的初步研究. 林业实用技术, 04: 24-27.

闫家河, 李洪敬, 彭红英, 等. 2006a. 齿茎长突叶蝉的生物学特性和防治. 昆虫知识, 43(4): 562-566.

闫家河, 唐文煜, 张辉, 等. 2006b. 旱柳广头叶蝉的生物学特性及防治. 昆虫知识, 43(2): 245-248.

张建华, 张建萍, 王佩玲, 等. 2005. 新疆棉花害虫新动态及其防治对策. 中国棉花, 32(7): 4-6.

郑乐怡. 1981. 中国的蠋蝽属 *Arma* Hahn (半翅目: 蝽科). 昆虫天敌, 3(4): 28-32.

郑志英, 陈瑜伟, 温宇光. 1992. 利用蠋蝽防治几种林业害虫的试验. 生物防治通报, 8(4): 155-156.

周正. 2012. 大眼长蝽人工饲料的初步研究. 北京: 中国农业科学院硕士学位论文.

祝边疆. 2002. 中华微刺盲蝽 (*Gampylomma chinensis* Schuh) 人工饲料及田间释放效果的研究. 福州: 福建农林大学硕士学位论文.

邹德玉, 陈红印, 张礼生, 等. 2013. 一种人工饲料包装装置: 中国, ZL 2012 2 0382214. 6.

Adams T S. 2000. Effect of diet and mating status on ovarian development in a predaceous stinkbug, *Perillus bioculatus* (Hemiptera: Pentatomidae). Ann Ent Soc Am, 93: 529-535.

Bautista R C, Mochizuki N, Spencer J P, *et al*. 1999. Mass-rearing of the tephritid fruit fly parasitoid *Fopius arisanus* (Hymenoptera: Braconidae). Biol Control, 15: 137-144.

Birch L C. 1948. The intrinsic rate of natural increase of an insect population. J Anim Ecol, 17: 15-26.

Braken G K, Nair K K. 1969. Stimulation of yolk deposition in an ichneumonid parasitoid by feeding synthetic juvenile hormone. Nature, 216: 483-484.

Cohen A C, Staten R T. 1994. Long-term culturing and quality assessment of predatory big-eyed bugs, *Geocoris punctipes*. *In*: Narang S K, Bartlett A C, Faust R M. Applications of Genetics to Arthropods of Biological Control Significance. Boca Raton: CRC Press: 121-132.

Cohen A C, Urias N M. 1986. Meat-based artificial diets for *Geocoris punctipes* (Say). SW Ent, 11: 171-176.

Coll M, Guershon M. 2002. Omnivory in terrestrial arthropods: mixing plant and prey diets. Annu Rev Ent, 47: 267-297.

Coudron T A, Chang C L, Goodman C L, *et al*. 2011. Dietary wheat germ oil influences gene expression in larvae and eggs of the oriental fruit fly. Arch Insect Biochem Physiol, 76: 67-82.

Coudron T A, Kim Y. 2004. Life history and cost analysis for continuous rearing of *Perillus bioculatus* (Heteroptera: Pentatomidae) on a zoophytogenous artificial diet. J Econ Ent, 97: 807-812.

Coudron T A, Wittmeyer J, Kim Y. 2002. Life history and cost analysis for continuous rearing of *Podisus maculiventris* (Say) (Heteroptera: Pentatomidae) on a zoophytophagous artificial diet. J Econ Ent, 95: 1159-1168.

de Clercq P, Degheele D. 1992. A meat-based diet for rearing the predatory stinkbugs *Podisus maculiventris* and *Podisus sagitta* (Heteroptera: Pentatomidae). Entomophaga, 37: 149-157.

de Clercq P, Merlevede F, Tirry L. 1998. Unnatural prey and artificial diets for rearing *Podisus maculiventris* (Heteroptera: Pentatomidae). Biol Control, 12: 137-142.

Glenister C S. 1998. Predatory heteropterans in augmentative biological control: an industry perspective. *In*: Coll M, Ruberson J R. Predatory Heteroptera: Their Ecology and Use in Biological Control. Proceedings, Thomas Say Publications in Entomology. Lanham, MD: Entomological Society of America: 199-208.

Glenister C S, Hoffmann M P. 1998. Mass-reared natural enemies: scientific, technological, and informational needs and considerations. *In*: Ridgway R, Hoffmann M P, Inscoe M N, Glenister C S. Mass-Reared Natural Enemies: Application, Regulation, and Needs. Proceedings, Thomas Say Publicationsins in Etomology. Lanham, MD: Entomological Society of America: 242-247.

Grundy P R, Maelzer D A, Bruce A, *et al*. 2000. A mass-rearing method for the assassin bug *Pristhesancus plagipennis* (Hemiptera: Reduviidae). Biol Control, 18: 243-250.

Jervis M A, Kidd N A. 1986. Host-feeding strategies in hymenopteran parasitoids. Biol Rev, 61: 395-434.

Laycock A, Camm E, van Laerhoven S, *et al*. 2006. Cannibalism in a zoophytophagous omnivore is mediated by prey availability and plant substrate. Journal of Insect Behavior, 19: 219-229.

Leon-Beck M, Coll M. 2007. Plant and prey consumption cause a similar reductions in cannibalism by an omnivorous bug. Journal of Insect Behavior, 20: 67-76.

Lu Y H, Wu K M, Jiang Y Y, *et al*. 2010. Mirid bug outbreaks in multiple crops correlated with wide-scale adoption of Bt cotton in China. Science, 328: 1151-1154.

Rider D A, Zheng L Y. 2002. Checklist and nomenclatural notes on the Chinese Pentatomidae (Heteroptera) I, Asopinae. Entomotaxonomia, 24: 107-115.

Ruberson J R, Coll M. 1998. Research needs for the predaceous Heteroptera. *In*: Coll M, Ruberson J R. Predatory Heteroptera: Their Ecology and Use in Biological Control. Proceedings, Thomas Say Publications in Entomology. Lanham, MD: Entomological Society of America: 225-233.

Saltiel A R, Kahn C R. 2001. Insulin signalling and the regulation of glucose and lipid metabolism. Nature, 414: 799-806.

Tauber M J, Tauber C A, Daane K M, *et al*. 2000. Commercialization of predators: recent lessons from green lacewings (Neuroptera: Chrysopidae: Chrosoperla). Am Ent, 46(1): 26-38.

Thompson S N. 1999. Nutrition and culture of entomophagous insects. Annu Rev Ent, 44: 561-592.

Wittmeyer J L, Coudron T A. 2001. Life table parameters, reproductive rate, intrinsic rate of increase and estimated cost of rearing *Podisus maculiventris* (Heteroptera: Pentatomidae) on an artificial diet. J Econ Ent, 94: 1344-1352.

Wittmeyer J L, Coudron T A, Adams T S. 2001. Ovarian development, fertility and fecundity in *Podisus maculiventris* Say (Heteroptera: Pentatomidae): an analysis of the impact of nymphal adult, male and female nutritional source on production. Invert Repr Develop, 39: 9-20.

Yang W I. 1933. Notes on some species of Pentatomidae from China. Bull Fan Mem Inst Biol, 4(2): 9-46.

Yocum G D, Coudron T A, Brandt S L. 2006. Differential gene expression in *Perillus bioculatus* nymphs fed a suboptimal artificial diet. Journal of Insect Physiology, 52: 586-592.

Yocum G D, Evenson P L. 2002. A short term auxiliary diet for the predaceous stinkbug *Perillus bioculatus* (Hemiptera: Pentatomidae). Florida Ent, 85: 567-571.

Zou D Y, Coudron T A, Liu C X, *et al*. 2013a. Nutrigenomics in *Arma chinensis*: Transcriptome analysis of *Arma chinensis* fed on artificial diet and Chinese Oak Silk Moth *Antheraea pernyi* Pupae. PLoS ONE,

8(4): e60881.

Zou D Y, Wang M Q, Zhang L S, *et al*. 2012. Taxonomic and bionomic notes on *Arma chinensis* (Fallou) (Hemiptera: Pentatomidae: Asopinae). Zootaxa, 3328: 41-52.

Zou D Y, Wu H, Coudron T A, *et al*. 2013b. A meridic diet for continuous rearing of *Arma chinensis* (Hemiptera: Pentatomidae: Asopinae). Biol Control, 67: 491-497.

第十二章 大眼长蝽生物学特性及扩繁技术

第一节 概 述

大眼长蝽[*Geocoris pallidipennis*(Costa)]属于半翅目长蝽科,广泛分布于我国、美洲、非洲、欧洲、印度、菲律宾等大部分地区。对大眼长蝽的研究始于20世纪70年代,Waddill和Shepard(1974)试验发现大眼长蝽可以捕食墨西哥豆瓢虫(*Epilachna varivestis*)的卵、1龄幼虫、2龄幼虫和3龄幼虫,但是对4龄幼虫、蛹及成虫没有捕食能力。随后国内外学者对大眼长蝽的捕食性进行了广泛的研究,研究表明,大眼长蝽是一种重要的杂食性天敌昆虫(能乃扎布和李俊兰,2005),不仅可以捕食棉叶螨、棉蚜、棉蓟马、红铃虫、棉铃虫等鳞翅目的卵和幼虫,还可以捕食苜蓿盲蝽的若虫及成虫(崔金杰和马艳,1997;仝亚娟等,2011)。

国外学者对大眼长蝽进行了一定的研究,研究的种类主要有:斑足大眼长蝽[*Geocoris punctipes*(Say)]、沼泽大眼长蝽[*Geocoris uliginosus*(Say)]、光滑大眼长蝽(*Geocoris lubra*)等。Mansfield等(2007)研究了不同食物、温度和光周期对大眼长蝽生长发育和存活率的影响,结果发现棉蚜饲养的大眼长蝽的存活率显著低于棉铃虫卵,大眼长蝽若虫到成虫在27℃的条件下其生长发育时间比25℃要显著延长,并进一步探究了在27℃条件下光周期对大眼长蝽的影响,结果表明光周期对大眼长蝽的发育时间有显著影响,但不影响若虫的存活率,在10L∶14D的光周期下大眼长蝽的生长发育时间延长,在12L∶12D的光周期下虽然卵的孵化能力增加,但是并不影响当代的繁殖力。Prabhaker等(2011)研究表明,杀虫剂对大眼长蝽有较大的影响,大眼长蝽在涂有杀虫剂的叶子上饲养,其死亡率显著增加,因此大眼长蝽在害虫生物防治中的应用一定要避免同时使用有毒害作用的农药。Torres和Ruberson(2008)研究表明,转基因作物对棉田中天敌种群的发育、存活、寿命和繁殖都有显著的影响。

国外对大眼长蝽的室内饲养条件进行了一定的探索,Cohen等(1984,1985)研究大眼长蝽对烟芽夜蛾卵的取食消化和利用能力时发现,大眼长蝽对食物的消耗量雌虫要显著大于雄虫,这些研究结果为大眼长蝽的室内饲养奠定了基础。Arijs和de Clercq(2004)进一步确定了牛肝比其他成分对昆虫的室内饲养和生殖起到更加积极的作用。但与天然食物相比,昆虫在室内饲养条件下其生长繁殖很难达到室外水平(Clercq,1998)。Cohen(1985)配制的一种人工食物实现了斑足大眼长蝽一定规模的饲养,用于大眼长蝽的持续饲养,60世代后,与野外采集相比斑足大眼长蝽的个体变小,重量、对猎物的处理时间、摄取量、消耗率和摄食容量无显著差异(Cohen,2000)。

大眼长蝽属在我国记载的有16个种,大眼长蝽又名白翅大眼长蝽,是分布最广泛的种,主要分布在北京、上海、天津、河南、河北、山西、山东、湖北、江西、陕西、浙江、四川和云南等地。目前国内对大眼长蝽的研究较少,对大眼长蝽的生活史、生活习性、生物学特性和捕食功能进行了一定的探索（艾素珍和朱兆雄，1989；孙本春，1993）。崔金杰和马艳（1997）研究了大眼长蝽对棉铃虫初孵幼虫的捕食功能，该捕食反应符合 Holling II 模型，大眼长蝽的捕食量随着猎物密度的增加而增加，随着自身密度的增大而降低。仝亚娟等（2011）研究了大眼长蝽对苜蓿盲蝽的捕食功能反应，该捕食量随着苜蓿盲蝽龄期的增加而降低，随着自己龄期的增加而增加。Liu 和 Zeng（2014）研究了大眼长蝽不同发育阶段对烟蚜的捕食功能，结果表明大眼长蝽的捕食能力随着天然食物密度的增加而增大，随着自己龄期的增长而增强。Calixto 等（2014）研究了不同温度条件下大眼长蝽的发育时间及存活率的变化，结果表明大眼长蝽在 16.8℃和 21.5℃的饲养条件下发育时间显著长于 24.5℃和 28.3℃，存活率也显著降低；在 21℃/11℃和 24℃/18℃交变温度条件下其发育时间也显著长于 27℃/21℃和 30℃/26℃，存活率也显著降低。周正等（2013）对大眼长蝽的人工食物进行了一定的探索，利用柞蚕匀浆液、脱脂粉、全脂粉和冷冻干粉分别饲喂大眼长蝽，观察大眼长蝽的生长发育等生物学指标，发现该种食物饲养的大眼长蝽虽然基本可以满足其生长发育，但是与天然食物之间存在较大的差异。

第二节　大眼长蝽的生物学

一、大眼长蝽的形态特征

大眼长蝽 *Geocoris pallidipennis* (Costa) 隶属于半翅目长蝽科，为半变态昆虫，其一生可以分为卵、若虫、成虫 3 个时期（图 12-1）。

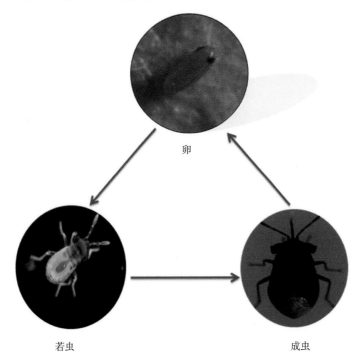

图 12-1　大眼长蝽的虫态特征

卵：长度为 0.7~1.0 mm，宽度为 0.3~0.5 mm，形状似椭圆形，前端钝，后端尖。大眼长蝽的卵不透明，单粒排列，初产时呈橙黄色，卵在即将孵化时变为粉红色，复眼红色，肉眼可见（艾素珍和朱兆雄，1989）。

若虫：若虫的发育经历 5 个龄期。初孵若虫即为 1 龄，呈棕红色，体长 0.54 mm，头宽 0.3 mm，头胸部大于腹部；初孵若虫生长 3 d 左右，虫体由棕红色变为紫黑色，腹部渐渐变大。2 龄若虫，胸腹背部中线为白色，体长 1.45 mm，头宽 0.75 mm，小盾片为月牙形。3 龄若虫，腹部末端中央为乳白色，体长 2.07 mm，头宽 0.89 mm，小盾片为馒头形，翅芽微微露出，约为腹部的 1/3；4 龄若虫体长 2.57 mm，头宽 1.02 mm，翅芽的长度约为腹部的 1/2；5 龄体长 3.05 mm，头宽 1.05 mm，翅芽的长度超过腹部的一半。

成虫：成虫体型较小，雌虫平均体长约 3.65 mm，额宽约 1.25 mm；雄虫平均体长约 3.01 mm，额宽约 1.15 mm。虫体呈黑褐色，前胸背板呈四边形，后端圆钝。前翅呈黄褐色，后翅呈白色，均为透明膜质状。触角为丝状，稍短于体长，基节最短，为黄褐色，第二、三节为黑褐色，第四节为褐色。复眼大且突出，向后向外斜伸。足呈黄褐色，腿节基半部呈黑色（郑乐怡和董建臻，1996）。

雌雄辨别：雌虫较大，虫体两侧呈弧形，腹部末端钝圆，具有似剑状的产卵器；足呈褐色，跗节第三节呈橙黄色。雄虫稍小，虫体两侧近乎平直，腹部末端尖锐（图 12-2），腹部末节腹面凹陷，足的各节均呈橙黄色。

图 12-2　大眼长蝽雌雄示意图

A. 为雌虫，B. 为雄虫

二、大眼长蝽的生活习性

艾素珍和朱兆雄（1989）在对大眼长蝽的田间发生系统进行调查研究并观察室内饲养结果的基础上，得出大眼长蝽一年内可繁殖 4 代，主要以成虫在背风向阳处的杂草、枯枝落叶、植物根系及土块下越冬，少数以若虫越冬。大眼长蝽抗寒能力较强，在冬季，当白天的温度达到 0℃以上时，大眼长蝽成虫主要在背风向阳处的杂草中活动，到下一年 5 月中旬，大眼长蝽的成虫和卵就会出现在棉田内。大眼长蝽是多次交配多次产卵的昆虫，成虫白天羽化，之后 3~5 d 交配，交配历时约 10 min。实验条件下饲养的大眼长蝽，其卵大多产在饲养盒子的纱布及植物的叶片上。田间系统中的大眼长蝽，其卵多产于叶片、茎茸毛和根际间的土壤中。大眼长蝽单雌一生平均产卵约 50 粒，日产卵量约 3 粒，产卵期平均约 25 d。卵的孵化时间会随着温度的变化而变化，当温度为 25~30℃时，卵的孵化时间较短，为 7~8 d，在其他温度范围其卵发育时间相对较长，当处于高温且湿度较低时，大眼长蝽卵的孵化率低于 50%，而温度较低湿度较好时，孵化率高于 90%。

大眼长蝽有群居性，活动敏捷，喜食蚜虫(图12-3)，室内饲养较易成活，田间适应能力较强，这些特性奠定了大眼长蝽在害虫生物防治上的应用潜能。

图 12-3 大眼长蝽对蚜虫的捕食

第三节 大眼长蝽的营养与生殖生物学

昆虫生命活动过程中所必需的能源可以由食物提供，食物不仅关系到昆虫种群在生境中的生存问题，而且关系到种群的数量问题。不同食物对昆虫的生长发育、存活率和繁殖率等都会产生不同的影响。幼虫取食的食物可以影响营养物质的累积，而积累的营养物质进一步对蛹和成虫的发育起重要作用，从而对成虫的繁殖力产生影响。有些昆虫在羽化后，要持续摄取营养物质，来促进性器官的发育和卵的形成。此外，一些植食性昆虫取食不同发育阶段的植物对自身生长发育也有明显的影响(彩万志等，2001)。

食物饲喂对昆虫最直接的影响是其生物学特性的变化，食物对昆虫生物学特性的影响主要表现在发育历期、存活率、个体的大小、虫量、雌雄比、产卵前期、产卵量、寿命等方面。取食自然食物的昆虫其生长发育和繁殖一般优于取食人工饲料的昆虫(宋慧英等，1988)。取食人工饲料的昆虫，往往表现出发育历期延长、存活率降低、体型偏小、虫重减轻、产卵量降低等特征，这些都是食物营养缺乏、人工饲料质量不高的表现。例如，捕食性蝽类发育历期的延长会减少每年的世代数，延缓天敌种群数量的扩增，降低生物防治的效率(Vivan et al., 2003)。Arijs 和 de Clercq (2004)研究了一种人工食物对捕食性无毛小花蝽(*Orius laevigatus*)卵的活性的影响，结果表明，该人工食物对卵的重量、孵化率等均无明显的影响，可见卵的活性不受食物条件的影响(de Clercq and Degheele, 1993)。食物对成虫的寿命影响也较小，这与昆虫的营养供给优先顺序密切相关，食物营养匮乏时,生殖活动减弱,优先供应生命代谢活动所需的营养(Vivan et al., 2003)。Bonte 和 de Clercq(2008)研究了成虫期营养对无毛小花蝽生殖的影响,结果显示,成虫期食物的营养对其生殖有较大影响,如东亚小花蝽若虫期饲喂人工食物,成虫期改喂豆蚜,小花蝽成虫生殖力能够明显提高,产卵量也大大提高(邹卫辉,2004)。Bonte 和 de Clercq(2010)评价了人工食物对无毛小花蝽捕食西花蓟马[*Frankliniella occidentalis* (Pergande)]的影响,取食人工饲料的无毛小花蝽体重下降,但其对靶标猎物的捕食量不变。Vandekerkhove 等(2011)发现人工饲养的矮小长脊盲蝽(*Macrolophus pygmaeus*)体重减轻,但对靶标猎物的捕食量与对照无显著差异,说明体重并不是一个预测捕食的可信指标(Bonte and de Clercq, 2010)。Cohen(2000)研究了长期人工饲养的斑足大眼长蝽对靶标猎物的捕食率,也得到了同样的结果。但雌虫体重与繁殖潜能紧密相关,雌虫重则产卵量多,雌虫轻则产卵量少(Evans, 1982;Mohaghegh-Neyshabouri et al., 1996)。不同的食物条件也可以导致二斑佩蝽(*Perillus bioculatus*)对低温的表现不同,此外不同虫态对低温的表现也不相同,同样的低温处理,存活率表现为:成虫＞若虫＞卵(Coudron et al., 2009),这为捕食性蝽类长距离运输和储存提供了一定的理论依据。

生物学特性是天敌的外在表现,而生理生化指标则是天敌生命活动的内在决定因素。食物会影响昆虫的消化酶活性、蛋白质、脂类等营养生理生化状况(Zeng and Cohen, 2000;Wittmeyer et al., 2001;祝边疆,2002;Shapiro and Legaspi, 2006;Vandekerkhove et al., 2006)。Zeng 和 Cohen(2000)研究了捕食性大眼长蝽和两种杂食性盲蝽的食性及其淀粉酶和蛋白酶活性的关系,提出了"酶生化底物指数"及"淀粉酶与蛋白酶活性比参数"的概念,这些基础理论方面的研究对捕食性蝽类人工饲养具有指导意义,提出的相关指数和参数也可以应用于昆虫人工饲料的评价和改进。Wittmeyer(2001)的研究表明,若虫和成虫的食物对卵巢发育和雌虫繁殖都有显著的作用,若虫食物源对卵的形成至关重要,成虫食物源对卵黄的形成至关重要。人工饲料饲养的二斑刺益蝽(*Podisus bioculatus*)要比天然猎物饲养的二斑刺益蝽的卵泡少。取食人工饲料时,二斑刺益蝽的10日龄雌虫成熟卵泡占卵巢的40%。而取食天然猎物时,*Podisus bioculatus* 的9日龄的雌虫成熟卵泡占卵巢的100%。雌虫的平均产卵量分别为42粒和138粒(Adams, 2000;Rojas et al., 2000)。饲料可导致黑距刺益蝽(*Podisus nigrispinus*)雄虫生殖器的形态和组织结构的变化(Lemos et al., 2005)。Vandekerkhove 等(2006)通过解剖暗黑长脊盲蝽(*Macrolophus caliginosus*)雌成虫,评价了食料对暗黑长脊盲蝽繁殖的影响。通过拟合产卵量和卵巢比,得出解剖羽化后一周的雌虫可用于评价食物的质量。祝边疆(2002)分析了中华微刺盲蝽的寄主和两种人工饲料中 17 种氨基酸的含量,以及各种氨基酸占总氨基酸的比例,提出昆虫饲料不仅要考虑蛋白质的含量,还要考虑蛋白质中各氨基酸的比例。Shapiro 和 Legaspi(2006)曾研究斑腹刺益蝽(*Podisus maculiventris*)取食不同猎物后,其生化组成脂肪和蛋白质含量的不同,并以该结果来评价不同猎物的质量。此外,Shapiro 等(2000)和 Franco 等(2011)曾利用不同的抗体,通过 ELISA 方法来快速检测捕食性蝽卵黄原蛋白及产卵繁殖情况,并以此来分析饲养捕食性蝽人工饲料的品质。寄主植物在杂食性天敌昆虫的人工饲养中具有重要意义,其可以影响天敌的卵巢发育,进而影响天敌的繁殖(Lemos et al., 2010)。内共生菌与昆虫形成互惠共生关系,在昆虫的生长、繁殖、传播病害及探讨生命起源与进化等方面都有着很重要的作用(谭周进等，2005)。不同的食物可能引起天敌昆虫肠道中细菌种类的变化(赵秀芝等，2011)，从而引起昆虫发育速度、耐药性及对不良环境抗性的差异(薛宝燕等，2006；张晓婕等，2008)。

食物可以影响昆虫的取食、搜索、产卵、寄主选择、滞育、传粉、相残、迁飞扩散等行为习性。与棉蓟马、烟粉虱和甘蓝蚜相比，东亚小花蝽更喜欢取食朱砂叶螨(武予清等，2010)。相比烟粉虱的若虫、拟蛹和成虫，小黑瓢虫更喜欢取食烟粉虱的卵(罗宏伟等，2010)。捕食性昆虫的取食受到自身龄期、食物种类、害虫龄期等的影响，食物密度的增大会提高天敌昆虫的取食量，而不会影响天敌昆虫对害虫的捕食功能反应；天敌昆虫随着自身龄期的增大对害虫的搜寻能力增强，而随着猎物密度的增加搜寻效应降低(刘文静等，2011；武予清等，2010；郐军锐等，2011)。在生态系统中，食物可以通过挥发性信息化合物来影响寄主的寄生行为。植食性昆虫通过植物的挥发物对植物进行定位。害虫取食植物可引起植物的生理生化变化，植物可通过一定的挥发性化合物发出预警信号吸引天敌，在未去虫处理中，虫害诱导的棉株比健康棉株更能吸引中红侧沟茧蜂(潘洪生等，2011)。而害虫自身的一些鳞片、卵、性附腺、性信息素等对天敌定位寄主也起着重要的作用(练永国等，2007)。有研究发现，营养状态可以影响潜蝇姬小蜂雌蜂的取食行为和产卵寄生行为；饥饿状的寄生蜂寄生率低而取食率高(张毅波等，2010)。斑痣悬茧蜂的产卵刺扎次数随寄主质量的提高而提高(张博等，2011)。昆虫的行为是一系列非常复杂的生理生化活动的反应，通过内因和外因的共同作用发生。昆虫的生理状况是影响昆虫行为的基础，基于对植食性昆虫的寄主选择模式，形成了 Dethier 模型，直观地反映了昆虫的行为模式。但是昆虫行为具有复杂性和神秘性，是一个值得深入研究的领域(彩万志等，2001)。

Liu 和 Zeng(2014)等利用一种人工饲料饲喂大眼长蝽，并对比了在人工饲料和天然猎物饲养下大眼长蝽的生物学特性和营养生殖。在人工饲料饲养下大眼长蝽可以完成正常生长发育和繁殖，并且产卵前期、产卵量和雌性比与天然猎物饲养的大眼长蝽相比没有显著差异，由此可见该种人工饲料可以满足大眼长蝽的生长繁殖。大眼长蝽取食该人工饲料时，若虫历期显著缩短，产卵历期显著增加，同时取食人工饲料的大眼长蝽成虫在体重和寿命等方面优于取食烟蚜的成虫。

Liu 和 Zeng(2014)研究了人工食物饲养下的大眼长蝽捕食功能反应除了 3 龄幼虫与天然食物饲养下有差异外，其余龄期，如 4 龄、5 龄和雌成虫在两种食物饲养下对烟蚜的捕食功能反应均无显著差异(表 12-1)。在两种食物饲养条件下，大眼长蝽对烟蚜的捕食功能反应均符合 Holling II 模型。

表 12-1　不同食物条件饲养下大眼长蝽各龄期对蚜虫的捕食量(Liu and Zeng，2014)

食物 \ 龄期	3 龄	4 龄	5 龄	雌成虫
烟蚜	26.3±0.9a	29.5±0.6a	31.5±0.7a	39.3±0.5a
人工食物	22.5±0.7b	27.0±0.4a	34.3±0.9a	40.0±0.9a

同时 Liu 和 Zeng(2014)也研究比较了不同食物饲养条件下大眼长蝽 3 龄、4 龄、5 龄和雌成虫在不同烟蚜密度下对烟蚜的搜寻效应(图 12-4)。他们发现大眼长蝽对烟蚜的搜寻效应随着猎物密度的增加而降低，随着自身龄期的增加而增加，在猎物密度相同时，天然食物饲养的大眼长蝽对猎物的搜寻效应始终高于人工饲料饲养的大眼长蝽。

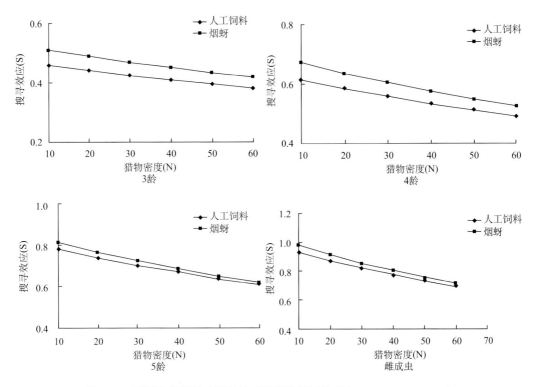

图 12-4　不同食物饲养大眼长蝽对烟蚜的搜寻效应(Liu and Zeng，2014)

刘丰姣(2013)研究了人工饲料对大眼长蝽生理生化的影响，发现食物对大眼长蝽的总蛋白酶活性无显著影响，但对特殊蛋白酶的影响存在差异：取食人工饲料的大眼长蝽表现出较高的胰蛋白酶活性，而取食烟蚜的大眼长蝽则表现出较高的胰凝乳蛋白酶和氨肽酶活性。取食烟蚜时海藻糖酶活性高于取食人工饲料时，而淀粉酶则仅在取食人工饲料的雄虫体内表现出较高的活性。

第四节　大眼长蝽的人工扩繁技术

大眼长蝽在生物学防治中的广泛应用要求必须实现室内大量繁殖。近年来，不断有学者对大眼长蝽的室内饲养技术进行探索，Cohen(1984，1985)首先研究了大眼长蝽对烟芽夜蛾卵的取食、消化及利用能力，研究表明，大眼长蝽的食物消耗量随着发育时间的增加而增加，而且雌虫要显著大于雄虫，该项研究结果为大眼长蝽人工扩繁技术的进一步改进奠定了基础。随后 Arijs 和 de Clercq(2004)采用以牛肝为主要成分的饲料饲喂大眼长蝽，与麦蛾卵饲养的大眼长蝽相比，产卵量下降，发育历期延长，寿命缩短，但是该研究结果表明了牛肝与其他成分相比对昆虫的室内饲养及生殖起着更加积极的作用。但比起天然生存条件，昆虫在室内饲养条件下其生长繁殖还很难达到自然环境的室外水平(Clercq，1998)，昆虫在取食天然猎物的室外饲养条件下其生长发育及繁殖力显著高于室内饲养水平(宋慧英等，1988)。Prabhaker等(2011)研究得出烟碱类的农药对狡小花蝽(*Orius insidiosus*)和斑足大眼长蝽(*Geocoris punctipes*)都具有毒害作用，因此大眼长蝽在害虫生物防治中应用时一定要避免同时使用有毒害作用的其他化学药剂。此外，选择性杀虫剂用量的研究也为大眼长蝽在田间的广泛应用提供了基础(Elzen G W and Elzen P J，1999)，Tillman等(2009)研究了杀虫剂对大眼长蝽的毒害作用，并探讨了杀虫剂对有害生物综合治理系统的影响，该研究进一步为杀虫剂的合理使用奠定了理论基础。而国内对捕食性蝽类昆虫的研究起步晚(张士昶，2008；谭晓玲，2010)，目前还未见室内大量繁殖大眼长蝽及捕食性蝽类商品化生产的报道。

周正等(2013)对大眼长蝽的人工扩繁技术进行了一定的探索，用大豆蚜、米蛾卵和菜豆叶组合3种方式饲养大眼长蝽，结果表明，在米蛾卵添加芸豆叶片的饲养条件下大眼长蝽的生长繁殖要优于其他两种方式。用柞蚕匀浆液、柞蚕脱脂粉、柞蚕全脂粉、柞蚕冷冻干粉分别作为主成分，添加蔗糖、玉米油、鸡蛋黄、脱脂奶粉等配制大眼长蝽的人工饲料。通过比较生理指标得出，匀浆液为主要成分的饲料喂养效果最佳，基本能够满足大眼长蝽发育、生殖所需的营养需求。测定匀浆液人工饲料饲养的大眼长蝽成虫及4龄、5龄若虫对于米蛾卵和大豆蚜的日均取食量，结果表明，用人工饲料饲养的大眼长蝽雌成虫对米蛾卵、大豆蚜及5龄若虫对大豆蚜的取食量显著少于对照。

刘丰姣(2013)在前人研究的基础上，以鸡蛋、猪肝、维生素、抗生素、红糖、酵母粉及大豆油等为主要成分配置出一种非昆虫源人工饲料，并用该饲料饲养大眼长蝽，与对照相比该饲料饲养的大眼长蝽发育历期、存活率、产卵量均无显著差异，该饲料可以实现大眼长蝽的大量繁殖，并可以在室内连续饲养多代。

繁殖力是评价人工饲料对昆虫生殖适合度的有效手段，卵黄原蛋白基因表达与昆虫的繁殖密切相关，卵黄原蛋白有助于糖类、脂质、磷酸盐、维生素和激素(Chen *et al.*，1997；Sappington and Raikhel，1998)等的运输，反过来这些营养物质对昆虫的卵黄原蛋白也具有一定的功能作用，因此促进昆虫卵黄原蛋白的表达有助于转运更多的营养物质并促进昆虫的生长发育。梁慧芳(2015)研究了卵黄原蛋白与大眼长蝽生长繁殖的密切关系，成功克隆了大眼长蝽卵黄原蛋白基因，在表达该基因的基础上，获得了大眼长蝽生长和产卵促进因子，并进一步开展了利用该因子改进人工饲料的研究。研究结果表明利用该生长和产卵促进因子可以优化人工饲料，满足大眼长蝽生长和生殖的营养需要。应用添加该因子的人工饲料饲喂大眼长蝽，能显著加速该天敌昆虫的生长、缩短发育天数，同时大眼长蝽生殖力明显增加，产卵量与对照相比提高了30.5%(图12-5)。添加昆虫生长和产卵促进因子技术为天敌昆虫人工饲料的改进提供了关键技术，为该天敌昆虫大规模繁殖和工厂化生产奠定了基础。

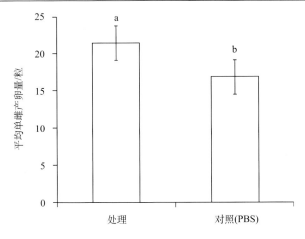

图12-5 大眼长蝽在不同人工饲料饲养条件下的单雌产卵量比较

字母a、b表示在$P<0.05$水平上有显著差异。处理：人工饲料添加生长和产卵促进因子[用生理盐水（PBS）溶解]。对照：人工饲料只添加PBS

(撰稿人：梁慧芳 刘丰姣 曾凡荣)

参 考 文 献

艾素珍, 朱兆雄. 1989. 大眼蝉长蝽生物学的初步观察. 昆虫天敌, 11(1): 36-38.
彩万志, 庞雄飞, 花保祯, 等. 2001. 普通昆虫学. 北京: 中国农业大学出版社: 264-265.
崔金杰, 马艳. 1997. 大眼蝉长蝽对棉铃虫初孵幼虫捕食功能研究. 中国棉花, 24(3): 15-16.
练永国, 王素琴, 王振营, 等. 2007. 挥发性信息化合物对赤眼蜂寄生行为的影响及其利用. 中国生物防治, 23(1): 89-92.
梁慧芳. 2015. 大眼长蝽卵黄原蛋白基因克隆、表达及应用研究. 北京: 中国农业科学院硕士学位论文.
刘丰姣. 2013. 食物对大眼长蝽营养生理生化及行为影响的研究. 北京: 中国农业科学院硕士学位论文.
刘文静, 张安盛, 门兴元, 等. 2011. 两种猎物饲养对东亚小花蝽捕食作用的影响. 中国生物防治学报, 27(3): 302-307.
罗宏伟, 王竹红, 王联德, 等. 2010. 捕食不同虫态烟粉虱对小黑瓢虫生长发育的影响. 福建农业学报, 25(2): 149-152.
马凤梅, 吴伟坚. 2005. 捕食性蝽类人工饲养研究概述. 中国植保导刊, 25(4): 12-14.
能乃扎布, 李俊兰. 2005. 内蒙古长蝽科昆虫及中国新纪录属种记述. 内蒙古师范大学学报(自然科学汉文版), 34(1): 84-92.
潘洪生, 赵秋剑, 赵奎军, 等. 2011. 中红侧沟茧蜂对不同龄期棉铃虫幼虫及其为害棉株的趋性反应. 昆虫学报, 54(4): 437-442.
宋慧英, 吴力游, 陈国发, 等. 1988. 龟纹瓢虫生物学特性的研究. 昆虫天敌, 10(1): 22-23.
孙本春. 1993. 大眼蝉长蝽生物学特性的初步研究. 昆虫天敌, 15(4): 157-159.
谭晓玲. 2010. 东亚小花蝽人工饲料微胶囊应用研究. 陕西: 西北农林科技大学硕士学位论文.
谭周进, 肖启明, 谢丙炎, 等. 2005. 昆虫内共生菌研究概况. 微生物学通报, 32(4): 140-143.
仝亚娟, 陆宴辉, 吴孔明. 2011. 大眼长蝽对苜蓿盲蝽的捕食作用. 应用昆虫学报, 48(1): 136-140.
武予清, 赵明茜, 杨淑斐, 等. 2010. 东亚小花蝽对四种害虫的捕食作用. 中国生物防治, 26(1): 13-16.

徐学农, 王恩东. 2007. 国外昆虫天敌昆虫商品化现状及分析. 中国生物防治, 23(4): 374-382.

薛宝燕, 程新胜, 魏重生, 等. 2006. 食料对烟草甲共生菌数量和生长发育的影响. 昆虫知识, 43(1): 50-53.

张博, 冯素芳, 黄露, 等. 2011. 斑痣悬茧蜂的寄主辨别能力及其影响因素. 昆虫学报, 54(12): 1391-1398.

张士昶. 2008. 南方小花蝽规人工模化饲养技术的研究. 武汉: 华中农业大学硕士学位论文.

张晓婕, 俞晓平, 陈建明. 2008. 高温对灰飞虱体内类酵母共生菌和耐药性的影响. 中国水稻科学, 22(4): 416-420.

张毅波, 刘万学, 万方浩, 等. 2010. 营养改变对潜蝇姬小蜂寄生行为和寄主取食行为的影响. 昆虫学报, 53(8): 884-890.

赵秀芝, 刘玉升, 张帆. 2011. 龟纹瓢虫四虫态肠道细菌分离及鉴定. 中国微生态学杂志, 23(6): 500-504.

郑乐怡, 董建臻. 1996. 大眼长蝽的外部形态观察(半翅目: 长蝽科). 动物学研究, 17(1): 8-15.

郅军锐, 郑珊珊, 张昌容, 等. 2011. 南方小花蝽对西花蓟马和蚕豆蚜的捕食作用. 应用昆虫学报, 48(3): 573-578.

周正, 王孟卿, 张礼生, 等. 2013. 大眼蝉长蝽人工饲料的初步研究. 植物保护, 39(1): 80-84.

祝边疆. 2002. 中华微刺盲蝽 (*Campyloma chinensis* Schuh) 人工饲料及田间释放效果的研究. 福州: 福建农林大学硕士学位论文.

邹卫辉. 2004. 东亚小花蝽人工饲养技术及捕食作用的研究. 武汉: 华中农业大学硕士学位论文.

Adams T S. 2000. Effect of diet and mating on oviposition in the twospotted stink bug *Perillus bioculatus* (F.) (Heteroptera: Pentatomidae). Annals of the Entomological Society of America, 93(6): 1288-1293.

Arijs Y, de Clercq P. 2004. Liver-based artificial diets for the production of *Orius laevigatus*. BioControl, 49(5): 505-516.

Bonte M, de Clercq P. 2008. Developmental and reproductive fitness of *Orius laevigatus* (Hemiptera: Anthocoridae) reared on factitious and artificial diets. J Econ Entomol, 101(4): 1127-1133.

Bonte M, de Clercq P. 2010. Influence of diet on the predation rate of *Orius laevigatus* on Frankliniella occidentalis. BioControl, 55(5): 625-629.

Calixto A M, Bueno V H P, Montes F C, et al. 2014. Development and thermal requirements of the Nearctic predator *Geocoris punctipes* (Hemiptera: Geocoridae) reared at constant alternating temperatures and fed on *Anagasta kuehniella* (Lepidoptera: Pyralidae) eggs. European J Entomol, 111(4): 521-527.

Chen J S, Sappington W, Raikhel A S. 1997. Extensive sequence conservation among insect, nematode, and vertebrate vitellogenins reveals common ancestry. J Mol Evol, 44: 440-451.

Clercq P D. 1998. Unnatural prey and artificial diets for rearing *Podisus maculiventris* (Heteroptera: Pentatomidae). Biol Control, 3: 67-73.

Cohen A C. 1984. Food consumption, food utilization and metabolic rates of *Geocoris punctipes* (Het.: Lygaeidae) fed *Heliothis virescens* (Lep.: Noctuidae) eggs. Entomophaga, 29: 361-367.

Cohen A C. 1985. Simple method for rearing the insect predator *Geocoris punctipes* (Heteroptera: Lygaeidae) on a meat diet. J Econ Entomol, 78: 1173-1175.

Cohen A C. 2000. Feeding fitness and Quality of domesticated and feral predators: effects of long-term rearing on artifical diet. Biol Control, 17: 50-54.

Coudron T A, Popham H J R, Ellersieck M R. 2009. Influence of diet on cold storage of the predator *Perillus bioculatus* (F.). BioControl, 54(6): 773-783.

de Clercq P, Degheele D. 1993. Quality assessment of the predatory bugs *Podisus maculiventris* (Say) and *Podisus sagitta* (Fab.) (Heteroptera: Pentatomidae) after prolonged rearing on a meat—based artificial diet. Biocontrol Science and Technology, 3(2): 133-139.

Elzen G W, Elzen P J. 1999. Lethal and sublethal effects of selected insecticides on *Geocoris punctipes*. Southwest Entomol, 24: 199-205.

Evans E W. 1982. Consequences of body size for fecundity in the predatory stinkbug, *Podisus maculiventris* (Hemiptera: Pentatomidae). Annals of the Entomological Society of America, 75(4): 418-420.

Franco K, Aramburu J, Agusti N, et al. 2011. Egg detection in females of the polyphagous predator *Macrolophus pygmaeus* (Heteroptera: Miridae) by serological techniques. Journal of Pest Science, 84(1): 1-8.

Joseph S V, Braman S K. 2009. Predatory potential of *Geocoris* spp. and *Orius insidiosus* on fall armyworm in resistant and susceptible turf. J Econ Entomol, 102(3): 1151-1156.

Lemos W P, Serrão J E, Ramalho F S, et al. 2005. Effect of diet on male reproductive tract of *Podisus nigrispinus* (Dallas) (Heteroptera: Pentatomidae). Brazilian Journal of Biology, 65(1): 91-96.

Lemos W P, Zanuncio F S, Ramalho V V, et al. 2010. Herbivory affects ovarian development in the zoophytophagous predator *Brontocoris tabidus* (Heteroptera, Pentatomidae). Journal of Pest Science, 83(2): 69-76.

Liang H, Zeng F. 2016. A novel growth promoter increases reproduction of *Geocoris pallidipennis*. PLoS ONE, 11: In press.

Liu F J, Zeng F R. 2014. The influence of nutritional history on the functional response of *Geocoris pallidipennis* to its prey, *Myzus persicae*. Bull Entomol Res, 07: 1-5.

Mansfield S, Scholz B, Armitage S, et al. 2007. Effects of diet temperature and photoperiod on development and survival of the bigeyed bug, *Geocoris lubra*. Biocontrol, 52: 63-74.

Mohaghegh-Neyshabouri J, de Clerq P, Degheel D. 1996. Influence of female body weight on reproduction in laboratory-reared *Podisus nigrispinus* and *Podisus maculiventris* (Heteroptera: Pentatomidae). Mededelingen-Faculteit Landbouwkundige en Toegepaste Biologische Wetenschappen Universiteit Gent, 61(3b): 693-696.

Prabhaker N, Castle S J, Naranjo S E, et al. 2011. Compatibility of two systemic neonicotinoids, imidacloprid and thiamethoxam, with various natural enemies of agricultural pests. J Econ Entomol, 104(3): 773-781.

Rojas M G, Morales-Ramos J A, King E G. 2000. Two meridic diets for *Perillus bioculatus* (Heteroptera: Pentatomidae), a predator of *Leptinotarsa decemlineata* (Coleoptera: Chrysomelidae). Biol Control, 17(1): 92-99.

Sappington T W, Raikhel A S. 1998. Molecular characteristics of insect vitellogenins and vitellogenin receptors. Insect Bioehem. Mol Biol, 28: 277-300.

Shapiro J P, Legaspi J C. 2006. Assessing biochemical fitness of predator *Podisus maculiventris* (Heteroptera: Pentatomidae) in relation to food quality: Effects of five species of prey. Annals of the Entomological Society of America, 99(2): 321-326.

Shapiro J P, Wasserman H A, Greany P D, et al. 2000. Vitellin and vitellogenin in the soldier bug, *Podisus maculiventris*: Identification with monoclonal antibodies and reproductive response to diet. Archives of Insect Biochem Physiol, 44(3): 130-135.

Tillman G, Lamb M, Mullinix Jr B. 2009. Pest insects and natural enemies in transitional organic cotton in Georgia. J Entomol Sci, 44(1): 11-23.

Torres J B, Ruberson J R. 2008. Interactions of *Bacillus thuringiensis* Cry1Ac toxin in genetically engineered cotton with predatory heteropterans. Transgenic Res, 17: 345-354.

Vandekerkhove B, Baal E V, Bolckmans K, *et al*. 2006. Effect of diet and mating status on ovarian development and oviposition in the polyphagous predator *Macrolophus caliginosus* (Heteroptera: Miridae). Biol control, 39(3): 532-538.

Vandekerkhove B, de Puysseleyr V, Bonte M, *et al*. 2011. Fitness and predation potential of *Macrolophus pygmaeus* reared under artificial conditions. Insect Science, 18(6): 682-688.

Vivan L M, Torres J B, Veiga A F S L. 2003. Development and reproduction of a predatory stinkbug, *Podisus nigrispinus* in relation to two different prey types and environmental conditions. BioControl, 48(2): 155-168.

Waddill V, Shepard M. 1974. Potential of *Geocoris punctipes* [Hemiptera: Lygaeidae] and *Nabis* spp. [Hemiptera: Nabidae] as predators of *Epilachna varivestis* [Coleoptrea: Coccinellidae]. Entomophaga, 19(4): 421-426.

Wittmeyer J L, Coudron T A, Adams T S. 2001. Ovarian development, fertility and fecundity in *Podisus maculiventris* Say (Heteroptera: Pentatomidae): an analysis of the impact of nymphal, adult, male and female nutritional source on reproduction. Invertebrate Reproduct Develop, 39(1): 9-20.

Zeng F, Cohen A C. 2000. Comparison of α-amylase and protease activities of a zoophytophagous and two phytozoophagous Heteroptera. Comparative Biochemistry and Physiology-Part A: Mol Integra Physiol, 126(1): 101-106.

第十三章 大草蛉生物学特性、扩繁及应用技术

第一节 概 述

草蛉属脉翅目（Neuroptera）草蛉科（Chrysopidae）。草蛉科现存种分为3个亚科，即网蛉亚科（Apochrysinae）、幻蛉亚科（Nothochrysinae）和草蛉亚科（Chrysopinae）。草蛉科现已知有90属1400余种，广布世界各地。我国草蛉种类和数量均很丰富，已记载27属共246种及亚种，绝大部分属于草蛉亚科，主要捕食蚜虫、粉虱、一些鳞翅目种类昆虫的卵和低龄幼虫及一些螨类。由于很多种类的草蛉幼虫，特别喜好栖息在多量蚜虫栖居的植物上，而且食量很大，每头幼虫可以取食100~600头蚜虫，故其幼虫又名"蚜狮"。其成虫除捕食以上多种害虫和虫卵外，有些种类也取食花粉和花蜜及其他昆虫排出的蜜露（包建中和古德祥，1998）。

草蛉作为一种天敌，应用其防治害虫是现代农业生产技术之一，也是以虫治虫的一个重要方法。目前，应用研究较多的种类主要有：普通草蛉[*Chrysoperla carnea*(Stephens)]、大草蛉[*Chrysopa pallens*(Rambur)]、日本通草蛉[*Chrysoperla nipponensis*(Okamoto)][异名中华草蛉(*Chrysopa sinica* Tjeder)；请参见《中国动物志》]、叶色草蛉[*Chrysopa phyllochroma*(Wesmael)]、丽草蛉（*Chrysopa formosa* Brauer）和黄玛草蛉（台湾称基征草蛉）[*Mallada basalis*(Walker)]。国内大陆未见有商品化的草蛉产品，中国台湾商品化的草蛉是基征草蛉，欧美地区商品化的草蛉主要有两种：普通草蛉和红通草蛉*Chrysoperla rufilabris*，商品化虫态主要为卵和幼虫（Cranshaw *et al.*，1996）。

大草蛉区别于普通草蛉、中华草蛉等，为严格肉食性（strict carnivorous）昆虫，其成虫和幼虫均是捕食性，同时大草蛉世代交替重叠明显，使其控害效果更为持续，主要特点有：①个体很大，捕食量高，据观察幼虫期可捕食1000头大豆蚜，雄虫对桃蚜最大日捕食量为370头（林美珍等，2007）。可捕食田间多种农业重要害虫如蚜虫、粉虱、螨类、鳞翅目幼虫等。②产卵量大，生殖潜能高，一般报道大草蛉雌虫平均产卵700~1500粒，林美珍等（2007，2008）试验中最高产卵量达到2000余粒，这显著高于丽草蛉（630粒）和日本通草蛉（400粒）（曾凡荣和陈红印，2009）。③寿命长，常温下，整个发育历期可持续近3个月，除卵期（3 d）和茧期（11 d）外，其余时间均是营捕食性生活，总体控害历期长。④本土品种，广泛分布，且研究基础好。国内外针对大草蛉的研究很多，针对大草蛉的捕食作用、控害潜能、滞育机制、冷藏条件、饲养技术甚至人工饲料等开展了大量研究（张帆等，2004；林美珍，2007；林美珍等，2007；时爱菊等，2008；赵琴等，2008；刘爽等，2011；于令媛等，2012；胡坚，2012；张欣等，2012），在此基础上可更好更快地推进大草蛉的生产应用。

广泛地利用草蛉进行生物防治，首先要进行大量的繁殖，国内外不少学者进行了人工饲料的研究。最早可见 Hagen 和 Tassan（1965）对普通草蛉的人工饲料的研究报道；人

工饲料是大量饲养繁殖草蛉中急待解决的重要问题之一，Vanderzant(1969，1973)对普通草蛉的人工饲料也做过一些研究。我国 20 世纪 70 年代对草蛉人工饲料方面也做了不少研究。广东农林学院最早报道了亚非草蛉的人工饲料，之后，中国农业科学院植物保护研究所(叶正楚等，1979)、中国农业科学院生物防治室分别利用不同人工饲料成功饲养了中华草蛉(周伟儒等，1981，1985；周伟儒和张宣达，1983)和大草蛉(林美珍等，2007，2008)的幼虫和成虫。人工制卵机的研究成功(马安宁等，1986)对大量繁殖草蛉创造了更为有利的条件。

国外对草蛉的研究始于 20 世纪 20 年代，Bodaf Switman 研究了对害虫控制最重要的普通草蛉各个虫态的发育历期。60 年代，草蛉开始在害虫防治中应用，美国 Ridgeway 和 Jonesyu(1969)在得克萨斯州的棉田利用普通草蛉防治美洲棉铃虫 [*Helicoverpa zea*(Boddie)]和烟芽夜蛾[*Heliothis virescens*(Fabricius)]，使棉铃虫的幼虫减退率达到 96%，籽棉增产 3 倍。

20 世纪 70 年代，草蛉在欧洲许多国家的应用已相当普遍，在许多作物上的应用都获得成功，并已开始了工厂化生产。美国利用诱集草蛉的方法来增加苜蓿地草蛉的数量，从而成功地控制了蚜虫危害。苏联 1971 年已经成功地利用四斑型大草蛉来防治温室中黄瓜上的蚜虫和其他蔬菜害虫，效果十分显著。匈牙利、法国、荷兰和墨西哥等国家也都对草蛉开展了大量的研究工作，取得明显的成效。20 世纪 80 年代，美国、荷兰、加拿大等国实现了草蛉的商品化生产和田间大面积推广应用。

在我国有关草蛉作为天敌利用来研究和引起广泛重视始于 20 世纪 70 年代，从 70 年代中期开始，中国农业科学院等一批科研、教学和基层单位，对草蛉的种类、分布、生物学特性及田间发生规律进行了大量的调查和研究，在人工饲料及饲养方法方面也做了不少探索，研制了草蛉人工饲料配方及人工饲料卵的加工机械，为草蛉的大量饲养和大面积应用创造了有利条件。我国用于生物防治的草蛉种类主要有大草蛉、日本通草蛉、普通草蛉和叶色草蛉等。

在我国，草蛉的人工释放和生物防治工作未能进一步广泛推广，其主要原因是人工释放的成本较高，技术性较强，广大农民难以接受和掌握。同时，农村的改革及农耕制度的变化也是不可忽视的因素之一。

第二节　大草蛉生物学和生态学概述

一、形态特征

大草蛉属完全变态昆虫，其个体发育分为卵、幼虫、蛹、成虫 4 个虫态。

卵　呈绿色橄榄形，其长轴约 2 mm，绝大部分种类的卵底部均有 1 根富有弹性的丝柄，以丝柄着生在枝叶或树皮上，将卵粒顶起。卵在自然界排列分布状态因种而异，如日本通草蛉和普通草蛉为单粒散产；大草蛉卵则集聚成丛，每丛少至数粒，多至百余粒；丽草蛉则单粒或 2~3 粒散产。

幼虫 俗称大蚜狮，体呈纺锤形，似鳄鱼状，长达约 12 mm。体表刚毛发达，束状着生于体侧瘤突上。低龄幼虫体色灰褐，高龄幼虫体色为红棕色。头背腹宽扁，具黑褐色斑纹，其 1~2 龄幼虫斑点呈倒"T"字形，3 龄幼虫 3 个斑点呈"品"字形分布，可以作为鉴定特征。头部前端有 1 对强大有力的捕吸式口器，由上下颚特化，合成弯管，形如钳。胸部发达，有 3 对发达的胸足。腹部末端 2 节细小而有力，起着帮助行动和支撑固定身体的作用。

蛹 结茧化蛹，茧近圆形，白色。茧常在叶片背面、卷皱枯叶内、枝杈间或疏松树皮下(图 13-1)。结茧后经过一段较短时间的预蛹期，在茧内蜕皮一次，变成蛹，蛹为强颚离蛹，体型类似成虫，但未完全舒展开来，足可以自由活动，卷曲的触角位于翅膀的旁边。蛹壳近透明，可透过蛹皮看到成虫身体的轮廓。

 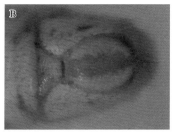 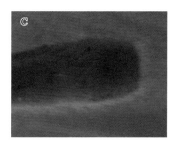

图 13-1 大草蛉结茧习性及雌虫形态特征

A. 大草蛉结茧于大豆叶片褶皱处；B. 大草蛉雌虫产卵瓣(俯视)；C. 大草蛉雄虫铲状末端(俯视)

成虫 体黄绿色，长约 14 mm，翅展约 35 mm。触角丝状，细长，长度约 5 cm，超过体长。翅无色透明，翅脉密如网状，翅脉为绿色。复眼发达，有金属光泽，无单眼。头部常有 2~7 个黑斑，角下斑(沿两触角窝下沿，常呈新月状)2 个较大，唇基斑(位于唇基两侧，多呈长形)、颊斑(位于复眼下方两颊)两侧各 1 个，中斑(位于两触角间头部中央)1 个。腹部 10 节，末端 2 节特化为外生殖器，第 8、9 节腹板愈合成一块明显的铲状物者为雄虫，腹部末端有 1 对橘瓣状生殖突者(第 9 节腹板特化)为雌虫，以此鉴别雌雄简便可靠(杨星科等，2005)。

二、生物学习性

草蛉一年发生多代，世代重叠，同一地区不同种类的年发生代数各异，同一种类在不同地区发生的世代数也不同。

在国内，大草蛉和日本通草蛉为广布全国的最常见种，大草蛉除西藏、内蒙古外都有分布。

我国草蛉中的广布型和偏北方型的种类普遍存在越冬现象。我国常见草蛉中，大部分种类以预蛹期在茧内越冬，如大草蛉，其越冬代的老龄幼虫在枯枝落叶堆、树缝或枯皱卷曲叶片内结茧。

(一) 生长发育

卵的孵化　草蛉的胚胎发育与温度的关系非常密切,在25℃,一般4～6 d孵化。在孵化过程中,卵的颜色由绿色变为灰白色,最后变为深灰色,透过卵壳隐约可见壳内幼虫体节,在头孔处裂缝,头先出壳。未受精卵不能发育,始终保持绿色直至干瘪。卵被黑卵蜂寄生后,其壳呈黑色。

幼虫的发育　草蛉幼虫共三龄,初孵幼虫顺着卵柄爬下去寻找食物,若超过半天未获得食物,就可能死亡。大草蛉发育历期与气温和猎物等有关。例如,在25℃左右时,取食大豆蚜的大草蛉幼虫7～9 d即可结茧。不同种类的幼虫历期有着差异,也与气温和猎物等有关。例如,在25～30℃时,日本通草蛉幼虫历期6～7 d,大草蛉8～9 d,丽草蛉10～11 d。刚孵化的幼虫在卵壳上要静趴几小时,然后顺着卵柄向下爬去寻找食物,若超过半天未获得食物,就可能死亡。幼虫行动敏捷,食量大,性凶猛,有自相残杀的习性。幼虫捕食时,用口器钳住猎物并刺入其体内,向猎物体内注入消化液,然后吸取猎物体液。

蛹的发育　草蛉幼虫成熟后会四处活动,寻找较为隐蔽的地方结茧,部分种类喜在土层下结茧。在化蛹前由肛门抽丝结茧,茧壁由老熟幼虫肛门喷出的丝织成。当老熟幼虫完成做茧后进入前蛹期,幼虫在茧内以"C"形弯曲,然后身体逐渐变为乳黄色,脱去身上的毛。前蛹期一般需要1～3周,不同种类表现有差异,温度的影响比较显著,一般比幼虫期长2 d左右。蛹为裸蛹,形似成虫。蛹成熟后破茧爬出,经半小时左右再行蜕皮羽化。

成虫的羽化　大草蛉成虫在羽化时,用上颚在头孔处把茧割破后破茧而出,先是在地上爬动,然后离开茧作长距离爬动,寻找可以抓握的支持物,头开始上抬,然后开始展翅,展翅前,第三对足先独立行动。这样便于寻找一个地方倒悬休息,翅在半小时内就可以完全展开,羽化后先行排粪然后寻找食物(杨星科等,2005)。羽化后至性成熟成虫交尾产卵前称为产卵前期。产卵前期长短因种而异,大草蛉6～11 d,雌蛉一次交尾终身产卵可正常发育。大草蛉寿命平均为50 d,一生产卵量800粒左右(高可达1470粒)。成虫趋光性强,常爱集聚在光亮处。草蛉自然种群对猎物有较明显的跟随现象,爱产卵在蚜虫多的植株上。在群体饲养中,当食物和水分供应不足(尤其是水分)或密度过大时,成虫会出现蚕食同类卵和直接吞食自产卵的习性。这种习性,大草蛉和丽草蛉比日本草蛉严重。

(二) 繁殖习性

刚羽化的成虫,性腺一般未发育成熟,需要补充营养才能进行交配产卵。

求偶　草蛉成虫在交尾前有一个求偶过程,雄虫在这个过程中,不时用腹部振动发出信号,有些雌虫也振动腹部。

交配　草蛉在交配时,常呈一直线,雌雄头部呈相反方向。雌雄虫均有多次交尾的习性,但多数雌虫交配一次就可终生产出受精卵。

产卵　大草蛉不经交配也能产卵,但所产卵为未受精卵,不能孵化。一次交尾可终身产卵,适当延长光照能刺激其产卵。大草蛉寿命和一生产卵量受温度和营养条件的影响较大。产卵前期长短受多种因素的影响,主要包括食物、温度和湿度等。在理想条件下,为 5~11 d。大草蛉产卵期平均为 50 d,产卵 800 粒左右(高可达 1470 粒)。其成虫趋光性强,常爱集聚在光亮处,对猎物有较明显的跟随现象,产卵有一定的选择性,喜好在猎物来源充足如蚜虫多的植株上产卵,这样初孵幼虫只需要爬行较短的距离即可获得充足的食物(图 13-2)(Cohen,2003)。在群体饲养中,当食物和水分供应不足(尤其是水分不足)或密度过大时,成虫会出现蚕食同类卵和直接吞食自产卵的习性。大草蛉卵聚集成丛,每丛少至数粒,多至近百粒。

图 13-2　大草蛉产卵于大豆蚜密布的地方

(三) 取食习性

草蛉幼虫是嚼吸式口器,可直接插入被捕食者体内,吸吮其体液。当其发现猎物后,一般采取突然攻击的方式,利用嚼吸式口器直接插入被捕食者体内,吸吮其体液。幼虫直肠与消化道不相通,故全幼虫期只取食不排粪。

大草蛉成虫摄食方式为肉食性,有捕食自产卵的习性。成虫对饥饿的忍耐有限,如果缺少食物与水,3~5 d 内就很快死亡,刚羽化的成虫缺少食物和水,1 d 后就有可能死亡。在实验室条件下,成虫也有自相残杀的习性。

初孵幼虫对姊妹卵的自残:在田间比较少见。室内卵集中在一起饲养时,先孵化的幼虫如果找不到其他食物,会取食周边未孵化的卵(图 13-3)。

幼虫对幼虫、茧和成虫的自残:低龄幼虫由于取食量小,这种现象并不明显,但 3 龄幼虫进入暴食阶段,幼虫急需补充营养以保证生长并顺利结茧,这时如果食物供给不足,幼虫会相互攻击,此种现象一般在个体大小不一致,以及龄期不一致的幼虫之间发生较多。幼虫也会对已经结茧的老熟幼虫展开攻击,在允许的条件下,3 龄幼虫甚至会攻击成虫(图 13-4)。

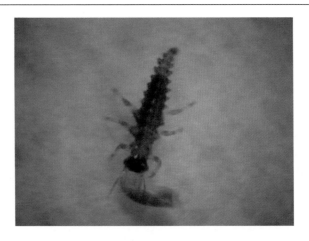

图 13-3　初孵幼虫取食未孵化的卵

图 13-4　从左向右依次为 3 龄幼虫攻击同龄幼虫、正在结茧幼虫和成虫

成虫对卵的自残：在群体饲养中，当食物和水分供应不足（尤其是水分）或密度过大时，成虫会出现蚕食同类卵和直接吞食自产卵的习性。被取食的卵是否为营养卵，还有待深入研究。

自残习性不仅和草蛉本身及食物有关，环境条件也影响着草蛉的自残行为。研究表明，在一定温度范围内，自残行为的发生随着温度的上升而增加（Helena *et al.*，2009）。

（四）滞育

草蛉普遍存在着滞育现象，但不同种类其滞育发生于不同发育阶段。大草蛉以预蛹兼性滞育越冬，属短日照滞育型，长光照正常发育，短光照诱导滞育。在 22℃下，在短光照条件下饲养获得的预蛹进入滞育状态，诱导预蛹滞育的临界光周期为 10.5L-13.5D 到 11L-13D。2 龄幼虫期是诱导预蛹滞育的敏感虫期，只有当 2 龄幼虫期处于短光照条件下时才能进入滞育状态。1 龄和 3 龄幼虫期也在滞育诱导条件下进行滞育诱导，能够提高滞育率。光周期对幼虫历期有一定的影响，尤其对 2 龄幼虫期的影响比较明显。

三、天敌

草蛉被当作天敌加以利用的同时也面临着其他物种的威胁，这种威胁影响着草蛉自然种群的数量变动，也影响着草蛉控害效果的实现。

蚂蚁能够取食草蛉的卵,并且有些蚂蚁和蚜虫存在共生关系,会对蚜虫的天敌展开攻击行为,从而保护蚜虫。捕食性瓢虫等也会取食草蛉的卵和幼虫。瓢虫和草蛉的幼虫一起饲养时,在食物不足的情况下,两种天敌会互相攻击。在田间两类天敌也会产生竞争干扰作用(苏建伟和盛承发,2000;金凤新等,2010)。

草蛉黑卵蜂(*Telenomus acrobates* Giard)是草蛉卵的一种重要卵寄生蜂,草蛉卵被寄生后,卵壳随黑卵蜂的发育由黄绿色逐渐变为黄褐色,最终呈黑色。有报道称该蜂对中华草蛉等单粒散产的卵,寄生率最高可达50%左右,而对大草蛉成堆产的卵,则高达80%以上(赵敬钊,1986)(图13-5)。此外,还有草蛉柄腹细蜂(*Helorus anomalipes* Panzer)(万森娃,1985)、草蛉亨姬蜂(*Hemiteles* sp.)等寄生性天敌。在室内建立草蛉种群之初必须采取有效措施,严防寄生蜂等混入。

图13-5 黑卵蜂寄生的草蛉卵

第三节 大草蛉室内扩繁技术

一、自然种群采集,室内饲养

大草蛉成虫有明显的趋光性,可利用此特性采集成虫。在华北地区可在4~5月的傍晚采用灯光诱集的办法收集成虫。根据大草蛉的形态特征——成虫头部0~7个斑点且个体较大等进行鉴定难度不大。同时随着分子生物学的发展,也可以通过分子手段进行种类鉴定。

二、种群维持与复壮

经过鉴定获取所需扩繁的种群后,营造合适的生长繁殖条件,用自然寄主饲养,同时注意保持养虫室的卫生,以免大草蛉染病;同时还要注意避免草蛉天敌如草蛉黑卵蜂进入养虫室。

一般说来,在室内饲养一段时间后会不可避免地发生种群退化,如个体变小,产卵量减少,卵孵化率下降等,这时有必要采取措施,进行种群复壮工作。复壮主要通过4

种途径实现。

1) 从野外环境中再引进一定数量的野生种群，作为补充。

2) 将室内草蛉种群回归室外，以纱笼等作为半自然条件饲养。

3) 将不同饲养环境下得到的品系杂交，如将用人工饲料饲养的草蛉和用蚜虫饲养的草蛉杂交，改变种群遗传结构，改良草蛉品质。

4) 适当变动草蛉的饲养环境条件，如温度、光周期等，通过环境变化来影响草蛉。

此外，在建立种群之初，从不同的地区、不同的寄主采集初始野生种群，也可以防止种群过早退化。

三、食物来源

（一）猎物

天敌昆虫的生产最基础的办法是基于寄主植物—害虫—天敌三级营养关系而建立的扩繁模式。种植多种植物，扩繁多种蚜虫，进一步繁殖草蛉。

根据植物种植和管理的方便，目前多种植小麦、大豆等粮油作物和萝卜、白菜、油菜等蔬菜作物。植物的栽培管理参照相关作物栽培技术，也可以参照北京农林科学院专利：瓢虫、草蛉人工繁殖生产方法（北京农林科学院，公开号：CN 1631127A，2005）。

值得提出的是，如果采用群体饲养的方法，那么育苗盘的大小和养虫笼的大小比例应该达到1：2以上，这样才能方便养虫笼内种苗的新旧交替和更新换代。

运用以上作物繁殖的蚜虫种类包括：麦蚜、萝卜蚜、桃蚜和大豆蚜等。不同作物接种蚜虫的时间和初始接种数量不尽相同，表13-1列出了一个参考值，在生产中可根据种苗、蚜虫的生长状况进行调整。

表 13-1 饲养草蛉猎物的相关指标

植物	接种蚜虫	接种时间	接种密度	蚜虫密度
小麦	麦长管蚜 Macrosiphum avenae	小麦 2～3 cm 高	2～5 头/株	15～30 头/株
大豆	大豆蚜 Aphis glycines	小麦 4～5 cm 高	15～20 头/株	150～250 头/株
萝卜	萝卜蚜 Lipaphis erysimi	小麦 4～6 叶片	10～20 头/叶	100～300 头/叶
油菜	桃蚜 Myzus persicae	小麦 3～5 叶片	15～30 头/叶	150～400 头/叶

在人工饲养过程中可以将植株上的蚜虫用毛刷刷掉，这样既能保证足量的蚜虫生产，又能使植株不致因蚜虫的大量增长而受害枯萎，可继续保持良好的生长状态，使雌蚜产出更多的蚜虫，对植物的利用更为有效（滕树兵和徐志强，2004）。

（二）替代饲料

替代饲料，一般称为替代寄主。替代寄主必须满足以下条件：①必须是草蛉所喜食的；②草蛉取食寄主后能够顺利地完成生长发育，并育出生活力强的优质后代；③寄主较易获得，成本低；④寄主繁殖量大，繁殖系数高；⑤资源丰富，易于饲养管理。

Finney 率先应用烟潜叶蛾(*Gnorimoschema operculella*)[即马铃薯麦蛾(马铃薯块茎蛾)*Phthorimaea operculella*]的卵和幼虫饲养普通草蛉,并将其收集的卵用于大田试验,开启了草蛉规模化饲养和田间释放应用的先河(Finney,1948)。用麦蛾(*Sitotroga cerealella*)卵分别成功饲养了多种草蛉。

国内研究方面,在 20 世纪 70 年代,邱式邦(1975,1977)运用米蛾卵饲养过日本通草蛉、大草蛉和叶色草蛉,研究表明,3 种草蛉对米蛾卵的利用效果存在差异,但都能正常发育。叶正楚和程登发(1986)用紫外线处理了米蛾卵,从而减少了米蛾卵孵化而造成的损失,饲养了日本通草蛉 8 个世代,结果显示对日本通草蛉无不良影响。侯茂林等(2000)研究了利用人工卵赤眼蜂蛹饲养日本通草蛉幼虫的可行性。浙江省天童林场用雄蜂饲养大草蛉幼虫和成虫计 7 个世代,结茧率平均为 58%~70%,羽化率 60%~80%,性比正常,平均产卵量为 280~987 粒,张帆等(2004)应用人工卵赤眼蜂蛹饲养大草蛉幼虫,结茧率 76.7%,羽化率 69.6%,饲养成虫平均单雌产卵量 77.7 粒,显著低于用蚜虫饲养者 382.7 粒(张帆等,2004)。值得注意的是,有研究显示,用麦蛾卵饲养草蛉时,大草蛉和丽草蛉发育不正常,仅日本通草蛉幼虫能正常发育结茧(邱式邦,1975)。

研究表明,鳞翅目昆虫卵如米蛾卵、地中海粉螟卵和麦蛾卵等,以及雄蜂、赤眼蜂蛹等替代寄主的饲养效果可能与自然寄主存在差异,但是基本上这些草蛉都在一种或多种上述食物中完成生长繁殖。在人工饲料配方和加工工艺的研究不能达到预期目的而饲养自然寄主又受到条件限制的情况下,运用它们作为替代饲料来饲养草蛉,能够简化工艺流程,并且在一定程度上降低饲养成本,具有较大的研究与应用价值。

国外地中海粉螟已成为国外实验室保存天敌昆虫的标准饲料,国内米蛾卵业已成为赤眼蜂扩繁的重要媒介,同时也可应用于瓢虫、草蛉等天敌的替代寄主的研究(胡月等,2010)。应用新鲜的米蛾卵(储存期不超过 5 d)饲养大草蛉,完全可以保证大草蛉生长发育和繁殖(党国瑞等,2012)。下文我们将具体介绍一下米蛾卵的繁殖工艺。

(1) 米蛾饲料的准备

配方:麦麸、玉米面、大豆粉 18:1:1,同时控制饲料含水量在 15%左右。将一定量的水倒入麦麸中搅匀,然后加入玉米面、大豆粉等补充营养物,再搅拌均匀。

水分的添加根据饲料本身的含水量、消毒的方法和饲养环境等情况而定。采用干热灭菌,应将饲料各组分分别灭菌,再按 15%比例加水。采用蒸汽消毒,由于在消毒的过程中,饲料吸入蒸汽中的水分,加水量可酌情减少 3%~6%。

经过灭菌灭虫的饲料除立即应用于米蛾饲养者外,应放入冰箱内保存,防止病虫侵入。养过米蛾的饲料要及时清除。

(2) 接种米蛾

饲养米蛾幼虫的器具无特殊要求,我们以 30 cm×50 cm×5 cm 的铁盘饲养,铁盘内铺上一层报纸,用以吸引米蛾结茧。将饲料倒入,厚度以 4~5 cm 为宜。然后按每千克饲料接 4000 粒米蛾卵的标准接种。接种盘放在饲养架上,饲养架以尼龙纱笼罩,防止米蛾羽化后逃逸。

(3) 成虫和卵的收集

从接种米蛾卵到成虫开始羽化根据饲养条件不同而有所变化,在 27℃,相对湿度

75%的条件下需要40～45 d，羽化持续期约30 d。在羽化持续期，每天需要收集成虫一次。为方便采集可以根据邱式邦等的研究，制作米蛾集中羽化器（邱式邦，1996）。Chandrika 等为了更方便地收集米蛾卵，他们将米蛾成虫放在塑料圆筒（15 cm×12 cm）中，上下用尼龙纱布（尼龙纱布网孔保证米蛾卵顺利通过而成虫不能逃逸的大小）密封。将塑料圆筒放置在大漏斗上，漏斗尾部插入锥形瓶中，锥形瓶底部放置一张倾斜的纸张，米蛾卵从尼龙纱布网孔透过，沿纸张滚动的过程中，混杂其中的鳞片和灰尘等黏附在纸上（Mohan and Sathiamma，2007）。将收集的米蛾卵清除鳞片和其他杂物，放入4～6℃冰箱备用。

另外，在试验和生产中为了草蛉更好地取食，也为了操作的简便，可以制作米蛾卵卡。在卡片上用毛刷轻轻涂上一层稀释的蜂蜜在硬质卡片上，待蜂蜜稍干后，撒上米蛾卵，抖落多余的没有粘住的卵粒，即可得到卵卡。也可以用双面胶粘在硬质卡片上，另一面黏附卵粒。根据计数，每平方厘米约有卵450粒。在试验中可制作两种规格的卵卡，分别记为 $1^{\#}(1\ cm^2)$ 和 $2^{\#}(2\ cm^2)$，以满足繁殖草蛉不同发育阶段的生产需要。邱式邦（1975）采用单头饲养的方法研究了大草蛉等3种草蛉对米蛾卵的取食量，可以作为草蛉幼虫饲养饲喂量的参考，具体见表13-2。

表13-2　3种草蛉幼虫期取食米蛾卵量

龄期	大草蛉		丽草蛉		日本通草蛉	
	食量（粒）	占总量（%）	食量（粒）	占总量（%）	食量（粒）	占总量（%）
1龄	30.3	4.72	27.3	5.20	29.8	12.10
2龄	97.0	15.10	85.8	16.36	27.3	11.10
3龄	514.9	80.18	411.4	78.44	189.0	76.80
幼虫期总计	642.2	100.00	524.5	100.00	246.1	100.00

四、人工饲料

大草蛉室内繁殖通过猎物如大豆蚜和替代寄主如米蛾卵来繁殖，大豆蚜和米蛾卵见上文所述，此处重点介绍大草蛉幼虫和成虫的人工饲料，包括配方和加工工艺。

（一）微胶囊人工饲料（针对大草蛉幼虫）

(1) 家蝇蝇蛆的获得

采集家蝇成虫放入养虫笼内饲养，提供水和红糖（分别装在两个小盘内），以及产卵物质。产卵物质和幼虫饲料相同。幼虫即蝇蛆在500 ml罐头瓶内饲养。幼虫饲料为麦麸100 g，奶粉1 g，水200 ml，先用热水将奶粉调成糊状，倒入麦麸中，加水拌匀。蝇蛆饲养到4～5 d后即可作为试验原材料。饲养获得的蝇蛆经与饲料分离，60℃下泡10 min致死，冲洗干净，用1%NaClO溶液灭菌10 min后，中温烘干（50～55℃下烘6～8 h），获得蝇蛆干虫。也可以从市场上购买蝇蛆干虫。

(2) 脱脂蛆粉的获得

取上述蝇蛆干虫，经粉碎机初步粉碎后，按索氏脱脂法（80℃下抽提 5 h）进行脱脂处理，再进一步粉碎，过 80 目筛后得到脱脂蝇蛆粉，放入冰箱内保存备用。

(3) 幼虫微胶囊人工饲料的获得

人工饲料配方：水、脱脂蝇蛆粉、酵母抽提物、生鸡蛋黄、蔗糖和琼脂按 42 : 10 : 4 : 4 : 2 : 1 的比例称重备用，再按饲料总重量的 0.3% 和 0.03% 的比例称取蜂蜜和抗坏血酸。

取两个烧杯，向烧杯 A 中加入蜂蜜、鲜鸡蛋黄、脱脂蝇蛆粉、酵母抽提物；再取另一烧杯 B，加入蔗糖、琼脂，用微波炉加热至琼脂溶解，冷却到中温后倒入烧杯 A 中，拌匀，最后加入抗坏血酸，搅拌混匀，置于室温下冷却至固体状。放入冰箱–4℃冷藏备用，在该条件下饲料可保存一周。

少量繁殖大草蛉时可采用手工包裹饲料的方式：取石蜡膜剪成 15 mm×15 mm 小块，拉伸 3 倍长，包上 5 mm×5 mm×5 mm 饲料小块，把封口捏紧，即得到微胶囊饲料。大规模生产时，可以用人工制卵机制备微胶囊饲料。获得微胶囊人工饲料后即可应用于大草蛉幼虫的繁殖。研究表明，食用此人工饲料，幼虫存活率高达 96.7%，羽化率为 65.5%，幼虫发育历期 13.7 d，蛹重则高达 20.08 mg（林美珍等，2007，2008）。

(二) 粉状人工饲料（针对大草蛉成虫）

大草蛉成虫是咀嚼式口器，粉状饲料更利于大草蛉的取食，鉴于此，目前研究了以黄粉虫脱脂虫粉和家蝇脱脂蛆粉为主要成分的人工饲料，饲养效果较好，但有待进一步改进（图 13-6）。

图 13-6 大草蛉成虫取食粉状人工饲料

(1) 黄粉虫和家蝇蝇蛆的获得

黄粉虫成虫，在室温下，用 6 : 1 的麦麸和玉米面在养虫盒中饲养，并每天添加少许新鲜的油菜叶片，待成虫产卵，幼虫孵化之后，挑出幼虫，在同样的条件下饲养。体长达到 20 mm 后，选取大小均一，色泽鲜亮者备用；也可以从市场上购买黄粉虫干虫。

(2) 脱脂虫粉的获得

黄粉虫脱脂虫粉和家蝇脱脂蛆粉的获得可参照"本节四、（一）"。

(3) 其他材料的准备

鸡蛋粉和花粉放入–70℃超低温冰箱8 h以上，取出后放入冷冻干燥机，低温真空干燥8 h后，用粉碎机粉碎。蔗糖直接粉碎。

(4) 成虫粉状人工饲料的获得

所有原材料过80目筛后，按照配方称量各原料，混合均匀，放于磨砂试剂瓶内，于冰箱内4℃冷藏。若一次配制饲料较多，应该将饲料分成多份保存，依次使用，避免饲料反复冻融。饲料使用时，应该先取出试剂瓶，待试剂瓶内外温度一致后打开瓶塞，取出饲料，这样能防止吸入水分。

关于大草蛉成虫粉状人工饲料具体可参考相关发明专利。

五、大草蛉的饲养与管理

(一) 成虫饲养设备和技术

成虫先放于交尾笼中饲养4~5 d，随后将雌雄虫按(4~5)∶1的比例放入养虫笼内，按照下述方法饲养。

(1) 大豆蚜

用大豆蚜饲养，草蛉的卵大部分产在大豆植株上，少部分产在养虫笼其他位置；而且大豆蚜很容易污染养虫笼，所以更换养虫笼，比更换大豆苗更适合成虫的饲养。

在养虫笼内置入已接种大豆蚜4 d以上的大豆育苗盘，第3天(在25℃条件下，大草蛉卵发育历期为3 d左右，如不移出，幼虫第4天就开始孵化)后转移所有成虫至新的养虫笼内饲养，这样大豆苗上就有3批次的卵。

(2) 米蛾卵

根据试验观察，我们认为利用米蛾卵卡饲养成虫能避免卵的浪费，同时更易于成虫取食。饲养时，每对草蛉每天需要投放一个$2^{\#}$卵卡，产卵末期可改为$1^{\#}$卵卡。每天更换产卵基质。

(3) 人工饲料

用本节上述粉状人工饲料时，每头成虫每日饲喂量为8~10 mg。可每3~4 d更换一次饲料和水，但需要每天更换产卵基质。

研究表明，成虫饲喂此人工饲料(幼虫阶段饲喂米蛾卵)，大草蛉前期死亡率偏高，但存活下来的个体平均寿命显著延长(表13-2)；雌虫产卵率显著下降，能够产卵的个体总产卵量略有降低，但仍保持了较高的生殖力，甚至所产卵孵化率相对于对照明显提高(表13-3，表13-4)。

表13-3 营养对大草蛉成虫产卵率、存活率和寿命的影响

营养	产卵率(%)[1]	存活率(%)[1]		寿命(d)[2]	
		雌虫	雄虫	雌虫	雄虫
大豆蚜	100.00a	96.15a	100.00a	37.42±1.79b	43.92±2.78b
米蛾卵	95.83a	92.31a	88.00a	46.29±2.62b	38.38±2.99b
人工饲料	70.37b	79.41b	64.71b	78.48±4.31a	60.29±7.31a

注：[2]表中数据为平均值±标准误；同列数据后不同字母表示差异显著([1]Fisher精确检验；[2]Duncan检验，$P=0.05$)

表 13-4 饲喂不同人工饲料对大草蛉雌虫生殖力的影响

营养	卵孵化率[1](%)	产卵前期(d)[2]	产卵天数[2]	总产卵量[2]（粒/雌）	单雌日均产卵量[2] [粒/(雌·d)]
大豆蚜	71.76c	7.38±0.36b	28.83±1.92b	914.8±99.80a	29.94±2.05a
米蛾卵	77.10b	10.05±0.79b	31.43±2.55b	871.6±98.95a	26.54±1.69a
人工饲料	85.60a	28.16±1.93a	44.05±4.74a	636.1±90.06a	13.80±1.38b

注：[2]表中数据为平均值±标准误，同列数据后不同字母表示差异显著（[1]卡方检验，$P=0.05$；[2]Duncan 检验，$P=0.05$）

当然，如果能进一步改善用人工饲料饲养草蛉的效果，如缩短产卵前期，提高存活率和产卵率等，那么其在草蛉的规模化生产中将发挥重大作用。

(二) 卵的收集

如果饲养数量不多，则可以将收集的卵放在 96 孔板内单独管理，能有效避免自残。大规模饲养时，根据成虫饲料的不同，卵的收集方法和管理也不同，如成虫在接种大豆蚜的大豆苗上饲养，产在大豆苗上的卵可不必收集，只将未产在大豆苗上的卵收集起来，等待草蛉孵化即可。而在用米蛾卵和人工饲料饲养时，草蛉一般将卵产在产卵介质上，每天取出产卵介质，部分产在卵卡、养虫笼甚至饲料盘上的则需要单独收集。

(三) 幼虫饲养设备和技术

由于幼虫有自相残杀的习性，要控制饲养空间的大草蛉密度，同时还要加上折叠的牛皮纸为阻隔物(同时也作为诱集结茧器)，降低幼虫相遇的频率。每天提供足够的食物，供草蛉取食。下面简要介绍以大豆蚜、米蛾卵和微胶囊人工饲料饲喂大草蛉幼虫的操作。

1. 大豆蚜

(1) 小规模饲养

以 7 cm×10 cm×20 cm 的方形盒为养虫盒，饲养大草蛉幼虫以 15 头为宜，每天剪取着生足够多大豆蚜的豆苗，供草蛉取食。幼虫 1～2 龄每天添蚜虫 1 次，3 龄后，大草蛉开始暴食，每天添蚜虫 2～3 次。

(2) 大规模饲养

着生在大豆苗上的卵，在不剪除卵柄的情况下，自残的发生概率较小。次日开始，3 批卵相继孵化，第 1 批初孵幼虫先取食残余在大豆苗上的蚜虫，同时移入接种大豆蚜 4 d 以上的大豆苗育苗盘，然后分别在第 5、8 天移入同样的育苗盘，第 10、12、14 天移入双倍的育苗盘。12～13 d 后陆续结茧。也可在接种大豆蚜 2 d 的大豆育苗盘上接入同一批次的草蛉卵，密度为每 2 株苗 1 粒，草蛉卵孵化的过程中，大豆蚜数量持续增加，也能保证草蛉生产所需。

2. 米蛾卵

(1) 直接供应米蛾卵

直接在养虫盒内群体饲养草蛉幼虫，将米蛾卵均匀撒遍整个养虫盒底部；如以

Nordlund(1993)报道的养虫系统饲养草蛉,可以将米蛾卵直接透过纱网均匀地撒入养虫小室。

草蛉幼虫各龄期食卵量约为 30 粒、97 粒和 514 粒(邱式邦,1975)。米蛾卵的数量应该随着草蛉龄期的变化逐渐增加,足量供应。

(2) 利用米蛾卵卡

以米蛾卵卵卡饲养大草蛉幼虫时,卵的投放量必须既要保证大草蛉取食,又要节约卵卡,经试验,可按如下标准饲喂:1~2 龄一个 $1^\#$ 卵卡可以饲喂 3~4 头草蛉,3 龄后一个 $1^\#$ 卵卡可供 1 头幼虫,这样基本满足幼虫生产之需要。

(3) 微胶囊人工饲料

以 Nordlund(1993)报道的养虫系统饲养草蛉,可以将微胶囊直接置于养虫小室顶部,幼虫透过纱网取食。在普通养虫笼中饲养时,饲料均匀地放在养虫笼底部,并加一些折叠的纸条、塑料薄膜等作为隔离物。

(四) 茧的管理

收集起来的同一批次的大草蛉的茧在合适的环境条件下,10 d 后即开始羽化。一般说来,第 1~2 天羽化个体中雄虫较多,随后雌虫比例增加。

第四节 包装、储藏与运输

一、储藏

田间释放前进行有效储藏,以使天敌生产和田间需求高峰相吻合,更好地利用天敌。不同天敌的储藏时限不一样,天敌昆虫仅能保存很短的一段时间,甚至同一种昆虫不同发育阶段(如卵和蛹)的储藏时限也不一样。天敌的储藏条件也有很大差异,有些昆虫可以耐受较低的温度,但有些昆虫不行。一般情况下,人们把昆虫置于 4~15℃的条件下冷藏一段时间,但即便这样也会降低昆虫的活性(van Lenteren,2003)。

草蛉的卵、蛹是静止虫态,从操作的方便性上来看,是理想的冷藏虫态。著名的天敌昆虫公司——荷兰 Koppert 生产的普通草蛉推荐的冷藏条件为 8~10℃。

在滞育阶段储藏有益昆虫的可行性一直在研究,但多数还处于理论研究阶段,未进行实践应用。发生滞育的普通草蛉成虫能在低温下储藏 30 周,同时草蛉的存活率和生殖活性保持在可接受的范围(Tauber *et al.*,1993)。结合滞育研究草蛉的低温储藏技术,能够显著延长草蛉的货架期等,推动草蛉在生物防治中的应用。

二、包装和运输

草蛉自残的习性在食物存在的条件下也无法避免,在包装时应该利用一些特殊的设备。通常情况下,应该用纸条、荞麦、蛭石和麦麸等材料为草蛉提供隐匿之所。

草蛉卵和幼虫往往装在稻壳等惰性介质中,稻壳是一个运输的载体,同时装运时要保持草蛉的松散。草蛉的茧的包装最为简便,只要能有效避免挤压,放置在硬质纸盒、玻璃瓶等中都可以。

Noboru Ukishiro 和 Yoshinori Shono 在 1998 年申请了一项应用于捕食性昆虫的饲养和运输的专利(Method for Rearing and Transporting Entomophagous Insect,专利号:5784991),可以用来包装草蛉卵和幼虫。其主要技术是一个空瓶内放入小块的塑料泡沫,瓶盖上有许多小孔,孔的大小介于捕食性昆虫大小和塑料泡沫大小之间,以保证捕食性昆虫能通过而塑料泡沫不能通过。这个设计能防止昆虫自相残杀,实现其有效饲养和运输,特别适合草蛉、瓢虫和捕食性螨类,在生产中可以借鉴此项技术。

草蛉在运输过程中,如需要较长的时间,有必要使用气候式集装箱,以保证昆虫处于较好的生理状态;有时候还需要添加足够的食物(如蜂蜜、花粉等)。已经被商业化应用的普通草蛉和红通草蛉以卵、幼虫、蛹和成虫的形式都可以装运。长距离运输最好是包装草蛉卵和茧,并给予足够的食物,这样在运输的过程中即便草蛉孵化或者羽化,也能维持其生长。

第五节 释放与控害效果

草蛉田间释放有很多方法:可以将草蛉的卵和蛹散布在寄主植物的叶子上,或者搜集草蛉的不同阶段放进容器内,然后进行释放。天敌的活动阶段为幼虫和成虫阶段,天敌在容器内刚开始活动时,就将它们释放到田里。

可以购买国外商品化应用的草蛉卵、幼虫和成虫。当你不急于清除田里的害虫时购买卵是很有用的,但需要很快除掉害虫时,此时应该购买幼虫。成虫主要应用于树木上害虫的防治。

草蛉在生防工程中的应用,需要一个有经济效益的体系来保障,才能被大量释放到目标区域。一般来说,草蛉的释放主要以卵和幼虫为主,但是成虫也可以用来释放。草蛉卵和幼虫广泛应用于温室、田间、室内景观性植物、果园和花园。成虫可以用在成排的庄稼、森林、果园和高的室内栽培植物中。

一、释放卵

应用卵是相当经济的方法。释放草蛉卵同样也存在一些问题。卵的存放时间受高温、释放位置(是否在植物上面)、捕食性天敌的影响(Daane *et al.*,1993)。而且,在卵孵化后,草蛉幼虫需要尽快找到食物否则就会死亡。由此,可以设计一种系统,在草蛉在植物上定殖前,每一粒猎物卵对应一粒草蛉卵,可以提高定殖率。或者在释放草蛉卵的同时把猎物材料撒到植物上面,是十分有效的。

传统的草蛉卵释放方法是直接将卵或者是卵和填充物(蛭石、稻谷壳、木屑等)的混合物喷洒到植物上面。也可以通过悬挂释放袋来释放:将装有草蛉卵的袋子挂在或钉在植物或叶上,3~7 d 幼虫开始出现并取食。最近几年,越来越多的研究是关于机械化释放卵的进展。Daane 等(1993)报道了用机械化的方法将玉米的穗轴、砂砾与卵混合后释放到田间。混合物被放置在一个 5 加仑的容器内,这个容器里面有一个可调节开口的漏斗。释放速度可以通过漏斗的开口大小,或者是安装了这种容器的拖拉机的移动速度来调节。

还有一种释放技术，就是把卵放在特定的液体里以水剂的方式进行喷洒。具有释放均匀、提高存活数量、节省劳动力、施用方便等优点。Gardner 和 Giles(1996)将草蛉卵和赤眼蜂卵置于水中 3 h 后其成活率都保持很高，且喷洒后分布均匀。McEwen(1999)希望能够找到一种喷洒介质可以延长卵的储存时间，发现在 4℃下把卵放在 0.125%琼脂溶液或者水中与放在空气中相比一天内的孵化率不会下降。Sengonca 和 Löchte(1997)研究表明，用水就可以把草蛉卵悬浮起来，用带有导流喷嘴的喷洒装置时不会破坏卵。草蛉卵在水中 12 h 内不会对孵化率产生不良影响。他们也测试了几种材料，用来增强卵与植物之间的黏附力。

飞行装置同样可以用来释放草蛉。直升机，甚至是无线操控式的飞机，都可以在安装释放漏斗后来释放草蛉卵。一位直升机飞行员就可以在 30 min 内完成 200 英亩[①]的草蛉释放工作(Nordlund et al., 2001)。一个无线操控式的飞机可以在 10 min 内完成 50 英亩的释放工作(Nordlund et al., 2001)。

田间释放卵的最好方式的 4 条标准：①卵膜呈暗灰色；②幼虫腹部条带很清晰；③幼虫眼点清晰可见；④至少看见 1%的卵已经孵化。如果天气不佳可通过降低温度推迟孵化。卵放在温度低于 15.5℃，相对湿度小于 50%的条件下可能会延迟孵化。

注意事项：当观察到 95%的卵膜变成暗灰色，并且发育着的幼虫变为灰色，有明显的腹带，很容易看见眼点时，草蛉孵化速度开始变快，在 12~15 h 内即可完成孵化。草蛉幼虫出现以后，空的卵膜变成白色。

二、释放幼虫

草蛉幼虫是捕食害虫的主要虫态，一经释放就开始捕食，但是对于幼虫，尤其是较大龄的幼虫来说，运输中的咬伤较难避免。释放幼虫的另外一个问题是确定它们逃离容器装置的趋性的大小。

草蛉幼虫期间防治害虫效果非常显著。幼虫用带有格的、彼此分离的框架包裹，一次可以打开一部分进行释放，因而可以在不同的地区进行释放。目前，释放幼虫主要是人工用毛笔转移幼虫，或者是在植物上放置饲养单元。大部分释放方法是很耗时耗力的。一些商业公司将幼虫与稻谷壳混在一个装有喷洒头的瓶子里，通过挤压瓶子来释放幼虫。自动化释放幼虫的研究正在进行。

注意事项：将先孵化的幼虫一个个、一排排轻轻敲打出来释放到受害植物的叶子上，确保它们在受害作物上分散开来。更好的办法是直接将它们释放到有害虫的地方，但草蛉幼虫不要挨得太近，因为它们有很强的自残性。幼虫如果不易从养虫板里出来，试着对养虫板吹气，这样可促使它们移动，避免它们紧紧贴在养虫板上。如果幼虫还不能释放出来，就把养虫板放在受害最严重的一对叶子上。不要将幼虫储藏在十六孔养虫板里超过 32 h。幼虫放置在 12.8~18.3℃，温和湿润的环境下储存。

---

① 1 英亩=0.404 856 hm²。

三、释放成虫

大田释放草蛉成虫目前存在一些问题,因为很多种类产卵前有迁移的特性(Duelli,1984)。当初羽化的草蛉成虫释放到田间后,其很有可能会在开始产卵前就离开目标区域。草蛉在大片区域的实际应用中,包括一些早期季节性的预防释放,可能会有一些效果。但是,捕食性天敌和寄生性天敌会取食大量卵,尤其是在生长季节的后期。目前来讲很多天敌昆虫公司之所以人工饲养成虫,是基于这样一套理论:在目标区域,存在潜在的猎物,被释放的成虫会在此产卵、定殖。这种方法,看起来成本十分昂贵,但是值得进一步研究。

注意事项:我们不建议将成虫低温储存,如果不能立即释放,则用海绵蘸水来代替低温。要尽早释放。建议在每个季节开始每隔两周释放一次草蛉,这样就建立起来一个保护性的种群。

当害虫取样很困难或害虫种群发展非常快时,如蚜虫和蓟马,盲目释放的效果往往很一般,但很多情况下在田间观察到害虫时就释放天敌。当在早期没发生害虫世代重叠时,适合的释放时间是很必要的。决定释放量、分布和释放频率是很困难的问题,这些问题在大量释放和接种释放上是冲突的。只要有可能释放大量的天敌,那么在大量释放方案中,释放率就不是关键的。然而,这可能受到大量繁殖的限制。在季节性接种释放方案中,释放率是很重要的,如果释放少量的有益昆虫,当害虫引起经济危害后,才能得到有效的控制。如果释放得太多,害虫就有濒临灭绝的危险,最终,只剩下天敌的生态系统易于遭到害虫的再次入侵。最佳释放规模的确定,需要通过实验来形成一个科学的方案。

四、与其他防治措施的协调注意事项等

天敌资源的保护利用。提倡不同的耕作方式,提高农田生态系统的多样性,给草蛉创造比较好的适宜生存的环境。早春繁殖地的麦田、菜田防治害虫选用对天敌相对安全的选择性杀虫剂和生物农药等。田间用黑光灯诱集成虫或人工室内饲养,释放、补充草蛉,可有效控制害虫危害。

合理施用农药,解决农药与草蛉的矛盾。不必把草蛉与农药的矛盾,看成是绝对无法避免的。实践证明,合理使用农药,杀伤草蛉的问题可以大大减轻。

控制蚂蚁。蚂蚁吃草蛉的卵,由于蚂蚁也取食蚜虫分泌的蜜露,因此它们能保护蚜虫防止被草蛉取食。蚂蚁实际上同蚜群是共生关系,因为蚜群能满足它们的需要。因此可使用具有阻碍作用的产品,像硅藻土杀虫剂或硼酸产品来防治蚂蚁。花粉、花蜜甚至蜜露对维持草蛉成虫的寿命都很有帮助。商品化生产的蜜露对草蛉成虫的生长也有很大的帮助,成虫商业化饲养依靠的就是这种方法。

综上所述,生物防治是综合防治的重要内容,应该大力发展生物防治工作。为了更有效地利用草蛉防治害虫,为农业生产作出更大贡献,必须树立"预防为主,综合防治"的思想,正确理解和宣传生防工作在综合防治中的作用,以及保护草蛉和利用草蛉的重大意义。鼓励在尽可能多的农田、果园、森林、牧场保护草蛉,创造更适合草蛉生活的

环境条件,充分发挥草蛉的积极作用。

(撰稿人:刘晨曦 王娟 党国瑞 王孟卿 张礼生 陈红印)

参 考 文 献

包建中,古德祥. 1998. 中国生物防治. 太原:山西科学技术出版社:67-123.
蔡长荣,张宣达,赵敬钊. 1983. 中华草蛉幼虫液体人工饲料的研究. 昆虫天敌,5(2):82-85.
蔡长荣,张宣达,赵敬钊. 1985. 大草蛉人工饲料的初步研究. 昆虫天敌,(3):125-128.
陈天业,牟吉元. 1996. 草蛉的滞育. 昆虫知识,33(1):56-58.
党国瑞,张莹,陈红印,等. 2012. 人工饲料对大草蛉生长发育和繁殖力的影响. 中国农业科学,45(23):4818-4825.
冯建国,陶训,张安盛. 1997. 用人造卵繁殖的螟黄赤眼蜂防治棉铃虫研究. 中国生物防治,13(1):6-9.
郭海波. 2006. 中华通草蛉成虫越冬与滞育的生理生化机制. 泰安:山东农业大学硕士学位论文.
侯茂林,万方浩,刘建峰. 2000. 利用人工卵赤眼蜂蛹饲养中华草蛉幼虫的可行性. 中国生物防治,(1):5-7.
胡鹤龄,杨牡丹,裘学军,等. 1983. 应用人工配合饲料饲育瓢虫、草蛉幼虫的效果(简报). 浙江林业科技,(4):27-28.
胡坚. 2012. 大草蛉生活史及其在烟田的消长规律. 烟草科技,(2):80-82.
胡月,王孟卿,张礼生,等. 2010. 杂食性盲蝽的饲养技术及应用研究. 植物保护,36(5):22-27.
金凤新,李慧仁,张芸慧. 2010. 中华草蛉与异色瓢虫竞争干扰研究. 林业调查规划,35(002):97-99.
李水泉,黄寿山,韩诗畴,等. 2012. 低温冷藏对玛草蛉卵与蛹发育的影响. 环境昆虫学报,33(4):478-481.
李文台. 1997. 微胶囊化人工饲料大量饲养捕食性天敌之展望. 中华昆虫特刊第十号——昆虫生态及生物防治研讨会专刊:67-75.
林美珍. 2007. 大草蛉幼虫人工饲料的研究. 北京:中国农业科学院硕士学位论文.
林美珍,陈红印,王树英,等. 2007. 大草蛉幼虫人工饲料的研究. 中国生物防治,23(4):316-321.
林美珍,陈红印,杨海霞,等. 2008. 大草蛉幼虫人工饲料最优配方的饲养效果及其中肠主要消化酶的活性测定. 中国生物防治,24(3):205-209.
刘建峰,刘志诚,冯新霞,等. 1998. 利用人工卵大量繁殖赤眼蜂及其田间防虫试验概况. 中国生物防治,14(3):139-140.
刘爽,王甦,刘佰明,等. 2011. 大草蛉幼虫对烟粉虱的捕食功能反应及捕食行为观察. 中国农业科学,44(6):1136-1145.
刘志诚,刘建峰,杨五烘,等. 1995. 机械化生产人工寄主卵大量繁殖赤眼蜂,平腹小蜂及多种捕食性天敌研究新进展. 全国生物防治学术讨论会论文摘要集:60.
刘志诚,刘建峰. 1996. 人造寄主卵生产赤眼蜂的工艺流程及质量标准化研究. 昆虫天敌,18(1):23-25.
刘志诚,王志勇,孙姒纫,等. 1986. 利用人工寄主卵繁殖平腹小蜂防治荔枝蝽. 生物防治通报,2(2):54-58.
马安宁,张宣达,赵敬钊. 1986. 昆虫人工卵制卵机的研究. 生物防治通报,2(4):145-147.
那思尔·阿力甫. 2000. 温周期对苍白草蛉滞育的影响. 干旱地区研究,17(3):53-58.
邱式邦,周伟儒,于久钧. 1979. 用塑料薄膜作隔离物饲养草蛉. 农业科技通讯,(1):28-29.
邱式邦. 1975. 草蛉幼虫集体饲养方法的研究. 昆虫知识,(4):15-17.
邱式邦. 1977. 草蛉的冬季饲养. 昆虫知识,(5):143-144.
邱式邦. 1977. 饲养米蛾,繁殖草蛉. 农业科技通讯,10(1):161-162.
邱式邦. 1996. 邱式邦文选. 北京:中国农业出版社.

时爱菊. 2007. 大草蛉滞育特性的研究. 泰安: 山东农业大学硕士学位论文.
时爱菊, 徐洪富, 刘忠德, 等. 2008. 光周期对大草蛉（Chrysopa pallens）滞育及发育的影响. 生态学报, 28(8): 3854-3859.
苏建伟, 盛承发. 2000. 叶色草蛉幼虫对棉蚜的捕食效应: 种内干扰和空间异质性. 昆虫学报, 107-111.
滕树兵, 徐志强, 2004. 四种材料作为异色瓢虫产卵载体的适合性比较. 昆虫知识, 41(5): 455-458.
万森娃. 1985. 草蛉柄腹细蜂在我国首次发现. 昆虫分类学报, 7(4): 264.
王利娜, 陈红印, 张礼生, 等. 2008. 龟纹瓢虫幼虫人工饲料的研究. 中国生物防治, 24(4): 306-311.
王良衍. 1982. 草蛉成虫粉剂代饲料饲养初报. 昆虫知识, (1): 16-18.
王世明. 1980. 大草蛉成虫人工代饲料研究初报(1978~1979). 内蒙古农业科技, (1): 22-27.
魏潮生, 黄秉资, 郭重豪, 等. 1987. 广州地区草蛉种类与习性. 昆虫天敌, 9(1): 21-24.
魏潮生, 黄秉资, 郭重豪. 1985. 八斑绢草蛉的初步研究. 中国生物防治, 2: 55.
吴子淦. 1992. 以基征草蛉防治柑橘叶螨之可行性之探讨. 中华昆虫, (12): 81-89.
许永玉, 胡萃, 牟吉元, 等. 2002. 中华通草蛉成虫越冬体色变化与滞育的关系. 生态学报, 22(8): 1275-1280.
许永玉. 2001. 中华通草蛉的滞育机制和应用研究, 杭州: 浙江大学博士学位论文.
杨星科, 杨集昆, 李文柱, 等. 2005. 中国动物志: 昆虫纲. 脉翅目. 草蛉科. 北京: 科学出版社.
叶正楚, 程登发. 1986. 用紫外线处理的米蛾卵饲养草蛉. 生物防治通报, (3): 132-134.
叶正楚, 韩玉梅, 王德贵, 等. 1979. 中华草蛉人工饲料的研究. 植物保护学报, 2: 001.
于久钧, 王春夏. 1980. 多种草蛉成虫的人工饲料. 农业科技通讯, (10): 31.
于令媛, 时爱菊, 郑方强, 等. 2012. 大草蛉预蛹耐寒性的季节性变化. 中国农业科学, 45(9): 1723-1730.
曾凡荣, 陈红印. 2009. 天敌昆虫饲养系统工程. 北京: 中国农业科学技术出版社
张帆, 王素琴, 罗晨, 等. 2004. 几种人工饲料及繁殖技术对大草蛉生长发育的影响. 植物保护, 30(5): 36-40.
张欣, 李修炼, 梁宗锁, 等. 2012. 不同环境温度下大草蛉对黄精主要害虫二斑叶螨的控害潜能评估. 环境昆虫学报, 34(2): 214-219.
赵敬钊. 1986. 草蛉黑卵蜂生物学的研究. 昆虫天敌, 8(3): 146-149.
赵琴, 陈婧, 刘凤想, 等. 2008. 大草蛉对桃蚜和夹竹桃蚜的捕食作用研究. 环境昆虫学报, 30(3): 220-223.
郅伦山, 李淑芳, 刘兴峰, 等. 2007. 中华通草蛉越冬成虫的耐寒性研究. 山东农业科学, (3): 67-68.
周伟儒, 陈红印, 邱式邦. 1985. 用简化配方的人工卵代饲养中华草蛉. 中国生物防治, 1(1): 8-11.
周伟儒, 陈红印. 1985. 中华草蛉成虫越冬前取食对越冬死亡率的影响. 生物防治通讯, 1(2): 11-14.
周伟儒, 刘志兰, 邱式邦. 1981. 用干粉饲料饲养中华草蛉成虫的研究. 植物保护, 7(5): 2-3.
周伟儒, 张宣达. 1983. 人工卵饲养中华草蛉幼虫研究初报. 植物保护学报, 10(3): 161-165.
Alasady M A, Omar D, Ibrahim Y. 2010. Life table of the green lacewing *Apertochrysa* sp. (Neuroptera: Chrysopidae) reared on rice moth *Corcyra cephalonica* (Lepidoptera: Pyralidae). Inter J Agri Biol, 12(2): 266-270.
Albuquerque G S, Tauber C A, Tauber M J. 1994. *Chrysoperla externa* (Neuroptera: Chrysopidae): life history and potential for biological control in central and south America. Biological Control, 4(1): 8-13.
Bezerra C E S, Tavares P K, Nogueira C H. 2012. Biology and thermal requirements of *Chrysoperla genanigra* (Neuroptera: Chrysopidae) reared on *Sitotroga cerealella* (Lepidoptera: Gelechiidae) eggs. Biological Control, 60(2): 113-118.
Canard M. 2005. Seasonal adaptations of green lacewings (Neuroptera: Chrysopidae). Eur J Ent, 102(3): 317-324.
Cohen A C. 2003. Insect Diets: Science and Technology. Boca Raton, Florida: The Chemical Rubber

Company Press.

Cranshaw W, Sclar D C, Cooper D. 1996. A review of 1994 pricing and marketing by suppliers of organisms for biological control of Arthropods in the United States. Biological Control, 6: 291-296.

Daane K M, Yokota G, Rasmussen Y, et al. 1993. Effectiveness of leafhopper control varies with lacewing release methods. California Agriculture, 47: 19-23.

Duelli P. Flight, dispersal, migration. 1984. In: Canard M. Biology of Chrysopidae. Junk, The Hague, The Netherlands: 110-116.

Finney G L. 1948. Culturing *Chrysopa californica* and obtaining eggs for field distribution. J Econ Ent, 41(5): 719-721.

Gardner J, Giles D K. 1996. Handling and environmental effects on viability of mechanically dispensed green lacewing eggs. Biological Control, 7: 245-250.

Gautam R D. 1994. Present status of rearing of Chrysopids in India. Bull Ent New Delhi, India, 35: 31-39.

Giles D K, Gardner J, Studer H E. 1995. Mechanical release of predacious mites for biological pest control in strawberries. Trans ASAE, 38: 1289-1296.

Hagen K S, Tassan R L. 1965. A method of providing artificial diets to *Chrysopa* larvae. Journal of Economic Entomology, 58(5): 999-1000.

Hasegawa M, Niijima K, Matsuka M. 1989. Rearing *Chrysoperla carnea* (Neuroptera: Chrysopidae) on chemically defined diets. Appl Ent Zool, 24(1): 96-102.

Helena R, Franc B, Stanislav T. 2009. Effect of temperature on cannibalism rate between green lacewings larvae (*Chrysoperla carnea* [Stephens], Neuroptera, Chrysopidae). Acta agriculturae Slovenica, 93(1): 5-9.

Khuhro N H, Chen H Y. Zhang Y, et al. 2012. Effect of different prey species on the life history parameters of *Chrysoperla sinica* (Neuroptera: Chrysopidae). Eur J Ent, 109(2): 175-180.

Lee K S, Lee J H. 2005. Rearing of *Chrysopa pallens* (Rambur) (Neuroptera: Chrysopidae) on artificial diet. Entomological Research, 35(3): 183-188.

Legaspi J C, CarruthersR I, Nordlund D A. 1994. Life-history of *Chrysoperla rufilabris* (Neuroptera: Chrysopidae) provided sweet potato whitefly *Bemisia tabaci* (Homoptera: Aleyrodidae) and other food. Biological Control, 4(2): 178-184.

López-Arroyo J I, Tauber C A, Tauber M J. 2000. Storage of lacewing eggs: post-storage hatching and quality of subsequent larvae and adults. Biological Control, 18(2): 165-171.

McEwen P K, Kidd N A C, Eccleston L. 1999. Small-scale production of the common green lacewing *Chrysoperla carnea* (Stephens) (Neuropt., Chrysopidae): minimizing costs and maximizing output. J Appl Ent, 123: 303-305.

McEwen P K, New T R, Whittington A E. 2007. Lacewings in the Crop Environment. Cambridge: Cambridge University Press.

Mohan C, Sathiamma B. 2007. Potential for lab rearing of *Apanteles taragamae*, the larval endoparasitoid of coconut pest *Opisina arenosella*, on the rice moth *Corcyra cephalonica*. BioControl, 52(6): 747-752.

Morris T I, Campos M, Jervis M A, et al. 2009. Potential effects of various ant species on green lacewing, *Chrysoperla carnea* (Stephens) (Neuropt., Chrysopidae) egg numbers. J Appl Ent, 122(1-5): 401-403.

Morrison R K. 1977. A simplified larval rearing unit for the common green lacewing [*Chrysopa carnea*]. Southwest Ent, 2(4): 188-190.

Nasreen A, Mustafa G, Iqbal M. 2004. Viability of eggs of green lacewing harvested by Am-tech and other methods. Pskistan J Biol Sci, 7(1): 126-127.

Niijima K. 1989. Nutritional studies on an aphidophagous chrysopid, *Chrysopa septempunctata* Wesmael (Neuroptera: Chrysopidae). I. Chemically-defined diets and general nutritional requirements. Bulletin of the Faculty of Agriculture, Tamagawa University, 29: 22-30.

Niijima K. 1993. Nutritional studies on an aphidophagous chrysopid, *Chrysopa septempunctata*

WESMAEL(Neuroptera: Chrysopidae): II. Amino acid requirement for larval development. Appl Ent Zool, 28(1): 81-87.

Nordlund D A, Cohen A C, Smith R A. 2001. Mass-rearing, release techniques, and augmentation. *In*: McEwen P, New T R, Whittington A E. Lacewings in the Crop Environment. Cambridge: Cambridge University Press: 303-315.

Nordlund D A, Cohen A C, Smith R A. 2001. Mass-rearing, release techniques, and augmentation. *In*: McEwen P, New T R, Whittington A E. Lacewings in the Crop Environment. Cambridge: Cambridge University Press: 303-315.

Nordlund D A, Morrison R K. 1992. Mass rearing of *Chrysoperla* species. *In*: Anderson T E, Leppla N C. Advances in Insect Rearing for Research and Pest Management. India: Oxford and IBM publishing Co. Pvt. Ltd: 427-439.

Nordlund D A. 1993. Improvements in the production system for green lacewings: a hot melt glue system for preparation of larval rearing units. J Ent Sci, 28: 338-338.

Osman M Z, Selman B J. 1993. Storage of *Chrysoperla carnea* Steph. (Neuroptera, Chrysopidae) eggs and pupae. J Appl Ent, 115(1-5): 420-424.

Pappas M L, Broufas G D, Koveos D S. 2007. Effects of various prey species on development, survival and reproduction of the predatory lacewing *Dichochrysa prasina*(Neuroptera: Chrysopidae). Biological Control, 43(2): 163-170.

Ridgeway R L, Jonesyu S L. 1969. Inundative releases of *Chrysopa carnea* for control of Helicothis on cotton. Ecological Entomology, 62: 177-180.

Sengonca C, Löchte C. 1997. Development of a spray and atomizer technique for applying eggs of *Chrysoperla carnea* (Stephens) in the field for biological control of aphids. Journal of Plant Diseases and Protection, 104(3): 214-221.

Syed A N, Ashfaq M, Ahmad S. 2008. Comparative effect of various diets on development of *Chrysoperla carnea*(Neuroptera: Chrysopidae). Int J Agric Biol, 10: 728-730.

Tauber M J, Tauber C A, Daane K M, *et al.* 2000. Commercialization of predators: recent lessons from green lacewings(Neuroptera: Chrysopidae: *Chrysoperla*). Am Ent, 46(1): 26-38.

Tauber M J, Tauber C A, Gardescu S. 1993. Prolonged storage of *Chrysoperla carnea*(Neuroptera: Chrysopidae). Envir Ent, 22(4): 843-848.

Tauber M J, Tauber C A. 1976. Environmental control of univoltinism and its evolution in an insect species. Canad J Zool, 54(2): 260-265.

Thompson S N. 1999. Nutrition and culture of entomophagous insects. Annu Rev Ent, 44: 561-592.

van Lenteren J C. 2003. Quality Control and Production of Biological Control Agents: Theory and Testing Procedures. Oxford: CABI.

Vanderzant E S. 1969. An artificial diet for larvae and adults of *Chrysopa carnea*, an insect predator of crop pests. J Econ Ent, 62(1): 256-257.

Vanderzant E S. 1973. Improvements in the rearing diet for *Chrysopa carnea* and the amino acid requirements for growth. J Econ Ent, 66(2): 336-338.

Vanderzant E S. 1974. Development, significance, and application of artificial diets for insects. Annu Rev Ent, 19(1): 139-160.

Woolfolk S W, Smith D B, Martin R A, *et al.* 2007. Multiple orifice distribution system for placing green lacewing eggs into verticel larval rearing units. J Econ Ent, 100(2): 283-290.

Zaki F N, Gesraha M A. 2001. Production of the green lacewing *Chrysoperla caranea*(Steph.)(Neuropt., Chrysopidae) reared on semi-artificial diet based on the algae, *Chlorella vulgaris*. J Appl Ent, 125(1-2): 97-98.

第十四章　红颈常室茧蜂扩繁的生物学基础及应用技术

第一节　概　　述

一、国外常室茧蜂研究和应用

寄生盲蝽的茧蜂主要是膜翅目茧蜂科毛室茧蜂属（*Leiophron* Nees）和常室茧蜂属（*Peristenus* Foerster）的 25 种天敌。其中常室茧蜂属在欧洲、北美洲和亚洲均有分布，并随着调查和研究的深入，仍然不断有新的盲蝽若虫寄生蜂陆续被发现（Goulet and Mason，2006；Chen and van Achterber，1997）。寄生蜂的种类和寄生率随着发生区域和寄主种类的不同而有很大差异（表 14-1）。

表 14-1　主要的盲蝽若虫寄生蜂种类及分布

寄生蜂种类	防治对象	分布
常室茧蜂属 *Peristenus* Foerster		
苜蓿盲蝽常室茧蜂 *Peristenus adelphocoridis*（Loan）	苜蓿盲蝽 *Adelphocoris lineolatus*（Geoze） 苜蓿盲蝽 *Adelphocoris* sp.	法国、丹麦、奥地利、瑞士、德国
布朗氏常室茧蜂 *Peristenus braunae* Goulet	苜蓿盲蝽 *Adelphocoris lineolatus*（Geoze）	加拿大、美国
布罗氏常室茧蜂 *Peristenus broadbenti* Goulet	美国牧草盲蝽 *Lygus lineolaris*（Palisot de Beauvois）	加拿大、美国
卡氏常室茧蜂 *Peristenus carcamoi* Goulet	美国牧草盲蝽 *Lygus lineolaris*（Palisot de Beauvois）	加拿大
俊盲蝽常室茧蜂 *Peristenus closerotomae* van Achterberg et Goulet	马铃薯俊盲蝽 *Closerotomus norwegicus*（Gmelin）	德国
康氏常室茧蜂 *Peristenus conradi* March	苜蓿盲蝽 *Adelphocoris lineolatus*（Geoze）	美国
戴氏常室茧蜂 *Peristenus dayi* Goulet	苜蓿盲蝽 *Adelphocoris lineolatus*（Geoze）	美国
双代盲蝽常室茧蜂 *Peristenus digoneutis* Loan	长毛草盲蝽 *Lygus rugulipennis*（Poppius） 美国牧草盲蝽 *Lygus lineolaris*（Palisot de Beauvois） 牧草盲蝽 *Lygus pratensis*（Linnaeus） 苜蓿盲蝽 *Adelphocoris lineolatus*（Geoze）	土耳其、波兰、德国、瑞士、西班牙、丹麦、瑞典、美国、加拿大
霍氏常室茧蜂 *Peristenus howardi* Shaw	豆荚草盲蝽 *Lygus hesperus* Knight 美国牧草盲蝽 *Lygus lineolaris*（Palisot de Beauvois）	加拿大、美国
面常室茧蜂 *Peristenus facialis*（Thomson）	缘合垫盲蝽 *Orthotylus marginalis* Reuter 多变杂盲蝽 *Psallus varians*（Herrich-Schäffer）	土耳其

续表

寄生蜂种类	防治对象	分布
格氏常室茧蜂 Peristenus gillespiei Goulet	美国牧草盲蝽 Lygus lineolaris (Palisot de Beauvois)	加拿大、美国
	豆荚草盲蝽 Lygus hesperus Knight	
红足常室茧蜂 Peristenus mellipes (Cresson)	美国牧草盲蝽 Lygus lineolaris (Palisot de Beauvois)	加拿大、美国
泽常室茧蜂 Peristenus nitidus (Curtis)	马铃薯俊盲蝽 Closterotomus norwegicus (Gmelin)	德国
木甲常室茧蜂 Peristenus orchesiae (Curtis)	马铃薯俊盲蝽 Closterotomus norwegicus (Gmelin)	德国
奥氏常室茧蜂 Peristenus otaniae Goulet	美国牧草盲蝽 Lygus lineolaris (Palisot de Beauvois)	加拿大
	豆荚草盲蝽 Lygus hesperus Knight	
	苜蓿盲蝽 Adelphocoris lineolatus (Geoze)	
淡足常室茧蜂 Peristenus pallipes (Curtis)	美国牧草盲蝽 Lygus lineolaris (Palisot de Beauvois)	土耳其、波兰、加拿大、美国
	条赤须盲蝽 Trigonotylus caelestialium (Kirkaldy)	
	豆荚草盲蝽 Lygus hesperus Knight	
	苜蓿盲蝽 Adelphocoris lineolatus (Geoze)	
拟淡足常室茧蜂 Peristenus pseudopallipes (Loan)	美国牧草盲蝽 Lygus lineolaris (Palisot de Beauvois)	加拿大
	范氏草盲蝽 Lygus vanduzeei Knight	
遗常室茧蜂 Peristenus relictus (Ruthe)	美国牧草盲蝽 Lygus lineolaris (Palisot de Beauvois)	波兰、瑞士、德国、土耳其、中国、美国
	豆荚草盲蝽 Lygus hesperus Knight	
	绿盲蝽 Apolygus lucorum (Meyer-Dür)	
	长毛草盲蝽 Lygus rugulipennis (Poppius)	
	牧草盲蝽 Lygus pratensis (Linnaeus)	
红颈常室茧蜂 Peristenus spretus Chen et van Achterberg	绿盲蝽 Apolygus lucorum	中国
朱红常室茧蜂 Peristenus rubricollis (Thomson)	长毛草盲蝽 Lygus rugulipennis (Poppius)	土耳其、波兰、瑞士、德国、奥地利
	牧草盲蝽 Lygus pratensis (Linnaeus)	
	苜蓿盲蝽 Adelphocoris lineolatus (Geoze)	
菲氏常室茧蜂 Peristenus varisae van Achterberg	长毛草盲蝽 Lygus rugulipennis (Poppius)	芬兰
毛室茧蜂属 Leiophron Nees		
南方毛室茧蜂 Leiophron australis Goulet	美国牧草盲蝽 Lygus lineolaris (Palisot de Beauvois)	加拿大、美国

续表

寄生蜂种类	防治对象	分布
食蟓毛室茧蜂 Leiophron lygivorus (Loan)	美国牧草盲蟓 Lygus lineolaris (Palisot de Beauvois)	美国
西蒙氏毛室茧蜂 Leiophron simoni Goulet	美国牧草盲蟓 Lygus lineolaris (Palisot de Beauvois)	加拿大
单形毛室茧蜂 Leiophron uniformis (Gahan)	庭院跳盲蟓 Halticus bracteatus (Say) 苜蓿盲蟓 Adelphocoris lineolatus (Geoze) 美国牧草盲蟓 Lygus lineolaris (Palisot de Beauvois)	美国、加拿大、墨西哥

资料来源：Day et al., 1998；Kuhlmann et al., 1999；Varis and Achterberg, 2001；陈学新等, 2004；Goulet and Mason, 2006；Haye et al., 2006；Yilmaz et al., 2010；Luo et al., 2014a

欧洲南部地区，常室茧蜂的种类数量和寄生率较高。在德国北部，马铃薯俊盲蟓（Closterotomus norwegicus）主要有 6 种常室茧蜂属的寄生蜂：俊盲蟓常室茧蜂（Peristenus closerotomae）、遗常室茧蜂（Peristenus relictus）、双代盲蟓常室茧蜂（Peristenus digoneutis）、木甲常室茧蜂（Peristenus orchesiae）、泽常室茧蜂（Peristenus nitidus）、Peristenus sp.。主要种类俊盲蟓常室茧蜂的平均寄生率为 24.1%，最高达 77.2%（Haye et al., 2006）。在欧洲双代盲蟓常室茧蜂平均寄生率可达 35%（Gariepy et al., 2008），最高寄生率可超过 70%（White, 2002）。欧洲北部地区由于气候寒冷，常室茧蜂对盲蟓的寄生率较低。芬兰南部麦田主要盲蟓种类是长毛草盲蟓（Lygus rugulipennis），但常室茧蜂的寄生高峰期约 10 d，寄生率最高可达 14%。在麦田边缘相邻种植大豆或燕麦时，常室茧蜂的寄生率高于麦田边缘种植谷物或甜菜，并且除了 1 龄若虫未发现被寄生，其他若虫龄期及成虫都被寄生（Varis and van Achterberg, 2001）。

北美地区美国牧草盲蟓（Lygus lineolaris）发生严重，但本地寄生蜂种类对盲蟓的寄生率较低，常在 10% 以下。1978 年开始从欧洲引进多种寄生蜂用于草盲蟓的防治，其中双代盲蟓常室茧蜂就是引进成功的一项典型案例。1989～1992 年引进该蜂控制美国北部新泽西州苜蓿地中牧草盲蟓，定殖成功后将寄生率提高到 60%～75%，而牧草盲蟓种群数量下降了 65%（Day et al., 2003）。1993～2000 年天敌与害虫再次建立了生态平衡，寄生率稳定在 22% 左右。同时，双代盲蟓常室茧蜂还保护了苜蓿地周边的其他农作物，使牧草盲蟓对苹果造成的损害减少了 63%，在草莓、豌豆、三叶草和杂草上，双代盲蟓常室茧蜂对牧草盲蟓的寄生率也达到 30% 以上（Day et al., 2003），采用生物防治地区的盲蟓不再暴发成灾（Day et al., 1990；Day, 1996；Pickett et al., 2005, 2009）。2002 年双代盲蟓常室茧蜂已扩散到加拿大南部的安大略省、魁北克省，以及美国宾夕法尼亚州、新泽西州、纽约州等 8 个州（Day et al., 2003）。

二、我国常室茧蜂发生情况

我国本地盲蟓若虫寄生蜂已知 12 种（陈学新等，2004；Luo et al., 2014a），其中主要有 2 种（Luo et al., 2014a）：红颈常室茧蜂（Peristenus spretus Chen et van Achterberg）

和遗常室茧蜂[*Peristenus relictus*(Ruthe)]。此外，于 2012 年从欧洲引进了另外 3 种寄生蜂：苜蓿盲蝽常室茧蜂[*Peristenus adelphocoridis*(Loan)]、面常室茧蜂[*Peristenus facialis*(Thomson)]和双代盲蝽常室茧蜂(*Peristenus digoneutis*)。红颈常室茧蜂和遗常室茧蜂主要分布在河北、河南、山东、江苏、广西等省、自治区。其中红颈常室茧蜂仅在中国发现，遗常室茧蜂在欧洲也有分布，并被引进到北美，且定殖成功，主要防治牧草盲蝽和豆荚草盲蝽。2 种寄生蜂主要寄生后丽盲蝽属(*Apolygus*)的绿盲蝽(*Apolygus lucorum*)，草盲蝽属(*Lygus*)的牧草盲蝽(*Lygus pratensis*)，苜蓿盲蝽属(*Adelphocoris*)的中黑盲蝽(*Adelphocoris suturalis*)、苜蓿盲蝽(*Adelphocoris lineolatus*)、三点盲蝽(*Adelphocoris fasciaticollis*)，以及异盲蝽属(*Polymerus*)的红楔异盲蝽(*Polymerus cognatus*)等。

由于绿盲蝽在不同作物之间具有转移为害的特性，在盲蝽为害或栖息的作物和杂草上，都有寄生蜂发生。寄生蜂为了补充营养的需要，更趋向处于花期的寄主植物。因此，常室茧蜂对盲蝽的寄生率会随着寄主昆虫的转移为害及寄主植物花期不同而产生较大的差异。所有寄主植物上平均寄生率低于 10%，在使用农药常规管理的作物中，寄生率多数低于 4%，在不使用农药的多年生苜蓿、绿豆、杂草中，盲蝽自然寄生率可达 18%~36.7%，偶尔可超过 40%。

在河北廊坊，早春 4 月下旬可见寄生蜂成虫，雌蜂将卵产在越冬代盲蝽若虫体内，其卵期和幼虫期都在寄主体内，吸取寄主营养以完成寄生蜂个体发育。常室茧蜂一年有 4 次寄生率高峰期，分别出现在 5 月中上旬、6 月中下旬、7 月下旬和 8 月上旬，其中 8 月上旬是全年的高峰期。8 月底之后，老熟的寄生蜂幼虫从盲蝽体内钻出，落入土壤中化蛹，以蛹滞育越冬，第二年 4 月下旬再羽化为成虫。

第二节 生物学特性

一、形态特征

(一)成虫

红颈常室茧蜂体长 2.2~2.8 mm，身体颜色会受幼虫期发育温度的影响，体色在暗红褐色至明亮的黄褐色之间。触角黄褐色，端部色较深，足褐黄色。膜翅透明，翅痣褐色，基部色浅，翅脉褐色至浅色。遗常室茧蜂体黑色，后足胫节黑色。

(二)卵

初产的寄主卵粒呈半透明水滴形，无卵柄，约长 0.15 mm，宽 0.07 mm，逐渐发育膨胀变为近圆形，后期清晰可见弯曲呈"C"状的胚胎包裹在胚膜中，约长 0.48 mm，宽 0.32 mm。在孵化的时候，浆膜破裂，滋养羊膜细胞进入到寄主血淋巴中，也就是畸形细胞，并且这些畸形细胞将会持续增大数倍，主要作为寄生蜂幼虫发育的食物及保护幼虫免受寄主免疫系统的攻击(Salt，1968；Vinson，1990)。

(三)幼虫

1 龄幼虫具有坚硬的长方形头壳，以及高度骨化的镰刀形下颚骨，当有多寄生时，这些下颚骨能够作为幼虫攻击对方的有效武器。幼虫身体透明，可见身体中部略带绿色的消化道，腹部13节，在幼虫身体末端，有一个圆锥形、透明角质膜形成的尾状物，约为体长的1/5，随着幼虫的生长，尾状物与身体的增长不成正比，逐渐只占体长的1/10。2龄幼虫体形为蛆型，体色不透明，白绿色，头部也不似1龄那样硬化，变得肉质且圆润柔软，后期透过身体表皮可见闪亮银白颗粒状的脂肪体细胞(Salkeld, 1967)。此时，2龄幼虫已占据寄主腹腔和胸腔的大部分。畸形细胞也不断膨大，直径0.2～0.3 mm。3龄幼虫蛆型，薄薄的乳白色体壁下包裹着翠绿色的躯体，体节加厚变粗糙，使幼虫能自由活动离开寄主并在土壤中找到合适的位置吐丝化蛹。寄生蜂幼虫通过不断扭动身体，从寄主腹部侧面撕裂开口钻出，由于幼虫体壁较薄，过长时间暴露在空气中很容易大量丧失水分，因此，一旦离开寄主，幼虫迅速找寻化蛹位置，吐丝包裹身体。寄主由于长期的营养不良及腹部的伤口，会在寄生蜂钻出后1～2 d内死亡。

(四) 茧

茧纺锤形，一般长2.8 mm，直径1.4 mm。寄生蜂茧多分布在3 cm左右深的浅层土壤或蛭石中。一些植物的碎屑和土壤的细小颗粒也被牢牢地粘在白色的茧上，有时幼虫也将茧粘在较大物体的表面，在室内繁殖时，常见养虫盒的边缘和底部布满蜂茧。

二、发育、羽化、性比与交配

红颈常室茧蜂在寄主体内发育时卵—幼虫期的起始温度为6.6℃，有效积温是179 DD。红颈常室茧蜂蛹的发育起始温度约为7.4℃，雄蛹、雌蛹有效积温分别为200.00 DD和232.56 DD。红颈常室茧蜂的发育起点温度为7.3℃，有效积温是370～400 DD。该寄生蜂的卵—幼虫期在寄主体内发育，适宜发育的温度为15～31℃，最适温度19～23℃，存活率83%以上，35℃以上高温不能完成幼虫期发育。该寄生蜂化蛹在土壤中进行，温度为15～27℃，存活率可达80%以上，23℃时可达94%以上，31℃以上高温不能羽化为成虫。蛹期的发育时间长于卵—幼虫期，并且雄蜂的发育历期要明显短于雌蜂。15℃恒温条件下，雄蜂和雌蜂平均49 d和53 d完成个体发育，同时保持短光照的条件下，寄生蜂蛹则进入滞育，可滞育3～8个月，解除滞育后，咬破茧钻出羽化为成虫。21℃时，完成一个世代需要27～32 d，其中卵期4 d，1龄幼虫期5 d左右，2龄3 d，3龄幼虫在寄主体内仅几小时(图14-1)，然后再钻出寄主(图14-2)，在土壤或植物碎屑中吐丝结茧。蛹期14～18 d，一般雄蜂先于雌蜂羽化。在23～27℃时，发育速率增快，雄蜂只需要20～22 d，雌蜂为21～25 d。

15℃恒温条件下，雌蜂成虫最长可存活51 d，雌蜂、雄蜂的平均寿命为41 d和24 d。随着温度的升高，红颈常室茧蜂雌、雄成虫寿命显著缩短。当温度升高至27℃时，雌蜂、雄蜂平均寿命缩短为20 d和13 d。并且雌成虫对温度的变化更为敏感，平均温度每升高1℃，雌蜂寿命缩短2.3 d，雄蜂寿命缩短0.3 d。在35℃恒温时成虫仅能存活2～4 d(Luo et al., 2015)。

红颈常室茧蜂多数在早上8点之前羽化，其他时间段羽化的数量较少，雄蜂要比雌蜂早羽化2～3 d，雌蜂羽化后可立即与雄蜂进行交配(图14-3)，交配时间1～2 min，

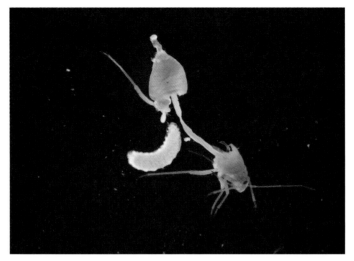

图 14-1 寄生在绿盲蝽体内的红颈常室茧蜂幼虫

图 14-2 红颈常室茧蜂幼虫钻出寄主

图 14-3 红颈常室茧蜂交配

雄蜂可多次交配，雌蜂一生仅交配一次。交配后的雌蜂即可产卵，可产下雌性和雄性后代，而不交配的雌蜂仅能产下雄性后代。在15～23℃条件下，雄性比率为65%～86%，明显偏雄性，而在27℃时，雌性比率接近1∶1(Luo et al.，2015)。

在一些昆虫中，环境温度已被证实为影响昆虫体色的主要外界因子(Wigglesworth，1965；Rowell，1971；Wylie，1980)。在红颈常室茧蜂生态学研究中，温度显著影响红颈常室茧蜂成虫的体色，容易造成分类和鉴定的混乱。随着温度的升高，红颈常室茧蜂头、胸、腹部的体色由深变浅。特别是胸部的颜色变化明显(图14-4)，逐渐由黑色转变成浅红棕色，同一温度下雌蜂的体色深于雄蜂。

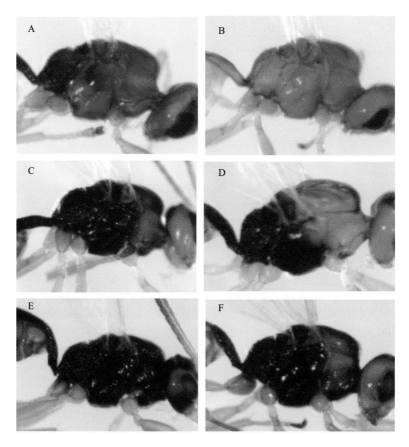

图14-4　红颈常室茧蜂胸部体色随温度变化

A、C、E为分别在25℃、20℃、15℃下发育的雌蜂；B、D、F为分别在25℃、20℃、15℃下发育的雄蜂

三、产卵与寄生

红颈常室茧蜂为单寄生内寄生蜂(solitary parasitoid)，即一头寄主体内只产一头蜂，偶尔可见1个寄主产出2头寄生蜂，但其中一头蜂个体显著小于正常的蜂。在室内试验条件下，1～5龄的绿盲蝽若虫都可以被红颈常室茧蜂寄生，但不同龄期的绿盲蝽若虫对寄生蜂的生长发育可产生不同的影响。当红颈常室茧蜂寄生在1龄绿盲蝽若虫时，寄生

蜂各个虫态的发育历期都显著长于寄生在其他寄主龄期的历期，即发育较缓慢。当寄主龄期为 2 龄或者 2 龄以上时，寄主龄期对寄生蜂发育历期的影响差异不显著。红颈常室茧蜂对 1～4 龄绿盲蝽若虫的平均寄生率约为 76%，对 5 龄绿盲蝽若虫的寄生率约为 62%。寄生在 1 龄绿盲蝽若虫上的红颈常室茧蜂其羽化率、羽化数和雌蜂后足胫节长度都显著低于寄生在 2～5 龄绿盲蝽若虫上的。寄生蜂子代的雌性比例随着寄主龄期的增加而显著增加。此外，寄生在同一寄主龄期时，雄蜂的个体发育显著快于雌蜂。当红颈常室茧蜂寄生在 1～3 龄初期绿盲蝽若虫上时，寄生蜂的发育仅在寄主绿盲蝽若虫体内，高龄的寄生蜂幼虫钻出绿盲蝽若虫体壁，掉落到土壤中化蛹，绿盲蝽若虫 1～3 d 后死亡。但寄生在绿盲蝽高龄若虫（3 龄末及其以上）上时，寄生蜂要在绿盲蝽若虫和成虫体内持续发育，通过跨期寄生才能完成寄生蜂的幼虫发育，即高龄的寄生蜂幼虫从绿盲蝽成虫的体壁钻出，也就是绿盲蝽成虫也可携带寄生蜂幼虫进行飞行。

室内条件下，当 1～5 龄绿盲蝽若虫同时存在时，红颈常室茧蜂对寄主龄期有明显的选择性，偏好寄生于 2～4 龄的绿盲蝽若虫（图 14-5、图 14-6）。在自然条件下，主要选择 2 龄绿盲蝽若虫作为寄主。

红颈常室茧蜂喜欢攻击绿盲蝽若虫胸部腹面，并且雌蜂每次产卵动作一般只产出 1 粒卵。寄生蜂幼虫自由漂浮在绿盲蝽血淋巴中，占据寄主腹部。高龄幼虫从寄主若虫或成虫腹部侧面撕裂开口钻出，到土壤中化蛹。红颈常室茧蜂寄生绿盲蝽时整个过程可分为 3 个阶段：用触角试探捕捉寄主阶段、将产卵器插入寄主并产卵、撤回产卵器抱握寄主并迅速离开。寄主个体大小的差异显著影响了寄生蜂捕捉寄主和寄生的时间，寄生中等大小寄主 3 龄绿盲蝽若虫表现出处理时间最短，大约 13 s。红颈常室茧蜂寄生 1 龄和 5 龄绿盲蝽若虫的处理时间最长，为 18～20 s。寄生低龄寄主时，捕捉寄主时间短，但产完卵后，有用前足、中足抱握寄主的习性，抱握寄主时间长；寄生在高龄寄主时，绿盲蝽若虫个体较大且具有一定的肉食性，寄生蜂有多次试探，并且成功率也较低，由于寄主的剧烈挣扎，寄生蜂捕捉寄主时间长，且产完卵后基本不抱握寄主。

图 14-5 红颈常室茧蜂寄生 2 龄绿盲蝽若虫

图 14-6　红颈常室茧蜂寄生 4 龄绿盲蝽若虫

第三节　饲养、繁殖的关键技术

为了建立天敌种群，便于进行田间释放，大量繁殖天敌的技术是必不可少的。常室茧蜂属的红颈常室茧蜂、双代盲蝽常室茧蜂等的人工饲养仍然依赖于昆虫活体寄主，国内外都尚未建立人工饲料配方来替代原寄主饲养（Whistlecraft et al., 2000；罗淑萍等，2011）。

一、成虫期营养

红颈常室茧蜂的产卵量与成虫期的营养有重要关系。成虫期取食蜂蜜可显著延长寄生蜂的寿命和繁殖力，在取食蜂蜜的条件下，红颈常室茧蜂最长可连续产卵 30 d，平均每头雌蜂可产 671 粒，最高可产 776 粒，单日最高产卵量为 79 粒，在第一天产卵最高，为 43 粒（Luo et al., 2015）。取食食物的种类对该蜂繁殖力也有显著影响，取食葡萄糖、蔗糖和果糖的雌蜂可连续产卵 10~29 d，总产卵量 373~558 粒，取食半乳糖、甘露糖、棉子糖的雌蜂产卵量较少、产卵期较短，连续产卵 5~14 d，总产卵量 112~164 粒。而不取食的雌蜂，平均只能存活 3~5 d，产卵量仅为取食蜂蜜雌蜂的 10%~15%。

二、温度选择

温度与雌蜂的寿命和产卵量也有着重要关系。在 15℃时，雌蜂寿命最长，可达 51 d，可连续产卵 30 d，一生可产卵 370 粒。产卵期前 16 d 每日的产卵量都保持在一个相对较高的水平，平均每日 19 粒，此后，每日产卵量逐渐下降。在 19~23℃时，雌蜂寿命较长，最长可达 34 d，可连续产卵 24~32 d，一生产卵总数较高，527~671 粒。产卵期的前 16 d 产下 90%卵量，第 1 周平均每日产卵量 37 粒。在高温 27℃时，雌蜂寿命较短，最高可连续产卵 18 d，平均产卵 11 d，一生总产卵量较少，为 305 粒，产卵高峰期更为集中，产卵期的前 10 d 产卵量占总产卵量的 90%，第 4 d 是单日产卵量的高峰期，为 45 粒。在不同温度下饲养的寄生蜂雌性比例随着温度的上升而上升，在 27℃时，雌蜂、雄蜂数量差异不显著，比例 1∶1.1（Luo et al.，2015）。

三、接种的蜂虫比例

接种的蜂虫比例，对寄生蜂的寄生率、过寄生率和子代性比都有密切的关系。1 头雌蜂在 10~250 头绿盲蝽若虫密度下，平均可寄生 38 头绿盲蝽若虫，并且在寄主若虫密度为 200 头时，最高可寄生 73 头绿盲蝽若虫。随着寄主密度增加，寄生率、过寄生率降低。当寄主密度为 10 头时，寄生率达 80%以上，过寄生率达 56%，分别是寄主密度 40~250 头时寄生率的 2 倍，过寄生率的 7~25 倍。同时寄生蜂密度的增加，种内干扰效应的增加，显著地影响红颈常室茧蜂子代的数量和性比。雌蜂密度由 1 头增加至 16 头时，平均单头雌蜂寄生的绿盲蝽数量显著从 47 头降低到 5 头。过寄生率随着红颈常室茧蜂雌蜂密度的增加而增加，当雌蜂密度是 16 头时，其过寄生率是单头蜂的 9 倍以上。子代的雌性比例随着母代雌蜂密度的增加而显著下降，雌蜂密度由 1 头增加至 16 头时，雌性比由 47%下降至 9%（Luo et al.，2014b）。较理想的接种的蜂虫比例是 4 对蜂可接 100 头绿盲蝽。

四、饲养流程

（一）寄主绿盲蝽饲养

绿盲蝽放置在透明的塑料 2 L 养虫盒中，用纱布和橡皮筋封盖，既可保证盒内通风透气又可防止若虫逃逸。在 25±1℃、光照周期 14∶10（光∶暗）、相对湿度 65%的条件下，用四季豆饲养成虫和作为成虫产卵场所，用玉米饲养绿盲蝽若虫。每天从含有绿盲蝽卵粒的四季豆中挑出新孵化的绿盲蝽若虫，为了防止绿盲蝽之间的自相残杀，不同日期孵化的若虫需分开饲养，每养虫盒可饲养 200~300 头绿盲蝽（陆宴辉等，2008）。

（二）红颈常室茧蜂蜂种采集

华北地区田间采集时间从 5 月中旬至 8 月中旬，其中 7 月底至 8 月初是该蜂寄生率高峰期。采用扫网和盆拍的方式，采集有盲蝽为害的农作物及田边杂草中的绿盲蝽、苜蓿盲蝽、三点盲蝽、中黑盲蝽、红楔异盲蝽等盲蝽科 3~5 龄若虫。采集的盲蝽放入 1.2 L 的化蛹盒饲养，直到有寄生蜂钻出盲蝽，或者盲蝽羽化为成虫后 1 周左右，移除盲蝽成虫。化蛹盒由 2 个相同的 1.2 L 圆柱形的塑料养虫盒相互嵌套组成。其中，下方的养虫盒内铺上约 2 cm 厚的湿润蛭石，上方的养虫盒底部被割除，并用孔径为 1.8 cm×1.2 cm 的纱网替代，盲蝽饲养在上方的养虫盒中。寄生蜂幼虫从盲蝽若虫体内钻出，可顺利穿过该层纱网，落入下方养虫盒的蛭石中化蛹。一个化蛹盒可收集 50~80 头的寄生蜂蛹，当寄生蜂蛹超过 80 头时，应及时更换新的化蛹盒。化蛹盒的顶部用双层医用纱布和橡皮筋封口。在 25±1℃、光照周期 14∶10（L∶D）、相对湿度 65%的条件下，用四季豆、玉米及采集盲蝽时对应的植物寄主进行饲养。饲养12 d后，移除位于上方的养虫盒，以及盒内所有的盲蝽，仅留下方含有蛭石的养虫盒仍用双层医用纱布封口。同样条件继续培养2周，每天检查是否有寄生蜂成虫羽化，及时将新羽化的寄生蜂成虫按雌雄比1∶1的比例移到有机玻璃透明的10~15 L养蜂笼中，10%蜂蜜水饲养，并控制密度60~100头/笼。

(三)寄生蜂接种方法

寄生蜂繁殖均采用室内繁殖的2龄绿盲蝽若虫作为寄主，取容量为1.2 L的半透明的塑料圆形养虫盒，放入3~4对新羽化的红颈常室茧蜂或遗常室茧蜂和100~120头绿盲蝽若虫，在25℃、光照周期为14∶10(L∶D)、相对湿度为60%~80%的条件下，让寄生蜂自由寄生24 h，同时在养蜂笼中用棉线悬挂含有10%蜂蜜水的棉球，并放入四季豆供寄生蜂和绿盲蝽取食。为保证寄生蜂能最大限度地接触寄主，利用寄生蜂的趋光性，养虫架设置向上光源，可使寄生蜂多聚集在接种盒的中下部。

24 h后，移除寄生蜂，养虫盒内放入新鲜的玉米棒进行饲养，饲养温度25℃，光照周期为14∶10(L∶D)，期间更换一次玉米，6~8 d以后，转入底部铺有2 cm厚蛭石的2个相互嵌套的化蛹盒继续饲养，等待寄生蜂老熟幼虫落入蛭石中吐丝结茧化蛹(图14-7)。约13 d后开始有蜂成虫羽化而出。每天挑出寄生蜂成虫，在14 L有机玻璃的养蜂笼中饲养，用10%蜜糖水饲养(罗淑萍等, 2011)。每2~3年在田间采集野生蜂种进行复壮，可确保健壮的蜂种。

图14-7 规模化生产红颈常室茧蜂

(四)滞育蜂茧的生产

生产滞育蛹需要在短光照10∶14(L∶D)、低温15℃左右的条件下培养，感受滞育的关键虫态是卵、1龄幼虫和2龄幼虫。其他饲养方式和结茧的方法同发育茧的生产。生产出的滞育茧需要在4℃的冰箱中保存，至少3个月之后转至常温25℃左右进行催化才可有蜂羽化。

第四节 储藏、包装和运输技术

一、包装

蜂茧是红颈常室茧蜂主要储藏和运输的形式，新生产的蜂茧与蛭石混合，因此首先用 80 目纱网筛除大部分蛭石，剩余小部分的蛭石在运输过程中既可以起到缓冲保护蜂茧的作用，还具有较好的保湿功能，有利于蜂的羽化。老熟的蜂茧装入 8 cm × 10 cm 的纸质释放袋中（图 14-8），每袋含蜂茧 50 粒左右，胶水封口。使用时，悬挂于作物上，并在纸袋上部剪一小孔，使羽化的寄生蜂成虫能自由飞出。

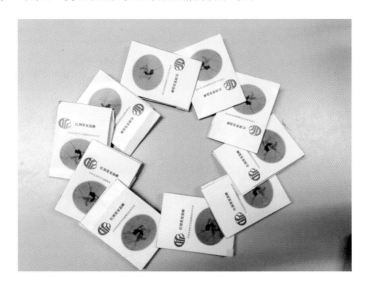

图 14-8 红颈常室茧蜂纸质释放袋

二、储藏

发育状态的老熟茧储藏在阴凉处，常温 20℃时，可保存 7～10 d，15℃时，可保存 2 周，在低温 4℃条件下保存时间不宜长于 7 d，否则会降低成虫的羽化率。

滞育状态的茧适合在低温 4℃条件下保存，且保存时间较长，为 2～8 个月。大量的滞育茧与蛭石混合物一同装入养虫盒，用纱布封口，使之具有一定的透气性。蛭石的高度在 5～10 cm，保持相对湿度 30%左右。滞育茧在低温保存至少 3 个月后，再放到 25℃环境下培养 7～9 d 就可羽化出蜂。

三、运输

在寄生蜂茧运输过程中需要避免在太阳下曝晒，或长时间处于 31℃以上的高温环境中（Luo et al.，2015）。可将茧放入含有冰块的保温箱中，保证蜂茧处于适宜的温度环境中。到达目的地后,应尽快释放到田间,防止寄生蜂提前在释放袋中羽化。

第五节 应用技术

一、释放时间

依据该寄生蜂在自然界中适宜寄生 2 龄绿盲蝽若虫,应根据绿盲蝽若虫孵化盛期,开始第一次释放。例如,在冬枣园,早春 4 月下旬至 5 月中旬,每次雨后即是绿盲蝽越冬卵的孵化期,选择晴天进行释放。

二、释放数量及次数

根据绿盲蝽若虫密度决定释放量。采用盆拍法调查田间绿盲蝽若虫密度,按蜂与绿盲蝽 1∶20 的比例进行放蜂。例如,在山东枣园,早春冬剪(减除含越冬卵的残茬)清园后,释放量 1500～3000 头/hm^2,连续释放 2～3 次可有效控制绿盲蝽为害。每次放蜂的间隔时间约 7 d。在冬枣大棚内,将释放密度提高至 1∶10,连续 3 次放蜂,寄生率可达 80%以上,有效降低下代虫口数量。

三、释放虫态和释放方法

红颈常室茧蜂的蛹期较长,且便于包装和运输,因此主要选择茧为释放虫态。常温条件 20～25℃时,蜂茧发育 10～15 d 后,将收集的蜂茧分装在释放袋中,用曲别针将释放袋别于作物枝条上,剪开纸袋上部一个小孔,便于新羽化的寄生蜂自由飞出。2～5 d 后开始有蜂成虫羽化,此后 5 d 有蜂陆续羽化。作物田中寄生蜂释放点的数量受寄生蜂扩散能力、寄主密度、风向、环境温度、作物种类和种植密度等条件决定,果园每公顷设置 45～60 个释放点为宜,棉田每公顷设置 30～45 个释放点为宜。

四、防治效果调查

(一)寄生率调查

每次释放后 4～7 d 在作物田中 5 点取样随机采集绿盲蝽若虫 50 头,放入 1 L 左右的养虫盒中,在 23℃条件下饲养 2 周,放入新鲜玉米作为饲料,养虫盒下部铺上约 2 cm 厚的湿润蛭石,作为寄生蜂化蛹场所。统计寄生蜂的茧数,计算寄生率。或者直接解剖采集的绿盲蝽若虫,统计寄生率。以未放蜂田作为空白对照,计算校正寄生率。

校正寄生率(%)=(放蜂田块寄生率-对照田块寄生率)/(1-对照田块寄生率)×100

(二)作物受害率调查

在放蜂果园和对照果园分别选取 10 株枣树,统计每株枣树上 10 个枝条上新叶、花或幼果的受害情况,并计算放蜂果园的被害情况。

（三）绿盲蝽成虫数量调查

放蜂后2周在放蜂园和对照园分别悬挂绿盲蝽性诱捕器5个，按5点式方式分布。一周后，记录每个诱捕器中绿盲蝽成虫数量。计算绿盲蝽种群数量变化情况。

第六节 释放寄生蜂与其他防控技术协调应用

盲蝽的综合防治技术包括农业防治、生物防治、物理防治、化学防治（陆宴辉和吴孔明，2008），释放盲蝽若虫寄生蜂的生物防治技术已基本成熟，能较好地与其他防控技术协调应用。

在山东冬枣种植地区，绿盲蝽越冬卵聚集在夏季修剪的枣枝残茬上，每年早春3～4月初冬剪清园（清除绿盲蝽越冬卵），刮除树干及枝杈处的粗皮，并收集烧掉或远离果园（李林懋等，2012），这是一项重要的农业防治措施，靠近棉田的枣树更要细致修剪，可降低90%绿盲蝽越冬卵量。4月上旬，在距离地面20 cm的树干缠绕一圈3～5 cm胶带，在胶带上涂上粘虫胶，粘捕上下树的绿盲蝽若虫。4月中下旬至5月中旬，每次雨后是绿盲蝽若虫孵化盛期，此时是绿盲蝽防治的关键时期。在绿盲蝽若虫初孵期时使用1～2次化学或生物杀虫剂压低虫口后，在4月底至5月上旬，释放2～3次寄生蜂。每亩每次释放100头茧，寄生率43.7%。杀虫剂使用方式是影响寄生率的重要因素，在有机或者偶尔施用农药的草莓园盲蝽的寄生率比经常使用农药的草莓园高5～6.5倍（Tilmon and Hoffmann，2003）。因此，此时药剂应选择氟铃脲、高效氯氰菊酯、甲维盐和阿维菌素等对红颈常室茧蜂毒力较低的农药品种（Liu et al.，2015）。除化学防治外，5月中下旬至8月初在枣园中设置盲蝽性诱剂，引诱雄成虫并杀灭。单个诱捕器平均诱捕量72头。在花期6月，基本不使用农药，此时非常适合释放1～2次寄生蜂，并且枣花含有丰富的蜜源，可显著增长寄生蜂成虫寿命和提高寄生能力。8月初，疏果后果实受害率为4.5%。可见，释放红颈常室茧蜂与其他措施相结合可作为冬枣绿盲蝽综合防治体系的一项重要措施。

致谢：本章节中茧蜂科拉丁文学名和中文名得到浙江大学陈学新教授的订正，盲蝽科拉丁文学名和中文名得到中国农业大学彩万志教授的订正，在此一并表示感谢。

（撰稿人：罗淑萍 吴孔明）

参 考 文 献

陈学新, 何俊华, 马云. 2004. 中国动物志昆虫纲第三十七卷膜翅目茧蜂科(二). 北京. 科学出版社: 182-202.
李林懋, 门兴元, 叶保华, 等. 2012. 冬枣绿盲蝽的发生与无公害防治. 山东农业科学, 44: 98-101.
陆宴辉, 吴孔明, 蔡晓明, 等. 2008. 利用四季豆饲养盲蝽的方法. 植物保护学报, 35: 215-219.
陆宴辉, 吴孔明. 2008. 棉花盲椿象及其防治. 北京. 金盾出版社: 118-145.

罗淑萍, 蒂姆·海, 陆宴辉, 等. 2011. 一种盲蝽寄生蜂的人工饲养方法: 中国, 专利号: ZL. 201110092491. 7.

Chen X X, van Achterber C. 1997. Revision of the subfamily Euphorinae (Hymenoptera: Braconidae) from China. Zoologische Verhande Leiden, 313: 1-217, figs. 1-622.

Day W H. 1996. Evaluation of biological control of the tarnished plant bug (Hemiptera: Miridae) in alfalfa by the introduced parasite *Peristenus digoneutis* (Hymenoptera: Braconidae). Environ Entomol, 25: 512-518.

Day W H, Eaton A T, Romig R F, et al. 2003. *Peristenus digoneutis* (Hymenoptera: Braconidae), a parasite of *Lygus lineolaris* (Hemiptera: Miridae) in northeastern United States alfalfa, and the need for research on other crops. Entomol News, 114: 105-111.

Day W H, Hedlund R C, Saunders L B, et al. 1990. Establishment of *Peristenus digoneutis* (Hymenoptera: Braconidae), a parasite of the tarnished plant bug (Hemiptera: Miridae), in the United States. Environ Entomol, 19: 1528-1533.

Day W H, Tropp J M, Eaton A T, et al. 1998. Geographic distributions of *Peristenus conradi* and *P. digoneutis* (Hymenoptera: Braconidae), parasites of the alfalfa plant bug and the tarnished plant bug (Hemiptera: Miridae) in the northeastern United States. J New York Entomol S, 106: 69-75.

Gariepy T D, Kuhlmann U, Gillott C, et al. 2008. A large-scalecomparison of conventional and molecular methods for the evaluation of host–parasitoid associations in non-target risk-assessment studies. J Appl Ecol, 45: 708-715.

Goulet H, Mason P G. 2006. Review of the *Neartic* species of *Leiophron* and *Peristenus* (Hymneoptera: Braconidae: Euphorinae) parasitizing *Lygus* (Hemiptera: Miridae: Mirini). Zootaxa, 1323: 1-118.

Haye T, van Achterberg C, Goulet H. et al. 2006. Potential for classical biological control of the potato bug *Closterotomus norwegicus* (Hemiptera: Miridae): description, parasitism and host specificity of *Peristenus closterotomae* sp. n. (Hymenoptera: Braconidae). B Entomol Res, 96: 421-431.

Kuhlmann U, Mason P G, Foottit R G. 1999. Host Specificity Assessment of European Peristenus Parasitoids for Classical Biological Control of Native Lygus species in North America: Use of Field Host Surveys to Predict Natural Enemy Habitat and Host Ranges. Proceedings of session: Host specificity testing of exotic Arthropod biological control agents – the biological basis for improvement in safety. International symposium on biological control of weeds Bozeman, Montana, USA.

Liu Y Q, Liu B, Ali A, et al. 2015. Insecticide toxicity to *Adelphocoris lineolatus* (Hemiptera: Miridae) and Its Nymphal Parasitoid *Peristenus spretus* (Hymenoptera: Braconidae). J Econ Entomol, 108: 1779-1785.

Luo S P, Li H M, Lu Y H, et al. 2014b. Functional response and mutual interference of *Peristenus spretus* (Hymenoptera: Braconidae), a parasitoid of *Apolygus lucorum* (Heteroptera: Miridae). Biocontrol Sci Techn, 24: 247-256.

Luo S P, Naranjo S E, Wu K M. 2014a. Biological control of cotton pests in China. Biol Control, 68: 6-14.

Luo S P, Zhang F, Wu K M. 2015. Effect of temperature on the reproductive biology of *Peristenus spretus* (Hymenoptera: Braconidae), a biological control agent of the plant bug *Apolygus lucorum* (Hemiptera: Miridae). Biocontrol Sci Techn, 25: 1410-1425.

Pickett C H, Coutinout D, Hoelmer K A, et al. 2005. Establishment of *Peristenus* spp. in Northern California for the control of *Lygus* spp. *In*: Hoddle M S. (Compiler) Proceedings of the 2nd International Symposium on Biological Control of Arthropods, Davos, Switzerland, 12–16 September 2005, WV, FHTET-2005–08. Morgantown, United States Department of Agriculture, Forest Service: 116-125.

Pickett C H, Swezey S L, Nieto D J, et al. 2009. Colonization and establishment of *Peristenus relictus* (Hymenoptera: Braconidae) for control of *Lygus* spp. (Hemiptera: Miridae) in strawberries on the California Central Coast. Biol. Control, 49: 27-37.

Rowell C H F. 1971. The variable coloration of the acridoid grasshoppers. *In*: Beament J W L, Treherne J E, Wigglesworth V. Advances in Insect Physiology, Vol. 8. Wigglesworth. London & New York Academic Press: 145-198.

Salkeld, E H. 1967. Histochemistry of the excretory system of endoparasitoid *Aphaereta pallipes* (Say) (Hymenoptera: Braconidae). Can J Zoo, 45: 967-973.

Salt G. 1968. The resistance of insect parasitoids to the defence reactions of their hosts. Biol Rev, 43: 200-232.

Tilmon K J and Hoffmann M P. 2003. Biological control of *Lygus lineolaris* by *Peristenus* spp. in strawberry. Biol Control, 26: 287-292.

Varis A L and van Achterberg C. 2001. *Peristenus varisae* spec. nov. (Hymenoptera: Braconidae) parasitizing the European tarnished plant bug, *Lygus rugulipennis* Poppius (Heteroptera: Miridae). Zoologische Mededelingen, 75: 371-379.

Vinson S B. 1990. How parasitoids deal with the immune system of their host: An overview. Arch Insect Biochem, 13: 3-27.

Whistlecraft J W, Broadbent A B, Lachance S. 2000. Laboratory rearing of braconid parasitoids of *Lygus lineolaris*. *In*: Foottit R G, Mason P G. Proceedings of the Lygus Working Group Meeting, ESC/ESS Joint Meeting, Saskatoon, SK. Ottawa: Agriculture and Agri-Food Canada Research Branch: 35-39.

White H D. 2002. Ecology of selected European species of *Peristenus Foerster* (Hymenoptera: Braconidae) parasitoids of plant bugs (Hemiptera: Miridae), and their potential as biological control agents for native North American species of pest *Lygus* Hahn and *Adelphocoris lineolatus* (Goeze) in North America. MScthesis, University of Manitoba, Winnipeg. Wallingford, Oxon: CABI Publishing.

Wigglesworth V B. 1965. The Principles of Insect Physiology. 6th Edition. London: Methuen & Co. Ltd. 741.

Wylie H G. 1980. Colour variability among females of *Microctonus vittatae* (Hymenoptera: Braconidae). Can Entomol, 112: 771-774.

Yilmaz T, Aydogdu M, Beyarslan A. 2010. The distribution of *Euphorinae wasps* (Hymenoptera: Braconidae) in Turkey, with phytogeographical notes. Turk J Zool, 34: 181-194.

第十五章 丽蚜小蜂规模化扩繁的生产工艺及应用技术

第一节 概　述

丽蚜小蜂(*Encarsia formosa* Gahan)属膜翅目蚜小蜂科恩蚜小蜂属,是从美国温室天竺葵属植物(*Pelargonium* sp.)的粉虱上获得的标本并进行了定种(Gahan,1924)。丽蚜小蜂是一种孤雌生殖的内寄生蜂,早期主要分布在美洲的热带和亚热带地区,随着广泛商业化应用于控制设施作物的粉虱类害虫,现已广泛分布于世界各地(图 15-1)。先驱者Speyer(1927)记述了丽蚜小蜂在英国的发生动态,描述了各发育阶段的形态特征和重要的生活习性,成功地利用丽蚜小蜂控制了温室番茄等作物上发生的温室白粉虱[*Trialeurodes vaporariorum*(Westwood)],证明了丽蚜小蜂的应用价值。英国 Cheshunt 实验研究站(后改成温室作物研究所)的大量繁蜂技术取得明显成效,从 1930 年起每年供给英国约 800 个种植园 150 万头丽蚜小蜂;同期加拿大引进 1800 万头,稍后是澳大利亚、新西兰及欧洲几个国家,也进行了较广泛的丽蚜小蜂释放应用。20 世纪 40 年代后,由于 DDT 等有机合成杀虫(螨)剂的发明和应用,丽蚜小蜂的引种和应用工作趋于停顿。但是,几年以后使用化学农药的副作用逐渐显现出来,突出的问题是二斑叶螨(*Tetranychus urticae*)不同品系交互抗药性的产生,导致杀螨剂失效和害螨的猖獗为害,实践上有了强

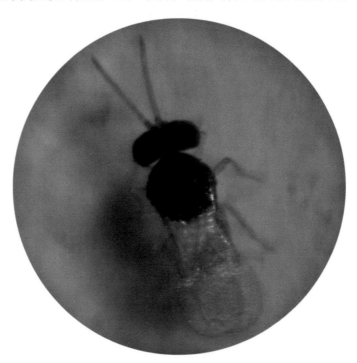

图 15-1　丽蚜小蜂雌蜂

烈的降低化学防治选择压力的要求。20世纪60年代初期，研究发现智利小植绥螨（*Phytoseiulus persimilis*）能有效地控制叶螨密度，英国温室作物研究所首先将此法成功地应用于生产，从而使温室传统的生物防治重新恢复起来。20世纪70年代初温室白粉虱猖獗成灾，为利用丽蚜小蜂防治温室白粉虱的工作增加了需求和动力，研究出大量繁蜂和防治温室白粉虱的方法，为建立温室作物系统多种害虫生物防治和综合防治体系奠定了基础(Hussey and Bravenboer, 1971)。到20世纪80年代，英国、荷兰、美国等20多个国家，深入地研究了丽蚜小蜂的生物学特性及其控害潜能，在商品化生产技术、防治温室白粉虱的应用技术方面取得了举世瞩目的成就，证明了其应用的有效性(van Lenteren and Woets, 1988; Boukadida and Michelakis, 1994; 郑礼和王玉波, 2009)。目前，荷兰等国家温室黄瓜、番茄、茄子、辣椒和花卉等，采用以生物防治为主的综合防控技术体系，有效地控制了粉虱、叶螨、潜叶蝇、蚜虫等害虫，实现了最佳的综合效益，保障了现代温室园艺产业的发展。

我国于1987年从英国引入丽蚜小蜂，至今中国农业科学院植物保护研究所、北京市农林科学院植物保护环境保护研究所等5家单位，已经实现了该寄生蜂的工厂化生产。采用五室繁蜂和简易繁蜂方法，以番茄或烟草为寄主植物、温室白粉虱或烟粉虱为寄主昆虫，批量繁殖丽蚜小蜂，并在防治温室白粉虱的应用方面取得了实际成效。其中，河北省农林科学院旱作农业研究所下属的衡水田益生防有限责任公司，形成了丽蚜小蜂等多种天敌昆虫的生产技术规程(郑礼和王玉波, 2009)，达到了商品化生产的规模和水平，在防治烟粉虱中也有许多成功实例(郑礼和王玉波, 2009)。在烟粉虱发生初期，提前10~15 d放蜂，并增加10%的放蜂量，对设施蔬菜烟粉虱控制效果良好；田间调查发现对烟粉虱的控制效果在放蜂后第2周开始显现，第4周能有效发挥防治作用(何笙等, 2013b)。目前，农业部种植业管理司也发布了农业行业标准《天敌防治靶标生物田间药效试验准则—第3部分：丽蚜小蜂防治烟粉虱和温室粉虱》（标准号：NY/T 2062.3-2012），并于2013年3月1日开始实施。

20世纪中期以来，烟粉虱[*Bemisia tabaci*(Gennadius)]入侵我国，逐渐成为蔬菜和经济作物生产中的突出问题。B型和Q型烟粉虱是烟粉虱众多生物型（或称为隐种）中入侵性最强、危害最大的两个生物型，也引起了研究者更多的关注。有关丽蚜小蜂生物学特性、大量繁殖和应用技术研究的文献较多，本书内容侧重于烟粉虱相关领域的研究进展，同时兼顾温室白粉虱。据报道，丽蚜小蜂可以寄生粉虱的8个属15种寄主(Hoddle et al., 1998)，但主要寄生温室白粉虱和烟粉虱的各龄期若虫。丽蚜小蜂对温室白粉虱和烟粉虱的寄生控制通过寄生(parasitism)致死和取食(host-feeding)致死两种方式实现。当丽蚜小蜂进入寄主所在的生境后，不断地来回爬行，并用触角试探，寻找合适的寄主产卵，其寄生行为主要包括3个过程。①寄主定位：丽蚜小蜂通过飞行、着落到叶片后，在叶面爬行的过程中不停地用触角敲打探测叶片，快速变换位置直至找到寄主，如找不到寄主则飞行离去。丽蚜小蜂在该过程中不能辨别叶片的正面和背面。②处理寄主：丽蚜小蜂找到寄主后先用触角敲打粉虱若虫(触角测试)，围绕寄主检查几圈，若发现寄主的龄期、大小适宜和未被寄生及适合寄生等，丽蚜小蜂就跳到粉虱若虫背上，将产卵器刺入若虫腹部，开始产卵（图15-2）。否则放弃该寄主，通过变换位置重新寻找新的目标。③产卵后行为：包括图 15-3 中的整姿、静止等过程。丽蚜小蜂产完卵后，将产卵器抽出，尾部翘起，用 1 对后足不停地清扫和梳理产卵器，同时也清扫翅外缘，而 1 对前足则不停地梳理触角和口器。其后并不马上离去，而是围绕已产卵寄生的若虫爬行几圈后飞去。丽蚜小蜂完成 1 次产卵后，或继续搜寻下一个寄主，或在叶脉处休息停留片刻后飞走，准备寻找下一个寄主(图 15-3)(张世泽等，2005；郭义等，2007)。丽蚜小蜂的寄生行为多发生在清晨，而且可以 100%避免自复寄生(self-parasitism)，而对含有其他寄生蜂幼虫或蛹的寄主，丽蚜小蜂也可以 90%～100%地避免非自复寄生(Arakawa，1987)。对丽蚜小蜂北京品系和美国品系寄生 B 型烟粉虱的行为研究发现，丽蚜小蜂北京品系平均产卵寄生时间为 5.0 min，而美国品系为 4.2 min，两个品系间差异显著(张世泽等，2005)。此外，丽蚜小蜂还可刺吸取食粉虱若虫，取食时先用产卵器刺破若虫体壁，然后吸食寄主体液。被取食的粉虱若虫体色变成黄褐色，由于体液被吸干导致体躯逐渐干瘪缩小，最终死去。每头丽蚜小蜂一生可通过取食杀死约 100 个寄主，对于已经被取食的粉虱若虫，丽蚜小蜂不会在其体内产卵，同样对于已经被寄生的粉虱若虫，丽蚜小蜂也不会再取食(Hoddle et al.，1998)；而对于已经被取食过的寄主还有可能被下一个丽蚜小蜂取食，但概率降低为 25.4%，当寄主体液几乎没有时，被再次取食的概率更低(van Lenteren et al.，1980)。丽蚜小蜂雌蜂能在粉虱害虫的各个龄期上产卵和寄生，但是具有龄期偏好性，喜

图 15-2　丽蚜小蜂雌蜂寄生烟粉虱若虫

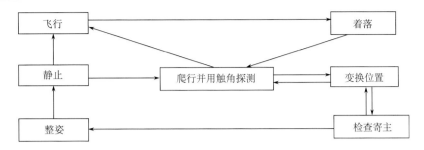

图 15-3　丽蚜小蜂的寄生行为（改自张世泽等，2005）

欢寄生 3～4 龄期的粉虱若虫；丽蚜小蜂在 1 龄和 2 龄粉虱若虫上寄生时，其寄生发育速度显著比 3 龄和 4 龄若虫更慢，平均胚胎发育时间在寄生 1 龄若虫时更长，历期也更长，丽蚜小蜂寄生粉虱类害虫 3 龄或 4 龄若虫时其小蜂的羽化更加一致（Hu et al.，2003），因此扩繁时最好供给 3～4 龄期粉虱若虫，以保证出蜂时间的一致性。丽蚜小蜂寄生温室白粉虱若虫后伪蛹为黑色，寄生烟粉虱若虫后伪蛹为褐色（图 15-4）。丽蚜小蜂经过长期的适应也可以辨别烟粉虱寄主质量的优劣，通常已取食过的若虫将不会再被其产卵，而已被寄生过的粉虱也不会再被其取食。

图 15-4　丽蚜小蜂寄生粉虱若虫后形成的伪蛹
A. 温室白粉虱黑蛹；B. 烟粉虱褐蛹

丽蚜小蜂是孤雌产雌的寄生蜂，早期研究发现，孤雌产雌的生殖方式是由其体内共生的沃尔巴克氏体（Wolbachia sp.）引起的。通过喂食含有盐酸四环素的蜂蜜水可以抑制北京品系丽蚜小蜂体内 Wolbachia 的活性，丽蚜小蜂也会产生雄性后代，雄性后代比例与抗虫素浓度呈现显著的正相关关系。在 1 mg/ml 的抗生素浓度下，丽蚜小蜂产生的寄生蛹数显著高于对照，且从第 4 天开始产生的后代全部为雄性。研究表明了 Wolbachia 的共生对丽蚜小蜂的生殖力具有一定的负面影响，其调控宿主生殖的强度与其密度有关，浓度越高，雄性后代的比例越高（周淑香等，2009a）。进一步研究发现，感染和去除 Wolbachia 的丽蚜小蜂的产卵量和发育历期均不存在差异，而感染 Wolbachia 的丽蚜小蜂成虫前死亡率显著高于去除 Wolbachia 后的丽蚜小蜂。表明 Wolbachia 感染不影响丽蚜小蜂的产卵量和发育速度，感染和未感染该共生菌的丽蚜小蜂生殖力的差别主要是由成虫前死亡率不同引起的(周淑香等，2009b)。也有研究表明，*Wolbachia*会直接影响丽蚜小蜂的怀卵量，而且通过影响丽蚜小蜂卵巢管的发育影响丽蚜小蜂的怀卵量。然而，去除*Wolbachia*后并未改变雌蜂的孤雌产雌生殖方式，也就是说去除*Wolbachia*后，丽蚜小蜂可以产生雄性后代，但未观察到交配行为，且雌蜂可不经交配而产生雌性后代(童蕾蕾等，2012)。孤雌产雌的丽蚜小蜂释放到田间对于害虫防治极具益处，但是其对寄主的搜索、寄生能力稍微低下(王继红等，2011)，进一步提高其对寄主的搜索能力及其产卵寄生能力也是今后该寄生蜂扩繁利用中的重要研究方向之一。

第二节 影响丽蚜小蜂扩繁生物学的因素

一、粉虱种类及龄期对丽蚜小蜂的影响

丽蚜小蜂可寄生烟粉虱B型和Q型的不同若虫龄期，但对两生物型的寄生致死特性存在差异(Liu *et al.*，2016)。实验室条件下，当烟粉虱和温室白粉虱同时存在时，丽蚜小蜂更喜欢寄生温室白粉虱，对温室白粉虱的寄生率显著高于对烟粉虱的寄生率(张帆等，2007)。研究表明，丽蚜小蜂的个体大小受到寄主粉虱个体大小的影响，从个体更大的温室白粉虱体内羽化出来的丽蚜小蜂个体要比从烟粉虱若虫体内羽化出来的小蜂个体更大(Hoddle *et al.*，1998)，生殖力也更强，如从欧洲甘蓝粉虱[*Aleyrodes proletella* (Linnaeus)]羽化出来的丽蚜小蜂的卵巢管数目，要明显多于由较小个体温室白粉虱羽化出来的丽蚜小蜂的卵巢管数目(van Vianen and van Lenteren，1986)，可能与个体更大的寄主里面的营养物质更为丰富有关，这与丽蚜小蜂更喜欢寄生粉虱的3龄和4龄若虫的研究结果是一致的。同时，丽蚜小蜂对温室白粉虱3龄、4龄若虫分泌的蜜露周围所花费的搜索时间，要长于对温室白粉虱成虫蜜露或烟粉虱3龄、4龄若虫蜜露的搜索，但丽蚜小蜂在遇到粉虱成虫蜜露和3龄、4龄若虫蜜露后的行为反应无明显差异(Romeis and Zebitz，1997)。温度25℃条件下，丽蚜小蜂寄生烟粉虱3龄和4龄若虫时，其卵到成虫的历期要明显短于寄生其他龄期(刘小园等，2014)，但在不同寄主植物上该历期差异不大(Takahashi *et al.*，2008)。浅黄恩蚜小蜂(*Encarsia sophia*)寄生温室白粉虱后的卵巢管数目、产卵量、个体大小等均大于由烟粉虱羽化出的浅黄恩蚜小蜂的对应参数(Luo and Liu，2011)。田间实际应用研究也表明，以温室白粉虱为寄主的丽蚜小蜂对粉虱类害虫的生殖力和控害能力更强(王娟等，2013)，因此在室内能够控制温湿度情况下，应优先选择温室白粉虱为寄主继代繁育丽蚜小蜂，质量更优。

不同来源的丽蚜小蜂在原寄主粉虱种类上的存活率显著高于非原寄主上的存活率，在寄生率方面也存在显著的寄主偏好性，如在B型烟粉虱上饲养的丽蚜小蜂，其对B型烟粉虱的寄生率就会高于对其他粉虱上的寄生率。丽蚜小蜂在不同寄主种类上扩繁种群对其寄生率也有影响。很多研究已经表明，在温室白粉虱上饲养的丽蚜小蜂个体更大(Dai *et al.*，2014)，无论是以温室白粉虱还是烟粉虱作为寄主繁育的丽蚜小蜂，其取食烟粉虱若虫的数量明显多于温室白粉虱；以温室白粉虱作为寄主繁育的丽蚜小蜂明显能够寄生

更多的温室白粉虱若虫，而以烟粉虱繁育的寄生蜂则明显寄生更多的烟粉虱若虫；温室白粉虱繁育的丽蚜小蜂通过寄生和取食致死温室白粉虱和烟粉虱的总量无显著差异，而烟粉虱繁育的丽蚜小蜂致死烟粉虱的总量却明显高于温室白粉虱。当以温室白粉虱若虫作为寄主时，在温室白粉虱和烟粉虱上繁育的丽蚜小蜂的取食寄主数量无显著差异，但前者繁育的寄生蜂明显寄生更多的粉虱若虫，而且温室白粉虱繁育的寄生蜂通过寄生和取食明显能杀死更多的粉虱若虫。当以烟粉虱作为寄主时，温室白粉虱和烟粉虱上繁育的丽蚜小蜂在取食、寄生和杀死粉虱总量上均无显著差异。总体来看，繁殖寄主对丽蚜小蜂取食寄主能力的影响不大(Dai et al.，2014)。

在温室内提供单一虫龄和混合虫龄的寄主时，丽蚜小蜂、黑盾桨角蚜小蜂[Eretmocerus melanoscutus(Zolnerowich & Rose)]和浅黄恩蚜小蜂取食寄主B型烟粉虱的能力存在显著差异，浅黄恩蚜小蜂比丽蚜小蜂和黑盾桨角蚜小蜂取食寄主的能力显著更强。提供单一龄期B型烟粉虱若虫时，寄生蜂能够取食更多低龄期的寄主，对高龄期寄主取食相对较少，这可能是由于低龄期粉虱若虫体内营养更少，寄生蜂需要取食更多低龄期个体才能满足自身生长发育的需要。如果提供混合龄期的寄主，寄生蜂则更多地选择取食高龄期的寄主(Zang and Liu，2008)。表明在寄生蜂的扩繁过程中，应该尽量提供更高龄期的粉虱寄主若虫。

二、补充营养对丽蚜小蜂的影响

丽蚜小蜂属于卵育型(synovigenic)寄生蜂，即在寄生蜂羽化时体内仅有部分卵已经达到成熟，而大部分卵则需要在羽化后陆续发育成熟，因此，寄生蜂羽化后的食物、补充营养等均可影响到其寿命、生殖力等，如丽蚜小蜂在饲喂和不饲喂烟粉虱的情况下，寿命差异可达10 d，说明寄主粉虱的存在对丽蚜小蜂寿命影响极大(朱楠等，2007)，进而影响到小蜂对粉虱取食和寄生等控害效果。丽蚜小蜂除了取食寄主烟粉虱若虫以获得营养外，另外一个营养源主要是糖类物质。研究比较对丽蚜小蜂分别喂食蜂蜜水、2~3龄烟粉虱若虫及清水时的取食与寄生行为，发现取食15%蜂蜜水的丽蚜小蜂的取食、搜索与寄生等行为频次最高、分配时间最长，而对应清水处理中则最低(党芳等，2015)。前期研究中，丽蚜小蜂成蜂补充营养10%蜂蜜水3 d，发现饲喂蜂蜜水的丽蚜小蜂的产卵寄生若虫数量显著提高，对粉虱的致死率也显著高于对照，说明补充糖水能够提高丽蚜小蜂的繁殖力(王青等，1992)，进而提高其对害虫的生防效果，取食与产卵趋势是一致的。研究指出，丽蚜小蜂取食蜜露后在单位时间内比不取食蜜露者能产生更多的卵，但其存活率和卵体积没有因寄生取食而呈现明显的增加(Arakawa，1987)，粉虱分泌的蜜露还可以延长丽蚜小蜂的寿命并促进卵子发育(Burger et al.，2004)，但与喂食粉虱分泌的蜜露相比，丽蚜小蜂取食寄主粉虱的血淋巴能够更明显地提高其繁殖量(Burger et al.，2005)，可能是蜂蜜中的氨基酸直接参与了卵的形成。取食寄主的丽蚜小蜂还可以产出更大的酐化卵(anhydropic egg)，酐化卵比非酐化卵的体积更大并且含有更多的蛋白质，对后代的发育很有利，酐化卵还能够被寄生蜂雌蜂吸收，提供营养物质的再利用，而非酐化卵可以储存得更久，体积小但数量更多。寄生蜂在寄主密度过高且环境不稳定时，丽蚜小蜂更易产下非酐化卵，而当寄主分散并且生态环境稳定时，则更易产下酐化卵

(Burger et al., 2004)。同时,补充营养对丽蚜小蜂寿命影响也明显,温度越高丽蚜小蜂寿命越短;取食同类食物的丽蚜小蜂寿命随温度升高而缩短。温度为23℃条件下,不饲喂的丽蚜小蜂寿命最长可达10 d左右,33℃时寿命最短,不足1 d,温度间差异显著;当对上述丽蚜小蜂喂饲10%蜂蜜水时,在18℃条件下寿命可长达25 d左右,而在33℃时寿命低于5 d,温度间也存在显著差异。而当给丽蚜小蜂喂饲粉虱若虫时,18℃时寿命最长,可达25 d以上,但在33℃时寿命为7~8 d。由此可知,当温室中粉虱密度较低或者温度较低时,均可通过人工悬挂蜂蜜水纱布条等为丽蚜小蜂补充营养,维持种群寿命,并可以提高丽蚜小蜂对粉虱害虫的控制效果。

研究发现,葡萄糖、蔗糖、果糖和海藻糖均可延长丽蚜小蜂雌蜂的寿命,海藻糖对其寿命的影响最小,显著低于其他3种糖分(Hirose et al., 2009);取食单糖(葡萄糖、果糖)的丽蚜小蜂寿命显著高于取食蜂蜜水、海藻糖和松三糖时的寿命,取食二糖中的蔗糖的丽蚜小蜂寿命则显著高于取食三糖(松三糖)的寿命;而取食葡萄糖、果糖和蔗糖的丽蚜小蜂寿命之间无显著差异,同时,取食蜂蜜水、海藻糖和松三糖时丽蚜小蜂寿命间也未出现显著差异(刘小园,2014)。常见糖分不仅可影响丽蚜小蜂的寿命,而且对其产卵量也会有不同程度明显影响。与饲喂清水对照相比,饲喂丽蚜小蜂葡萄糖和蜂蜜水的作用更明显,丽蚜小蜂成熟卵数显著多于取食其他糖分的丽蚜小蜂,且减少的量也相对较少。说明单糖更容易被寄生蜂所利用,其次是二糖,三糖效果最差。另外,饲喂不同糖分处理中丽蚜小蜂的卵管数出现高峰值的时间有所差异,但整体上差别不大,都处于3~4对,且对成熟卵的卵长和卵宽影响不大(刘小园,2014)。说明10%糖水可以促进寄生蜂寿命及其卵子的形成,因此,在丽蚜小蜂的大规模繁育过程中可以补充10%的糖水,提高寄生蜂的卵子成熟度及其数量。然而,丽蚜小蜂群体释放前饥饿一段时间也不会改变丽蚜小蜂的寿命及对粉虱害虫的寄生和取食(Zang and Liu, 2010),因此释放前不必进行短期的饥饿处理,这一点与黑盾浆角蚜小蜂不同,该寄生蜂释放前饥饿处理6 h能够取食和寄生更多的烟粉虱若虫(Zang and Liu, 2010)。

三、温度对丽蚜小蜂的影响

目前,B型和Q型烟粉虱在我国成为危害最严重的两个生物型(或隐种)。徐维红等报道了不同温度(15℃、20℃、25℃、30℃)对丽蚜小蜂寄生B型烟粉虱时的发育历期、存活率、寿命和生育力的影响,结果表明发育历期和寿命受温度影响较大,寿命随温度升高而缩短。存活率则是在25℃时最高,15℃时最低,但丽蚜小蜂的发育力不受温度的显著影响(徐维红等,2003),15℃下丽蚜小蜂的产卵量显著低于27℃时,且27℃时,丽蚜小蜂刺吸取食寄主数量为75头,显著高于15℃条件下仅刺吸19头的数量(刘建军和田毓起,1987)。在18~33℃的温度内,丽蚜小蜂的发育历期也随着温度的升高而逐渐缩短,上述参数在丽蚜小蜂美国品系和北京品系中存在明显差异(张世泽等,2004)。在18℃和23℃条件下,喂饲10%蜂蜜水和烟粉虱若虫时,美国品系的寿命显著长于北京品系;而在28℃和33℃时两个丽蚜小蜂品系间的寿命不存在显著差异,表明美国品系的丽蚜小蜂成虫比北京品系更能适应较低的温度条件;丽蚜小蜂从产卵至成虫羽化的发育起点温度为13.1℃(美国品系)、13.2℃(北京品系),而烟粉虱从卵至成虫羽化的发育起点温度为14℃，二者非常接近，一方面表明了丽蚜小蜂幼虫期和烟粉虱若虫期发育的同步性，另一方面也表明了利用丽蚜小蜂控制烟粉虱的可行性(张世泽等，2004)。以往报道中不同温度下、不同植物上丽蚜小蜂成虫寿命存在差异的原因，初步分析可能除了与试验中供试的不同粉虱种类若虫的营养价值和所分泌蜜露的成分不同有关外，也与不同品系及来源的丽蚜小蜂有关。对于我国目前大面积发生危害的Q型烟粉虱，不同温度条件下丽蚜小蜂对其寄生的影响尚未见报道，但可以推知，由于温度会对丽蚜小蜂造成影响，因此也会影响到对Q型烟粉虱的寄生等生物学特性。

四、湿度和光照对丽蚜小蜂的影响

研究表明，45%～90%的相对湿度对丽蚜小蜂寄生寄主的数量没有显著影响，其中45%～75%的相对湿度条件下，丽蚜小蜂寄生和刺吸活动最为活跃，对粉虱的寄生致死数量也最多；但30%的相对湿度影响显著，湿度越低，刺吸寄主的数量越多，说明刺吸可能与补充水分有关(刘建军和田毓起，1987)。过高的湿度(超过90%)和叶片结露对丽蚜小蜂存活和产卵寄生也极为不利，中国农业科学院蔬菜花卉研究所模拟保护地蔬菜叶片结露时，观察了对丽蚜小蜂寿命和生育力的影响，发现在模拟叶片结露有水膜(即水湿环境)的情况下，丽蚜小蜂的寿命和产卵量显著下降，20℃下小蜂的寿命为6.8 d，仅产39.1粒卵，而寄主叶片无水膜的情况下，小蜂的寿命达到23.2 d，产卵量为136.7粒，分别是前者的3.4倍和3.5倍；25℃和30℃正常环境下，丽蚜小蜂的寿命和产卵量分别是水湿条件下的3.8倍、4.5倍和3.0倍、4.9倍(图15-5)。由此可知，室内扩繁或者田间释放丽蚜小蜂时要注意优化保护地的环境，特别是对温室内湿度的控制，要防止昼夜温差过大，避免叶片表面结露，可为丽蚜小蜂的生长发育及产卵寄生创造更适宜的环境条件，也可确保田间应用天敌的控害效果。

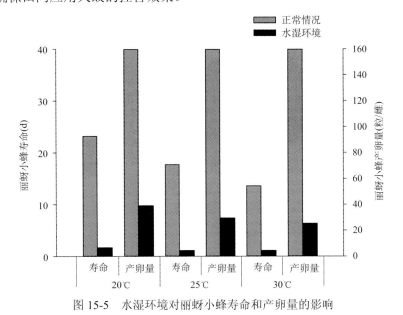

图15-5 水湿环境对丽蚜小蜂寿命和产卵量的影响

在 26℃条件下，光照 13 h 的丽蚜小蜂的发育历期显著短于光照 16 h 和 10 h，成虫产卵量显著低于 16 h，明显高于 10 h 光照，对丽蚜小蜂的羽化率没有显著影响(朱楠等，2011)，说明光照时间长短对丽蚜小蜂有一定影响；但是黑暗条件下丽蚜小蜂仍旧能够寄生和刺吸粉虱若虫，虽然其寄生、刺吸数量及小蜂的寿命均显著低于有光照条件下的(刘建军和田毓起，1987)，说明丽蚜小蜂对于光照的要求不是特别严格。在目前我国的温室条件下，自然光照均可以满足丽蚜小蜂对于光照的要求，可以进行正常的繁殖和寄生等。

五、寄主植物对丽蚜小蜂的影响

以 B 型烟粉虱为寄主，研究丽蚜小蜂北京品系和美国品系在不同植物上的生物学表型，发现丽蚜小蜂北京品系在棉花烟粉虱上发育历期最短，为 17.4 d，甘蓝烟粉虱上发育历期最长，为 20.0 d；美国品系在棉花烟粉虱上发育历期最短，为 16.3 d，在其余 4 种寄主植物烟粉虱上发育历期较长(17.3～17.9 d)。两品系的寄生率均表现为对番茄烟粉虱最高，分别为 37.3%和 39.0%，棉花上分别为 32.2%和 35.5%，黄瓜上最低(30.2%和 29.6%)。在寄主植物选择性试验中，北京品系和美国品系也表现为对番茄烟粉虱的寄生率最高，分别达 62.7%和 56.3%，而对黄瓜烟粉虱的寄生率最低，分别为 30.8%和 29.0%(张世泽等，2005)。在烟草、甘蓝、棉花和黄瓜 4 种寄主植物同时存在时，丽蚜小蜂寄生 B 型烟粉虱的寄生率从高到低的顺序依次为：烟草>甘蓝>棉花>黄瓜，测试 4 种寄主植物间差异显著(张帆等，2007)。而分别以甘薯、番茄和芥蓝为寄主植物，研究发现在芥蓝上饲养的 B 型烟粉虱繁殖丽蚜小蜂时，丽蚜小蜂的羽化率、成蜂寿命、产卵量、刺吸量等均显著高于其他 2 个寄主，且在芥蓝上丽蚜小蜂的种群增长指数最高(陈倩等，2005)。研究发现，植物也可明显或显著影响丽蚜小蜂对 Q 型烟粉虱的寄生特性，而以辣椒和茄子上对烟粉虱的寄生致死率高于番茄和黄瓜作物(曹增等，2015)，因此在丽蚜小蜂田间释放应用中，寄主植物也应该被列到多个考虑因子之中，如除了植物挥发性物质影响寄生蜂的搜索行为和寄主定位等以外，植物叶面特性也会影响寄生蜂对寄主的搜索效率，如叶脉复杂、叶面绒毛密度高、蜡质多等会降低寄生蜂的行走和搜索速度，进而降低寄生蜂的寄生能力(van Lenteren et al.，1976；Jackson et al.，2000；McAuslane et al.，2000)，不利于种群扩繁。因此，扩繁寄生蜂的寄主取食的植物叶面不宜有太多刺与毛，以提高寄生蜂的行进速度和寄生效率。

寄主植物经常同时感染病害和虫害，这也影响到寄主植物挥发性物质的释放，进而影响到寄生蜂的搜索和寄生能力。报道指出，番茄未感染白粉病时，番茄带虫植株对丽蚜小蜂的引诱作用显著高于对照，但是感染白粉病的番茄与对照之间未表现出显著差异(王联德等，2005)，说明植物感病后影响到寄生蜂的寄主定位。研究发现，丽蚜小蜂对健康番茄植株上的 B 型烟粉虱的寄生率和对烟粉虱的致死率高于 Q 型烟粉虱，但番茄寄主感染番茄黄化曲叶病毒(tomato yellow leaf curl virus，TYLCV)后，改变了丽蚜小蜂的寄生特性，对 Q 型烟粉虱的寄生率和致死率有明显提高；但 B 型烟粉虱饲养在带毒的番茄寄主上后，丽蚜小蜂对其寄生率变化不大，说明植物病毒也参与了寄生蜂和粉虱寄主之间的互作关系，并且使这种互作关系更加复杂化(Liu et al.，2014)，但是可以明确的是，植物携带病毒不会降低丽蚜小蜂对烟粉虱的控制作用。可控条件下，当提高周围空气中的臭氧浓度时，烟粉虱取食能显著增加番茄的挥发性物质，进而能够吸引更多的丽蚜小蜂来寄生粉虱害虫，最后降低粉虱类害虫的取食及危害（Cui et al.，2014）。

六、化学药剂对丽蚜小蜂及其寄生率的影响

丽蚜小蜂在温室内释放不可避免受到化学药剂的影响，总体来说，杀菌剂的影响小于杀虫剂的影响。采用吡虫啉叶面处理和灌根处理两种不同施药方式进行处理，喷雾处理中随着吡虫啉浓度的升高，丽蚜小蜂的校正死亡率逐渐升高，用 50 mg/L 浓度处理时死亡率可达 93.3%，而灌根处理中，丽蚜小蜂死亡率不会随着吡虫啉浓度升高呈现逐渐升高的趋势，最高浓度 50 mg/L 处理时其校正死亡率为 16.2%，说明灌根对丽蚜小蜂影响较小，50 mg/L 浓度吡虫啉灌根处理后，丽蚜小蜂的寄生率达 7.9%，而相同浓度吡虫啉喷雾处理后，丽蚜小蜂的寄生率显著降低，仅为 2%左右。说明吡虫啉叶面处理显著降低了丽蚜小蜂的存活率和寄生率，而灌根施药方式则对丽蚜小蜂的存活率影响较小，可以配合释放丽蚜小蜂对烟粉虱进行协同控制（饶琼等，2012）。噻虫嗪是第二代新烟碱类杀虫剂的代表品种，其内吸性很强，生产上常用来防治包括烟粉虱在内的刺吸类害虫（尹宏峰等，2014）。研究表明，25%噻虫嗪水分散粒剂稀释 3000 倍液进行叶面喷雾后，对丽蚜小蜂的直接致死率可达 97.12%，显著高于噻虫嗪灌根处理及清水对照时的丽蚜小蜂死亡率；带烟粉虱若虫的番茄经噻虫嗪喷雾处理后，丽蚜小蜂对烟粉虱若虫的寄生率显著低于灌根处理及清水对照的寄生率；与对照相比，噻虫嗪处理也降低了丽蚜小蜂对烟粉虱若虫的致死能力，而且叶面喷雾处理的影响大于灌根处理；同时，噻虫嗪灌根和叶面喷雾对丽蚜小蜂的羽化率和发育历期无显著影响，但显著降低了丽蚜小蜂成虫的寿命（刘馨等，2016）。

第三节　饲养条件、大量繁殖的关键技术或生产工艺

一、丽蚜小蜂的五室繁蜂技术

天敌昆虫的商品化生产是其广泛应用的基本条件，国内外主要利用五室繁蜂法生产丽蚜小蜂。目前，我国已经有现行的农业行业标准《天敌昆虫室内饲养方法准则　第 3 部分：丽蚜小蜂室内饲养方法》（NY/T 2063.3-2014），已于 2015 年 1 月 1 日起开始实施。参照该行业标准，将丽蚜小蜂的饲养条件及生产工艺简述如下。

（一）种蜂采集、提纯和优选

蜂种采自烟粉虱若虫内寄生的丽蚜小蜂，要求在不同寄主植物和不同生态条件下广泛采集。将采回的丽蚜小蜂置于适宜条件下（温度 25±1℃、相对湿度 60%～70%）发育，羽化出蜂后，转接到烟粉虱若虫体内，然后通过对寄生率、羽化出蜂率、繁殖力、性比、储存特性和对目标害虫卵的搜索能力检测试验，选择优势蜂种。优势蜂种确定后经过一代繁殖，当发育到初蛹期时，置于温度 10℃、相对湿度 50%～60%的低温条件下储藏。此阶段要经常检查，务必保证温度、湿度稳定，防止蜂卡发霉、变质。

(二)清洁苗生产室

清洁苗生产室 15 m² 左右。在温室或网室内，按常规栽培方法，播种、移苗和定植番茄，当苗长到 35 d(5 片真叶)时，将其单株定植于 25 cm 的花盆内。每批苗 160 株左右。45 d(7~8 片真叶)时，即可接种粉虱。

(三)粉虱成虫接种室

粉虱成虫接种室通常可用 10 m²。开始繁蜂前 3 周，将 7~8 片真叶的清洁番茄苗放入温度 25~27℃、相对湿度 60%~70% 的条件下，每株接种粉虱成虫 200~300 头，当子代粉虱成虫大量羽化时备用。在温度 25~27℃、相对湿度 60%~70% 的条件下，按 1:4 的比例接种粉虱 24~36 h，期间，需经常摇动作为虫源的植株，同时也轻轻晃动新苗 4~5 次，使其产卵均匀。一般叶背面每平方厘米有卵 35 粒以上时，即可结束接种。摇动植株，赶走大量粉虱成虫后，将其中的 9/10 盆搬出室外。留下 1/10 盆植株，用于更换作为虫源的老植株，每周更换，3 周换完。更换时将老植株拔下，待粉虱成虫全部羽化再清理出去。

(四)粉虱若虫发育室

粉虱若虫发育室约 8 m²。在温度 25~27℃、相对湿度 60%~70% 的条件下，将上述番茄苗放入密闭容器中，每隔 3 株挂一敌敌畏纸条，熏蒸 4 h，杀死遗留粉虱成虫，移入粉虱若虫发育室，剪去生长点，并加强肥水管理，促进叶片生长。2 周后，粉虱若虫发育到 2~3 龄时，用于接种丽蚜小蜂。

(五)丽蚜小蜂接种室

丽蚜小蜂接种室约 8 m²。在温度 25~27℃、相对湿度 60%~70% 的条件下，将前部培育的带有 2~3 龄粉虱若虫的番茄植株上接入丽蚜小蜂黑(褐)蛹或成蜂 800~1000 头/株，以每平方厘米叶片上有一头丽蚜小蜂成虫为宜，经 10~12 d，当丽蚜小蜂黑(褐)蛹零星出现时，即可移出。同时用敌敌畏药条熏蒸 1 h，杀死滞留在叶片上的丽蚜小蜂成虫。

(六) 丽蚜小蜂和粉虱分离室

分离室约 6 m²。将带黑蛹(或褐蛹)的番茄植株移入分离室，停留 2~3 d，使未被寄生的粉虱大量羽化，然后把番茄苗搬出室外，进行敌敌畏熏蒸，杀死滞留在叶片上的粉虱成虫；在未被寄生的粉虱成虫大量羽化时，在分离室放入 3 盆清洁苗，诱收分离室中的粉虱成虫，每周更换一次。

(七)制卡收集

采摘带有寄生蛹的叶片，并在室内晾 1~2 d，黏制叶片或纸质蜂卡，即可包装储藏或田间应用。

上述生产工艺流程图简要表述如下(图 15-6)。五室繁蜂技术的优点很明显，如繁殖蜂量多、丽蚜小蜂发育整齐，出蜂时间更为集中，开始羽化的前两天羽化率已接近50%；蜂种质量规格化，便于计划批量生产。

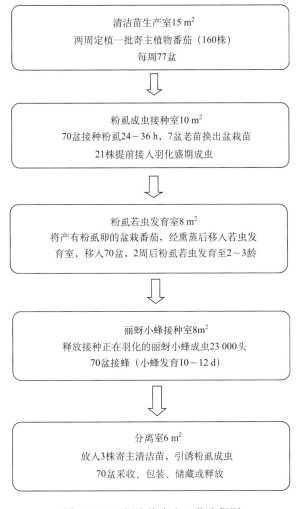

图 15-6 丽蚜小蜂生产工艺流程图

二、丽蚜小蜂简化繁蜂技术

根据烟粉虱的生物学研究结果，也有研究利用芥蓝上饲养B型烟粉虱繁殖丽蚜小蜂的可行性，借鉴以温室白粉虱繁殖丽蚜小蜂的生产技术，建立了丽蚜小蜂的三室繁蜂技术流程，简化了繁蜂程序，可为实验室内小量扩繁提供方法(陈倩，2004)。由于烟粉虱比温室白粉虱更能适应高温环境，采用烟粉虱来扩繁丽蚜小蜂，夏季也可在温室作物上建立种群，而采用温室白粉虱若虫作为寄主时在夏季繁蜂存在一定困难，因此，该简化的三室繁蜂技术可为丽蚜小蜂的周年扩繁提供更有利的条件(图15-7)。

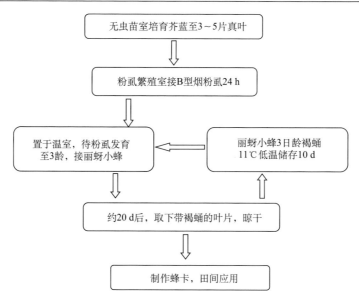

图 15-7 丽蚜小蜂的简化三室繁蜂技术

三、丽蚜小蜂规模化生产的产品质量指标

对于制作保存的蜂卡需要进行产品检验，具体检测方法参照《天敌昆虫室内饲养方法准则 第 3 部分：丽蚜小蜂室内饲养方法》的农业行业标准（NY/T 2063.3-2014），简述如下，略有改动。

（一）产品质量检验

1. 寄生率检验

（1）样品提取

各批次生产的产品均需抽取样本，即从每批产品中随机确定若干蜂卡，每卡取少量样品，当时标记批次、接蜂日期和抽样日期。

（2）样品分装

采用清洁无毒、无异味、干燥的培养皿、试管、指形管和小型接蜂盒将同一抽样日期和批次的样品收集在一起，混合均匀后随机选取 100 粒，以每 20 粒分装一试管，重复 4 次，贴上标签供检测。

（3）样品检测

将所选并标记好的样品，放置在温度 25℃、相对湿度 60%～70% 条件下，发育到黑蛹（或褐蛹）期，检测区分寄生与未寄生粉虱，统计寄生蛹数量，计算寄生率。

2. 羽化出壳蜂率检测

（1）样品提取

各批次生产的产品均需抽取样本，即从每批产品中随机确定若干蜂卡，每卡取少量样品，当时标记批次、接蜂日期和抽样日期。

(2) 样品分装

采用清洁无毒、无异味、干燥的培养皿、试管、指形管和小型接蜂盒将同一抽样日期和批次的样品收集在一起，混合均匀后随机选取黑蛹(或褐蛹)100头，把20头装一个试管，重复4次，贴上标签供检测。

(3) 样品处置

确认为寄生的粉虱黑蛹(或褐蛹)装管后，放置在25℃、相对湿度60%～70%条件下，发育到羽化出蜂。

(4) 样品检测

样品羽化结束后2～3 d检测，检测样品必须逐粒检查羽化孔，记录羽化孔数。计算羽化破壳率和羽化出壳蜂率。

3. 可育率和生殖力检测

(1) 提取样品

各批次生产的产品均需抽取样本，即从每批产品中随机确定若干蜂卡，每卡取少量样品，当时标记批次、接蜂日期和抽样日期。

(2) 样品分装

采用清洁无毒、无异味、干燥的试管或指形管将选用的200头3龄粉虱若虫，单头分别装入单管，贴上标签供检测。

(3) 样品处置

A. 样品发育

将分装后的样品放置在温度25℃、相对湿度60%～70%条件下，发育到羽化出蜂。

B. 引蜂寄生

指形管内放入带有3～4龄粉虱若虫(100头左右)的寄主植物叶片，叶柄用湿润的棉球保湿，然后将新羽化(12 h内)的雌蜂引入，并喂饲10%蜂蜜水，以棉球封口。每管1头，每次处理10头雌蜂，重复4次，标记编号。

引雌蜂入指形管1 d后，逐管观察引入管内的雌蜂是否健在，并记录，如有死蜂要补足。

C. 样品检测

引接雌蜂2周后，按标定的指形管号，逐管检查管内是否有寄生蛹出现，记录可育和不育雌蜂。计算可育率及各处理每头雌蜂的平均产卵量，以平均单雌产卵量衡量生殖力。

(二) 计算方法

1. 寄生率

按下列算式进行计算：

$$PR = \frac{N - N_0}{N} \times 100$$

式中，PR 为寄生率(%)；N 为供检测若虫数；N_0 为非寄生数(粉虱若虫及蛹壳)。

2. 羽化率

按下式计算：

$$ER = \frac{N_1}{N} \times 100$$

式中，ER 为羽化率(%)；N_1 为有羽化孔的供检测寄生蛹数；N 为供检测寄生蛹数。

3. 可育率

按下式计算：

$$BR = \frac{N_2 - N_3}{N_2} \times 100$$

式中，BR 为可育率(%)；N_2 为供检雌蜂数，单位为头；N_3 为不育雌蜂数，单位为头。

4. 平均单雌寄生量

按下式计算：

$$AN = \frac{N_3}{N_2} \times 100$$

式中，AN 为平均单雌寄生量(头)；N_2 为供检雌蜂数；N_3 为丽蚜小蜂蛹数。

(三) 产品质量评价方法

丽蚜小蜂产品质量分级方法参见表 15-1。

表 15-1 丽蚜小蜂产品质量分级方法

参数	等级		
	一级	二级	三级
寄生率(%)	≥80	≥70	≥65
羽化率(%)	≥90	≥80	≥70
可育率(%)	≥85	≥70	≥60
平均单蜂寄生量(头)	≥50	≥40	≥30

此外，丽蚜小蜂大量繁殖过程中还应注意，繁蜂时寄主粉虱的密度不易过大。粉虱密度过高，会降低丽蚜小蜂的搜索活性；相反，密度低时，不但会增加它的搜索速度，还会增加它的寄生率。再者，由于粉虱数量多，分泌大量蜜露，导致丽蚜小蜂增加取食蜜露的量，减少刺吸粉虱量。二者间营养结构的不同，导致产卵量直线下降。同时，过多的蜜露容易黏死成蜂，寿命的缩短也是造成产卵量下降的主要原因。

也有研究者试图采用人工饲料来繁育丽蚜小蜂，但该设想基本还是处于试验阶段 (Davidson et al., 2000)，距离实际应用还很遥远。同时，虽然丽蚜小蜂已经实现规模化生产，但为了进一步促进其种群扩繁技术，科学家也克隆了丽蚜小蜂的卵黄原蛋白(Vg)基因(Donnell, 2004)，为进一步利用该基因促进寄生蜂的产卵及扩繁利用提供基础。

第四节 储藏或包装技术

丽蚜小蜂蛹前期为适宜的储存虫态。储存库内保持温度约为10℃、相对湿度50%左右,保证温湿度稳定,不与有毒、有害物品混合存放。适时对储存的蜂卡进行翻动,防止霉变。对保存的每批次的蛹都需要进行检验,分别在不同的发育时间内抽取一定数量的寄生卵粒分装在试管中,放置在温度25℃、相对湿度70%～80%条件下,待其发育到羽化出小蜂。逐粒检查丽蚜小蜂寄生和羽化数量,并记录羽化出蜂数、卵内遗留蜂量、雌雄蜂数等,计算寄生率、羽化率和性比等,检测并标明各批次质量检测结果。通常可存放20 d以内。目前,丽蚜小蜂已经实现生产化和规模化,包装和储运基本都是以蜂卡进行,田间使用时悬挂蜂卡即可,简便可行。农户使用蜂卡时,生产厂家通常介绍要随买随用,或者短期低温储存,因为丽蚜小蜂与蜂卡的储运温度密切相关,温度对丽蚜小蜂的寿命、发育历期影响很大。低温储存以调控丽蚜小蜂的发育进度,是实现其商品化生产、运输和释放应用的关键环节之一。

研究发现,褐蛹低温储存天数不同,对丽蚜小蜂的各项生物学指标均有显著影响,储存天数越长,其成蜂羽化率越低,寿命越短,产卵量和刺吸致死量越少。在低温3℃、8℃、10℃和12℃下储存被丽蚜小蜂寄生的温室白粉虱黑蛹时,温度越高,丽蚜小蜂的羽化率越高;储存时间越长,羽化率越低;在12℃下储存20 d,伪蛹的羽化率达87%,与不低温处理的对照之间差异不显著。丽蚜小蜂褐蛹随储存时间的延长其羽化率等显著下降。在5℃下储存10 d时,羽化率为对照处理的34%。在10℃下储存15 d时,寄生伪蛹羽化率为69%,储存时间超过20 d时,羽化率和成虫寿命等迅速下降,失去储存意义(何笙等,2013a)。将寄生B型烟粉虱的丽蚜小蜂的1～6日龄褐蛹于11℃低温下储存10 d后,3日龄褐蛹中羽化的成蜂寿命、产卵量和刺吸量均优于其他日龄。3日龄褐蛹在11℃下储存10 d、20 d、30 d后,上述生物学指标和种群参数均随储存天数增加而明显降低,其中以处理10 d的净生殖率、内禀增长率和周限增长率等比未储存的差异较小(陈倩等,2004)。因此,丽蚜小蜂的寄生伪蛹在低温储存后利于延长蜂卡的货架期。

第五节 应用技术及注意事项

在加温温室及节能日光温室春夏秋季果蔬上,当粉虱成虫发生密度较低时(平均0.1头/株以下),挂蜂卡每亩每次释放丽蚜小蜂1000～2000头,将市售蜂卡挂在植株中、上部叶片的叶柄上(图15-8),隔7～10 d再释放一次,共挂蜂卡5～7次,有条件的地方也可以成蜂和黑蛹混合释放,使寄生蜂建立种群有效控制粉虱发生为害。释放期间注意田间保温,夜间温度最好保持在15℃以上。当丽蚜小蜂与粉虱若虫数量比达1:(30～50)时,可以停止放蜂。1978年以来我国多地在合适的季节和设施的环境条件下,释放丽蚜小蜂成功地防治粉虱类害虫。研究发现,温室白粉虱的虫口密度为0.5头/株时,丽蚜小蜂释放密度保持在150 000头/hm^2,分为3～4次释放,在部分地区对温室白粉虱的防治效果可超过90%(宋瑞生,2011)。

图 15-8　温室番茄田悬挂丽蚜小蜂蜂卡

丽蚜小蜂在温室内控制粉虱类害虫在世界多地的应用是成功的，但是仅用寄生蜂来控制丽蚜小蜂也是不够的，特别是在露地粉虱害虫发生危害严重的地区更是一个挑战（Liu et al., 2015），实际生产中需要与其他防治技术协调应用。

一、与黄板的协调使用

黄板在粉虱类害虫的综合治理中发挥重要作用（图 15-9）。利用粉虱类害虫成虫对黄色的强烈趋性，放蜂前后可在温室内悬挂黄板，与丽蚜小蜂寄生粉虱若虫相结合，防治效果更高（朱国仁等，1993），因为悬挂黄板可有效地降低烟粉虱成虫数量，同时对丽蚜小蜂的诱杀作用较小（陈丹等，2011）。

二、与化学药剂的协调使用

我国以发展节能型日光温室和塑料大棚为主，冬、春季蔬菜生产也不加温，加之栽培密度过大，温室温度较低，植株夜间结露严重，极不利于寄生蜂的存活和建立种群，因此丽蚜小蜂释放温室后种群增殖不利。寄生蜂释放前，棚室内粉虱发生基数太大时也不利于对害虫的有效控制，同时棚室内常发生不同的病虫害，其他病虫害防治所用的化学药剂可能对丽蚜小蜂造成影响。农药是影响生物防治最重要的因素，而不同农药对天敌的影响变异很大。因此温室内释放丽蚜小蜂时需要特别慎重选用化学药剂。明确化学农药对丽蚜小蜂的安全性，对搞好粉虱生物防治和蔬菜主要病虫综合治理有重要意义。

研究表明，丽蚜小蜂各虫态对菊酯类、有机磷类的敏感性很强，啶虫脒和阿维菌素对丽蚜小蜂也属不安全药剂，对丽蚜小蜂寄生伪蛹杀伤力最强，其死亡率在 99.1%～

图 15-9　棚室内悬挂黄板配合释放丽蚜小蜂防治粉虱类害虫

100%，在丽蚜小蜂释放期或田间高发期不宜使用；而马拉硫磷和毒死蜱对寄生伪蛹的安全性为中等水平，其他制剂的致死率高、安全性差。抗蚜威对成蜂影响较大，但对寄生伪蛹较安全。吡虫啉、噻嗪酮、灭蝇胺对寄生伪蛹和成蜂均较安全，其对寄生伪蛹的死亡率在 18.3%以下(徐维红等，2008)。上述结果与不同杀虫剂的生物活性有关，可在一定的条件下选用对丽蚜小蜂安全的药剂。例如，幼苗感染蚜虫、粉虱、潜叶蝇时，可分别选用较安全的杀虫剂吡虫啉与抗蚜威、噻嗪酮和灭蝇胺除治，定殖后再确定放蜂适期和数量；当释放丽蚜小蜂的棚室内发生蚜虫、潜叶蝇时，可在点片发生阶段选用吡虫啉与抗蚜威、灭蝇胺等进行局部施药挑治，对寄生蜂较安全，但应适当增加放蜂量(王玉波等，2006)。矿物油类药剂对粉虱、害螨和白粉病有良好防效、制剂低毒，其作用机制是形成油膜封闭病虫而致死，对丽蚜小蜂也不安全，不宜与寄生蜂协调应用。但最近也有研究表明，吡丙醚虽然对烟粉虱的毒杀作用很强，但是吡丙醚处理导致丽蚜小蜂的羽化率最低，是对小蜂最不安全的药剂；噻嗪酮对烟粉虱的毒杀效果较好，并且对丽蚜小蜂的寄生和羽化影响最小，可以作为安全药剂使用；新型杀虫剂苯氧威对粉虱的毒杀效果较差，并且对丽蚜小蜂也属于有害的和不安全的药剂(王巧丽，2014)。同样，双甲脒对丽蚜小蜂毒性高，也不能与丽蚜小蜂协同应用在粉虱类害虫的综合防控技术体系中(Chitgar and Ghadamyari，2012)。

杀菌剂整体上对丽蚜小蜂寄生伪蛹及成蜂的安全性优于杀虫剂，研究证明对寄生伪蛹的死亡率均在 30.3%以下较安全，其中甲霜灵属安全药剂。释放丽蚜小蜂棚室内发生霜霉、叶霉、灰霉、晚疫或白粉病等时，可选用适宜的杀菌剂进行防治，对寄生蜂负面影响较小，但也需适当增加放蜂量。

若温室内粉虱数量稍高，可用安全药剂 25%噻嗪酮可湿性粉剂 1000～1500 倍液，或 10%吡丙醚乳油 750 倍液进行叶面喷雾，压低粉虱发生基数后，再结合释放丽蚜小蜂对粉虱进行综合防控。

三、与其他天敌生物的协同作用

粉虱座壳孢（*Aschersonia aleyrodis*）是粉虱害虫的重要病原真菌。室内研究表明，温室白粉虱 3 龄和 4 龄若虫被病原真菌粉虱座壳孢的孢子悬浮液处理后，丽蚜小蜂对处理和未处理若虫采用的产卵姿势是相同的，但是小蜂在对照处理中的寄生若虫数显著高于处理组。给寄生蜂提供处理后的若虫，寄生蜂刺探后表现出拒绝行为，处理超过 7 d 后对小蜂的影响不显著；孢子悬浮液若虫处理后孵化的寄生蜂在生殖力方面表现出显著差异（van Lenteren and Fransen，1994）；说明该病原真菌可与丽蚜小蜂协调使用，但在粉虱座壳孢施用 7 d 后再释放小蜂更有效（Fransen and van Lenteren，1993；van Lenteren and Fransen，1994）。邱宝利等（2003）研究发现，烟粉虱寄生性天敌桨角蚜小蜂（*Eretmocerus* sp.）和粉虱座壳孢联合使用时，一个世代内喷施粉虱座壳孢 2 次，再释放桨角蚜小蜂 1 次或 2 次，对烟粉虱种群的控制作用达 97.02%～97.91%，烟粉虱种群增长趋势指数低于 1，种群数量逐渐下降；二者联合使用时，桨角蚜小蜂和粉虱座壳孢间无消极影响。虽然丽蚜小蜂与粉虱座壳孢联合应用对粉虱害虫的田间防控作用未见报道，但由推测可知，二者按照粉虱座壳孢施用 7 d 后释放丽蚜小蜂可对粉虱害虫达到优良防效。而球孢白僵菌（*Beauveria bassiana*）和绿僵菌（*Metarhizium anisopliae*）会降低丽蚜小蜂发育及对粉虱若虫的寄生率，因此不适合与丽蚜小蜂释放配合使用（Oreste *et al.*，2015）。更多病原真菌与丽蚜小蜂释放的相容性还需要深入研究。

在温室内研究了东亚小花蝽（*Orius sauteri*）和丽蚜小蜂两种天敌组合使用对烟粉虱的控制作用。发现单独释放东亚小花蝽处理对烟粉虱卵、若虫均有较好的控制效果，在释放后第 1 周，东亚小花蝽处理及东亚小花蝽和丽蚜小蜂组合处理对烟粉虱卵和若虫的控制效果分别达到 87.1%、89.3%和 73.9%、78.3%，两周后的控制效果分别为 72.7%、66.9%和 64.8%、57.2%，二者协同防效高于丽蚜小蜂单独释放时对烟粉虱的控制效果（李姝等，2014）。丽蚜小蜂对温室白（烟）粉虱的寄生率可达 65%～75%，也可在释放丽蚜小蜂的棚室蔬菜生长中、后期，辅助释放大草蛉，隔 7～10 d 一次，共 2～3 次，提高了对粉虱的控制能力，比单独释放丽蚜小蜂提高防治效果约 20%，而且提高了天敌应用成功的稳定性；另外，丽蚜小蜂配合敌死虫机油乳剂在田间应用，防治效果可达 90%以上，田间可见到大量黑色或褐色寄生伪蛹（图 15-10）。田间释放一种以上天敌昆虫对靶标害虫的影响已有研究，丽蚜小蜂和浅黄恩蚜小蜂单独寄生 B 型烟粉虱时，丽蚜小蜂对 B 型烟粉虱的寄生率高于浅黄恩蚜小蜂，但当两种寄生蜂同时释放寄生 B 型烟粉虱若虫时，每种寄生蜂的寄生率均低于单独释放时的寄生率，但同时释放两种寄生蜂对烟粉虱若虫的取食量高于单独释放一种寄生蜂的取食量，说明这两种寄生蜂同时释放存在竞争作用，这种竞争作用虽然降低了寄生蜂的后代数量，但不会影响对烟粉虱的控制效能（Pang *et al.*，2011）。

图 15-10 丽蚜小蜂寄生粉虱若虫形成的黑色或褐色伪蛹

总之,田间应用寄生蜂防治害虫影响因素很多,寄生蜂的田间释放率在很大程度上取决于寄主植物种类、植物的生长时期、寄生蜂种类、植食性昆虫种群密度、田间环境条件等,当植食性昆虫处于较低密度时,每隔一段时间少量释放寄生蜂比一次大量释放能够取得更高的生防效果(Gu et al., 2008)。

(撰稿人:王少丽　朱国仁)

参 考 文 献

曹增, 刘馨, 张友军, 等. 2015. 丽蚜小蜂对不同寄主植物上 Q 烟粉虱的寄生特性. 中国生物防治学报, 31(4): 453-459.

陈丹, 王玉波, 王惠, 等. 2011. 丽蚜小蜂与黄板联合使用对设施番茄烟粉虱的控制作用研究. 新疆农业科学, 48(5): 841-847.

陈倩. 2004. B 型烟粉虱种群动态及丽蚜小蜂生物学特性和简易繁蜂方法的研究. 泰安: 山东农业大学硕士学位论文: 61-62.

陈倩, 肖利锋, 朱国仁, 等. 2004. 低温贮存被寄生的烟粉虱伪蛹对丽蚜小蜂种群品质的影响. 中国生物防治, 20(2): 107-109.

陈倩, 朱国仁, 张友军, 等. 2005. 不同寄主植物对丽蚜小蜂生长发育、存活及增殖的影响. 迈入二十一世纪的中国生物防治: 120-123.

党芳, 何瞻, 郭长飞, 等. 2015. 不同食物对烟粉虱三种寄生蜂取食寄生等行为的影响. 应用昆虫学报, 52(1): 71-79.

郭义, 刘万学, 万方浩, 等. 2007. 丽蚜小蜂寄生过程中的行为学研究进展. 中国生物防治, 23(2):

180-183.

何笙, 陈卉, 韩振芹, 等. 2013a. 温度及低温贮存天数对丽蚜小蜂成虫羽化率的影响. 安徽农业科学, 41(9): 3905-3906.

何笙, 吴晓云, 郑金竹, 等. 2013b. 丽蚜小蜂防治设施番茄烟粉虱效果研究. 安徽农业科学, 14: 6244-6245.

李姝, 劳水兵, 王甦, 等. 2014. 东亚小花蝽和丽蚜小蜂对烟粉虱的协同控制效果研究. 环境昆虫学报, 36(6): 978-982.

刘建军, 田毓起. 1987. 环境因素对丽蚜小蜂寄生和刺吸寄主数量的影响. 生物防治通报, 3(4): 152-156.

刘小园. 2014. 丽蚜小蜂对烟粉虱不同生物型的寄生特性研究. 哈尔滨: 东北农业大学硕士学位论文: 36-42.

刘小园, 向文胜, 王少丽, 等. 2014. 寄生Q型烟粉虱的丽蚜小蜂生长发育特性. 植物保护学报, 41(1): 7-11.

刘馨, 张友军, 吴青君, 等. 2016. 噻虫嗪对丽蚜小蜂寄生烟粉虱的影响. 植物保护学报, 43(1): 123-128.

邱宝利, 任顺祥, 肖燕, 等. 2003. 蚜小蜂和粉虱座壳孢对烟粉虱的控制作用研究. 应用生态学报, 14(12): 2251-2254.

饶琼, 许勇华, 张帆, 等. 2012. 吡虫啉的不同施药方式对丽蚜小蜂的寄生效果评价. 中国生物防治学报, 28(4): 467-472.

宋瑞生. 2011. 丽蚜小蜂释放密度和释放时间对温室白粉虱防治效果的影响. 河北农业科学, 15(2): 54-55.

童蕾蕾, 亓兰达, 张帆, 等. 2012. 抗生素处理对感染 Wolbachia 的丽蚜小蜂生殖的影响. 昆虫学报, 55(8): 933-940.

王继红, 张帆, 李元喜. 2011. 烟粉虱寄生蜂种类及繁殖方式多样性. 中国生物防治, 27(1): 115-123.

王娟, 陈红印, 张礼生, 等. 2013. 不同寄主扩繁的丽蚜小蜂对粉虱的控效差异及评价. 植物保护, 39(5): 144-148.

王联德, Stefan Vidal, 黄建, 等. 2005. 番茄感染白粉病对丽蚜小蜂寄主搜索行为的影响. 农业生物灾害预防与控制研究: 977-978.

王巧丽. 2014. 三种昆虫生长调节剂对烟粉虱及其天敌——丽蚜小蜂的影响. 杨凌: 西北农林科技大学硕士学位论文: 22-25.

王青, 王丽平, 严毓骅. 1992. 喂饲蜂蜜水对丽蚜小蜂成蜂产卵寄生能力的影响. 生物防治通报, 8(2): 64-67.

王玉波, 何晓庆, 郑书宏, 等. 2006. 不同农药对丽蚜小蜂的安全性评价. 中国蔬菜, 8: 21-22.

徐维红, 谷希树, 刘佰明, 等. 2008. 常用杀虫剂对粉虱天敌——丽蚜小蜂的致死效应. 华北农学报, 23(2): 188-190.

徐维红, 朱国仁, 李桂兰, 等. 2003. 温度对丽蚜小蜂寄生烟粉虱生物学特性的影响. 中国生物防治, 19(3): 103-106.

尹宏峰, 朱国仁, 张友军, 等. 2014. 噻虫嗪灌根对设施蔬菜害虫的控制作用及其残留. 中国植保导刊, 34(6): 57-59.

张帆, 罗晨, 张君明. 2007. 丽蚜小蜂对烟粉虱和温室粉虱的寄生选择. 华北农学报, 22(6): 179-182.

张世泽, 郭建英, 万方浩, 等. 2004. 温度对不同品系丽蚜小蜂发育、存活和寿命的影响. 中国生物防治, 20(3): 174-177.

张世泽, 郭建英, 万方浩, 等. 2005. 丽蚜小蜂两个品系寄生行为及对不同寄主植物上烟粉虱的选择性. 生态学报, 25(10): 2595-2600.

郑礼, 王玉波. 2009. 丽蚜小蜂的扩繁与应用技术//曾凡荣, 陈红印. 天敌昆虫饲养系统工程. 北京: 中国农业科学技术出版社: 222-235.

周淑香, 李玉, 张帆. 2009a. *Wolbachia* 共生对丽蚜小蜂生殖和适应性的影响. 植物保护学报, 36(1): 7-10.

周淑香, 李玉, 张帆. 2009b. 沃尔巴克氏体对丽蚜小蜂产卵量及成虫前死亡率的影响. 中国生物防治, 25(3): 204-208.

朱国仁, 乔德禄, 徐宝云. 1993. 丽蚜小蜂防治白粉虱的应用技术. 中国农学通报, 9(3): 52-53.

朱楠, 王玉波, 张海强, 等. 2011. 光周期、温度对丽蚜小蜂生长发育的影响. 植物保护学报, 38(4): 381-382.

朱楠, 郑礼, 刘顺, 等. 2007. 光周期及成虫期补充营养对丽蚜小蜂生长发育的影响. 中国生物防治, 23(3): 290-291.

Arakawa R. 1987. Attack on the parasitized host by a primary solitary parasitoid, *Encarsia formosa* (Hymenoptera: Aphelinidae): The second female pierces with her ovipositor the egg laid by the first one. Appl Entomol Zool, 22: 644-645.

Boukadida R, Michelakis S. 1994. The use of *Encarsia formosa* in integrated programs to control the whitefly *Trialeurodes vaporariorum* Westw. (Hom., Aleyrodidae) on greenhouse cucumber. J Appl Entomol, 118(1-5): 203-208.

Burger J M S, Kormany A, van Lenteren J C, et al. 2005. Importance of host feeding for parasitoids that attack honeydew-producing hosts. Entomol Exp Appl, 117(2): 147-154.

Burger J, Hemerik L, Lenteren J C, et al. 2004. Reproduction now or later: optimal host-handling strategies in the whitefly parasitoid *Encarsia formosa*. Oikos, 106(1): 117-130.

Chitgar M G, Ghadamyari M. 2012. Effects of amitraz on the parasitoid *Encarsia formosa* (Gahan) (Hymenoptera: Aphelinidae) for control of *Trialeurodes vaporariorum* Westwood (Homoptera: Aleyrodidae): IOBC methods. J. Entomol Res Soc., 14: 61.

Cui H Y, Su J W, Wei J N, et al. 2014. Elevated O_3 enhances the attraction of whitefly-infested tomato plants to *Encarsia formosa*. Sci Rep, 4: 5350.

Dai P, Ruan C, Zang L, et al. 2014. Effects of rearing host species on the host-feeding capacity and parasitism of the whitefly parasitoid *Encarsia formosa*. J Insect Sci, 14(118): 1-10.

Davidson E W, Fay M L, Blackmer J, et al. 2000. Improved artificial feeding system for rearing the whitefly *Bemisia argentifolii* (Homoptera: Aleyrodidae). Fla Entomol, 83(4): 459-468.

Donnell D M. 2004. Vitellogenin of the parasitoid wasp, *Encarsia formosa* (Hymenoptera: Aphelinidae): gene organization and differential use by members of the genus. Insect Biochem Mol Biol, 34(9): 951-961.

Fransen J J, van Lenteren J C. 1993. Host selection and survival of the parasitoid *Encarsia formosa* on greenhouse whitefly, *Trialeurodes vaporariorum*, in the presence of hosts infected with the fungus *Aschersonia aleyrodis*. Entomol Exp Appl, 69(3): 239-249.

Gahan A B. 1924. Some new parasitic Hymenoptera with note on several described forms. Proc US Natl Mus, 65: 1-23.

Gu X S, Bu W J, Xu W H, et al. 2008. Population suppression of *Bemisia tabaci* (Hemiptera: Aleyrodidae) using yellow sticky traps and *Eretmocerus* nr. *Rajasthanicus* (Hymenoptera: Aphelinidae) on tomato plants in greenhouses. Insect Sci, 15(3): 263-270.

Hirose Y, Mitsunage T, Yano E, *et al.* 2009. Effects of sugars on the longevity of adult females of *Eretmocerus eremicus* and *Encarsia formosa* (Hymenoptera: Aphelinidae), parasitoids of *Bemisia tabaci* and *Trialeurodes vaporariorum* (Hemiptera: Alyerodidae), as related to their honeydew feeding and host feeding. Appl Entomol Zool, 44(1): 175-181.

Hoddle M S, van Driesche R G, Sanderson J P. 1998. Biology and use of the whitefly parasitoid *Encarsia formosa*. Annu Rev Entomol, 43: 645-669.

Hu J S, Gelman D B, Blackburn M B. 2003. Age-specific interaction between the parasitoid, *Encarsia formosa* and its host, the silverleaf whitefly, *Bemisia tabaci* (Strain B). J Insect Sci, 3: 28.

Hussey N W, Bravenboer L. 1971. Control of pests in glasshouse culture by the introduction of natural enemies. *In*: Huffaker C B. Biol Control. New York: Plenum Press: 195-216.

Jackson D M, Farnham M W, Simmons A M, *et al.* 2000. Effects of planting pattern of collards on resistance to whiteflies (Homoptera: Aleyrodidae) and on parasitoid abundance. J Econ Entomol, 93(4): 1227-1236.

Liu T X, Stansly P A, Gerling D. 2015. Whitefly parasitoids: distribution, life history, bionomics, and utilization. Annu Rev Entomol, 60: 273-292.

Liu X Y, Xiang W S, Jiao X G, *et al.* 2014. Effects of plant virus and insect vector on *Encarsia formosa*, a biocontrol agent of whiteflies. Sci Rep, 4: 5926.

Liu X, Zhang Y J, Xie W, *et al.* 2016. The suitability of biotypes Q and B of *Bemisia tabaci* (Gennadius) (Hemiptera: Aleyrodidae) at different nymphal instars as hosts for *Encarsia formosa* Gahan (Hymenoptera: Aphelinidae). PeerJ, 4: e1863.

Luo C, Liu T X. 2011. Fitness of *Encarsia sophia* (Hymenoptera: Aphelinidae) parasitizing *Trialeurodes vaporariorum* and *Bemisia tabaci* (Hemiptera: Aleyrodidae). Insect Sci, 18(1): 84-91.

McAuslane H J, Simmons A M, Jackson D M. 2000. Parasitism of *Bemisia Argentifolii* on collard with reduced or normal leaf wax. Fla Entomol, 83(4): 428-437.

Oreste M, Bubici G, Poliseno M, *et al.* 2015. Effect of *Beauveria bassiana* and *Metarhizium anisopliae* on the *Trialeurodes vaporariorum-Encarsia formosa* system. J Pest Sci, 89(1): 153-160.

Pang S T, Wang L, Hou Y H, *et al.* 2011. Interspecific interference competition between *Encarsia formosa* and *Encarsia sophia* (Hymenoptera: Aphelinidae) in parasitizing *Bemisia tabaci* (Hemiptera: Aleyrodidae) on five tomato varieties. Insect Sci, 18(1): 92-100.

Romeis J, Zebitz C P W. 1997. Searching behaviour of *Encarsia formosa* as mediated by colour and honeydew. Entomol Exp Appl, 82(3): 299-309.

Speyer E R. 1927. An important parasite of the greenhouse whitefly (*Trialeurodes vaporariorum* Westwood). Bull Entomol Res, 17(3): 301-308.

Takahashi K M, Filho E B, Lourenção A L. 2008. Biology of *Bemisia tabaci* (Genn.) B-biotype and parasitism by *Encarsia formosa* (Gahan) on collard, soybean and tomato plants. Sci Agr, 65(6): 639-642.

van Lenteren J C, Fransen J J. 1994. Survival of the parasitoid *Encarsia formosa* after treatment of parasitized greenhouse whitefly larvae with fungal spores of *Aschersonia aleyrodis*. Entomol Exp Appl, 71(3): 235-243.

van Lenteren J C, Nell H W, van der Lelie L A S. 1980. The parasite-host relationship between *Encarsia formosa* (Hymenoptera: Aphelinidae) and *Trialeurodes vaporariorum* (Homoptera: Aleyrodidae). IV. Oviposition behaviour of the parasite, with aspects of host selection, host discrimination and host feeding. Z Ang Entomol, 89(1-5): 442-454.

van Lenteren J C, Nell, H W, Sevenster-van der Lelie L A, *et al*. 1976. The parasite-host relationship between *Encarsia formosa* (Hymenoptera: Aphelinidae) and *Trialeurodes vaporariorum* (Homoptera: Aleyrodidae). I. Host finding by the parasite. Entomol Exp Appl, 20(2): 123-130.

van Lenteren J C, Woets J. 1988. Biological and integrated pest control in greenhouse. Annu Rev Entomol, 33: 239-269.

van Vianen A, van Lenteren J C. 1986. The parasite–host relationship between *Encarsia formosa* Gahan (Hymenoptera: Aphelinidae) and *Trialeurodes vaporariorum* (Westwood) (Homoptera Aleyrodidae). XIV. Genetic and environmental factors influencing body-size and number of ovarioles of *Encarsia formosa*. J Appl Entomol, 101(1-5): 321-331.

Zang L S, Liu T X. 2008. Host-feeding of three parasitoid species on *Bemisia tabaci* biotype B and implications for whitefly biological control. Entomol Exp Appl, 127(1): 55-63.

Zang L S, Liu T X. 2010. Effects of food deprivation on host feeding and parasitism of whitefly parasitoids. Environ Entomol, 39(3): 912-918.

第十六章　赤眼蜂规模化扩繁的生产工艺及应用技术

大量扩繁是赤眼蜂田间应用的前提。蒲蛰龙等(1956)利用广赤眼蜂(*Trichogramma evanescens* Westwood)防治甘蔗螟虫,并于1958年在广东顺德建立了全国第一个赤眼蜂繁殖站,首开了国内大量扩繁赤眼蜂进行害虫生物防治的先河。经过几十年的研究,大量扩繁赤眼蜂的生产技术和工艺已经很成熟,田间应用效果显著(Wang *et al*.,2014),本章择要进行介绍。

第一节　寄主卵的准备

及时提供新鲜的寄主卵是赤眼蜂大量扩繁的保证。可利用的寄主卵可以分为3大类。①大卵,包括柞蚕(*Antheraea pernyi* Guérin-Méneville)、蓖麻蚕[*Samia cynthia ricini* (Donovan)]和松毛虫(*Dendrolimus* sp.)卵等。蓖麻蚕原产印度,20世纪80年代前广东、安徽、四川、福建、浙江和山东等省曾有大量饲养,可用于繁殖广赤眼蜂、松毛虫赤眼蜂(*Trichogramma dendrolimi* Matsumura)等(蒲蛰龙,1982),也可扩繁玉米螟赤眼蜂(*Trichogramma ostriniae* Pang et Chen)(Wang *et al*.,2013)。后因我国农村经济体制的变化,逐渐放弃了蓖麻蚕的饲养,作为赤眼蜂的扩繁寄主逐渐被柞蚕所代替(Wang *et al*.,2013)。蓖麻蚕的饲养方法可以参见蒲蛰龙(1982)。②小卵,包括米蛾[*Corcyra cephalonica* (Stainton)]、麦蛾[*Sitotroga cerealella*(Olivier)]和地中海粉螟(*Ephestia kuehniella* Zeller)卵等,国内主要使用米蛾卵。③人工寄主卵。

一、柞蚕卵

柞蚕卵是国内目前扩繁赤眼蜂的主要寄主卵,具有卵粒大、繁蜂效率高的特点。我国驯化、饲养柞蚕已有3000多年的历史,东北三省、山东、河南和贵州是柞蚕的4大产区。在产区采购柞蚕茧即可获得扩繁赤眼蜂需要的柞蚕卵,王承纶等(1998)和刘志诚等(2000)阐述了利用柞蚕卵扩繁赤眼蜂的方法。

1. 柞蚕茧的选购和储存

选购柞蚕茧注意事项:①雌茧的比例应控制在80%以上。扩繁赤眼蜂利用的是雌蛾剖腹卵,高比例的雌茧可以保证获得足够的柞蚕卵。雌茧、雄茧形态有所不同,雌茧个体大、末端钝圆、茧皮薄、茧蒂偏向一旁,雄茧个体小、末端尖、茧皮厚而硬、茧蒂位于端部中央。②尽量剔除病蛹、嫩蛹和死蛹。抽取5%的样品,逐个解剖检查,蛹皮黑褐色、蛹心定位、颅顶板和血淋巴清白,为健康蛹;蛹皮未变为黑褐色、蛹心未定位,为嫩蛹;蛹体肿胀或干瘪萎缩,为病蛹;血淋巴浑浊、变黑,为死蛹。③茧的千粒重不能低于9 kg,高于11 kg为优质茧。④感温茧和冻茧不能采购。

柞蚕茧的储存条件:①温度0~2℃,相对湿度50%~70%;②地窖、山洞、冷库等都可作为储茧场所，但室内要求干燥，墙壁和窖顶不能有露水；③茧可以堆放在茧床、茧笼和茧筐中，将茧平铺在茧床上或悬挂茧串是较好的方式，可以保证每个茧感温均匀、不发热、不受潮和不霉变；④防鼠害、烟熏，不能与有机溶剂、杀虫剂等有毒有害物质混合存放。

2. 化蛾、储存与采卵

根据扩繁赤眼蜂的生产计划，计算好逐日需要的柞蚕卵量，取出一定量的储存茧移至化蛾室暖茧，以保证赤眼蜂种蜂羽化时能提供足够的卵。化蛾室采用逐步升温的方法控温，从5℃开始，每天升高1℃，后期控制在23℃左右，相对湿度70%±5%。

暖茧16 d后开始化蛾，3 d后达到高峰期，并持续3 d左右，高峰期后再收集5 d。每天收蛾1～2次，同时将雌、雄蛾分开。

繁蜂当天用人工或机械剖蛾腹取卵，然后用清水反复洗卵，漂净蛾头、足等杂物，再人力或机械碾压剔除青卵，冲洗干净卵粒，用0.1%新洁尔灭溶液消毒10 min，然后用甩干机甩干，在风扇下晾干，忌在阳光下曝晒。如果蛾羽化当天不能接蜂，将活蛾储于2～5℃、相对湿度50%～60%冷库，但冷藏以不超过7 d为好，太长会影响赤眼蜂的寄生率。

二、米蛾卵

1. 米蛾饲养工具

米蛾饲养筐：由塑料筐、铝合金等材料制成，以避免长期饲养过程中被虫蛀蚀。饲养筐规格80 cm×50 cm×10 cm（长×宽×高），配以同样面积大小的网盖，网盖四周附有毛条，用以防止米蛾成虫逃逸。此规格的筐可接种米蛾卵0.8～1.2 g，加入麦麸6～8 kg。

收蛾工具：米蛾成虫量少时可用软毛刷轻扫到盛蛾容器或网袋中，量多时可用吸尘器改装的吸蛾装置进行收集。由广东省昆虫研究所发明的一种昆虫收集器，可用来收集米蛾成虫，有效提高了米蛾成虫的收集效率。

鳞片清除机：鳞片清除机(陈红印等，2000)是由一台型号为CXW-200-228A单孔飞碟式B型强力抽吸机和一个三面封闭一侧开口的箱式底座(60 cm×50 cm×4 cm)组成。操作时先将平底盘插入底座的开口处，开动抽吸机，后用羊毛刷轻轻刷动盘内米蛾卵约1 min，使之与粉尘等物分离，利用抽吸机的吸力将粉尘等杂物除掉，获得相对清洁的米蛾卵。

杀胚架：由铁架和紫外灯管组成，铁架上下多层，每层间隔20～30 cm，紫外灯管两排平行装置。杀胚时将卵均匀散在80 cm×50 cm×5 cm的框内，卵层控制在1～2粒。将盛卵的筐放入铁架上，打开紫外灯照射20 min。

米蛾饲养室：饲养室为设有温湿度控制仪器的房间。室内配置饲养架、空调、抽湿机、排风扇、加温器等。饲养架高2 m左右，6～7层，用于放置饲养筐。饲养室温度控制在26℃左右，相对湿度70%～80%。

米蛾产卵室：米蛾成虫收集在产卵笼后，置于产卵室产卵。产卵室设置多排铁架，铁架上放置铝合金框，产卵笼水平放置于框内。产卵室配备大型排气扇，定时排气以保持室内空气流通，同时将米蛾成虫鳞片等浮尘排出室外。温度过高米蛾寿命缩短影响产卵量，过低成虫产卵量显著减少。在 30～35℃下雌虫羽化出就交尾产卵，而在 25℃时只有 1/3 雌蛾交尾产卵，30℃时产卵数最多，因此成虫产卵室应控制温度在 30℃左右。

冷藏室：用于冷藏寄主米蛾卵和赤眼蜂，分为 0～5℃低温库和 10～12℃中温库，米蛾卵冷藏于低温库，赤眼蜂根据虫态和冷藏天数的不同，冷藏在低温库或中温库。冷藏室相对湿度 70%左右，全黑暗环境，室内配置多排铁架，用于排放寄主米蛾卵和赤眼蜂寄生卵。

2. 米蛾饲养

利用米蛾饲养筐饲养米蛾幼虫，每筐接种 0.8～1.2 g 即将孵化的米蛾卵，饲料为含水量 25%～30%的麦麸，接种时在筐底铺一薄层麦麸，15～20 d 后加添加麦麸，此后每 7 d 添加一次，后期根据饲料消耗情况，每 4～5 d 添加一次，直到米蛾幼虫老熟化蛹。

加料后注意控制室内温度在 25℃左右，尤其夏天加料后麦麸发酵，饲料内部温度高于室内温度很多。可将温度计插入筐内饲料里检测温度，发现温度过高时打开门窗，或者开空调制冷。幼虫期湿度控制很重要，过度干燥和潮湿都会影响幼虫生长。干燥天气一天喷水 2 次。喷水时喷洒均匀，润湿麦麸即可。潮湿天气用除湿机将室内相对湿度控制在 60%～80%。幼虫末期要保证饲料的湿度，不然米蛾幼虫会出现推迟化蛹的现象。

3. 米蛾卵的收集与储存

将羽化的米蛾成虫移至产卵笼内，成虫堆积不能过厚，一般不超过 3 cm，否则影响总产卵量。收卵时用软毛刷来回轻扫产卵笼外壁，附着在笼壁上的卵粒便随之脱落到下面盛放笼的筐内。扫刷完毕将筐内所有的卵收集在一起，然后将卵放在一平底盘中，置于鳞片清除机中，除去鳞片和较轻的杂物。先将平底盘插入底座的开口处，开动抽吸机，后用羊毛刷轻轻刷动盘内米蛾卵约 1 min，使之与粉尘等物分离。经过吸尘后的米蛾卵盘内仍有少量蛾子肢体和比重较大的杂物未能被除去，可以用滚动卵法清除，方法是一只手将平底卵盘托住，盘的平面与水平面呈斜角，另一只手用毛刷柄轻轻敲击盘的边缘，使卵向下轻轻滚动。其他杂物因不呈圆形而不向下滚动或滚动速度较慢，会与卵逐步分开。米蛾卵在清理后并不是都可以用于接蜂，这些卵的大小是有一定差别的，因此还要进行优选。可用目筛选器将小卵粒与正常卵分开。这些较小的卵卵壁较薄，极易失水干瘪，不适于繁蜂(陈红印等，2000)。

米蛾卵要进行紫外杀胚处理，杀死胚胎的米蛾卵可以延长储存期和提高赤眼蜂的寄生率。杀胚前将卵均匀散铺在 80 cm × 50 cm × 5 cm 的筐内，卵控制在 1～2 层。将盛卵的筐放在杀胚架上，打开紫外灯照射 20 min。照射时间和间距显著影响杀胚效果，间距控制在 20 cm 以内，时间 20 min 以上为宜。

米蛾卵储存采用保鲜冷藏的方法，具体操作是将清洁、杀胚后的卵装入玻璃管，塞上棉塞，放入 4℃的冰箱冷藏。米蛾卵低温储存时间越长，赤眼蜂对其寄生量越少，米蛾卵经低温储存 15 d，其被寄生量低于新鲜米蛾卵被寄生量的 50%(潘雪红等，2011)，储存时间超过 50 d，赤眼蜂几乎不能够寄生(张国红等，2008)。

三、人工寄主卵

赤眼蜂人工寄主卵于 1984 年在我国首获成功，研究者对人工饲料配方、卵壳材料、人工卵卡机、繁育赤眼蜂等方面进行了充分研究，利用人工寄主卵扩繁赤眼蜂的工艺流程及质量标准参见刘志诚等(2000)的研究。Consoli 和 Grenier(2010)总结了国外利用人工寄主卵扩繁赤眼蜂的研究进展和存在的不足。

第二节 扩繁品系的采集、筛选与保存

每种赤眼蜂及其不同品系都有各自偏好的寄主。根据目标害虫的生物学特性与发生规律，获得偏好目标害虫的赤眼蜂种类或品系即蜂种，是利用赤眼蜂进行生物防治的前提。

一、蜂种的采集与分离

蜂种的常用采集方法有两种(蒲蛰龙，1982)。①直接采集法。根据需要防治的目标害虫，从田间直接采集被寄生蜂寄生的害虫卵进行保育，收集羽化的寄生蜂。②挂寄主卵采集法。采集或饲养目标害虫，将获得的目标害虫卵挂在大田目标害虫寄主植物上，引诱田间的赤眼蜂寄生，在害虫卵孵化前收回保育，等待赤眼蜂羽化。上述方法获得的赤眼蜂羽化、交配后，将每个雌蜂分别装入小玻璃试管(外径 10 mm，长 80 mm)中，并提供足量的寄主卵和15%的蜂蜜水，建立单雌品系，编号建立档案。

二、蜂种的筛选

获得的单雌品系不能直接用于扩繁，需要进行寄主偏好性试验，对获得的所有单雌品系进行筛选，确定最佳扩繁对象。Hassan(1989)设计了一个简单的试验方法，包括 2 组试验，受试单雌品系在米蛾卵或麦蛾卵上最少繁育 2 代。

1. 寄生力试验

挑选 10 头 1 d 龄的健壮雌蜂装入玻璃试管(长 100 mm，直径 26 mm)中，并接入含有约 400 粒寄主卵的卵卡，卵卡上滴 1 滴 15%的蜂蜜水，试管用棉塞塞住。重复 10 次，在 25±1℃、相对湿度 60%~70%下进行。寄主卵包括米蛾或麦蛾卵、目标害虫卵等。14 d 后计数被寄生的寄主卵和羽化的雌蜂数。试验结果可以反映赤眼蜂不同种类或品系对不同寄主的寄生能力。

2. 选择性试验

挑选 1 头 1 d 龄的健壮雌蜂装入玻璃试管(长 100 mm，直径 26 mm)中，并用棉球塞住管口；在边长 2 cm 的正方形纸片上，一条对角线的两端粘贴目标害虫卵，在另一条对角线的两端粘贴米蛾卵，在两条对角线交会点(即纸片中心点)加一滴 15%的蜂蜜水，并接入装有单头雌蜂的试管中；在最初 36 h 内观察 8 次，记录每个雌蜂的停留位置，如寄主卵、米蛾卵或其他地方，观察间隔时间至少 30 min；重复 30 次，在 25±1℃、相对湿度 60%~70%条件下进行。11 d 后，统计每个雌蜂寄生的不同寄主卵数及羽化的成虫数。试验结果反映了雌蜂对不同寄主的选择与接收。

三、蜂种的保存与复壮

蜂种在养虫室内多保存在米蛾或麦蛾卵上，随着繁殖代数的增加，会出现营养驯化和种群退化现象，蒲蛰龙(1982)对此有过详细的分析。

营养驯化是指对保种寄主卵的长期适应而出现的偏嗜。蜂种退化具体表现在同一批蜂羽化不整齐、羽化率降低、蜂体大小不一、腹大翅小、飞翔力弱、寿命短、雄性数量增大等方面。主要原因可能是：①保种用的寄主卵质量不好；②恒温恒湿条件下长时间用同种寄主卵连续繁殖代数过多；③繁蜂容器过小，成虫没有进行充分的飞翔活动即能获得寄主卵；④蜂量与寄主卵的比例不当或接触时间过长，造成高度复寄生；⑤管理不善。

蜂种退化是常见现象，通过以下途径可以防止蜂种退化：①控制用同一种寄主卵连续繁蜂的代数，考虑在保种繁蜂过程中用另一种寄主卵(原寄主卵或相似寄主卵)繁殖1~2代；②变温锻炼，提高蜂种的生命力，具体做法是将接蜂后的寄主卵卡放在不同温度环境锻炼，发育到中蛹期再放回正常保种温度条件；③使用较大的繁蜂器皿，增加成蜂的活动空间和飞翔活动；④控制蜂卵比，降低复寄生数；⑤做好寄主卵的保存工作，确保使用高质量的寄主卵。

在保种繁蜂过程中定期检查蜂种的质量，并适时复壮，是利用赤眼蜂进行害虫生物防治的重要组成部分。

第三节　赤眼蜂的扩繁、冷藏与运输

在利用赤眼蜂进行害虫生物防治的过程中，常遇到扩繁、放蜂、寄主三者难以协调配合的问题。因此，要求在害虫大发生前必须有计划地扩繁，积累一定量的蜂种和寄主，才能保证依时放蜂，有效控制害虫。

一、扩繁的基本条件

繁蜂室：凡能保温保湿、光线充足、空气流通和无鼠、无蚁的房间都可以作为繁蜂室。接蜂前用甲醛加高锰酸钾烟雾熏蒸消毒繁蜂室，每 10 m^3 用 5 ml 甲醛和 1 g 高锰酸钾熏蒸 24 h，熏蒸完毕打开门窗，让室内刺激物质散发干净。室内要求温度 25℃左右，相对湿度 60%~80%，全黑暗环境。用黑色膜封严门窗漏光处，保证关灯后室内为全黑暗环境。繁蜂后，用消毒水擦洗桌椅、铁架等设备表面和地板，做好消毒工作。

冷藏室：用于冷藏寄主米蛾卵和赤眼蜂，分为 0~5℃低温库和 10~12℃中温库，米蛾卵冷藏于低温库，赤眼蜂根据虫态和冷藏天数的不同，冷藏在低温库或中温库。冷藏室相对湿度 70%±5%，全黑暗环境，室内配置多排铁架，用于排放寄主米蛾卵和赤眼蜂寄生卵。

繁蜂框：用无味木头或铝合金等金属材料制成，80 cm × 50 cm × 5 cm(长×宽×高)。一个框接 500 g 柞蚕卵，卵均匀平铺在框内，使卵层厚度在 1~1.5 粒。

繁蜂架：用无味木头或不锈钢等金属材料制成，高 1.8 m，均分成 6 层。繁蜂架的前后左右及顶部被黑布完全遮掩，目的在于遮光并阻挡里面的种蜂逃逸。

二、扩繁的基本方法

1. 柞蚕卵

(1) 接蜂

采用散卵繁蜂的方式,将500 g柞蚕卵均匀平铺在繁蜂框里。将发育至蛹后期的种蜂卡装入容器内,待10%成蜂羽化时移至全黑暗的繁蜂室里,放入繁蜂架上,将种蜂卡迅速均匀撒在繁蜂框,并用软毛刷迅速、轻柔地将已羽化的成蜂均匀地扫到框内卵上,整个过程在黑暗条件下完成。繁蜂室保持25℃、相对湿度75%左右。蜂卵比为(3:1)~(4:1)。

接蜂后10~12 h,将繁蜂框搬出繁蜂室,取出已羽化的种蜂卡,筛除残留的成蜂,编号注明日期,置于25℃条件下发育至老熟幼虫虫态,然后统一储存。

(2) 制作蜂卡

用清水浸泡分离法去除漂浮在清水上层的种蜂卵壳,过滤晾干得到纯寄生卵。制卡纸为70~80 g的16开书写纸,胶水选用优质无毒白乳胶。用排笔刷涂胶于卡上,将寄主卵撒粘其上,粘成3条 ×21.5 cm×3 cm,共193.5 cm²,晾干即成蜂卡。

蜂卡制作完成后,测算蜂量。按80~85 cm²/千粒卵测算卵量,蜂量=卵粒寄生率×卵粒羽化率×单卵出蜂×193.5 cm²×1000/(80~85)cm²。

(3) 成品蜂卡质量检测

随机抽取同一批成品蜂中的1%,在所抽取样品中以对角线取5点,每点取20粒。从总样中随机抽取500粒寄生卵,装入一个试管(简称样A)。再抽取20粒寄生卵分装20个试管内(简称B_1、B_2……B_{20}样本)。将A、B样本分别在25±2℃、相对湿度70%±5%条件下羽化,其余样本为C样本。从C样本中随机抽取300粒,检数青卵数,计算青卵率;从C样本中随机抽取300粒,逐粒剖卵检数寄生卵粒数,计算平均寄生率;待A样本全部羽化结束后,逐粒检查带有羽化孔的卵粒数,计算平均卵粒羽化率;单卵羽化蜂量,从C样本中随机抽取20粒,逐粒检数单卵蜂头数,计算平均单卵出蜂数;分别检数 B_1、B_1……B_{20}样本中羽化总蜂数、畸形蜂数、雌雄蜂比例,计算畸形蜂率、性比、雌蜂寿命;检数B_1、B_2……B_{20}样本中,每个卵壳内遗留蜂数,计算其遗留蜂率。放蜂前按分级标准和检测结果,填写每批次蜂卡出蜂数和放蜂面积。蜂卡质量分级标准中8项指标有一项低于三级蜂标准,视为不合格蜂卡(表16-1)。

表 16-1 螟黄赤眼蜂蜂卡质量分级标准(广东省质量技术监督局,2014)

指标	一级蜂卡	二级蜂卡	三级蜂卡	四级蜂卡
寄生率(%)	≥90.0	80.0~89.9	60.0~79.9	≤59.9
羽化率(%)	≥80.0	70.0~79.9	50.0~69.9	≤49.9
青卵率(%)	≤3.0	3.1~4.0	4.1~4.9	≥5.0
单卵蜂量(头)	70.0~80.0	60.0~69.9	50.0~59.9	≤49.9
遗留蜂(%)	≤15.0	16.0~20.0	21.0~25.0	≥26.0
畸形率(%)	≤5.0	6.0~8.0	9.0~10.0	≥11.0
雌蜂率(%)	85.0	75.0~84.9	50.0~74.9	≤49.9
雌蜂寿命(d)	≥5.0	4.0	3.0	≤2..0

2. 米蛾卵

在全黑暗的繁蜂室内进行，保持26～28℃、相对湿度60%～70%。种蜂开始羽化时提供25%蜂蜜水以补充营养，羽化高峰期时用于接蜂。不同设备繁殖赤眼蜂的方法不同，主要有卵片、蜂筒和繁蜂箱接蜂法等3种方法。繁蜂箱接蜂法是将卵均匀地撒在繁蜂框中，卵层厚度不超过2 mm，接蜂时的蜂卵比为(1∶9)～(1∶6)，接蜂时间约24 h。待完成寄生后，再用与柞蚕卵相同的方法，制成蜂卡。

三、冷藏

将用柞蚕卵制成的蜂卡每10张用旧报纸包成一包，注明批注、日期，置于3～5℃条件下储藏待用，冷藏时间不超过40 d。

米蛾卵接蜂后第4天，赤眼蜂发育至老熟幼虫或预蛹，放入冷藏室(0～4℃)。幼虫期和预蛹期的赤眼蜂受冷藏影响相对较小，是进行中、短期冷藏的适用虫态，其中又以处于幼虫中后期的为首选虫态(陈科伟等，2002)，但不同赤眼蜂有所差异(蒲蛰龙，1982)，生产上应进行试验摸索确定最佳冷藏条件。

四、运输

放蜂前计算好出蜂期，从冷库取出冷藏的蜂卡。对于用柞蚕卵制作的蜂卡，在25℃、相对湿度70%±5%的条件下发育；大部分蜂体进入中蛹期，可向放蜂地发放；蜂卡每10张报纸包成一包，立式放置包装箱内，运输时不与有毒、有异味货物混装，要求通风，严禁重压、日晒和雨淋。对于用米蛾卵制作的蜂卡，在放蜂前6 d从冷藏室取出，在发育室发育，5 d后成蜂开始羽化，羽化前完成释放；经过发育控制的赤眼蜂，羽化时间相对集中，90%的蜂在放蜂后的2 d内羽化。

第四节 田间释放技术与效果评价

田间释放是利用赤眼蜂进行害虫生物防治的重要环节，受到许多因素的影响。而对释放效果的准确评价，是对防治效果的确认，也是改进释放技术、进一步提高防治效果的依据，蒲蛰龙(1982)对此有过详细论述。

一、赤眼蜂的田间释放技术

1. 释放方法

释放方法包括成蜂释放法和蜂卡释放法两大类。成蜂释放法是先让蜂在室内羽化，饲以蜂蜜水，然后把成蜂直接放到田间，边走边放，优点是受环境条件变化影响较小，效果比较有保证，但费时费力，操作不方便，不适合大面积应用。

蜂卡释放法是将上述制成的蜂卡按照布点进行释放，研究者为此设计了不同的释放装置，如袋式放蜂器、盒式放蜂器、释放卡和三角形放蜂器等。优点是简便、释放均匀，但易受大风雨影响，也会遭受蜘蛛、蚂蚁等天敌的侵袭。

2. 释放点

释放点的多少取决于赤眼蜂的扩散能力。赤眼蜂在田间的寄生活动是由点到面以圆形向外扩散，有效半径17 m，以10 m内的寄生率为最高。赤眼蜂的扩散受风向、风速和气温的影响，顺风面活动范围大些。例如，广赤眼蜂在20℃以下时以爬行为主，25℃以上则以飞翔为主。

3. 释放次数与释放量

根据害虫、作物、赤眼蜂的种类不同决定释放次数和释放量。原则上，对发生世代重叠、产卵期较长、虫口密度较高的害虫，释放次数应较多较密，每次释放量也要大些，每次释放间隔日数也应短于目标害虫卵的发育日期，释放次数应以使害虫某一世代成虫整个产卵期间都有释放的赤眼蜂为标准。第1、2次的释放量要大，尽可能降低早期虫源。上风头的田块或释放点的释放量应较下风头的大。据广东经验，防治甘蔗螟虫每亩每次放蜂不少于1万头，全年放蜂宿根蔗9批，新植蔗8批，每隔15～20 d放一批；防治森林害虫，每公顷不超过10万头，放蜂3～5次；防治水稻害虫稻纵卷叶螟，早稻每丛禾有卵5粒以下，每亩放蜂1万头的效果良好，晚稻每丛禾有卵30粒，每亩放蜂2万～3万头即可。

4. 释放时间

应选择在阴天或晴天放蜂，雨天不宜放蜂。赤眼蜂有喜光和多在上午羽化、白天活动、晚上静息的习性，因此，放蜂时间应在上午8点左右为好。

根据害虫的发生情况确定放蜂的具体日期。根据害虫的发育进度，在产卵始盛期放第一批蜂，以后每隔2～3 d放一批，释放的具体次数根据害虫产卵期的长短确定。为减少放蜂次数，可以制作长效蜂卡放蜂。方法是将寄主卵分批逐日接蜂，在同一条件下分批培育，然后将寄主卵混合制成蜂卡，释放后能保持每天分批出蜂，持续15 d左右（一般蜂卡仅维持2～3 d）。

5. 影响释放效果的因素

1）选择适当的赤眼蜂种类或品系。每种赤眼蜂或品系都有其特定的生物学和生态学特性，对寄主和环境条件要求也有差异。如果选择不当，会影响赤眼蜂的生活力和寄生效能。

2）选择恰当的扩繁寄主。柞蚕卵和米蛾卵是扩繁赤眼蜂的优良寄主，目前广泛使用，但应控制每个卵的产蜂数，即每粒柞蚕卵产蜂60～80头（刘志诚等，2000），米蛾卵则只能1头，可以保证每头蜂都能获得足够的营养。

3）赤眼蜂的生命力。赤眼蜂在田间的活动能力取决于赤眼蜂的生命力强弱，直接影响防治效果。生命力指标包括蜂体大小、繁殖能力、成蜂寿命和适应田间环境能力等4个方面。如果用同一寄主在恒温条件下连续多代扩繁种蜂，会出现种质退化而导致生命力减弱。因此，必须注意种质退化和复壮的问题，可以通过变温锻炼、改变寄主、减少用同一寄主繁育的代数等解决。

4）选择正确的放蜂方法和准确的放蜂时间。正确的放蜂方法可以促进赤眼蜂的扩散和减少天敌的为害，而能否抓住害虫产卵初期适时放蜂，则是获得理想放蜂效果的保证。

二、田间效果评价

1. 释放区与对照区的选择

田间效果评价前,要注意释放区和对照区的地形、作物品种、作物长势、田间管理,以及当代害虫发生数量的一致性,对照区务必设置在距离释放区 1 km 以上的逆风区(王承纶等,1998)。

2. 效果评价指标和调查方法

效果评价指标因作物种类的差异而有所不同。例如,利用赤眼蜂防治甘蔗螟虫的效果评价指标包括甘蔗螟虫卵的寄生率、枯心苗率、螟蛀蔗节、有效茎数和产量的多少等,而利用赤眼蜂防治稻纵卷叶螟的效果评价指标包括卷叶率、卵寄生率等。

调查方法通过抽样调查进行。在释放区和对照区采用相同的抽样方法,如棋盘式、平行式、对角线、随机、五点取样等,选择哪种方法要考虑害虫在田间产卵的分布类型。

3. 田间效果评价(以利用赤眼蜂防治甘蔗螟虫为例)

(1) 甘蔗螟虫卵寄生率

释放赤眼蜂前在放蜂区和对照区各调查 1 次,以了解自然寄生率的情况。放蜂后 7~10 d 进行调查,仔细检查样方内的所有蔗株,将寄生和未寄生的甘蔗螟虫卵记入表 16-2,计算寄生百分率。

表 16-2 甘蔗螟虫卵寄生率调查表(蒲蛰龙,1982)

品种:_____ 植期:_____ 调查日期:_____ 调查地点:_____

样本编号	寄 生 率									总平均寄生率(%)	备注
	白螟			条螟			二点螟				
	总卵数(粒)	寄生卵(粒)	寄生率(%)	总卵数(粒)	寄生卵(粒)	寄生率(%)	总卵数(粒)	寄生卵(粒)	寄生率(%)		

(2) 枯心苗率

在枯心期调查样方内的全部苗数和枯心苗数,分别填入表 16-3,计算枯心苗率。但须区别螟害和蔗龟为害造成的枯心苗。

表 16-3 甘蔗枯心苗调查表(蒲蛰龙,1982)

品种:_____ 植期:_____ 调查日期:_____ 调查地点:_____

样本编号	调查总苗数	枯心苗率		备注
		枯心苗数	%	

(3) 被害节和有效茎数

在甘蔗收获期进行，将样方内的全部蔗茎砍下，称取样方内所有蔗茎的总重量。计算每一蔗茎数，并按甘蔗螟虫种类及被害节数，填入表16-4，然后求出各甘蔗螟虫为害的被害节百分率，并计算每亩有效茎数和产量，另行登记。

表16-4 甘蔗被害节数调查表（蒲蛰龙，1982）

品种：_____ 植期：_____ 调查日期：_____ 调查地点：_____

样本编号	茎数	节数	被害节数				重量	备注
			黄螟	条螟	二点螟	合计		

（撰稿人：李敦松　张古忍）

参 考 文 献

陈红印, 王树英, 陈长风. 2000. 以米蛾卵为寄主繁殖玉米螟赤眼蜂的质量控制技术. 昆虫天敌, 21(4): 145-150.

陈科伟, 蔡晓健, 黄寿山. 2002. 低温冷藏对拟澳洲赤眼蜂种群品质的影响. 昆虫学创新与发展——中国昆虫学会2002年学术年会论文集: 589-594.

广东省质量技术监督局. 2014. 螟黄赤眼蜂扩繁与应用技术规程. 广东省地方标准 DB44/T 175-2014.

刘志诚, 刘建峰, 张帆, 等. 2000. 赤眼蜂繁殖及田间应用技术. 北京: 金盾出版社.

潘雪红, 黄诚华, 魏吉利, 等. 2011. 赤眼蜂及其寄主卵低温贮存时间对赤眼蜂繁殖的影响. 湖北农业科学, 50(20): 4194-4196.

蒲蛰龙. 1982. 害虫生物防治的原理和方法. 2版. 北京: 科学出版社.

蒲蛰龙, 邓德蔼, 刘志诚, 等. 1956. 甘蔗螟虫卵赤眼蜂繁殖利用的研究. 昆虫学报, 6(1): 1-35.

王承纶, 张荆, 霍绍棠, 等. 1998. 赤眼蜂的研究、繁殖与应用//包建中, 古德祥. 中国生物防治. 太原: 山西科学技术出版社: 67-123.

张国红, 鲁新, 李丽娟, 等. 2008. 贮存后的米蛾卵对赤眼蜂繁殖的影响. 吉林农业科学, (5): 42-43, 52.

Consoli F L, Grenier S. *In vitro* rearing of egg parasitoids. *In*: Consoli F L, Parra J R P, Zucc R A, *et al*. Egg Parasitoids in Agroecosystems with Emphasis on *Trichogramma*, Progress in Biological Control. Dordrecht: Springer Science+Business Media B. V. : 293-313.

Hassan S A. 1989. Selection of suitable *Trichogramma* strains to control the codling moth *Cydia pomonella* and the two summer fruit tortrix moths Adoxophyes orana, *Pandemis heparana*(Lep. : Tortricidae). Entomophaga, 34(1): 19-27.

Wang Z Y, He K L, Zhang F, *et al*. 2014. Mass rearing and release of *Trichogramma* for biological control of insect pests of corn in China. Biological Control, 68: 13-144.

第十七章　捕食螨规模化扩繁的生产工艺及应用技术

第一节　高效能捕食螨新品种的筛选

一、高效能的捕食螨发掘

叶螨是第一大类因为滥用农药而猖獗的小型有害生物。针对叶螨属的一些种，如二斑叶螨(*Tetranychus urticae*)、朱砂叶螨(*Tetranychus cinnabarinus*)和神泽氏叶螨(*Tetranychus kanzawai*)等，已筛选出一些很好的捕食螨品种。其中利用智利小植绥螨(*Phytoseiulus persimilis*)控制叶螨属叶螨，是生物防治史上的成功典范(忻介六，1985)。

近年来一些新的害螨在世界各地有为害加剧并扩散蔓延之势，伊氏叶螨(*Tetranychus evansi*)是其中重要代表之一。伊氏叶螨是茄科作物上的重要害螨，起源于南美(Furtado *et al.*, 2006, 2007a, 2007b)，目前，在欧洲及非洲的一些国家蔓延危害。一些对叶螨属害螨表现良好控制作用的捕食螨，如智利小植绥螨、加州新小绥螨(*Neoseiulus californicus*)(Escudero and Ferragut, 2005)及草莓小植绥螨(*Phytoseiulus fragariae*)(de Vasconcelos *et al.*, 2008)，均不能成为伊氏叶螨理想的生防物。Koller等(2007)认为，伊氏叶螨应该是加州新小绥螨合适的猎物，但在应用中后者不能有效控制它，是其番茄多腺毛的形态特征、叶毛的分泌物的直接作用，以及猎物取食番茄后体内累积的植物有毒化合物对捕食螨的间接负面作用造成的。Ferrero等(2007, 2011)通过生态学研究及田间释放试验，认为长足小植绥螨(*Phytoseiulus longipes*)可能成为伊氏叶螨有潜力的捕食螨种。

侧多食跗线螨(*Polyphagotarsonemus latus*)(又名茶黄螨)在多种农作物上都有发生。一些捕食螨如黄瓜新小绥螨[*Neoseiulus cucumeris*(Oudemans)][又称黄瓜钝绥螨(*Amblyseius cucumeris*)]等对其兼性捕食，有一定的控制作用。近年的研究表明，斯氏钝绥螨(*Amblyseius swirskii*)(van Maanen *et al.*, 2010)、拉哥钝绥螨(*Amblyseius largoensis*)(Morell *et al.*, 2010)和拟伊绥螨(*Iphiseiodes zuluagai*)(Sarmento *et al.*, 2011)是侧多食跗线螨有潜力的捕食螨种。

粉虱是温室及大田多种作物上最重要的害虫之一，发生面积大，危害极其严重。烟粉虱被称为世界上唯一的超级害虫。Nomikou等(2001, 2002)的研究证明，盾形真绥螨(*Euseius scutalis*)是粉虱的理想天敌。2005年斯氏钝绥螨商品化后，成为粉虱治理中最有效的捕食者。最近，草地瘦钝走螨(*Amblydromalus limonicus*)在新西兰被发掘，并在世界一些天敌公司开始生产与销售，大有替代斯氏钝绥螨之势。

自20世纪80年代西方花蓟马在世界各地蔓延后，捕食蓟马的优势捕食螨筛选在世界各国大量展开。其代表性天敌品种有巴氏新小绥螨(*Neoseiulus barkeri*)、黄瓜新小绥螨、斯氏钝绥螨(Messelink *et al.*, 2006; Arthurs *et al.*, 2009)、卵圆真绥螨(*Euseius ovalis*)(Messelink *et al.*, 2006)和高山小盲绥螨(*Typhlodromips montdorensis*)(Steiner *et al.*,

2003)等。

此外，一些局部地区严重发生的有害生物，如加州短须螨(*Brevipalpus californicus*)(Chen et al., 2006)、瘿螨(Lawson-Balagbo et al., 2007)及线虫等的捕食螨天敌也在积极的发掘中。

国内针对不同的防治对象，一方面从国外引进优良品种，一方面筛选有较高潜能的本土品种。与国际上对捕食螨的开发一样，国内最早开发的捕食螨品种也是主要应用于叶螨防治，随后逐渐开发出针对其他有害生物，如蓟马、粉虱、蚜虫、线虫、蕈蚊等的天敌捕食螨。

20 世纪 70~80 年代，为防治叶螨，我国引进了智利小植绥螨、西方静走螨(*Galendromus occidentalis*)和伪新小绥螨(*Neoseiulus fallacis*)。前者为叶螨属叶螨的专食性捕食者，后二者用于防控果树上的苹果全爪螨(*Panonychus ulmi*)、山楂叶螨(*Tetranychus viennensis* Zacher)和二斑叶螨等。90 年代中后期，我国引进黄瓜新小绥螨，这是国外 80 年代初期开发出来的可产业化生产的、用于蓟马防控的品种。引入中国后，早期仍然将其定位为叶螨的捕食者，并开展了相关研究与应用(林坚贞等, 2000; 张艳璇等, 2003, 2004, 2008, 2009)。在本土捕食螨的发掘中，大量的工作始于 20 世纪 80 年代，科研人员对植绥螨进行了大量采集和鉴定，并评价了一些地区及作物上的叶螨的优势本土天敌捕食螨种群，如柑橘产区的尼氏真绥螨(熊锦君等, 1988; 李继祥和张格成, 1995)、用于蔬菜上叶螨防控的拟长毛钝绥螨(吴千红和陈晓峰, 1988; 吴千红等, 1992)、北方果树害螨防控的东方钝绥螨(张守友, 1990; 张守友等, 1992)等。进入 21 世纪后，针对叶螨的捕食螨筛选工作依然正在进行。例如，发现了国际已商品化品种——加州新小绥螨[*Neoseiulus californicus*(McGregor)]在中国的新记录(覃贵勇, 2013; Xu et al., 2013)；发现新疆特殊生境条件下的新记录种——双尾新小绥螨[*Neoseiulus bicaudus*(Wainstein)](Wang et al., 2015)等。

此外，由于其他的一些小型吸汁性有害生物的危害程度越来越重，针对它们的捕食螨天敌发掘也逐渐受到研究者的重视。已开发出针对蓟马(郅军锐和任顺祥, 2006; 王恩东等, 2010; 徐学农等, 2011)、粉虱(张艳璇等, 2011a; 季洁等, 2013)、线虫(Chen et al., 2013)和木虱(张艳璇等, 2011b)等多种害虫的天敌捕食螨，其中包括发掘了一些捕食螨的捕食新功能，如巴氏新小绥螨[*Neoseiulus barkeri*(Hughes)]对线虫的捕食(周万琴等, 2012a, 2012b)、东方钝绥螨对粉虱的捕食与防控作用(盛福敬, 2013)等，拓宽了这些捕食螨的应用范围。

除了针对不同有害生物筛选捕食螨品种外，我国的捕食螨筛选工作还包括对抗逆性品系(如抗药和耐高温)的筛选。捕食螨抗逆性品系在 20 世纪 80 年代后期到 90 年代早期曾受到关注，筛选出了一些抗有机磷类农药的品系。例如，黄明度等(1987)、杜桐源等(1987, 1993)筛选出了尼氏真绥螨 18.9 倍的亚胺硫磷抗药性品系；田肇东等(1993)运用 $^{60}Co-\gamma$ 射线辐照尼氏钝绥螨，并进行相关的生物学研究与抗性筛选，于 1993 年筛选出约 25 倍多虫畏抗性品系；柯励生等(1990)筛选出了拟长毛钝绥螨 10 倍抗乐果品系。此后，虽然各种化学药剂对捕食螨的毒性测试断断续续在进行(张格成和李继祥, 1989)，但一段时间内少有在此基础上展开抗性筛选的研究。直到 2011 年，陈霞等开展了黄瓜新小绥螨抗阿维菌素品系的筛选工作，西南大学更是在最近筛选出抗高效氯氰菊酯和毒死蜱500倍的巴氏新小绥螨抗药性品系。

二、捕食螨筛选的基础研究

作为一种具有生物防治潜力的天敌，必须具备高的繁殖势、高捕食能力和强的生态适应性等生物学、生态学上的优良特性。针对这些因素的基础研究工作多围绕生命表、功能反应、对温湿度的适应性及抗逆性等方面展开。

不同种捕食螨捕食同一种叶螨其生物学特性各异。在一种小柑橘叶片上以二斑叶螨为猎物时草茎真绥螨(*Euseius stipulates*)不能完成生活史，而智利小植绥螨与加州新小绥螨能很好地完成生活史，智利小植绥螨内禀增长率远高于加州新小绥螨，两者的内禀增长率都显著高于二斑叶螨(Abad-Moyano *et al.*，2009)。粗毛小植绥螨(*Phytoseiulus macropilis*)被认为是热带地区非常有潜力的二斑叶螨生物防治物，它的产卵量与智利小植绥螨相当，但捕食率比智利小植绥螨高(Oliveira *et al.*，2007)。拉哥钝绥螨以印度雷须螨(*Raoiella indica*)为食时，呈现出较高的内禀增长率，显示其是控制这种害螨的优势天敌(Carrillo *et al.*，2010)。*Kampimodromus aberrans* 对各种可变环境的适应性、对杀虫剂的忍受性，与其他捕食螨的竞争性，都证实这种捕食螨是欧洲果园叶螨良好的天敌(Duso *et al.*，2009)。功能反应是评价天敌捕食作用的重要内容，研究较多，其中包括简单的功能反应及多种环境条件对功能反应参数的影响。多种环境条件包括同一种或不同种的猎物(Xiao *et al.*，2010；Fantinou *et al.*，2012；Farazmand *et al.*，2012)、猎物的不同虫态(Ali *et al.*，2011；Kasap and Atlihan，2011)、寄主植物及花粉(Koveos and Broufas，2000；Cédola *et al.*，2001；Skirvin and Fenlon，2001；Badii *et al.*，2004；Madadi *et al.*，2007)、温度(Skirvin and Fenlon，2003)、药剂(Poletti *et al.*，2007；Xue *et al.*，2009)等。大量研究表明，实验室条件下单一猎物—捕食者体系下的功能反应试验所得出的结论不足以支持在田间复合种群存在时的表现(Lester and Harmsen，2002)。

大多捕食螨适合高湿的环境条件，如智利小植绥螨和斯氏钝绥螨(Gaede，1992；Ferrero *et al.*，2010)对干旱最为敏感，两者在相对湿度和饱和差分别为70%、9.4 hPa 和63%、11.4 hPa 的条件下仅有50%的卵可以孵化。但也有一些抗干旱的捕食螨可在低湿的条件下生存，如橘叶真绥螨(*Euseius citrifolius*)和山茶后绥伦螨(*Metaseiulus camelliae*)(de Vis *et al.*，2006)等。阿西盲走螨(*Typhlodromus athiasae*)和长足小植绥螨(阿根廷品系)，在相对湿度为43%时仍有50%的卵可孵化(Ferrero *et al.*，2010)，是最能忍受干旱的。加州新小绥螨在干热条件下对叶螨也有很好的控制效果(Weintraub and Palevsky，2008)。叶螨多在干燥的环境中严重发生，能够适应此种环境的捕食螨应用成功的可能性最大。

三、国际上生产的捕食螨种类

国际上自第一个捕食螨即智利小植绥螨被商品化生产以来，经过近50年的发展，目前已有30余种捕食螨被商业化生产(表17-1)。这些捕食螨被广泛用于防治果树、蔬菜、花卉上的叶螨、蓟马与粉虱等。国内可以达到规模化生产的种类有十余种(表17-2)。这

表 17-1 国际上商品化生产的捕食螨种类

属名	种类	防治对象
钝绥螨属（Amblyseius）	安德森钝绥螨 Amblyseius andersoni	二斑叶螨，榆全爪螨
	伪钝绥螨 Amblyseius fallacis	叶螨
	拉哥钝绥螨 Amblyseius largoensis	叶螨
	斯氏钝绥螨 Amblyseius swirskii	粉虱和蓟马
Amblydromalus	Amblydromalus limonicus（Typhlodromalus limonicus）	蓟马，粉虱，木虱
肉食螨属（Cheyletus）	普通肉食螨 Cheyletus eruditus	储藏物螨类和书虱
真绥螨属（Euseius）	五倍子真绥螨 Euseius gallicus	
	维多利亚真绥螨 Euseius victoriensis	橘叶刺瘿螨
Gaeolaelaps	尖狭下盾螨 Gaeolaelaps aculeifer（Hypoaspis aculeifer）	蕈蚊，蓟马，刺足根螨，罗氏根螨，线虫
静走螨属（Galendromus）	西方静走螨 Galendromus occidentalis	叶螨
	黄褐静走螨 Galendromus helveolus	樟小爪螨，六点始叶螨
	连接静走螨 Galendromus annectans	多种害螨
Kampimodromus	Kampimodromus aberrans	榆全爪螨
巨螯螨属（Macrocheles）	壮巨螯螨 Macrocheles robustulus	蓟马幼虫，蕈蚊卵、幼虫和蛹等
新小绥螨属（Neoseiulus）	巴氏新小绥螨 Neoseiulus barkeri	烟蓟马，西方花蓟马和叶螨
	加州新小绥螨 Neoseiulus californicus	叶螨
	Neoseiulus degenerans	蓟马
	黄瓜新小绥螨 Neoseiulus cucumeris	烟蓟马，西方花蓟马，侧多食跗线螨，樱草植食螨和二斑叶螨
	Neoseiulus setulus	草莓上的害螨
蒲螨属（Pyemotes）	麦蒲螨 Pyemotes tritici	蚂蚁，储藏物中的甲虫和蛾类
小植绥螨属（Phytoseiulus）	智利小植绥螨 Phytoseiulus persimilis	二斑叶螨
	Phytoseiulus macropilis	叶螨
	Phytoseiulus longipes（Mesoseiulus longipes）	二斑叶螨
Stratiolaelaps	剑毛帕厉螨 Stratiolaelaps scimitus（Hypoaspis miles）	同尖狭下盾螨
盲走螨属（Typhlodromus）	Typhlodromu doreenae	短须螨
	梨盲走螨 Typhlodromu pyri	果树上叶螨
	Typhlodromu rickeri	果树上叶螨
Typhlodromips	高山小盲绥螨 Typhlodromips montdorensis	蓟马和叶螨等

表 17-2 中国目前规模化生产捕食螨品种

属名	种类	防控对象
新小绥螨属	巴氏新小绥螨	蓟马、叶螨、线虫
	黄瓜新小绥螨	蓟马、叶螨、粉虱、木虱
	加州新小绥螨	叶螨
小植绥螨属	智利小植绥螨	叶螨
钝绥螨属	东方钝绥螨	叶螨、粉虱、蓟马
	拟长毛钝绥螨	叶螨
	津川钝绥螨	粉虱、叶螨
真绥螨属	尼氏真绥螨	全爪螨
帕厉螨属	剑毛帕厉螨	蓟马老熟幼虫、预蛹、蛹等，线虫、粉螨等

注：有潜力或已发掘出规模化生产技术而没有生产的种类，如双尾新小绥螨

些种类有些是国外已商品化的品种，如智利小植绥螨和黄瓜新小绥螨；有的是国外已商品化国内刚发现有分布的新记录种，如加州新小绥螨；还有一些是国内开发出的捕食螨种，如东方钝绥螨、津川钝绥螨等。

第二节 捕食螨生产工艺

最早能够规模化生产的捕食螨包括智利小植绥螨、黄瓜新小绥螨等。我国 1975 年引进智利小植绥螨后，也很快开始尝试以其天然猎物叶螨对其进行繁育和饲养(江苏农学院植保系，1976)。随后，浙江、江西、福建等省都对其规模化饲养及存储开展了相关研究(张兆清，1985；杨子琦等，1992；张艳璇等，1996b)。20 世纪 80 年代初，国际上 Schliesske(1981)等用一种粉螨成功饲养了黄瓜新小绥螨和麦氏钝绥螨(即巴氏新小绥螨)(Rasmy et al.，1987)，且这一方法被商业公司采用，不仅开创了采用替代猎物饲养捕食螨的先河，而且为捕食螨产业化发展与规模化释放应用奠定了坚实的基础。

20 世纪 90 年代中后期，黄瓜新小绥螨先后由复旦大学与福建省农业科学院植物保护研究所引入。科研人员在国外产品的基础上，通过不断摸索，成功研发了黄瓜新小绥螨人工大量繁殖的饲养方法，并于 2000 年前后在福建初步建立了我国第一条黄瓜新小绥螨生产线和大量繁殖基地。

2009~2014 年，在国家公益性行业(农业)科研专项经费项目"捕食螨繁育与大田应用技术研究"(200903032)的支持下，我国捕食螨繁育与应用相关研究又有了长足的发展。项目突破了重要捕食螨的规模化繁育关键技术，使我国能够规模化生产的捕食螨品种增加到 9 种，建立了 6 条中试线、10 条生产线。捕食螨年生产能力超过 8000 多亿头，年实际生产 1000 多亿头，生产成本远低于国际同类产品。

目前，在我国获得审批的螨类饲养相关发明专利共 16 项，其中 2 项有关饲养作为猎物的螨类(甜果螨、乱跗线螨)，8 项有关捕食螨饲养，6 项有关寄生性螨类(蒲螨)饲养。

这16项专利申请日期全部在2000年以后,其中2000~2004年3项,2005~2009年4项,2010年以后9项。这也佐证了近年来我国捕食螨繁育相关研究的发展势头。

一、规模化生产方法

捕食螨规模化生产主要采用2条生产线:净苗—猎物—捕食螨生产线、饲料—替代猎物—捕食螨生产线。另外,还有2条生产线正在探索中,即天然饲料—捕食螨生产线及人工饲料与半人工饲料—捕食螨生产线。

(一)净苗—猎物—捕食螨生产线

种植植物,接上捕食螨的猎物,再接上捕食螨的饲养流程。这类饲养方法主要用于饲养专食性或以叶螨为主食的捕食螨,如智利小植绥螨和拟长毛钝绥螨等。这类捕食螨食性比较单一,主要捕食叶螨属叶螨,如二斑叶螨、朱砂叶螨、神泽氏叶螨、截形叶螨等。由于很难利用其他猎物完成生活史并实现种群增长,因此其规模化生产主要依赖于天然猎物。

早期饲养专食性捕食螨,多用"盆养法",该方法不在植株上饲养捕食螨,而是在水盆中通过倒扣培养皿或放置吸水海绵等建立起保湿隔水的平台,上面覆盖塑料薄膜,薄膜上接入猎物或含有猎物的叶片,再接入捕食螨(董慧芳和张乃鑫,1984)。以这一方法饲养捕食螨,增殖速度快,饲养智利小植绥螨15 d左右可增殖40倍(张艳璇等,1996b)。这一方法在我国早期捕食螨研究中起到了重要作用。然而由于盆的大小限制,每盆可实际生产的捕食螨总量较少,且操作较为复杂,如需要定期投以新鲜食物,环境容易因为叶片或猎物饲料腐败而变坏,清理叶片时需要转移捕食螨等。因此不适用于大规模生产捕食螨。

直接在寄主植物上饲养叶螨,再接入捕食螨,可以简化专食性捕食螨生产流程,扩大生产规模。具体可采用盆栽植物法、袋栽法、大田繁殖法等多种方法。盆栽植物法和袋栽法接近,分别在花盆或薄膜袋中种植植物,一段时间后(通常2叶1心前后)接入叶螨,待叶螨繁殖到一定数量后接入捕食螨。杨子琦等(1992)用盆栽芸豆繁殖智利小植绥螨,在播种20 d后的芸豆上接入叶螨约500头,10 d后接入智利小植绥螨50头,7~10 d后可采收智利小植绥螨700~1500头,即扩增14~30倍。张艳璇等(1996b)采用袋栽法,冬天栽种蚕豆,其余季节栽种茄子。以茄子为例,2叶1心后接入叶螨,每株50头,40 d后增殖到约1.3万头,此时每株接入长毛钝绥螨30~50头,20~25 d后可获得500~1000头,即扩增20倍左右。

大田繁殖法则直接在田间种植植物以饲养叶螨和捕食螨,适用于更大规模的捕食螨生产。杨子琦等(1992)尝试了用早春草莓饲养智利小植绥螨,以及根据作物存在不同生长时期,分批播种豆类、冬蔬菜、棉花等作物,实现寄主作物季节性衔接以繁殖智利小植绥螨这两种方法。作物上每平方米接种叶螨20 000头,10 d后接种智利小植绥螨1000头,再经10 d后最高可采收智利小植绥螨约20 000头,即扩增10倍。使用以上方法的重点之一是注意采收期,由于捕食螨密度与猎物密度密切相关,过早采收捕食螨未达到最大密度,而过晚采收则捕食螨可能因为猎物数量减少而流失。杨子琦等(1992)建议在益害比为1∶1时采收智利小植绥螨。

Shih(2001)设计了从二斑叶螨到其天敌捕食螨——沃氏新小绥螨饲养、收集、分离到包装的一整套流程装置；de Silva 和 Fernando(2008)还开发了一套在实验室内利用椰子组培苗饲养瘿螨再饲养贝氏新小绥螨(*Neoseiulus baraki*)的方法。利用这一方法，可在实验室里长期饲养多种瘿螨，并用作贝氏新小绥螨饲养的替代猎物。

(二)饲料—替代猎物—捕食螨生产线

用天然猎物法饲养捕食螨，成本较高、技术难度较高，对于可能不依赖于其天然猎物生产的多食性捕食螨，近年来相关研究更多关注于采用替代猎物进行饲养(Barbosa and de Moraes, 2015)。常用的替代猎物多为仓储类害螨，过去主要有干酪食酪螨、椭圆食粉螨、腐食酪螨等粉螨。饲养所用替代猎物的饲料多用麦麸，麦麸结构蓬松，除作为替代猎物饲料外，内部还能够形成适于捕食螨与粉螨生存的空间结构。近年来，甜果螨也被发现是一种较好的替代猎物，针对甜果螨嗜甜的食性，需采用含糖量较高的食料与麸皮、蛭石等介质混合后饲养。这些仓储类害螨种群扩增快，繁殖成本低，且其主要取食储藏物，释放时若少量混杂于捕食螨间，对植物无直接危害或危害较小。

这一方法通常在盛有猎物饲料的饲养盒中接入替代猎物，待其繁殖一段时间后接入捕食螨。由于饲养环境通常是相对封闭的饲养盒，因此必须注意维持合适的温湿度，保持通风流畅，以尽量保持饲养盒内的环境健康、稳定。通常比较适宜饲养捕食螨的温度在25℃左右，相对湿度为70%~90%。饲料霉变等问题很容易导致捕食螨饲养失败。

张宝鑫等(2007)总结了可以应用替代猎物饲养法的3个条件：替代猎物很容易大量繁殖；所要繁殖的捕食螨能够取食该猎物螨；该捕食螨与猎物螨能在同样的环境下生存。其中第三条在基础生物学研究时容易被忽略，值得关注。张宝鑫等曾尝试以粗脚粉螨饲养江原钝绥螨，发现虽然江原钝绥螨可以完成世代发育，但它不适应麦麸环境，因此仍难以用替代猎物法大量繁殖。

目前，在我国利用替代猎物法大规模生产的捕食螨种类主要包括：黄瓜新小绥螨、巴氏新小绥螨、加州新小绥螨、剑毛帕厉螨、东方钝绥螨等。其中东方钝绥螨，过去被认为是叶螨的专食性捕食者，须采用天然猎物饲养，但近年来发现其还能捕食其他多种小型节肢动物，并已经可以用甜果螨作为替代猎物进行规模化饲养(盛福敬等，2014)，其内禀增长率达到0.18，每雌总产卵量22.5粒。

对于已知可以用替代猎物饲养的捕食螨，近年来一些研究致力于通过改变饲养条件来提高生产效率。例如，可以通过改善替代猎物饲料的营养成分以提高替代猎物营养、进一步提高捕食螨的捕食和繁殖能力。黄和(2013)发现在替代猎物腐食酪螨的饲料中添加酵母粉、葡萄糖、白砂糖后，腐食酪螨种群增长快，体内可溶性蛋白含量提高，用此腐食酪螨饲养巴氏新小绥螨，巴氏新小绥螨发育历期缩短，产卵量增加，3种处理下定量扩繁时间分别由对照的40 d缩短至19 d、23 d、22 d。杨康(2014)进一步验证了酵母有助于促进巴氏新小绥螨对腐食酪螨的捕食量，使更多能量被用于繁殖，产生数目更多、个体更大的后代。李颜(2015)尝试用多种酵母粉饲养甜果螨，并用该甜果螨饲养加州新小绥螨，发现不同酵母粉饲养效果不同，应用比较适宜的酵母粉，加州新小绥螨内禀增长率可达到 0.15 左右。

(三)天然饲料——捕食螨生产线

利用花粉、储藏物鳞翅目虫卵、小型害虫蛹等直接生产捕食螨,或在此基础上添加猎物饲养捕食螨。真绥螨属捕食螨嗜食花粉,相对易于成功利用花粉饲养。国际上,有很多利用花粉饲养多种捕食螨的尝试工作(表 17-3)。国内 20 世纪 80 年代起,也有不少尝试工作,多种花粉被证明可以使捕食螨完成生活史并繁殖(表 17-4)。不过,也有一些花粉不适合用来饲养捕食螨。个中原因尚不明确,推测可能和花粉大小、形态等因素有关(吴伟南等,2008)。例如,张乃鑫和李亚新(1989a)报道木槿、扶桑花粉外表具有尖刺,使得伪钝绥螨无法靠近而影响取食。此外,选择用于饲喂捕食螨花粉时,除了能够使捕食螨较快增殖外,还需考虑选取栽种普遍、易于获得、花期长、花粉多的植物品种。例如,丝瓜花粉就是一种较为理想的花粉品种(张帆等,2005)。用花粉饲养捕食螨,其饲养环境与替代猎物法相近,因此也必须注意保持饲养盒中的环境,尤其注意避免因花粉霉变而影响捕食螨的繁育。

此外,虽然一些捕食螨可以利用花粉完成生活史,但饲喂花粉的同时添加猎物,更有利于捕食螨的发育与繁殖——发育快、产卵量高、子代雌性比高,种群增长更好(赵志模等,1992)。因此在用花粉饲养捕食螨时,常添加自然猎物以取得较好的繁殖效果(张乃鑫和李亚新,1989b;邹建掬等,1990;蒲天胜等,1991;李德友等,1992;赵志模等,1992;许长藩等,1996)。

Momen 和 El-Laithy(2007)利用地中海粉螟卵饲养 3 种捕食螨——巴氏新小绥螨、榭果盲走螨(*Typhlodromus balanites* El-Badry)和扎氏钝绥螨(*Amblyseius zaheri* Yousef and El-Borolossy)。巴氏新小绥螨发育与繁殖都要快或高于扎氏钝绥螨。榭果盲走螨非成熟期存活率很低,并且不能发育至成螨。巴氏新小绥螨和扎氏钝绥螨取食地中海粉螟卵时,每雌平均可产卵 50.4 粒和 41.0 粒。巴氏新小绥螨取食地中海粉螟卵的食物,成螨寿命最长,平均总的繁殖量最大。净增殖率、内禀增长率及周限增长率分别为 32.88、0.139 和 1.149。扎氏钝绥螨和巴氏新小绥螨平均世代历期分别是 24.65 d 和 25.03 d。巴氏新小绥螨和扎氏钝绥螨以地中海粉螟卵为食时,其后代性比偏雌,雌性比分别为 0.69 和 0.58。

一些捕食螨也可能利用小型昆虫的蛹完成生长发育与繁殖。张良武和曹爱华(1993)利用赤眼蜂蛹饲养尼氏真绥螨,发现在 25℃时,每头尼氏真绥螨雌成螨产卵约 45 粒,卵孵化率近 97%,幼若螨存活率 88%,子代雌性占 55%,雌成螨寿命 25 d。且用赤眼蜂蛹连代饲养的尼氏钝绥螨在橘园释放,对柑橘全爪螨具有明显的控制作用。

(四)人工饲料与半人工饲料——捕食螨生产线

无论是自然猎物、替代猎物还是花粉都属于天然食料。那么,是否有可能直接人工生产饲料来饲养捕食螨呢?这一方法如果可行,将会使捕食螨规模化生产更加便利,更加有利于机械化及自动化生产。实际上,国际上从 20 世纪 60 年代起就陆续有人工饲料开发的相关报道,如 McMurtry 和 Scriven(1964)等开发的智利小植绥螨人工饲料等,然而,应用这些饲料饲养捕食螨与天然猎物饲养仍然具有较大差距,如产卵量极低,幼若

表 17-3 国外应用花粉饲养捕食螨相关研究

属名	捕食螨种类	花粉品种	花粉有效性	年份	作者
Amblydromalus	草地痩钝走螨 Amblydromalus limonicus	Nutrimite（由窄叶香蒲花粉组成）	发育最快	2014b	Vangansbeke et al.
		新鲜的宽叶香蒲花粉	生长发育繁殖较正常，内禀增长率 0.157~0.166	2014c	Vangansbeke et al.
		香蒲花粉	正常发育繁殖	2015	Nguyen et al.
		垂枝桦、欧洲赤松、核桃、大药栎、毛榛、欧洲榛、高加索核桃、欧洲栎木、灰栎木、玉米、欧洲七叶树（赤杨）、木犀榄（油橄榄）、蓖麻、大蔷薇、欧洲油菜、蟹爪兰、毛泡桐、向日葵、苹果、郁金香（1）	大欧洲七叶树花粉对于 Amblydromalus limonicus 雌螨是质量好的	2015	Goleva et al.
钝绥螨属 Amblyseius	安德森钝绥螨 Amblyseius andersoni	香蒲花粉	正常发育繁殖	2015	Nguyen et al.
	登氏钝绥螨 Amblyseius denmarki	海枣	可饲养整个世代，但成螨取食花粉不繁殖	2004	Momen et al.
	草栖钝绥螨 Amblyseius herbicolus	蓖麻和菽麻	以蓖麻花粉为食其内禀增长率比以菽麻花粉为食的高	2013	Rodríguez-Cruz et al.
	拉哥亚钝绥螨 Amblyseius largoensis	弗吉尼亚栎	可完成发育，但内禀增长率小（0.049）	2010	Carrillo et al.
		弗吉尼亚栎、蓖麻、香蒲（Typha domingensis），软叶刺葵	弗吉尼亚栎花粉是拉哥亚钝绥螨最合适的食物，其次是蓖麻和香蒲花粉	1996	Yue and Tsai
	斯氏钝绥螨 Amblyseius swirskii	同（1）	大药栎花粉对斯氏钝绥螨、灰栎木花粉对斯氏钝绥螨雌部和郁金香花粉对于斯氏钝绥螨雌螨是质量好的	2015	Goleva et al.
		香蒲花粉	饲养于香蒲花粉时，内禀增长率为 0.210 雌/雌/d	2014b	Nguyen et al.

续表

属名	捕食螨种类	花粉品种	花粉有效性	年份	作者
钝绥螨属 Amblyseius	斯氏钝绥螨 Amblyseius swirskii	欧洲赤松，玉米，禾本科混合，郁金香，欧洲百合，朱顶红属，黄水仙，荷兰番红花，水芋，向日葵，欧洲榛，欧洲七叶树，毛泡桐，篦麻，垂枝桦，商麻属，木槿，蟹爪兰变种，鹿角柱属，西葫芦	欧洲百合，朱顶红属，木槿，向日葵，欧洲榛和禾本科混合花粉不适合作为捕食螨的食物源。取食欧洲七叶树，荷兰番红花，鹿角柱属和毛泡桐花粉能使捕食螨有最好的表现	2013	Goleva et al.
		香蒲，玉米和苹果3种花粉	香蒲花粉和苹果花粉对于斯氏钝绥螨来说是相同质量的食物。玉米花粉对于斯氏钝绥螨是不合适的食物	2015	Delisle et al.
Cydnodromella	Cydnodromella negevi (Typhlodromus negevi)	篦麻	花粉饲养可完成生活史	1989	Abou-Awad et al.
真绥螨属 Euseius	芬兰真绥螨 Euseius finlandicus	苹果 (Malus silvestris)，梨，樱桃，桃，杏，核桃及嗖美人	樱桃，桃，核桃和嗖美人的花粉相对于苹果和梨花粉来说，对于芬兰真绥螨更有营养价值	2000	Broufas and Koveos
	Euseius hibisci	冰叶日中花	合适的食物	1990	Zhao and McMurtry
	Euseius scutalis	海枣，酸橙，篦麻和苜蓿	都可以，海枣花粉最好	2011	Al-Shemmary
	Euseius stipulatus	冰叶日中花	合适的食物	1990	Zhao and McMurtry
	土拉真绥螨 Euseius tularensis	冰叶日中花	合适的食物	1990	Zhao and McMurtry
伊绥螨属 Iphiseius	不纯伊绥螨 Iphiseius degenerans	欧洲赤松，黎巴嫩雪松，刺柏属，日中花属，欧洲榉，红栀木(美国赤杨)，欧洲榛，美洲榛，杏，黄香李，垂柳，篦麻，苹果，西洋梨，扁桃(巴旦木)，蚕豆，桉属，柳兰，甜樱桃，草莓，悬钩子属，菊花，宽叶香蒲，窄叶香蒲(2)，葵，菊花，宽叶香蒲，窄叶香蒲(2)	雪松与刺柏不合适。欧洲赤松和菊花：低产卵率。蚕豆、蔷薇科、香蒲：产卵率高。取食向日葵、柳树和桦木花粉，不纯伊绥螨日均产卵0.8~2.4粒	2002	van Rijn and Tanigoshi
		巴旦杏，苹果，篦麻，李子，甜椒	甜椒花粉对于其非成熟期的发育来说是不合适的	2004	Vantornhout et al.
		篦麻花粉	饲养良好，内禀增长率为0.142	2005	Vantornhout et al.

续表

属名	捕食螨种类	花粉品种	花粉有效性	年份	作者
新小绥螨属 Neoseiulus	黄瓜新小绥螨 Neoseiulus cucumeris	同(2)	雪松与刺柏不合适。欧洲赤松和菊花、取食向日葵、柳树和桦木花粉胡瓜新小绥螨不产卵。蓖麻、蔷薇科、香蒲、产卵率高	2002	van Rijn and Tanigoshi
		蓖麻、郁金香、苹果、蟹爪兰和白桦	白桦、郁金香、欧洲七叶树、苹果和玉米花粉可以用作胡瓜新小绥螨合适的替代食物	2014	Ranabhat et al.
		同(1)	欧洲七叶树花粉对黄瓜新小绥螨雌螨都是质量好的	2015	Goleva et al.
		香蒲花粉	正常发育繁殖	2015	Nguyen et al.
		香蒲、玉米和苹果 3 种花粉	香蒲花粉和苹果花粉对于胡瓜新小绥螨来说是比斯氏钝绥螨更好的食物源	2015	Delisle et al.
盲走螨属 Typhlodromus	Typhlodromus foenilis	巴旦杏、苹果、桃、樱桃、杏、核桃	用巴旦杏花粉饲养的内禀增长率最大,为 0.104/d。而用核桃饲养的最小,仅为 0.055/d。巴旦杏和杏对捕食螨的营养价值最大	2008	Papadopoulos and Papadoulis

注:桉属 Eucalyptus sp.;蓖麻 Ricinus communis;白桦 Betula pendula Roth;刺柏属 Juniperus sp.;垂柳 Salix babylonica;大药栎 Quercus macranthera;扁桃(巴旦木)Prunus dulcis;冰叶日中花 Malephora crocea;蚕豆 Vicia faba;草莓 Fragaria ananassa;垂枝桦 Betula pendula;禾本科 Poaceae;荷兰番红花 Crocus vernus;核桃 Juglans regia;红桤木(美国赤杨) Alnus rubra;黄水仙 Narcissus pseudonarcissus;弗吉尼亚栎 Quercus virginiana;高加索核桃 Pterocarya fraxinifolia;海枣 Phoenix dactylifera;灰桤木 Alnus incana;菊花 Dendranthema grandiflora;宽叶香蒲 Typha latifolia;蓝蓟属 E.chium sp.;梨 Pyrus communis;李子 Prunus domestica;黎巴嫩雪松 Cedrus libani;柳兰 Epilobium angustifolium;鹿角柱属 Echinocereus sp.;毛泡桐 Paulownia tomentosa;美洲榛 Corylus americana;木槿 Hibiscus syriacus;木犀榄(油橄榄) Oleae europaea;苜蓿 Medicago sativa;欧洲百合 Lilium martagon;欧洲赤松 Pinus sylvestris;欧洲桦 Betula pubescens;欧洲栎木 Alnus glutinosa;欧洲七叶树 Aesculus hippocastanum;欧洲山毛榉 Fagus sylvatica;欧洲油菜 Brassica napus;欧洲榛 Corylus avellana;苹果 Malus domestica;尚麻属 Abutilon sp.;犬蔷薇 Rosa canina;日本桤木(赤杨) Alnus japonica;日中花属 Mesembryanthemum;软枝刺葵 Phoenix roebelenii;菽麻 Crotalaria juncea;水芋 Calla palustris;酸橙 Citrus aurantium;桃 Prunus persica;甜樱桃 Prunus avium;甜椒 Capsicum annuum;西洋梨 Pyrus communis;西葫芦 Cucurbita pepo;向日葵 Helianthus annuus;蟹爪兰 Schlumbergera sp.;杏 Prunus armeniaca;悬钩子属 Rubus sp.;樱桃 Prunus avium;郁金香 Tulipa gesneriana;虞美人 Papaver rhoeas;玉米 Zea mays;窄叶香蒲 Typha angustifolia;朱顶红属 Hippeastrum sp.

表17-4 我国应用花粉饲养捕食螨相关研究

捕食螨种类	花粉品种*	添加物	试验地点	年份	第一作者
尼氏真绥螨	地堂，蓖麻	30%糖水	广西	1983	邓振华
尼氏真绥螨	丝瓜，蓖麻，柢桐，棕榈，广玉兰，野蔷薇，猕猴桃，南瓜，藿香蓟	—	湖南	1990	邹建掬
尼氏真绥螨	油茶	—	贵州	2009	郑雪
伪钝绥螨	苹果，桃，石榴，酸浆，紫槐，胡萝卜，苦瓜	—	北京	1986	张乃鑫
伪钝绥螨	核桃，洋槐，贴梗海棠，仙人球	—	北京	1989	张乃鑫
同羊钝绥螨	丝瓜，棕榈，石榴，桦木，马尾松，曼陀罗，玉米，臘梅，蜀葵，南瓜，马桑，地肤，忍冬，高粱菜，油菜，云实，女桢，豌豆，苘麻	—	贵州	1992	李德友
江原钝绥螨	丝瓜，蓖麻，柢桐，棕榈，广玉兰，野蔷薇，猕猴桃，南瓜，藿香蓟	—	湖南	1990	邹建掬
真柔钝绥螨	黄瓜，茉莉，马缨丹，冬瓜，南瓜，豇豆，美人蕉，苦瓜，丝瓜，水稻	—	广西	1991	蒲天胜
普通钝绥螨	丝瓜，党参，七里香，荞麦，紫云英，玉米	—	重庆	1992	赵志模
冲绳钝绥螨	蓖麻，藿香蓟	3%蜜水	福建	1996	许长潘
栗真绥螨	茶花粉，荷花粉，玉米花粉，黄芪花粉，五味子花粉，银杏花粉，松花粉，玫瑰花粉，油菜花粉	—	北京	2011	吴圣勇
巴氏新小绥螨	丝瓜，油菜	—	江西	2011	黄建华

*所列花粉均被报道可使捕食螨完成生活史并繁殖，粗体为作者认为效果较好的花粉

螨存活率低，成螨寿命显著缩短等。Ochieng 等(1987)用蜂蜜、奶粉、蛋黄、Wesson 盐和水成功饲养了南非钝绥螨(*Amblyseius teke*) 25 代。Ogawa 和 Osakabe(2008)利用酵母、糖类和蛋黄等组成的人工饲料饲喂加州新小绥螨，发现其可成功发育至成螨，尽管雌成螨在这种人工饲料上不产卵，但移入猎物后又可恢复产卵。Nguyen 等(2015)用蜂蜜、蔗糖、胰蛋白胨、酵母抽提物和蛋黄组成的混合人工饲料同时添加丰年虾(*Artemia franciscana* Kellogg)去壳卵的抽提物及香蒲花粉、二斑叶螨，饲喂加州新小绥螨、黄瓜新小绥螨、安德森钝绥螨和草地瘦钝走螨。结果表明，食物没有显著影响到上述几种捕食螨非成熟期的存活率，所有种的存活率在 92%～98%。雌成螨，除了草地瘦钝走螨的雌成螨，当取食叶螨或花粉时，其发育时间要显著短于用其他人工饲料饲喂的。当供给叶螨或花粉时，加州新小绥螨、黄瓜新小绥螨和草地瘦钝走螨雌成螨的繁殖力要显著高于用其他人工饲料饲喂的，而对于安德森钝绥螨而言，各种饲料饲喂间没有显著差异。当加州新小绥螨雌成螨饲喂人工饲料时，其后代不能成功发育至成螨阶段。他们的结果表明，人工饲料在用作捕食螨特别是多食性捕食螨如安德森钝绥螨和草地瘦钝走螨的规模化生产上具有一定潜力。

　　Nguyen 等(2013)利用香蒲花粉、甜果螨、蜂蜜+蔗糖+胰蛋白胨+酵母抽提物+蛋黄(AD1)和 AD1+柞蚕[*Antheraea pernyi*(Guérin-Méneville)]蛹血淋巴(AD2)饲养斯氏钝绥螨。捕食螨取食甜果螨和 AD2 时，非成熟期与产卵前期都较短，而且取食 AD2 时，产卵总量要显著比其他食物的高得多。从内禀增长率上看，取食 AD2 与甜果螨的最高，其次是香蒲花粉和 AD1。作者认为，利用人工饲料已达到利用替代猎物饲养的程度，可用于规模化生产斯氏新小绥螨。作者还尝试着其他的人工饲料：地中海粉螟卵、去壳丰年虾卵、AD2、AD1+地中海粉螟卵、AD1+去壳丰年虾卵。评价了饲养在这些食物上的捕食螨第 1 代与第 6 代的发育、繁殖与捕食能力。添加去壳丰年虾卵的人工饲料要比添加其他的人工饲料产生更好的饲养效果。利用去壳的丰年虾饲养斯氏钝绥螨有最好的效果，表明它们在规模化饲养中具有一定的潜力(Nguyen *et al.*, 2014a)。上述液态人工饲料饲养过程复杂，在此基础上，Nguyen 等又研究应用干饲料来饲养斯氏钝绥螨，看它们的存活率及繁殖情况。测试的饲料是先前开发出的液体人工饲料添加去壳丰年虾卵或柞蚕蛹血淋巴的抽提物经冷冻的干饲料形式，以及新的添加了丰年虾的干粉或冻干的柞蚕蛹血淋巴的粉状化学人工饲料。取食人工饲料后捕食螨的表现与取食香蒲花粉作比较。提供低压冻干的饲料，斯氏钝绥螨的发育时间要比提供粉状的人工饲料的短得多。提供低压冻干的饲料，斯氏钝绥螨雌螨的总繁殖量要显著高于提供添加丰年虾的粉状饲料。饲养于香蒲花粉的，与饲养于两种低压冻干的，在日产卵率上是相似的，而饲养于两种粉状饲料中的，日产卵率均低。当斯氏钝绥螨饲养于香蒲花粉时，内禀增长率最大，为 0.210 雌/雌/d，随后是添加了柞蚕蛹血淋巴与去壳丰年虾卵的冻干饲料，分别为 0.195 雌/雌/d 和 0.184 雌/雌/d，内禀增长率最低的是添加去壳丰年虾卵和柞蚕蛹血淋巴的粉状饲料，分别为 0.159 雌/雌/d 和 0.158 雌/雌/d。结论：植绥螨可以有效地取食固体粉状的人工饲料。冻干的液体饲料不会影响到它们对斯氏钝绥螨发育繁殖的价值。对于大量饲养而言，这些干的饲料有一些超过液体饲料的优势：包括更加方便地应用与储存(Nguyen *et al.*, 2014b)。

Vangansbeke 等(2014)测试了 3 种食物——新鲜的香蒲花粉、干的去壳丰年虾卵和冷冻的地中海粉螟卵对草地瘦钝走螨生长发育与繁殖的影响。这几种食物或置于人工基质上，或置于芸豆叶片上。缺乏食物时，所有的幼螨在人工基质上全部死亡，而在豆叶上，可以成功发育到前若螨阶段。非成熟期在所有的食物与基质的组合中其存活率都是高的(90%)，仅有一个例外，即地中海粉螟卵放在人工基质上(35%存活率)。地中海粉螟置于叶片上时，捕食螨雌雄螨均表现最快的发育速率，取食去壳丰年虾卵的紧随其后，而取食香蒲花粉的发育最慢。取食地中海粉螟卵和去壳丰年虾卵要比取食香蒲的有更高的繁殖力和产卵率。草地瘦钝走螨雌螨在叶碟上存活的时间比在人工基质上的更长。当地中海粉螟卵置于叶碟上时，捕食螨的内禀增长率最高，为 0.256 雌/雌/d，而地中海粉螟置于人工基质上的最低，仅 0.128 雌/雌/d。取食去壳丰年虾卵没有受到基质的影响，其内禀增长率平均为 0.22 雌/雌/d。食物显著地影响到捕食螨草地瘦钝走螨的大小(测量背板两根特别毛的距离)。

要开发能够与天然猎物效果接近的人工饲料，一方面需要进一步开展捕食螨相关营养学研究，明确捕食螨所需要的营养成分。也可先考虑开发人工饲料与天然食料元素(如昆虫血淋巴、叶因子)等相结合的半人工饲料。或先开发捕食螨天然猎物叶螨的人工或半人工饲料，以简化专食性捕食螨的饲养流程。另一方面捕食螨和叶螨的取食方式也有待于进一步明确，以便明确人工饲料应该采用怎样的形式(液体、凝胶或固体等)及包装(人工卵、蜡膜覆盖等)。

开发人工或半人工饲料饲养捕食螨或其猎物螨，应成为捕食螨繁育相关研究的重点工作。

二、长期饲养的影响

在规模化生产中专食性捕食螨必须要用其猎物饲养，但大多数多食性的捕食螨并不用其防控的靶标猎物去饲养，如用粉螨去饲养靶标为叶螨或蓟马的捕食螨。此外，饲养的环境条件也常常不同于其释放的环境条件，这些差异所带来的问题是：长期饲养的捕食螨，其自身的生物学及生态学习性是否发生改变？不同于释放田间的饲养猎物及环境条件饲养所获得的捕食螨是否影响到其田间表现？

Nguyen 等(2014a)用不同的人工饲料：地中海粉螟卵、去壳丰年虾卵、(蜂蜜+蔗糖+胰蛋白胨+酵母抽提物+蛋黄)(AD1)+地中海粉螟卵、AD1+去壳丰年虾卵和 AD1+柞蚕蛹血淋巴饲喂斯氏钝绥螨，评价了捕食螨第 1 代与第 6 代在发育、繁殖与捕食能力上的差异。在所有食物上的第 1 代其非成熟期的存活率都相似，为 96.8%~100%。然而，第 6 代时，斯氏钝绥螨在所有的食物上的存活率都显著降低，仅以去壳丰年虾卵饲养的除外。当雌螨以地中海粉螟卵、AD1+地中海粉螟卵或 AD1+去壳丰年虾卵时，世代间的产卵率没有什么不同。总产卵数在所有的食物中相似，仅第 6 代中，雌螨饲喂去壳丰年虾卵要比饲喂地中海粉螟卵产下更多的卵。在大多数食料中，第 1 代的内禀增长率都要远大于第 6 代的，除了以去壳丰年虾卵饲喂的，在第 1 代与第 6 代中内禀增长率没有显著差异。以不同的食物饲喂，第 6 代后雌螨也没有失去猎杀西方花蓟马 1 龄若虫的能力，但是以地中海粉螟卵为食的，其第 6 代的捕食力低于第 1 代。总结如下：不同的替代或人工饲料可以支持捕食螨完成一个世代，但是用地中海粉螟卵或人工饲料饲养经过几个世代后会发生不同程度的适合度丧失。添加去壳丰年虾卵的人工饲料要比添加其他的人工饲料产生更好的饲养效果。利用去壳丰年虾饲养斯氏钝绥螨有最好的效果，表明，它们在规模化饲养中具有一定的潜力。

伪新小绥螨的抗拟除虫菊酯品系在加拿大被大量饲养并用于多种作物上叶螨的防治，早期在豆株上饲养的捕食螨在一些苹果和桃树上释放没有成功，不能建立种群或不能成功防治苹果全爪螨。但是随后的研究表明，改变的寄主植物在伪新小绥螨种群建立及苹果全爪螨的防治上只是一个短期的影响，从试验中观察到接入捕食螨的数量在早期减少，然而，捕食螨克服了这些短期的影响，成功地在新的寄主植物上建立种群并控制了苹果全爪螨(Lester et al., 2000)。

室内用非靶标猎物饲养的捕食螨的功能与数值反应研究结果显示，不同饲料大量饲养的捕食螨其防控能力没有受到大的影响。例如，通过比较加州新小绥螨3个长期在室内用二斑叶螨、粉尘螨(*Dermatophagoides farina*)和栎(*Quercus* sp.)花粉饲养的品系及一个田间采回的自然种群发现，虽然总体来说野生自然种群表现更好，但是基本上所有的品系均表现出高的捕食能力和产卵率，由此推测大量饲养的加州新小绥螨用作生物防治物没有显著的缺陷(Castagnoli and Simoni, 1999)。

黄瓜新小绥螨有负趋光性，通常在黑暗的条件下饲养。室内饲养光照对捕食螨的研究揭示在光下饲养了4个月后释放到田间的捕食螨，中午采样时数量更大。然而，这一饲养条件的改变所引起的捕食螨在田间分布的变化仅仅是暂时的，其分布很快会恢复常态，可见室内的光照增加并未改变其趋暗的特性(Weintraub et al., 2007)。

国内的一些研究表明，利用纯花粉长期继代饲养捕食螨，可能存在捕食螨退化、后代生活力下降的问题(徐国良等，2002)。张乃鑫和李亚新(1989b)报道用苹果花粉饲养伪钝绥螨，其后代存活率低，雌性比下降，自残行为增加，而在花粉中添加叶螨饲养一段时间后，其后代生活力提高到接近于叶螨饲养时的水平。

上述的研究表明，饲养环境与释放环境的差异、饲养猎物与靶标猎物的不同，对捕食螨的影响可能都是短暂的。许多捕食螨在有合适猎物存在时，可以很快适应新环境。

三、捕食螨产后相关技术

除饲养与繁育外，要形成优质的捕食螨产品，还涉及储藏、包装、质量检验等一系列相关技术的开发。

1. 储藏条件及影响

捕食螨等天敌活产品货架期短，在时间上常会出现生产与使用的矛盾。捕食螨非生产季节需要活体保种；在运输过程中或运达用户尚未使用前，也需要保存一段时间，低温储存是一个常用的也是最有效的办法。低温可显著延长捕食螨的寿命。杨子琦等(1992)用塑料袋、培养皿和尼龙纱袋(外套塑料袋)3种方法低温储存智利小植绥螨，发现尼龙纱袋法既能够保持合适的温湿度，又能够防止捕食螨逃逸，是较好的存储方法。结果表明，在8℃下冷藏32 d捕食螨几乎全部存活，48 d后存活率仍高于87%，80 d后存活率约20%；在4℃下32 d存活率在85%以上，冷藏48 d后存活率在60%左右，80 d全部死亡。张艳璇等(1996b)采用 16 cm×11 cm×4 cm 的透明塑料果盒,每盒可存储捕食螨 500~1000 头,在 5℃左右储存 25 d,存活率约 86%,储存 50 d,存活率仍高于 78%,且提高温度后存活的捕食螨可快速恢复活力。长毛钝绥螨在 10℃左右储存 50 d 后存活率为 40%~80%,仍可少量产卵。

储存期食料及水分对捕食螨存活等也起着重要作用。智利小植绥螨在 7.5℃时储存,若提供食物,4 周后仍有 97%存活,6 周后 80%存活,而置于空容器中不提供食物等存活不超过 2 周(Morewood,1992);供以人工饲料可极大地增加加州新小绥螨种群保存的时间(Ogawa and Osakabe,2008)。湿度对于加州新小绥螨的存活是重要因素,加州新小绥螨在 5℃条件下,相对湿度 100%时的平均存活时间是相对湿度 80%时的 1.6~2.3 倍(幼螨除外,幼螨对相对湿度 100%和低温忍受能力差)(Ghazy et al.,2012a)。湿度不仅仅影响雌成螨,对雄成螨的影响也一样。刚羽化的雄螨储藏在 5℃时,在相对湿度 100%下 50%雄螨存活时间为 32 d,而在相对湿度 80%条件下仅为 14 d(Ghazy et al.,2012b)。但高湿条件下控制霉菌的生长是值得注意的问题(Morewood,1992)。有研究报道,选择抗冻剂或糖类对于智利小植绥螨的长期储存作用有限(Riddick and Wu,2010)。

冷藏时的基质对捕食螨存活率也有一定的影响。用蛭石作基质在4℃左右适合较长期冷藏智利小植绥螨(刘佰明等,2012)。

储存可能影响捕食螨的活力。智利小植绥螨的扩散能力在 5℃条件下储存 18 d 后开始降低(Luczynski et al.,2008)。在 25℃条件下,未交配雌螨与在 5℃、相对湿度 100%条件下储存 20 d 的雄螨交配,雌螨产卵前期显著延长,但没有发现雄螨储存对雌螨产卵期、总卵量或净增殖率有负面影响,仅发现内禀增长率有轻微降低。同样条件下与储存 30 d 的雄螨交配,对平均世代时间也没有负面影响(Ghazy et al.,2012b)。

储存条件会影响捕食螨的一些生理及生物学指标,反之,捕食螨自身的生理等状况也会影响到储存效果。相对湿度 100%时,交配后的加州新小绥螨雌螨可存活 63.1 d,并且要比未交配雌螨存活长 1.4 倍(Ghazy et al.,2012a)。智利小植绥螨对低温的耐受能力与它们的生殖年龄紧密联系。处于生殖期的雌螨能够忍受长期暴露于低温与饥饿中而其质量不会受到影响。交配过的加州新小绥螨雌螨身体里的营养成分,如卵、精子等对于延长雌螨寿命可能有积极作用(Ghazy et al.,2012a)。

一些捕食螨具有滞育特性。李亚新和张乃鑫(1990)对伪钝绥螨的滞育进行过相关研究,发现在 15℃左右,临界光周期约 12 h,光照更少时开始滞育,而 26℃时无论有无光照都不会滞育。对不同龄期进行滞育诱导,滞育发生率随着个体发育而下降。诱导雌成螨不发生滞育。但目前尚无研究把滞育引入捕食螨的储存中。

综合认为,5~10℃的温度较为适合捕食螨储藏。研究捕食螨在低温下的存活螨态及滞育情况也有助于进一步寻找适宜的储藏条件。

2. 包装

捕食螨产品的包装形式主要是压膜缓释袋和袋装或桶装 2 种。一般采用机械化方法将捕食螨混合螨态与蛭石等缓冲物质混合后,用密封且透气性强的材料包装,产品中还可能混有少量猎物及猎物饲料。此类捕食螨产品不适宜在花卉等作物上应用,而且猎物本身可能对作物造成伤害;当田间湿度较高时,糖、酵母等猎物饲料容易霉变,可能导致病害。如何从介质中分离捕食螨,形成纯捕食螨产品一直是难点。中国农业科学院植物保护研究所的科研人员已经突破了智利小植绥螨的分离技术,可以在较短时间内获得大量纯品智利小植绥螨。除了在生物防治中的应用外,纯品捕食螨也具有较高的科研应用价值,如可用于分子生物学分析等。

3. 生产及质量检验标准

国际上 IOBC 已对智利小植绥螨、黄瓜新小绥螨、尖狭下盾螨、兵下盾螨、加州新小绥螨、*Neoseiulus degenerans* 6 个种建立了产品检测的标准(徐学农和王恩东,2007)。国内随着捕食螨产业的发展,建立捕食螨生产标准化流程及产品质量检验标准的相关工作也在进行中。鲁新等(2007)结合实际总结出一套操作性较强的智利小植绥螨生产流程。2014 年,农业部对"生物防治用智利小植绥螨"标准进行了立项。福建(DB35/T 1215-2011《捕食螨生产技术规程》)、河北(DB13/T 1852-2013《巴氏新小绥螨人工繁育技术规程》)、广东(DB44/T 1321-2014《巴(柏)氏钝绥螨扩繁与应用技术规程》)等省市也已经颁布或制定了相关的捕食螨生产技术地方标准。

第三节 应 用 技 术

一、应用范围

捕食螨通常释放于相对稳定的生态环境中,如温室大棚、果园、茶园(Mochizuki,2003)、食用菌生产场地(Ali *et al.*,1999;Freire *et al.*,2007)等,其中温室大棚和果园是应用最多最广泛的环境。

国内在 21 世纪前由于规模化生产技术一直没有重大突破,因此,在果蔬等作物上进行了小规模的释放与应用,特别是对捕食螨的田间自然种群的保护利用较多。进入 21 世纪后,随着规模化生产技术的成熟、生产量的扩大及生产的捕食螨种类的增加,捕食螨的规模化释放成为可能并获得较多应用。捕食螨的释放主要应用在果园、保护地蔬菜和其他经济作物上。释放的品种有黄瓜新小绥螨、巴氏新小绥螨、智利小植绥螨、拟长毛钝绥螨和尼氏真绥螨等。据不完全统计,近年来我国每年捕食螨的释放面积在 2 万 hm^2 以上。

果树上,释放捕食螨防控柑橘害螨在我国最为广泛。柑橘害螨主要有柑橘全爪螨[*Panonychus citri*(McGregor)]、柑橘始叶螨[*Eotetranychus kankitus* Ehara]及柑橘锈壁虱[*Phyllocoptruta oleivorus* Ashmead]等。早期释放的捕食螨有东方钝绥螨(杨子琦等,1987)、尼氏真绥螨(李继祥和张格成,1995)等。黄瓜新小绥螨引入中国并成功规模化生产后,在柑橘的一些产区得到较大面积的释放与应用(张艳璇等,2003)。巴氏新小绥螨是继黄瓜新小绥螨后,第 2 个国内大量用于柑橘害螨防治的种类。

苹果上发生的主要害螨有苹果全爪螨、山楂叶螨、二斑叶螨等。20 世纪 80 年代至 90 年代初,引进种如西方静走螨、伪新小绥螨被最早应用于北方苹果园中。例如,释放西方静走螨防治山楂叶螨和李始叶螨(张乃鑫等,1987)、释放伪新小绥螨防治苹果全爪螨(吴元善等,1991)等。本土种如东方钝绥螨也得到一定的释放与应用(张守友等,1991)。

近年来，黄瓜新小绥螨(张辉元等，2010)和巴氏新小绥螨在苹果园中也获得了较为广泛的释放与应用。

板栗发生的害螨主要是针叶小爪螨。目前已在河北迁安、昌黎(许长新等，2014)和北京(郭喜红等，2012)等多地，通过大量释放巴氏新小绥螨、黄瓜新小绥螨和拟长毛钝绥螨对其进行防治。

20 世纪 80～90 年代起陆续开展过在露地蔬菜上释放智利小植绥螨、拟长毛钝绥螨及长毛钝绥螨等防治神泽氏叶螨(*Tetranychus kanzawai* Kishida)、朱砂叶螨[*Tetranychus cinnabarinus*(Boisduval)]及二斑叶螨等的尝试。21 世纪初，随着保护地特别是我国北方地区设施蔬菜面积的增加，多种小型吸汁性有害生物如叶螨、蓟马和粉虱等为害日趋严重，防治这些害虫害螨的捕食螨种类与数量都显著增多。例如，在东北释放智利小植绥螨防治大棚菜豆上二斑叶螨(李丽娟等，2008)；在山东等地释放黄瓜新小绥螨、拟长毛钝绥螨和巴氏新小绥螨防控蔬菜上西花蓟马[*Frankliniella occidentalis*(Pergande)]和粉虱等(张艳璇等，2010，2011a；谷培云等，2013)；在北京、河北、内蒙古等地也开展了释放巴氏新小绥螨防治茄子、青椒等果菜上的叶螨、蓟马及粉虱(王恩东等，2010)等工作。

草莓生产上叶螨一直是个严重问题。20 世纪 90 年代中期，曾开展过在露地释放智利小植绥螨(张艳璇等，1996a)和大棚中释放尼氏真绥螨(陈文龙等，1994)防治朱砂叶螨的尝试。近几年，长毛钝绥螨(林碧英和池艳斌，2001)、拟长毛钝绥螨(郭喜红等，2012)、智利小植绥螨(郝建强等，2015；武雯等，2015)和巴氏新小绥螨等多种捕食螨被应用于温室大棚草莓上朱砂叶螨及二斑叶螨的防治，并在北京等地取得了较好的防治效果。

此外，近年来在其他作物上应用捕食螨也开展了一些有益的尝试。例如，在新疆等地的棉田上释放捕食螨防治叶螨(贾文明等，2007)；又如中国农业科学院植物保护研究所开发出智利小植绥螨纯品产品，释放时不影响花卉外观，在花卉企业得到应用。

二、捕食螨田间扩散与释放技术

自然界中生物在长期进化过程中，演化为天敌发生总是滞后于其猎物或寄主，并且天敌开始发生时，其种群密度小，内禀增长率通常也都会小于其猎物或寄主，也就是说，自然界中，天敌很难跟上其猎物或寄主的发育与繁殖的步伐。农业上为了有效地控制害虫为害，利用天敌的自然控制作用往往达不到人类对作物产量的要求。因此，规模化生产的天敌适时适量释放就显得十分必要。

(一)释放技术

1. 挂缓释袋

一些多食性的捕食螨，与其猎物粉螨及粉螨的食料包装在纸袋中，形成一个自繁育系统。挂在植物上后，捕食螨会从缓释袋中逐渐爬出。因为捕食螨可以在缓释袋中繁育，所以可以在一定时间内起到缓慢释放的作用。在保护地蔬菜等作物植株较小时，叶片间尚未相互接触时，捕食螨难以从一株扩散到另一相邻植株，这时每株都挂放会起到更好的防控效果。挂袋式释放在果园环境中也有很多应用(张艳璇等，2003；张建文，2006；

李爱华等，2007；许长新等，2014）。一些研究关注了如何通过优化释放方式来提高效率与释放成功率等。例如，在挂袋释放捕食螨时，选择兼具透气性与防水性的材料包装捕食螨（李爱华等，2007），或在挂袋上方增加防雨措施等（张建文，2006），减少其可能受到恶劣天气的影响，确保挂袋释放的缓释作用。

2. 人工撒放

小面积释放时，采用人工撒放的方式：可以直接撒放到植物叶片上；对于地表自由活动的捕食螨如剑毛帕厉螨等来说，可撒放到土壤表层。当猎物密度较低时，通常在点片的发生中心进行接种式释放；当猎物密度高且分布均匀时，采取淹没式大量释放。撒放到植物叶片上的最好是捕食螨与蛭石包装的产品，其不会污染叶片，对于要求美观的花卉等产品更应该如此。

撒放目前多应用于草莓（郝建强等，2015）、设施蔬菜（张艳璇等，2012；谷培云等，2013）等作物上。

3. 机械撒放及无人机释放技术

荷兰 Koppert 公司设计了系列的捕食螨释放机械。包括便携式的 Airbug 及大型号的 Rotabug-W 和 Rotabug-R 等。澳大利亚昆士兰大学学生 Michael Godfrey 设计了无人机携带捕食螨释放装备。

（二）释放益害比

释放时的益害比及害虫害螨的起始密度是最重要的。在同样的益害比情况下，捕食螨在害螨起始密度较低时防治效果更佳（Xu，2004）。加州新小绥螨在叶螨早期种群密度很低的情况下，一次释放就能在整个生长季节持续控制草莓上的叶螨（Fraulo and Liburd，2007）。而同样的益害比，捕食螨很难对高密度的害虫或害螨起作用（Xu，2004；Greco et al.，2005）。此外，由于害虫害螨与捕食螨的增殖速度不一样，释放后捕食螨与害虫害螨种群会处于一种经常性的波动之中，很多时候捕食螨的种群增长赶不上害虫害螨种群的增长，要随时监测捕食螨与害虫害螨种群的变动情况。

（三）释放时间

在害虫或害螨发生早期释放捕食螨会得到比较好的防控效果，然而，若释放时田间害螨数量过少又缺乏可替代食料如花粉等就会影响到捕食螨种群的建立。例如，释放捕食螨防治锷梨小爪螨（*Oligonychus perseae*），在仅有 25% 的锷梨叶片上感染有 1 头或多头锷梨小爪螨的早期释放捕食螨，未见捕食螨建立种群。当 75% 的取样叶片上感染锷梨小爪螨时，释放的 6 种捕食螨中有 5 种建立了种群，黄褐静走螨（*Galendromus helveolus*）和加州新小绥螨分别在释放后的第 8 周和第 10 周达到高峰。当 95% 的叶片都感染了锷梨小爪螨时释放，上述的两种捕食螨在释放后恢复但未见种群明显增加，因为此时，锷梨小爪螨的自然种群已经开始下降了（Hoddle et al.，1999）。又如智利小植绥螨，作为叶螨的贪食者，在叶螨发生的早期释放，尤其是释放于植株冠部防控的效果可能并不好（Gontijo et al.，2010）。

（四）辅助捕食螨田间扩散

捕食螨释放到田间以后，在植株上可通过嗅觉定位到害虫或害螨。然而，由于捕食螨无翅，它们很难在植株间进行扩散，特别是在植株较小、植株间叶片尚未相互接触时，即使通过风载进行扩散也是相当有限的。为了促进捕食螨在植株间的扩散，可在植株间"建桥"：通过增加植物间的相互接触，可明显促进捕食螨的扩散（Buitenhuis et al.，2011）。例如，在玫瑰花间"建桥"，使得智利小植绥螨迁移到邻近植物上的数量比不"建桥"的多3倍，并且与不"建桥"的相比，叶螨在3周后的数量被减少50%左右。"建桥"与通过机械撒放人为增加捕食螨扩散对捕食螨的分布没有显著影响（Casey and Parrella，2005）。

三、与其他天敌及物理防治方法结合

由于天敌种群在田间的建立与扩增受到环境影响较大、且单一品种捕食螨的防治对象有限，实际应用中，捕食螨通常需要与其他的防控措施相配合才能更好地发挥其作用。

近年来，一种捕食螨同时控制多种害虫害螨或者同时释放几种天敌防治一种或多种害虫害螨，以及田间多害虫多天敌体系中的相互关系研究受到重视。每平方米释放75头斯氏钝绥螨可单独或同时控制烟粉虱和西方花蓟马（Calvo et al.，2011）。温室黄瓜上多种害虫害螨共存时，释放斯氏钝绥螨可能会强化其防控能力。释放斯氏钝绥螨不能有效地单独控制二斑叶螨，但与蓟马共存时，斯氏钝绥螨会有更好的控制效果，而叶螨、蓟马和粉虱三者同时存在时，二斑叶螨的危害被控制到最轻（Messelink et al.，2010）；利用捕食螨与捕食蝽防治蓟马，一些试验中两种天敌同时释放强化了对害虫的控制作用（Xu et al.，2006；Doğramaci et al.，2011），而另一些作用不明显（Skirvin et al.，2006；Chow et al.，2008）。出现不同结果可能与两种天敌的释放比例有关，捕食蝽对蓟马的超强捕食及对捕食螨的捕食，弱化了捕食螨在蓟马控制中的作用，然而，两者恰当的释放比及与蓟马的比例适中可能会减少天敌间的矛盾从而起到更好的控害作用。类似的现象也会在不同捕食能力的捕食螨中出现。温室草莓上单独释放加州新小绥螨比与智利小植绥螨共同释放可取得更好效果（Rhodes et al.，2006）。草莓上联合释放高山小盲绥螨（叶栖）和兵下盾螨（土栖）在压制蓟马上最有效，而高山小盲绥螨和黄瓜新小绥螨（两者均叶栖）两捕食螨的联合释放在压制蓟马数量上则效果最差（Rahman et al.，2012）。可能相同的生境使得两种捕食螨竞争更加激烈。阿里波小盲走螨相对于木薯小盲走螨来说是弱竞争者，在木薯绿叶螨低起始密度下，两种捕食螨同时释放后，阿里波小盲走螨所占比例逐渐降低，并且显著低于单种释放，可能是其幼螨被木薯小盲走螨取食的缘故。两种同时释放与单种释放防治效果没有什么差别。然而，在害螨高密度下，释放两者或者仅释放木薯小盲走螨要比仅释放阿里波小盲走螨更有效，可能是因为木薯小盲走螨减少了对阿里波小盲走螨的捕食（Onzo et al.，2004）。在另一橘园生态系中，草茎真绥螨占主导地位，但由于二斑叶螨不是其合适的猎物，并且草茎真绥螨对另外两种捕食螨（加州新小绥螨和智利小植绥螨）有捕食作用，联合释放几种捕食螨对二斑叶螨的控制不令人满意（Abad-Moyano et al.，2010a，2010b）。因此，联合释放不仅要考虑种间关系，还要考虑密度等因素对种间关系的影响。充分了解以上关系，才能有效地释放捕食螨并发挥捕食螨的作用。

捕食螨与其他天敌如小花蝽等(Xu et al., 2006)共同释放时，通常对彼此的负面影响较小，有利于联合应用以防治多种有害生物。

一些物理防控措施可弥补捕食螨在捕猎对象上的局限性。尤其是针对一些不同虫态生存于农业系统不同位置的有害生物(如蓟马)，可考虑在不同位置联合应用多种防控措施进行防控。例如，在植株上释放巴氏新小绥螨捕食西花蓟马低龄若虫，土壤中释放剑毛帕厉螨捕食其入土化蛹的老熟幼虫及蛹等，并在田间同时应用黄板或蓝板诱杀其成虫。多种措施结合，对蓟马可起到很好的立体防控作用(徐学农等，2012)。

四、捕食螨营养花粉帮助捕食螨田间种群建立与扩增

很多种捕食螨可以以花粉为食，并可正常生长发育与繁殖。在田间，捕食螨也可以以植物花粉建立其种群。同样，一些害虫也可以以花粉作为补充营养，促进其种群的增长，如蓟马等。捕食螨在田间释放，通常在害虫低密度时进行，有时甚至在害虫尚未发生时就释放捕食螨。为了尽早尽快地帮助捕食螨建立田间种群，对随后发生的害虫害螨发挥压倒性的控制作用，会撒施花粉等其他有助于捕食螨迅速建立种群的食料。这时会面临一个两难的抉择，如果花粉同时促进害虫种群的增长，那么将削弱捕食螨的作用。比利时 Biobest 公司开发出一款产品 Nutrimite^{TM}，在田间使用后，大大增加了捕食螨的数量。

五、储蓄植物(banker plant)技术

把天敌繁育系统从天敌生产单元移入作物生产单元，且天敌繁育的猎物不对作物造成为害。主要是因为捕食螨在田间的扩散能力不强。这种技术在捕食螨的利用上并不多，Xiao 等(2012)尝试利用观赏椒的花粉助增斯氏钝绥螨的种群，引入温室后对粉虱与蓟马起到了较好的控制作用。

六、与化学农药的配合使用

(一)农药的直接毒性

有机氯、有机磷和菊酯类农药对捕食螨多是高毒的(Kavousi and Talebi, 2003)。试验结果证明乐果和联苯菊酯对智利小植绥螨有害(Alzoubi and Çobanoglu, 2010)，新烟碱类杀虫剂对大多捕食螨高毒，极大地降低了捕食螨的生防效率。用防治啤酒花上蚜虫的吡虫啉的田间剂量或 1/4~1/2 的剂量处理西方静走螨和伪新小绥螨(*Neoseiulus fallacis*)，对两者都呈现高毒，且这类农药具有系统毒性，即通过捕食间应用吡虫啉处理过的叶螨，也对以上两种捕食螨产生高毒。然而，吡虫啉的田间应用剂量对安德森钝绥螨的毒性较低(James, 2003)。吡虫啉、噻虫嗪(thiamethoxam)和啶虫脒(acetamiprid)对加州新小绥螨和粗毛小植绥螨的成螨是低毒的，但前二者极大地减少了这两种捕食螨对叶螨的捕食量，后者减少了粗毛小植绥螨的捕食量(Poletti et al., 2007)。

杀螨剂对不同捕食螨的毒性表现不一。联苯肼酯(bifenazate)、灭螨醌(acequinocyl)、溴虫腈(chlorfenapyr)、氟虫脲(flufenoxuron)和苯丁锡(fenbutatin oxide)等杀螨剂对智利小植绥螨雌成螨及幼若螨的毒性都比二斑叶螨的相应螨态的毒性低，这 5 种杀螨剂处理智利小植绥螨雌成螨后，雌成螨的产卵量是对照的 84%～96%。智利小植绥螨取食杀螨剂处理的叶螨后可以存活，其繁殖、捕食量及后代性比都没有受到显著影响(Kim and Yoo，2002)。Ochiai 等(2007)用联苯肼酯处理捕食螨或叶螨进行饲喂，在智利小植绥螨和加州新小绥螨上得到了类似的结论。噻螨酮对智利小植绥螨毒性低(Alzoubi and Çobanoglu，2010)。乙螨唑(etoxazole)没有非常严重地影响到智利小植绥螨雌成螨的存活和繁殖，但引起其卵和幼螨高的死亡率。弥拜菌素(milbemectin)和喹螨醚(fenazaquin)对智利小植绥螨成螨及幼若螨毒性大(Kim and Yoo，2002)。一些杀螨剂对西方静走螨的影响很大。唑螨酯(fenpyroximate)的触杀与残留毒性使得西方静走螨雌成螨寿命锐减至不到 1 d，并且不产卵。螺甲螨酯(spiromesifen)和灭螨醌处理的雌成螨的寿命不到 4 d，生殖率也降低。乙螨唑和联苯肼酯没有降低雌成螨的寿命，但雌成螨不产生后代(Irigaray and Zalom，2006)。

杀真菌剂对捕食螨相对安全。室内试验表明，腈苯唑(fenbuconazole)、腈菌唑(myclobutanil)、丙环唑(propiconazole)、啶酰菌胺(boscalid)、环酰菌胺(fenhexamid)和吡唑醚菌酯(pyraclostrobin)对西方静走螨成螨均无害，不影响其繁殖率及卵的孵化。但是，硫制剂虽然不影响其成螨繁殖率，却造成较高的幼螨死亡率(Bostanian et al.，2009)。

（二）农药的亚致死浓度及残留毒性

由于农药使用后受到光照等自然因素的作用而逐渐降解，农药使用后的一段时间有害生物及其天敌暴露于农药的亚致死浓度或残留毒性之中。仅仅测定农药的致死剂量，可能会低估农药对天敌的副作用。研究指出应注意农药的亚致死浓度导致天敌的繁殖率、寿命等生命表参数及行为上的变化等。

阿维菌素(abamectin)的亚致死剂量(LC_{10}、LC_{20} 和 LC_{30})严重影响到毛植绥螨(*Phytoseius plumifer*)的繁殖率和寿命，随后世代的繁殖及生命表参数也受到影响，表明了阿维菌素对捕食螨种群增长的垂直负面影响(Hamedi et al.，2011)；唑螨酯(fenpyroximate)和哒螨灵(pyridaben)在 LC_{10}、LC_{20} 和 LC_{50} 浓度时对沃氏新小绥螨(*Neoseiulus womersleyi*)和在 LC_1、LC_5 和 LC_{10} 浓度时对智利小植绥螨成螨存活率、繁殖率、卵的孵化率、对卵的取食及周限增长率等都有不同程度的影响；而在高浓度时则导致智利小植绥螨产卵量极大地减少(Park et al.，2011)；高效氰戊菊酯(esfenvalerate)的残留毒性导致梨盲走螨及其猎物苹果全爪螨和二斑叶螨的产卵量都有所减少，使 3 种螨都偏向于在农药无残留的表面产卵(Bowie et al.，2001)。

（三）捕食螨与农药的协同使用

捕食螨释放的环境中，往往不是只有单一的猎物——害螨，还会有其他多种害虫和病害发生，不可避免地要对这些有害生物进行防治，其中农药防治是最常用的方法。因此如何协调捕食螨释放与农药品种的选择是有害生物综合治理中必须考虑的。

选择适当的化学农药与捕食螨合理联用会产生很好的防治效果。例如，在温室黄瓜上防治二斑叶螨，若使用联苯菊酯、乐果和噻螨酮(噻唑烷酮类)田间推荐用量的1/3，同时与释放智利小植绥螨和加州新小绥螨联用，可取得更好的防效(Alzoubi and Çobanoglu，2010)。在温室草莓上应用智利小植绥螨或加州新小绥螨与联苯肼酯的组合均显著降低了二斑叶螨的密度(Rhodes *et al.*，2006)；在大田防治烟粉虱的过程中，先使用杀虫剂压低害虫的基数，然后再释放两种天敌，可以获得更好的防治效果。

生物农药与捕食螨经常联合使用。一些有害生物的病原微生物不易感染捕食螨，可与捕食螨一起使用。佛罗里达新接合霉(*Neozygites floridana*)是木薯绿叶螨的重要病原微生物，可导致这种害螨73%~94%的感染率，但对真绥螨(*Euseius concordis*)和橘叶真绥螨是安全的(Hountondji *et al.*，2002)。

捕食螨在田间活动能力和对猎物的搜索能力均较强，理论上，可以利用这一优势，将捕食螨作为载体搭载生防药剂如白僵菌等，促进其在田间扩散，加速到达其防控对象。张艳璇等(2011b)评价了捕食螨搭载白僵菌对柑橘木虱(*Diaphorina citri* Kuwayama)的侵染作用。发现白僵菌一菌株及孢子粉对木虱卵、若虫和成虫都有很高的致病性。该菌株对柑橘木虱成虫有很好的防治效果而对黄瓜新小绥螨雌成螨影响甚微，因此可以利用黄瓜新小绥螨搭载这种球孢白僵菌菌株的分生孢子联合控制柑橘木虱，以减缓柑橘黄龙病的扩散蔓延(张艳璇等，2013)。但这一方法相关基础研究还不够充分。吴圣勇等(2014)、Wu等(2014，2015a)在其系列研究中发现，巴氏新小绥螨在短时间内可以被动携带大量的白僵菌孢子，并将具有活性的孢子主动传播出去，从而对蓟马成虫起到触杀作用，捕食螨和白僵菌具有联合应用的潜力。但巴氏新小绥螨有清理自身病菌孢子的能力，而且，取食感染白僵菌的西花蓟马若虫对捕食螨自身生长发育与繁殖也有负面影响。因此，联合应用的效果仍需进一步验证(Wu *et al.*，2015b)。

微生物的代谢或发酵产物也可以和捕食螨结合使用。例如，多杀菌素在温室中与智利小植绥螨联合使用能有效防治盾叶天竺葵(*Pelargonium peltatum*)上的叶螨(Holt *et al.*，2006)；多杀菌素对多种捕食螨[高山小盲绥螨、黄瓜新小绥螨和兵下盾螨(*Hypoaspis miles*)]没有影响，使用后释放捕食螨显著地减少了草莓上的西方花蓟马种群密度(Rahman *et al.*，2011)；甲维盐(emamectin benzoate)直接喷雾对斯氏钝绥螨有毒性，但在天敌释放前3 d使用推荐的最高剂量则不会对斯氏钝绥螨产生危害，两者可以配合使用(Amor *et al.*，2012)。

当有害生物密度较高时，为了在短时间内取得较高的防效，时常要与化学防治联合应用。而且，天敌捕食螨在有害生物高密度时也很难发挥作用。然而，产业化生产的捕食螨对化学农药，尤其是杀虫剂十分敏感。解决这一矛盾或是错开两者使用时间，或是培育和选择抗药性的捕食螨品系。国内较早引入的西方静走螨就是一个抗有机磷农药的品系。熊锦君等(1988)筛选了尼氏真绥螨抗亚胺硫磷品系，并在广东柑橘园内比较了抗性品系与敏感品系的耐药性，发现药后5 d敏感品系几乎完全消失，而抗性品系仍然有约60%的存活率。

七、捕食螨保护与利用

自然发生的捕食螨对有害生物起到一定的控制作用，优化生态环境，可以促进捕食螨的增殖及种群建立，起到更好的自然控制作用。果园留草或种植植被是常用并有效的方法。柑橘园里保留爪哇大豆(*Neonotonia wightii*)和钝叶土牛膝(*Achyranthes aspera* var. *indica*)等植物，对于全年保持丰富多样的捕食螨种群有重要意义。而使用除草剂或割草等措施减少橘园植被，会极大地降低果园里的捕食螨密度(Mailloux et al., 2010)。葡萄园留有植被，可以使得捕食螨终年存在于葡萄园(de Villiers and Pringle, 2011)。田间应用捕食螨时，也可以通过在一些混种的豆科植物上先释放，待捕食螨增加到一定程度后再将这些植物割下来释放到果园中以增加捕食螨的数量(Grafton-Cardwell et al., 1999)，或者先前在果园中释放非靶标害螨与捕食螨以增殖捕食螨，由此增强对随后发生的靶标害螨的控制作用(Liu et al., 2006)。

国内在果园留种草增殖捕食螨方面也做过大量工作。果园生草，一方面可提高果园生态多样性，为捕食螨提供大量的花粉等补充食物和桥梁宿主，确保捕食螨的繁衍和安全越冬；另一方面可起到降温保湿的作用，也有利于捕食螨的栖息和繁殖。20 世纪 70~80 年代，一些研究发现通过在柑橘园(广东省昆虫研究所生物防治室和广州市沙田果园场农科所，1978；黄明度，1979；麦秀慧等，1979；蒲天胜等，1990；李宏度等，1992)、苹果园(严毓骅和段建军，1986)留草等可显著提高捕食螨的种群密度。近年来，除了柑橘园生草工作外(张贝等，2013a，2013b)，一些在其他生态系统内的尝试，如在茶园种植牧草(陈李林等，2011)、在板栗园留草(卢向阳等，2008；田寿乐等，2011；李清利，2015)等也在保护捕食螨种群上取得了较好的效果。此外，对捕食螨田间自然种群的保护还体现在越冬保护上，如邓雄等(1988)通过用棉絮、麦颖、塑料膜等材料包扎苹果树枝干，以及在幼树树冠下地表盖草压土等措施，使原本不能在甘肃兰州地区越冬的西方静走螨成功越冬。

(撰稿人：徐学农　吕佳乐　王恩东)

参 考 文 献

陈李林, 林胜, 尤民生, 等. 2011. 间作牧草对茶园螨类群落多样性的影响. 生物多样性, 19(3): 353-362.

陈文龙, 何继龙, 马恩沛, 等. 1994. 应用尼氏钝绥螨防治大棚草莓上朱砂叶螨的研究初报. 昆虫天敌, 16(2): 86-89.

陈霞, 张艳璇, 季洁, 等. 2011. 胡瓜钝绥螨抗阿维菌素品系的筛选及抗性稳定分析. 福建农业学报, 26(5): 793-797.

邓雄, 郑祖强, 张乃鑫, 等. 1988. 西方盲走螨保护越冬的研究. 生物防治通报, 4(2): 97-101.

邓振华, 李应民. 1983. 尼氏钝绥螨人工饲养和散放实验简报. 昆虫学报, 26(2): 208.

董慧芳, 张乃鑫. 1984. 专食性植绥螨的饲养方法. 植物保护, 10(1): 20-21.

杜桐源, 熊锦君, 黄明度. 1987. 尼氏钝绥螨抗亚胺硫磷品系生物学特性观察. 昆虫天敌, 9(3): 173-176.

杜桐源, 熊锦君, 田肇东. 1993. 尼氏钝绥螨抗有机磷赣州种群的遗传分析. 昆虫天敌, 15(1): 6-9.

谷培云, 马永军, 焦雪霞, 等. 2013. 释放捕食螨对彩椒上蓟马防效的初步评价. 生物技术进展, 3(1): 54-56.

广东省昆虫研究所生物防治室, 广州市沙田果园场农科所. 1978. 利用钝绥螨为主综合防治柑桔红蜘蛛的研究. 昆虫学报, 21(3): 260-269.

郭喜红, 董杰, 岳瑾, 等. 2012. 释放拟长毛钝绥螨对草莓和板栗害螨的控制作用. 中国植保导刊, 33(11): 30-32.

郭喜红, 尹哲, 乔岩, 等. 2013. 9 种常用农药对拟长毛钝绥螨的致死作用. 生物技术进展, 3(1): 50-53.

郝建强, 姜晓环, 庞博, 等. 2015. 释放智利小植绥螨防治设施栽培草莓上二斑叶螨. 植物保护, 41(4): 196-198.

黄和. 2013. 营养添加物对腐食酪螨及其天敌巴氏新小绥螨大量扩繁的影响. 合肥: 安徽农业大学硕士学位论文: 49.

黄建华, 秦文婧, 罗任华, 等. 2011. 两种花粉对巴氏钝绥螨生长发育与繁殖的影响. 植物保护, 37(6): 180-182.

黄明度. 1979. 柑桔园水热条件与植绥螨的数量消长. 昆虫天敌, 试刊(1): 61-64.

黄明度, 熊锦君, 杜桐源. 1987. 尼氏钝绥螨抗亚胺硫磷品系的筛选及遗传分析. 昆虫学报, 30(2): 133-139.

季洁, 林涛, 张艳璇, 等. 2013. 江原钝绥螨雌成螨对烟粉虱卵的选择性和捕食功能研究. 福建农业学报, 28(7): 705-708.

贾文明, 谢方生, 刘杰. 2007. "以螨治螨"生物防治技术在棉田中的应用. 新疆农垦科技, (3): 48.

江苏农学院植保系. 1976. 智利小植绥螨饲养释放初报. 昆虫知识, 14(5): 156.

柯励生, 杨琰云, 忻介六. 1990. 拟长毛钝绥螨抗乐果品系的筛选及遗传分析. 昆虫学报, 33(4): 393-397.

李爱华, 李蔚明, 钟露霞, 等. 2007. 果园释放巴氏钝绥螨的影响因素分析. 中国植保导刊, 27(5): 25-26.

李德友, 何永福, 李宏度, 等. 1992. 间泽钝绥螨植物花粉食性研究. 西南农业学报, 5(4): 72-76.

李宏度, 李德友, 梁来荣, 等. 1992. 间泽钝绥螨的分布及其控制柑桔红蜘蛛的效果. 贵州农业科学, 20(3): 25-28.

李继祥, 张格成. 1995. 利用尼氏钝绥螨控制柑桔始叶螨的研究. 浙江柑桔, 12(2): 37-39.

李丽娟, 鲁新, 刘宏伟, 等. 2008. 捕食螨防治大棚蔬菜叶螨效果的初步研究. 吉林蔬菜, 15(1): 72-73.

李清利. 2015. 板栗针叶小爪螨的发生与防治技术. 北京农业, 22(12): 113.

李亚新, 张乃鑫. 1990. 伪钝绥螨滞育的研究. 植物保护, 16(5): 14-15.

李颜. 2015. 酵母粗蛋白及氨基酸含量对甜果螨及以其饲喂的加州新小绥螨繁育的影响. 北京: 中国农业科学院硕士学位论文: 44.

林碧英, 池艳斌. 2001. 利用长毛钝绥捕食螨防治草莓神泽氏叶螨. 植物保护, 27(2): 44-45.

林坚贞, 何玉仙, 季洁, 等. 2000. 释放胡瓜钝绥螨控制番木瓜和黄瓜神泽氏叶螨//李典谟. 走向21世纪的中国昆虫学. 北京: 中国科学技术出版社: 1160-1161.

刘佰明, 张君明, 郭晓军, 等. 2012. 冷藏温度基质和时间对智利小植绥螨存活和生殖的影响. 植物保护, 38(6): 54-58.

卢向阳, 徐筠, 李青元. 2008. 栗园种植黑麦草和不同刈割方式对针叶小爪螨及其天敌栗钝绥螨种群数量的影响. 中国生物防治, 24(2): 108-111.

鲁新, 李丽娟, 刘宏伟, 等. 2007. 智利小植绥螨的人工繁殖方法. 吉林蔬菜, 14(6): 52-53.

麦秀慧, 黄明度, 吴伟南, 等. 1979. 山区类型柑桔园自然保护钝绥螨防治柑桔红蜘蛛. 昆虫天敌, 试刊(1): 52-56.

蒲天胜, 曾涛, 韦德卫, 等. 1990. 广西柑桔园捕食螨资源调查及开发利用. 植物保护学报, 17(4): 355-358.

蒲天胜, 曾涛, 韦德卫. 1991. 20 种植物花粉对真桑钝绥螨饲养效果的综合评判. 生物防治通报, 7(3): 111-114.

盛福敬. 2013. 东方钝绥螨替代猎物的研究及防治烟粉虱的初步探索与应用. 北京: 中国农业科学院硕士学位论文.

盛福敬, 王恩东, 徐学农, 等. 2014. 甜果螨为食的东方钝绥螨的种群生命表. 中国生物防治学报, 30(2): 194-198.

覃贵勇. 2013. 小新绥螨 Neoseiulus sp.对柑橘全爪螨的控制作用及其实验种群生命表的组建. 雅安: 四川农业大学硕士学位论文.

田寿乐, 许林, 沈广宁, 等. 2011. 板栗红蜘蛛的发生与无公害防治. 落叶果树, 44(3): 23-24.

田肇东, 杜桐源, 黄明度. 1993. 60Co-γ 辐射对尼氏钝绥螨抗多虫畏性状的诱导及其它生物学效应. 动物学研究, 14(4): 347-353.

王恩东, 徐学农, 吴圣勇. 2010. 释放巴氏钝绥螨对温室大棚茄子上西花蓟马及东亚小花蝽数量的影响. 植物保护, 36(5): 101-104.

吴千红, 陈晓峰. 1988. 拟长毛钝绥螨 (Amblyseius pseudolongispinosus) 对朱砂叶螨 (Tetranychus cinnabarinus) 的捕食效应. 复旦学报, 27(4): 414-420.

吴千红, 梁来荣, 杨琰云, 等. 1992. 释放拟长毛钝绥螨防治茄子田朱砂叶螨的研究//朱国仁. 主要蔬菜病虫害防治技术及研究进展. 北京: 农业出版社: 316-321.

吴圣勇. 2011. 栗真绥螨生物学及实验种群生态学研究. 北京: 中国农业科学院硕士学位论文.

吴圣勇, 王鹏新, 张治科, 等. 2014. 捕食螨携带白僵菌孢子的能力及所携孢子的活性和毒力. 中国农业科学, 47(20): 3999-4006.

吴伟南, 张金平, 方小端, 等. 2008. 植绥螨的营养生态学及其在生物防治上的应用. 中国生物防治, 24(1): 85-90.

吴元善, 柳玉莲, 张领耘. 1991. 应用伪钝绥螨防治苹果全爪螨初报. 生物防治通报, 7(4): 160-162.

武雯, 成玮, 张顾旭, 等. 2015. 智利小植绥螨防治大棚草莓二斑叶螨试验初报. 中国植保导刊, 35(1): 34-36.

忻介六. 1985. 螨类作为害虫生物防治作用物的现况及其前景. 生物防治通报, 1(1): 40-43.

熊锦君, 杜桐源, 黄明度, 等. 1988. 尼氏钝绥螨抗亚胺硫磷品系在柑园应用试验初报. 昆虫天敌, 10(1): 9-14.

徐国良, 吴洪基, 黄忠良, 等. 2002. 中国植绥螨的研究应用. 昆虫天敌, 24(1): 37-44.

徐学农, Borgemeister C, Poehling H. 2011. 西花蓟马、二斑叶螨与黄瓜新小绥螨的相互关系研究. 应用昆虫学报, 48(3): 579-587.

徐学农, 吕佳乐, 王恩东. 2013. 捕食螨在中国的研究与应用. 中国植保导刊, 33(10): 26-34.

徐学农, 王恩东. 2007. 国外昆虫天敌商品化现状及分析. 中国生物防治, 23(4): 373-382.

徐学农, 王恩东, 王伯明. 2012. 温室大棚蔬菜上蓟马立体防控技术//农业部科技教育司. 农业轻简化实用技术汇编. 北京: 中国农业出版社: 147-148.

许长藩, 韦晓霞, 李韬. 1996. 冲绳钝绥螨生物学特性及人工饲养研究. 福建果树, 17(2): 23-26.

许长新, 焦蕊, 于丽辰, 等. 2014. 巴氏新小绥螨在板栗上的扩散规律. 环境昆虫学报, 36(6): 1051-1053.

严毓骅, 段建军. 1986. 苹果树叶螨的生物防治Ⅰ: 苹果园种植覆盖作物保护和增殖天敌的研究初报. 华北农学报, 2: 98-104.

杨康. 2014. 猎物饲料中添加酵母对巴氏新小绥螨生命参数及能量转化的影响. 北京: 中国农业科学院硕士学位论文: 45.

杨子琦, 曹克加, 李卫平. 1987. 东方钝绥螨研究初报. 昆虫天敌, 9(4): 203-206.

杨子琦, 陈凤英, 曹华国, 等. 1992. 智利小植绥螨大量繁殖与低温贮藏的研究. 江西植保, 15(3): 7-11.

张宝鑫, 李敦松, 冯莉, 等. 2007. 捕食螨的大量繁殖及其应用技术的研究进展. 中国生物防治, 23(3): 279-283.

张贝, 郑薇薇, 张宏宇. 2013a. 田间植物对捕食螨的影响Ⅰ: 猎物寄主植物的影响. 环境昆虫学报, 35(4): 507-513.

张贝, 郑薇薇, 张宏宇. 2013b. 田间植物对捕食螨的影响Ⅱ: 地面覆盖物的影响. 环境昆虫学报, 35(5): 673-678.

张帆, 唐斌, 陶淑霞, 等. 2005. 中国植绥螨规模化饲养及保护利用研究进展. 昆虫知识, 42(2): 139-141.

张格成, 李继祥. 1989. 七种农药对柑桔害螨天敌——尼氏钝绥螨的影响. 中国柑橘, 18(4): 35-36.

张辉元, 马明, 董铁, 等. 2010. 胡瓜钝绥螨对苹果全爪螨的生物防治效果. 应用生态学报, 21(1): 191-196.

张建文. 2006. 柑橘捕食螨应用技术简报. 植物医生, 19(2): 43-44.

张良武, 曹爱华. 1993. 应用赤眼蜂蛹人工饲养尼氏钝绥螨的研究初报. 生物防治通报, 9(1): 9-11.

张乃鑫, 邓雄, 陈建锋, 等. 1987. 西方盲走螨防治苹果树叶螨的研究. 生物防治通报, 3(3): 97-101.

张乃鑫, 孔建. 1986. 虚伪钝绥螨的食性研究. 生物防治通报, 2(1): 10-13.

张乃鑫, 李亚新. 1989a. 伪钝绥螨的花粉饲养研究. 生物防治通报, 5(2): 60-63.

张乃鑫, 李亚新. 1989b. 提高花粉饲养伪钝绥螨繁殖力的试验. 生物防治通报, 5(4): 149-152.

张守友. 1990. 东方钝绥螨生物学及食量研究. 昆虫天敌, 12(1): 21-24.

张守友, 曹信稳, 韩志强, 等. 1991. 东方钝绥螨对苹果园两种叶螨控制作用研究. 河北果树, 3(4): 39-41.

张守友, 曹信稳, 韩志强, 等. 1992. 东方钝绥螨对苹果园两种叶螨自然控制作用研究. 昆虫天敌, 14(1): 21-24.

张艳璇, 单绪南, 林坚贞, 等. 2010. 胡瓜钝绥螨控制日光大棚甜椒上的西花蓟马的研究与应用. 中国植保导刊, 30(11): 19, 20-22.

张艳璇, 季洁, 林坚贞, 等. 2004. 释放胡瓜钝绥螨控制毛竹害螨的研究. 福建农业学报, 19(2): 73-77.

张艳璇, 林坚贞, 池燕斌, 等. 1996a. 应用智利小植绥螨控制露天草莓园神泽氏叶螨. 中国生物防治, 12(4): 188-189.

张艳璇, 林坚贞, 侯爱平, 等. 1996b. 捕食螨大量繁殖、贮存、释放技术研究. 植物保护, 22(5): 11-13.

张艳璇, 林坚贞, 季洁, 等. 2003. 利用胡瓜钝绥螨控制脐橙上的柑桔全爪螨研究. 中国南方果树, 32(1): 12-13.

张艳璇, 林坚贞, 季洁, 等. 2009. 胡瓜钝绥螨控制蔬菜害螨的研究与应用. 现代农业科技, 16(9): 122-124.

张艳璇, 林坚贞, 宋秀高, 等. 2008. 利用胡瓜钝绥螨控制枇杷重要害螨——比哈小爪螨. 中国南方果树, 37(3): 57-60.

张艳璇, 林涛, 林坚贞, 等. 2012. 释放胡瓜新小绥螨对温室作物烟粉虱垂直分布和种群数量的影响. 福建农业学报, 27(4): 355-362.

张艳璇, 孙莉, 林坚贞, 等. 2011b. 利用捕食螨搭载白僵菌控制柑橘木虱的研究. 福建农业科技, 6: 72-75.

张艳璇, 孙莉, 林坚贞, 等. 2013. 白僵菌 CQBb111 菌株对柑橘木虱和胡瓜新小绥螨的毒力差异. 中国生物防治学报, 29(1): 56-60.

张艳璇, 张公前, 季洁, 等. 2011a. 胡瓜钝绥螨对日光大棚茄子上烟粉虱的控制作用. 生物安全学报, 20(2): 132-140.

张兆清. 1985. 智利小植绥螨饲养释放试验. 昆虫知识, 22(5): 209-211.

赵志模, 陈艳, 吴仕元. 1992. 不同食物对普通钝绥螨发育和繁殖的影响. 蛛形学报, 1(2): 49-56.

郑雪, 金道超. 2009. 叶螨及两种替代食物对尼氏真绥螨发育和繁殖的影响. 应用生态学报, 20(7): 1625-1629.

郅军锐, 任顺祥. 2006. 胡瓜钝绥螨对西花蓟马的功能反应和数值反应. 华南农业大学学报, 27(3): 35-37.

周万琴, 李敦松, 王恩东, 等. 2012b. 巴氏新小绥螨对相似穿孔线虫的捕食作用及其在植株和根际的垂直分布. 中国线虫学研究, 4: 107-111.

周万琴, 徐春玲, 徐学农, 等. 2012a. 巴氏新小绥螨的新特性——捕食植物线虫及其发育繁殖. 中国生物防治学报, 28(4): 484-489.

邹建掬, 欧志云, 周程爱, 等. 1990. 钝绥螨的饲养与田间释放技术. 湖南农业科学, 20(3): 37-38.

Abad-Moyano R, Pina T, Ferragut F, et al. 2009. Comparative life-history traits of three phytoseiid mites associated with *Tetranychus urticae* (Acari: Tetranychidae) colonies in clementine orchards in eastern Spain: implications for biological control. Exp Appl Acarol, r 47: 121-132.

Abad-Moyano R, Urbaneja A, Hoffmann D, et al. 2010a. Effects of *Euseius stipulatus* on establishment and efficacy in spider mite suppression of *Neoseiulus californicus* and *Phytoseiulus persimilis* in Clementine. Exp Appl Acarol, 50: 329-341.

Abad-Moyano R, Urbaneja A, Schausberger P. 2010b. Intraguild interactions between *Euseius stipulatus* and the candidate biocontrol agents of *Tetranychus urticae* in Spanish clementine orchards: *Phytoseiulus persimilis* and *Neoseiulus californicus*. Exp Appl Acarol, 50: 23-34.

Abou-Awad B A, Nasr A K, Gomaa E A, et al. 1989. Life history of the predatory mite, *Cydnodromella negevi* and the effect of nutrition on its biology (Acari: Phytoseiidae). Insect Science and its Application; 10(5): 617-623.

Ali M P, Naif A A, Huang D C. 2011. Prey consumption and functional response of a phytoseiid predator, *Neoseiulus womersleyi*, feeding on spider mite, *Tetranychus macferlanei*. Journal of Insect Science, 11: Article 167.

Ali O, Dunne R, Brennan P. 1999. Effectiveness of the predatory mite *Hypoaspis miles* (Acari: Mesostigmata: Hypoaspidae) in conjunction with pesticides for control of the mushroom fly *Lycoriella solani* (Diptera: Sciaridae). Experimental & Applied Acarology, 23: 65-77.

Al-Shemmary K A. 2011. Plant pollen as an alternative food source for rearing *Euseius scutalis* (Acari: Phytoseiidae) in Hail, Saudi Arabia. Journal of Entomology, DOI: 10.3923/je.2011.

Alzoubi S, Çobanoglu S. 2010. Bioassay of some pesticides on two-spotted spider mite *Tetranychus urticae* Koch and predatory mite *Phytoseiulus persimilis* A-H. International Journal of Acarology, 36(3): 267-272.

Amor F, Medina P, Bengochea P, et al. 2012. Effect of emamectin benzoate under semi-field and field conditions on key predatory biological control agents used in vegetable greenhouses. Biocontrol Science and Technology, 22(2): 219-232.

Arthurs S, McKenzie C L, Chen J J, et al. 2009. Evaluation of *Neoseiulus cucumeris* and *Amblyseius swirskii*(Acari:Phytoseiidae) as biological control agents of chilli thrips *Scirtothrips dorsalis* (Thysanoptera: Thripidae) on pepper. Biological Control, 49: 91-96.

Badii M H, Hernández-Ortiz E, Flores A E, et al. 2004. Prey stage preference and functional response of *Euseius hibisci* to *Tetranychus urticae*(Acari: Phytoseiidae, Tetranychidae). Experimental and Applied Acarology, 34: 263-273.

Barbosa M F C, de Moraes G J. 2015. Evaluation of astigmatid mites as factitious food for rearing four predaceous phytoseiid mites(Acari: Astigmatina; Phytoseiidae). Biological Control, 91: 22-26.

Bostanian N J, Thistlewood H M A, Hardman J M, et al. 2009. Toxicity of six novel fungicides and sulphur to *Galendromus occidentalis*(Acari: Phytoseiidae). Exp Appl Acarol, 47: 63-69.

Bowie M H, Worner S P, Krips O E, et al. 2001. Sublethal effects of esfenvalerate residues on pyrethroid resistant *Typhlodromus pyri*(Acari: Phytoseiidae) and its prey *Panonychus ulmi* and *Tetranychus urticae*(Acari: Tetranychidae). Experimental and Applied Acarology, 25: 311-319.

Broufas G D, Koveos D S. 2000. Effect of different pollens on development, survivorship and reproduction of *Euseius finlandicus*(Acari: Phytoseiidae). Environmental Entomology, 29(4): 743-749.

Buitenhuis R, Shipp L, Scott-Dupree C. 2011. Dispersal of *Amblyseius swirskii* Athias-Henriot(Acari: Phytoseiidae) on potted greenhouse chrysanthemum. Biological Control, 52: 110-114.

Calvo F J, Bolckmans K, Belda J E. 2009. Development of a biological control-based Integrated Pest Management method for *Bemisia tabaci* for protected sweet pepper crops. Entomologia Experimentalis et Applicata, 133: 9-18.

Calvo F J, Bolckmans K, Belda J E. 2011. Control of *Bemisia tabaci* and *Frankliniella occidentalis* in cucumber by *Amblyseius swirskii*. BioControl, 56: 185-192.

Carrillo D, Peña J E, Hoy M A, et al. 2010. Development and reproduction of *Amblyseius largoensis*(Acari: Phytoseiidae) feeding on pollen, *Raoiella indica*(Acari: Tenuipalpidae) and other microarthropods inhabiting coconuts in Florida. USA Exp Appl Acarol, 52: 119-129.

Casey C A, Parrella M P. 2005. Evaluation of a mechanical dispenser and interplant bridges on the dispersal and efficacy of the predator, *Phytoseiulus persimilis*(Acari: Phytoseiidae) in greenhouse cut roses. Biological control, 32: 130-136.

Castagnoli M, Simoni S. 1999. Effect of long-term feeding history on functional and numerical response of *Neoseiulus californicus*(Acari: Phytoseiidae). Experimental & Applied Acarology, 23: 217-234.

Cédola C V, Sánchez N E, Liljesthröm G G. 2001. Effect of tomato leaf hairiness on functional and numerical response of *Neoseiulus californicus*(Acari: Phytoseiidae). Experimental and Applied Acarology, 25: 819-831.

Chen T Y, French J V, Liu T X, et al. 2006. Predation of *Galendromus helveolus*(Acari: Phytoseiidae) on *Brevipalpus californicus*(Acari: Tenuipalpidae). Biocontrol Science and Technology, 16(7): 753-759.

Chen Y, Xu C, Xu X, et al. 2013. Evaluation of predation abilities of *Blattisocius dolichus*(Acari: Blattisociidae) on a plant-parasitic nematode, *Radopholus similis*(Tylenchida: Pratylenchidae). Experimental and Applied Acarology, 60: 289-298.

Chow A, Chau A, Heinz K M. 2008. Compatibility of *Orius insidiosus*(Hemiptera: Anthocoridae) with *Amblyseius*(*Iphiseius*) *degenerans*(Acari:Phytoseiidae) for control of *Frankliniella occidentalis* (Thysanoptera: Thripidae) on greenhouse roses. Biological Control, 44: 259-270.

de Silva P H, Fernando L C P. 2008. Rearing of coconut mite *Aceria guerreronis* and the predatory mite *Neoseiulus baraki* in the laboratory. Exp Appl Acarol, 44: 37-42.

de Vasconcelos G J N, de Moraes G J, Delalibera J I, et al. 2008. Life history of the predatory mite *Phytoseiulus fragariae* on *Tetranychus evanse* and *Tetranychus urticae* (Acari: Phytoseiidae, Tetranychidae) at five temperatures. Experimental and Applied Acarology, 44, 27-36.

de Villiers M, Pringle K L. 2011. The presence of *Tetranychus urticae* (Acari: Tetranychidae) and its predators on plants in the ground cover in commercially treated vineyards. Exp Appl Acarol, 53: 121-137.

de Vis R M J, de Moraes G J, Bellini M R. 2006. Effect of air humidity on the egg viability of predatory mites (Acari: Phytoseiidae, Stigmaeidae) common on rubber trees in Brazil. Experimental and Applied Acarology, 38: 25-32.

Delisle J F, Brodeur J, Shipp L. 2015. Evaluation of various types of supplemental food for two species of predatory mites, *Amblyseius swirskii* and *Neoseiulus cucumeris* (Acari: Phytoseiidae). Exp Appl Acarol, 65: 483-494

Doğramaci M, Arthurs S P, Chen J J, et al. 2011. Management of chilli thrips *Scirtothrips dorsalis* (Thysanoptera: Thripidae) on peppers by *Amblyseius swirskii* (Acari: Phytoseiidae) and *Orius insidiosus* (Hemiptera: Anthocoridae). Biological Control, 59: 340-347.

Duso C, Fanti M, Pozzebon A, et al. 2009. Is the predatory mite *Kampimodromus aberrans* a candidate for the control of phytophagous mites in European apple orchards? BioControl, 54: 369-382.

Escudero L A, Ferragut F. 2005. Life-history of predatory mites *Neoseiulus californicus* and *Phytoseiulus persimilis* (Acari: Phytoseiidae) on four spider mite species as prey, with special reference to *Tetranychus evansi* (Acari: Tetranychidae). Biological control, 32: 378-384.

Fantinou A A, Baxevani A, Drizou F, et al. 2012. Consumption rate, functional response and preference of the predaceous mite *Iphiseius degenerans* to *Tetranychus urticae* and *Eutetranychus orientalis*. Experimental and Applied Acarology, 58(2): 133-144.

Farazmand A, Fathipour Y, Kamali K. 2012. Functional response and mutual interference of *Neoseiulus californicus* and *Typhlodromus bagdasarjani* (Acari: Phytoseiidae) on *Tetranychus urticae* (Acari: Tetranychidae). International Journal of Acarology, 38(5): 369-376.

Ferrero M, Calvo F J, Atuahiva T, et al. 2011. Biological control of *Tetranychus evansi* Baker & Pritchard and *Tetranychus urticae* Koch by *Phytoseiulus longipes* Evans in tomato greenhouses in Spain [Acari: Tetranychidae, Phytoseiidae]. Biological Control, 58: 30-35.

Ferrero M, De Moraes G J, Kreiter S, et al. 2007. Life tables of the predatory mite *Phytoseiulus longipes* feeding on *Tetranychus evansi* at four temperatures (Acari: Phytoseiidae, Tetranychidae). Exp Appl Acarol, 41: 45-53.

Ferrero M, Gigot C, Tixier M S, et al. 2010. Egg hatching response to a range of air humidities for six species of predatory mites. Entomologia Experimentalis et Applicata, 135: 237-244.

Fraulo A B, Liburd O E. 2007. Biological control of twospotted spider mite, *Tetranychus urticae*, with predatory mite, *Neoseiulus californicus*, in strawberries. Exp Appl Acarol, 43: 109-119.

Freire R A P, de Moraes G J, Silva E S, et al. 2007. Biological control of *Bradysia matogrossensis* (Diptera: Sciaridae) in mushroom cultivation with predatory mites. Exp Appl Acarol, 42: 87-93.

Furtado I P, de Moraes G J, Kreiter S, et al. 2006. Search for effective natural enemies of *Tetranychus evansi* in south and southeast Brazil. Exp Appl Acarol, 40: 157-174.

Furtado I P, de Moraes G J, Kreiter S, et al. 2007a. Potential of a Brazilian population of the predatory mite

Phytoseiulus longipes as a biological control agent of *Tetranychus evansi* (Acari: Phytoseiidae, Tetranychidae). Biological Control, 42: 139-147.

Furtado I P, Toledo S, de Moraes G J, et al. 2007b. Search for effective natural enemies of *Tetranychus evansi* (Acari: Tetranychidae) in northwest Argentina. Exp Appl Acarol, 43: 121-127.

Gaede K. 1992. On the water balance of *Phytoseiulus persimilis* and its ecological significance. Exp and Appl Acarol, 15: 181-198.

Ghazy N A, Suzuki T, Amano H, et al. 2012b. Humidity-controlled cold storage of *Neoseiulus californicus* (Acari: Phytoseiidae): effects on male survival and reproductive ability. Journal of Applied Entomology, r doi: 10. 1111/j. 1439-0418. 2012. 01752. x.

Ghazy N A, Suzuki T, Shah M, et al. 2012a. Using high relative humidity and low air temperature as a long-term storage strategy for the predatory mite *Neoseiulus californicus* (Gamasida: Phytoseiidae). Biological Control, 60: 241-246.

Goleva I, Cadena E C R, Ranabhat N B, et al. 2015. Dietary effects on body weight of predatory mites (Acari, Phytoseiidae). Exp Appl Acarol, 66: 541-553.

Goleva I, Claus P, Zebitz W. 2013. Suitability of different pollen as alternative food for the predatory mite *Amblyseius swirskii* (Acari, Phytoseiidae). Exp Appl Acarol, 61: 259-283.

Gontijo L M, Margolies D C, Nechols J R, et al. 2010. Plant architecture, prey distribution and predator release strategy interact to affect foraging efficiency of the predatory mite *Phytoseiulus persimilis* (Acari: Phytoseiidae) on cucumber. Biological Control, 53: 136-141.

Grafton-Cardwell E E, Ouyang Y L, Bugg R L. 1999. Leguminous Cover Crops to Enhance Population Development of *Euseius tularensis* (Acari: Phytoseiidae) in Citrus. Biological Control, 16: 73-80.

Greco N M, Sánchez N E, Liljesthröm G G. 2005. *Neoseiulus californicus* (Acari: Phytoseiidae) as a potential control agent of *Tetranychus urticae* (Acari: Tetranychidae): effect of pest/predator ratio on pest abundance on strawberry. Experimental and Applied Acarology, 37: 57-66.

Hamedi N, Fathipour Y, Saber M. 2011. Sublethal effects of abamectin on the biological performance of the predatory mite, *Phytoseius plumifer* (Acari: Phytoseiidae). Exp Appl Acarol, 53: 29-40.

Hoddle M S, Aponte O, Kerguelen V, et al. 1999. Biological control of *Oligonychus perseae* (Acari: Tetranychidae) on avocado: I. evaluating release timings, recovery and efficacy of six commercially available phytoseiids. International Journal of Acarology, 25(3): 211-219.

Holt K M, Opit G P, Nechols J R, et al. 2006. Testing for non-target effects of spinosad on twospotted spider mites and their predator *Phytoseiulus persimilis* under greenhouse conditions. Experimental and Applied Acarology, 38: 141-149.

Hountondji F C C, Yaninek J S, de Moraes G J, et al. 2002. Host specificity of the cassava green mite pathogen *Neozygites floridana*. BioControl, 47: 61-66.

Irigaray F J S, Zalom F G. 2006. Side effects of five new acaricides on the predator *Galendromus occidentalis* (Acari, Phytoseiidae). Experimental and Applied Acarology, 38: 299-305.

James D G. 2003. Toxicity of imidacloprid to *Galendromus occidentalis*, *Neoseiulus fallacis* and *Amblyseius andersoni* (Acari: Phytoseiidae) from hops in Washington State, USA. Experimental and Applied Acarology, 31: 275-281.

Kasap I, Atlihan R. 2011. Consumption rate and functional response of the predaceous mite *Kampimodromus aberrans* to two-spotted spider mite *Tetranychus urticae* in the laboratory. Exp Appl Acarol, 53: 253-261.

Kavousi A, Talebi K. 2003. Side-effects of three pesticides on the predatory mite, *Phytoseiulus persimilis* (Acari: Phytoseiidae). Experimental and Applied Acarology, 31: 51-58.

Kim S S, Yoo S S. 2002. Comparative toxicity of some acaricides to the predatory mite, *Phytoseiulus persimilis* and the twospotted spider mite (*Tetranychus urticae*). BioControl, 47: 563-573.

Koller M, Knapp M, Schausberger P. 2007. Direct and indirect adverse effects of tomato on the predatory mite *Neoseiulus californicus* feeding on the spider mite *Tetranychus evansi*. Entomologia Experimentalis et Applicata, 125: 297-305.

Koveos D S, Broufas G D. 2000. Functional response of *Euseius finlandicus* and *Amblyseius andersoni* to *Panonychus ulmi* on apple and peach leaves in the laboratory. Experimental and Applied Acarology, 24: 247-256.

Lawson-Balagbo L M, Gondim J M G C, de Moraes G J, et al. 2007. Life history of the predatory mites *Neoseiulus paspalivorus* and *Proctolaelaps bickleyi*, candidates for biological control of Aceria guerreronis. Exp Appl Acarol, 43: 49-61.

Lester P J, Harmsen R. 2002. Functional and numerical responses do not always indicate the most effective predator for biological control: an analysis of two predators in a two-prey system. Journal of Applied Ecology, 39(3): 455-468.

Lester P J, Thistlewood H M A, Harmsen R. 2000. Some effects of pre-release host-plant on the biological control of *Panonychus ulmi* by the predatory mite *Amblyseius fallacies*. Experimental and Applied Acarology, 24: 19-33.

Liu C Z, Yan L, Li H R, et al. 2006. Effects of predator-mediated apparent competition on the population dynamics of *Tetranychus urticae* on apples. BioControl, 51: 453-463.

Luczynski A, Nyrop J P, Shi A. 2008. Pattern of female reproductive age classes in mass-reared populations of *Phytoseiulus persimilis* (Acari: Phytoseiidae) and its influence on population characteristics and quality of predators following cold storage. Biological Control, 47: 159-166.

Madadi H, Enkegaard A, Brodsgaard H F, et al. 2007. Host plant effects on the functional response of *Neoseiulus cucumeris* to onion thrips larvae. Journal of Applied Entomology, 131(9-10): 728-733.

Mailloux J, Bellec F L, Kreiter S, et al. 2010. Influence of ground cover management on diversity and density of phytoseiid mites (Acari: Phytoseiidae) in *Guadeloupean citrus* orchards. Exp Appl Acarol, 52: 275-290.

McMurtry J A, Scriven G T. 1964. Studies on the feeding, reproduction, and development of *Amblyseius hibisci* in southern California. Annals of the Entomological Society of America, 57: 649-655.

Messelink G J, van Maanen R, van Holstein-Saj R, et al. 2010. Pest species diversity enhances control of spider mites and whiteflies by a generalist phytoseiid predator. BioControl, 55: 387-398.

Messelink G J, van Steenpaal S E F, Ramakers P M J. 2006. Evaluation of phytoseiid predators for control of western flower thrips on greenhouse cucumber. BioControl, 51: 753-768.

Mochizuki M. 2003. Effectiveness and pesticide susceptibility of the pyrethroid-resistant predatory mite *Amblyseius womersleyi* in the integrated pest management of tea pests. BioControl, 48: 207-221.

Momen F M, El-Laithy A Y. 2007. Suitability of the flour moth *Ephestia kuehniella* (Lepidoptera: Pyralidae) for three predatory phytoseiid mites (Acari: Phytoseiidae) in Egypt. International Journal of Tropical Insect Science 27(2): 102-107.

Momen F M, Rasmy A H, Zaher M A, et al. 2004. Dietary effect on the development, reproduction and sex ratio of the predatory mite *Amblyseius denmarke* Zaher & El-Borolosy (Acari: Phytoseiidae).

International Journal of Tropical Insect Science, 24(2): 192-195.

Morell H R, Miranda I, Ramos M, et al. 2010. Functional and numerical responses of *Amblyseius largoensis* (Muma) (Acari: Phytoseiidae) on *Polyphagotarsonemus latus* (Banks) (Acari: Tarsonemidae) in Cuba, International Journal of Acarology, 36(5): 371-376.

Morewood W D. 1992. Cold storage of *Phytoseiulus persimilis* (Phytoseiidae). Experimental & Applied Acarology, 13: 231-236.

Nguyen D T, Vangansbeke D, de Clercq P. 2014a. Artificial and factitious foods support the development and reproduction of the predatory mite *Amblyseius swirskii*. Exp Appl Acarol, 62: 181-194.

Nguyen D T, Vangansbeke D, de Clercq P. 2014b. Solid artificial diets for the phytoseiid predator *Amblyseius swirskii*. BioControl, 59: 719-727.

Nguyen D T, Vangansbeke D, de Clercq P. 2015. Performance of four species of phytoseiid mites on artificial and natural diets. Biological Control, 80: 56-62.

Nguyen D T, Vangansbeke D, Lu X, et al. 2013. Development and reproduction of the predatory mite *Amblyseius swirskii* on artificial diets. BioControl, 58: 369-377.

Nomikou M, Janssen A, Schraag R, et al. 2001. Phytoseiid predators as potential biological control agents for *Bemisia tabaci*. Experimental and Applied Acarology, 25: 271-291.

Nomikou M, Janssen A, Schraag R, et al. 2002. Phytoseiid predators suppress populations of *Bemisia tabaci* on cucumber plants with alternative food. Experimental and Applied Acarology, 27: 57-68.

Ochiai N, Mizuno M, Mimori N, et al. 2007. Toxicity of bifenazate and its principal active metabolite, diazene, to *Tetranychus urticae* and *Panonychus citri* and their relative toxicity to the predaceous mites, *Phytoseiulus persimilis* and *Neoseiulus californicus*. Exp Appl Acarol, 43: 181-197.

Ochieng R S, Oloo G W, Amboga E O. 1987. An artificial diet for rearing the phytoseiid mite, *Amblyseius teke* Pritchard and Baker. Experimental and Applied Acarology, 3: 169-173.

Ogawa Y, Osakabe M H. 2008. Development, long-term survival, and the maintenance of fertility in *Neoseiulus californicus* (Acari: Phytoseiidae) reared on an artificial diet. Experimental and Applied Acarology, 45(3): 123-136.

Oliveira H, Janssen A, Pallini A, et al. 2007. Phytoseiid predator from the tropics as potential biological control agent for the spider mite *Tetranychus urticae* Koch (Acari: Tetranychidae). Biological control, 42: 105-109.

Onzo A, Hanna R, Janssen A, et al. 2004. Interactions between two neotropical phytoseiid predators on cassava plants and consequences for biological control of a shared spider mite prey: a screenhouse evaluation. Biocontrol Science and Technology, 14(1): 63-76.

Papadopoulos G D, Papadoulis G T H. 2008. Effect of seven different pollens on bio-ecological parameters of the predatory mite *Typhlodromus foenilis* (Acari: Phytoseiidae). Environmental Entomology, 37(2): 340-347.

Park J J, Kim M, Lee J H, et al. 2011. Sublethal effects of fenpyroximate and pyridaben on two predatory mite species, *Neoseiulus womersleyi* and *Phytoseiulus persimilis* (Acari, Phytoseiidae). Exp Appl Acarol, 54: 243-259.

Poletti M, Maia A H N, Omoto C. 2007. Toxicity of neonicotinoid insecticides to *Neoseiulus californicus* and *Phytoseiulus macropilis* (Acari: Phytoseiidae) and their impact on functional response to *Tetranychus urticae* (Acari: Tetranychidae). Biological Control, 40: 30-36.

Rahman T, Broughton S, Spafford H. 2011. Effect of spinosad and predatory mites on control of *Frankliniella occidentalis* in three strawberry cultivars. Entomologia Experimentalis et Applicata, 138: 154-161.

Rahman T, Spafford H, Broughton S. 2012. Use of spinosad and predatory mites for the management of *Frankliniella occidentalis* in low tunnel-grown strawberry. Entomologia Experimentalis et Applicata, 142: 258-270.

Ranabhat N B, Goleva I, Zebitz C P W. 2014. Life tables of *Neoseiulus cucumeris* exclusively fed with seven different pollens. BioControl, 59: 195-203.

Rasmy A H, Elbagoury M E, Reda A S. 1987. A new diet for reproduction of two predacious mites *Amblyseius gossipi* and *Agistemus exsertus* (Acari: Phytoseiidae, Stigmaeidae). Entomophaga, 32(31): 277-280.

Rhodes E M, Liburd O E, Kelts C, et al. 2006. Comparison of single and combination treatments of *Phytoseiulus persimilis*, *Neoseiulus californicus*, and Acramite (bifenazate) for control of twospotted spider mites in strawberries. Exp Appl Acarol, 39: 213-225.

Riddick E W, Wu Z X. 2010. Potential long-term storage of the predatory mite *Phytoseiulus persimilis*. BioControl, 55: 639-644.

Rodríguez-Cruz F A, Venzon M, Pinto C M F. 2013. Performance of *Amblyseius herbicolus* on broad mites and on castor bean and sunhemp pollen. Exp Appl Acarol, 60: 497-507.

Sarmento R A, Rodrigues D M, Faraji F, et al. 2011. Suitability of the predatory mites *Iphiseiodes zuluagai* and *Euseius concordis* in controlling *Polyphagotarsonemus latus* and *Tetranychus bastosi* on Jatropha curcas plants in Brazil. Exp Appl Acarol, 53: 203-214.

Schliesske J. 1981. Über die Technik der Massenanzuhct von Raubmilben (Acari: Phytoseiidae) unter kontrollierten Bedingungen. Meded Fac Landbouwwet Rijksuniv Gent, 46(2): 511-517.

Shih C I T. 2001. Automatic mass-rearing of *Amblyseius womersleyi* (Acari: Phytoseiidae). Experimental and Applied Acarology, 25: 425-440.

Skirvin D J, Fenlon J S. 2001. Plant species modifies the functional response of *Phytoseiulus persimilis* (Acari: Phytoseiidae) to *Tetranychus urticae* (Acari: Tetranychidae): implications for biological control. Bulletin of Entomological Research, 91(1): 61-67.

Skirvin D J, Fenlon J S. 2003. The effect of temperature on the functional response of *Phytoseiulus persimilis* (Acari: Phytoseiidae). Experimental and Applied Acarology, 31: 37-49.

Skirvin D, Kravar-Garde L, Reynolds K, et al. 2006. The influence of pollen on combining predators to control *Frankliniella occidentalis* in ornamental chrysanthemum crops. Biocontrol Science and Technology, 16(1): 99-105.

Steiner M Y, Goodwin S, Welllham T M, et al. 2003. Biological studies of the Australian predatory mite *Typhlodromips montdorensis* (Schicha) (Acari: Phytoseiidae), a potential biocontrol agent for western flower thrips, *Frankliniella occidentalis* (Pergande) (Thysanoptera: Thripidae). Australian Journal of Entomology, 42: 124-130.

van Maanen R, Vila E, Sabelis M W, et al. 2010. Biological control of broad mites (*Polyphagotarsonemus latus*) with the generalist predator *Amblyseius swirskii*. Exp Appl Acarol, 52: 29-34.

van Rijn P C J, Tanigoshi L K. 2002. Pollen as food for the predatory mites *Iphiseius degenerans* and *Neoseiulus cucumeris* (Acari: Phytoseiidae): dietary range and life history. Thesis, in The Impact of Supplementary Food on a Prey-Predator Interaction.

Vangansbeke D, Nguyen D T, Audenaert J, et al. 2014. Performance of the predatory mite *Amblydromalus limonicus* on factitious foods. BioControl, 59: 67-77.

Vantornhout I. 2006. Biology and ecology of the predatory mite Iphiseius degenerans (Berlese)（Acari: Phytoseiidae). PhD thesis. Ghent University, Ghent, Belgium.

Wang B, Wang Z, Jiang X, et al. 2015. Re-description of *Neoseiulus bicaudus*(Acari: Phytoseiidae) newly recorded from Xinjiang, China. Systematic and Applied Acarology, 20(4): 455-461.

Weintraub P G, Kleitman S, Alchanatis V, et al. 2007. Factors affecting the distribution of a predatory mite on greenhouse sweet pepper. Exp Appl Acarol, 42: 23-35.

Weintraub P, Palevsky E. 2008. Evaluation of the predatory mite, *Neoseiulus californicus*, for spider mite control on greenhouse sweet pepper under hot arid Weld conditions. Exp Appl Acarol, 45: 29-37.

Wu S, Gao Y, Xu X, et al. 2015a. Compatibility of *Beauveria bassiana* with *Neoseiulus barkeri* for Control of *Frankliniella occidentalis*. Journal of Integrative Agriculture, 14(1): 98-105.

Wu S, Gao Y, Xu X, et al. 2015b. Feeding on *Beauveria bassiana* treated *Frankliniella occidentalis* causes negative effects on the predatory mite *Neoseiulus barkeri*. Scientific Reports, DOI: 10. 1038/srep12033.

Wu S, Gao Y, Zhang Y, et al. 2014. An entomopathogenic strain of *Beauveria bassiana* against *Frankliniella occidentalis* with no detrimental effect on the predatory mite *Neoseiulus barkeri*: evidence from laboratory bioassay and scanning electron microscopic observation. PLoS ONE, 9(1): 1-7.

Xiao Y F, Avery P, Chen J J, et al. 2012. Ornamental pepper as banker plants for establishment of Amblyseius swirskii(Acari: Phytoseiidae) for biological control of multiple pests in greenhouse vegetable production. Biological Contro, l 63: 279-286.

Xiao Y F, Fadamiro H Y. 2010. Functional responses and prey-stage preferences of three species of predacious mites(Acari: Phytoseiidae) on citrus red mite, *Panonychus citri*(Acari: Tetranychidae). Biological Control, 53(3): 345-352.

Xu X N. 2004. Combined releases of predators for biological control of spider mites *Tetranychus urticae* Koch and western flower thrips *Frankliniella occidentalis*(Pergande), Cuvillier Verlag Göttingen, Germany: 109.

Xu X, Borgemeister C, Poehling H M. 2006. Interactions in the biological control of western flower thrips *Frankliniella occidentalis*(Pergande) and two-spotted spider mite *Tetranychus urticae* Koch by the predatory bug *Orius insidiosus* Say on beans. Biological Control, 36(1): 57-64.

Xu X, Wang B, Wang E, et al. 2013. Comments on the identity of Neoseiulus californicus sensu lato(Acari: Phytoseiidae) with a redescription of this species from southern China. Systematic and Applied Acarology, 18(4): 329-344.

Xue Y, Meats A, Beattie G A C, et al. 2009. The influence of sublethal deposits of agricultural mineral oil on the functional and numerical responses of *Phytoseiulus persimilis*(Acari: Phytoseiidae) to its prey, *Tetranychus urticae*(Acari: Tetranychidae). Exp Appl Acarol, 48: 291-302.

Zhao Z M, McMurtry J A. 1990. Development and reproduction of three *Euseius* (Acari: Phytoseiidae) species in the presence and absence of supplementary foods. Experimental and Applied Acarology, 8: 233-242.

索　引

dsRNA 33
RNAi 的分子机制 33
mRNA 33
半翅目 229
半人工饲料 319
标准操作方法 102
表观基因组学 3
补充营养 283,284
捕食功能反应 234
捕食行为 188-190
捕食量 232
捕食螨 91-143
采卵设备 104
产卵笼 117
产品质量的检测 169
产品质量控制 161
长期饲养 325
成虫 RNAi 37
赤眼蜂 75,77-86
翅脉 243
臭腺沟 214
传播 63
雌雄辨别 231
大草蛉 241
大眼长蝽 229
代谢组学 3,21
代谢组学的主要目标 21
胆固醇 146
胆碱 146
蛋白质和氨基酸 145
蛋白质组学 3
导入方式 37
淀粉酶与蛋白酶活性比参数 149

多食性 91
多型现象 6
发育 63
繁殖 63
防腐剂 152,153
防腐灭菌 151,152
防治效果 274
非昆虫源人工饲料 198
非自殖 63
分子进化 56
蜂虫比 271
蜂种 305,306
高效 312
个体发育 75
工艺环节 217
固醇类 146
关键技术 104,105,107,108
规模扩繁 108
规模饲养 102
国际生物防治生产商协会 162
过滤系统 120,121
红颈常室茧蜂 262-274
化蛾 303
化学合成 35
化学生态 191
环境因子 86
黄粉虫 251
货架期 220
肌醇 146
基因功能 39,58,59
激素 63
激素调控 55
集团内捕食 190

寄生蜂接种 272
寄生率 287
寄主卵 80,302
寄主植物 286
加工剂型 153,154
茧 254
交替食物 93
嚼吸式口器 245
搅拌器 111
酵母 147
接虫器 113
结构特性 54
结茧 245
可遗传性 34
控害效果 221
昆虫酶生化底物指数 149
昆虫蜜露 92
昆虫人工饲料 127-155
昆虫人工饲料配方 128,144
昆虫生理生化 148
昆虫生长和产卵促进因子 150
昆虫营养平衡 149
昆虫营养因子 8
昆虫源人工饲料 197
昆虫质量控制参数 19
昆虫种群复壮 175
扩繁品种 305
扩繁质量控制 162
雷帕霉素靶蛋白 16
雷帕雷素靶标(TOR)蛋白 42
冷藏 220
丽蚜小蜂 278
猎物 202,218
卵黄 54
卵黄原蛋白 54-59
卵黄原蛋白合成 58
卵卡 254
绿盲蝽 265

米蛾卵 252
敏感性 39
内源 32
胚胎 RNAi 36
胚胎发育 75,76
盆养法 317
栖息 218
起始种群 174,175
亲本 RNAi 36
趋光性 245
取食刺激物 154,155
人工寄主卵 304,305
人工扩繁 235,236
若虫 230
三级营养关系 96
筛选 312-314
生产工艺 287-289,302
生产控制 164
生产系统 101
生活史 187,190
生理功能 58
生物化学指标 169
生物学指标 169
生殖方式 93
生殖功能 58
生殖与营养 94
实验室种群 174
释放 201
释放区 310
释放效果 309
双链 RNA 32
饲料分配器 112
饲料污染 151
饲料污染管理 121
饲喂法 37,38
饲养昆虫的设备 101
饲养容器 108,109
饲养项目 102

饲养项目举例 104
搜索能力 334
搜寻效应 235
碳水化合物 144
糖脂复合蛋白 54
特异性 33
体色 268
体外转录 35
替代寄主 248
替代猎物 317
天敌昆虫扩繁的目的 19
天然饲料 319
天然种群 173
田间扩散 329
田间释放 308
调控 63
通路 40
同重同位素相对与绝对定量（iTRAQ） 20
外源 32
微阵列 3
维生素 146
蚊子 63
无机盐 147
物理性状 153,154
吸血 63-72
系统工程 101
系统管理 164
系统生物学 17
限制性内切酶 35
消化酶 149
小室饲养容器 109,111
行为变化管理 172
行为标准 169
形态特征 230
性比 266
性比调节 85
序列特异性 38
血淋巴 54

叶螨 91
叶因子 148
胰岛素途径 45
胰岛素样肽 16
遗传缓冲 11
遗传因素 172-174
遗传指标 169
异色瓢虫 186
抑制消减杂交 8
营养基因组学 3
营养基因组学的目标 5
营养基因组学的中心理论 5
营养生化指标 193
营养需求 80
营养要素 144
营养质量 82
营养组成 81
应用范围 328
应用技术 293,295,297
应用控制 164
幼虫 RNAi 36
预蛹期 79
越冬代 200
越冬习性 187
杂食性 213
载体 63
柞蚕茧 302
柞蚕蛹 213
整体系统 101
脂肪体 10,54
脂类 146
植物质 92
制卡 288
质量保证 166
质量保证计划 167
质量控制 164-166
质量控制标准 163,164
质量控制标准参数 169

质量控制常用设备 168
质量控制检测方法 170
智利小植绥螨 317
滞育 246
中间寄主 81
种蜂 287
种群复壮 172

注射法 37
转座子 33
子代蜂 81
自残习性 199
自殖 63
组织培养法 38